本书得到国家社会科学基金"十一五"规划教育学项目（BBA090067）、广州市高校科研项目"羊城学者"首席科学家项目（23A010S）以及广州市教育科学"十二五"规划重大课题（12A001）资助。

青少年
自我意识探析

聂衍刚 ◎ 著

中国社会科学出版社

图书在版编目（CIP）数据

青少年自我意识探析／聂衍刚著.—北京：中国社会科学出版社，2016.11

ISBN 978－7－5161－9452－2

Ⅰ.①青… Ⅱ.①聂… Ⅲ.①青少年—自我意识—研究 Ⅳ.①B844.2

中国版本图书馆 CIP 数据核字（2016）第 295339 号

出 版 人	赵剑英
责任编辑	喻　苗
责任校对	张依婧
责任印制	王　超

出	版	中国社会科学出版社
社	址	北京鼓楼西大街甲 158 号
邮	编	100720
网	址	http://www.csspw.cn
发 行 部		010－84083685
门 市 部		010－84029450
经	销	新华书店及其他书店
印	刷	北京君升印刷有限公司
装	订	廊坊市广阳区广增装订厂
版	次	2016 年 11 月第 1 版
印	次	2016 年 11 月第 1 次印刷
开	本	710×1000　1/16
印	张	26
插	页	2
字	数	432 千字
定	价	95.00 元

凡购买中国社会科学出版社图书，如有质量问题请与本社营销中心联系调换
电话：010－84083683
版权所有　侵权必究

序

我怀着非常喜悦的心情，读完了弟子广州大学聂衍刚教授即将在中国社会科学出版社出版的专著《青少年自我意识探析》，这对于多年从事青少年自我意识研究工作的他来说实在是一件令人振奋的事情。作为一个走上学术研究道路的学者而言，穷其一生精力要做的一件事情就是不断地进行学术积累，通过积累才能将散在的想法串成连贯的思想；通过积累才能将零碎的观点升华为系统的理论；也只有通过不断的积累，才能做出同行学者所认同的学术贡献。毫无疑问，衍刚这部专著的出版是长达十年之久、辛苦而漫长的学术积累所取得的重大进步。

2005年，我作为答辩主席参加聂衍刚的博士论文答辩，当时的博士论文研究为这部专著的出炉奠定了扎实的基础。之后，衍刚来到北师大，成了我的博士后，其出站报告《青少年社会适应行为的发展特点及与人格关系的研究》中有一章专门论述了青少年自我意识与社会适应行为的关系。再后来，衍刚承担了国家社会科学基金"十一五"规划项目教育学类国家一般课题"青少年自我意识的结构、发展特点及功能的研究"，带领着他的科研团队，开始对青少年自我意识问题进行系统的创新性探索，开辟了青少年自我意识研究的新天地。

首先，该专著对青少年自我意识问题进行深入而系统的研究，具有重要的现实意义。青少年自我意识一直是心理学领域重点关注的研究话题，自我是整个人格的核心，人类的心理世界都是由自我所建构的，每个人的身心健康、行为表现、人际关系以及社会适应都会受到自我意识的影响。正如第三章所提到的，青少年时期是介于儿童与成人之间的过渡阶段，也是个体人格发展的关键期，青少年自我意识在这一阶段得到迅猛发展，形成了既区别于儿童又区别于成人的心理特点。可见，对青少年自我意识进行探索，揭示自我意识对青少年身心健康、幸福体验、认知加工以及社会适应等方面的影响机制，对有针对性地开展青少年心理健康教育具有十分重要的启示意义。

其次，该专著的观点具有创新性。该专著就自我意识的测评结构、发展特点和功能提出了不少创新的观点，例如，青少年自我意识的"三大结构"、"四大功能"等。具体而言，第一，借助心理测量学的方法，探索出青少年自我意识的三维结构：自我认识、自我体验和自我控制，并编制了适合中国青少年群体的测评工具——《青少年自我意识量表》，该量表同时被国外学者翻译成英文、意大利文等版本在欧洲国家使用。第二，从知情意出发，基于青少年心理活动的特殊性，提出了自我意识的四大功能：维护个体人格完整与独立、促进心理健康、促进个体适应社会、影响个体认知加工。第三，基于横断面的数据揭示了12—18岁青少年在自我意识以及具体自我概念（如学业自我、道德自我等）上的发展特点，并提出了有针对性地教育建议。第四，根据自我控制资源模型理论的观点，该专著结合行为实验和ERPs实验探索了自我损耗影响前瞻记忆、冲动决策的心理与神经机制，提出了"自我损耗导致决策早期左侧额区的激活程度下降，是造成冲动决策发生的原因"、"通过提高外在动机、补充能量以及进行身体锻炼等方法可以调节自我损耗效应"等观点。这些相关研究成果已发表《心理学报》、《心理科学》、《心理科学进展》、《Journal of Adolescence》、《European Journal of Developmental Psychology》、《International Journal of Psychology》等学术刊物上；此外，他关于"青少年自我意识与内外化问题行为关系的研究"成果，还获得了第五届全国教育科学优秀研究成果二等奖。这些都足以肯定了他在青少年自我意识研究领域所做出的贡献。

最后，该专著的内容结构完善。《青少年自我意识探析》共包括8章，除了第一章为理论研究外，其余七章均为实证研究。从具体研究内容来看，《青少年自我意识探析》的第一章详细介绍了自我意识的相关理论观点，第二章至第三章探索了青少年自我意识的测评结构及发展特点，第四章至第八章系统地揭示了青少年自我意识对身心健康、幸福感、社会适应、认知加工和心理和谐的影响机制。这些丰富的研究内容为我们揭开了青少年自我意识功能特点的神秘面纱，也为开展青少年心理健康教育提供了重要依据。更值得一提的是,《青少年自我意识探析》每一章的结尾部分均根据相应的研究结论给出了"教育建议",指出了教育、引导和培养青少年自我意识的具体对策,有助于中小学老师开展青少年的自我意识教育工作。

总而言之,这是一项服务国家需要,特别服务青少年教育事业的应用性的心理科学的成果,我相信《青少年自我意识探析》一书的出版将增进人们对青少年自我意识发展规律及功能特点的认识,推动青少年心理健康教育与积极健全人格培养工作的有效开展,并为国内同行开展自我意识研究提供颇有价值的借鉴。

是为序。

林崇德

2016 年 11 月于北京师范大学

目 录

第一章 青少年的自我意识及理论概述 …………………… (1)
    第一节 青少年自我意识的含义和结构 …………………… (1)
    第二节 自我意识的功能 …………………………………… (10)
    第三节 自我意识的理论 …………………………………… (16)

第二章 青少年自我意识的测评 ………………………………… (30)
    第一节 青少年自我意识问卷编制 ………………………… (31)
    第二节 青少年道德自我的测评 …………………………… (56)
    第三节 青少年自我差异的测评 …………………………… (74)

第三章 青少年自我意识的发展特点 …………………………… (86)
    第一节 青少年自我意识发展特点 ………………………… (86)
    第二节 青少年道德自我概念的发展特点 ………………… (102)
    第三节 青少年学业自我概念的发展特点 ………………… (115)
    第四节 青少年身体自尊的发展特点 ……………………… (130)

第四章 青少年自我意识与心理健康 …………………………… (148)
    第一节 自我意识与心理健康的关系 ……………………… (149)
    第二节 自我意识与心理弹性的关系 ……………………… (157)
    第三节 学业自我概念与心理健康的关系 ………………… (160)
    第四节 自我概念与应对方式、心理压弹力的关系 ……… (177)
    第五节 情绪调节自我效能感与心理健康的关系 ………… (190)

第五章　青少年自我意识、人格与幸福感的关系 (198)
   第一节　青少年自我评价、自我和谐与主观幸福感关系研究 (199)
   第二节　情绪调节自我效能感与主观幸福感的关系研究 (210)
   第三节　青少年大五人格与主观幸福感的关系研究 (218)

第六章　青少年自我意识与社会适应行为 (227)
   第一节　青少年社会适应研究概述 (227)
   第二节　青少年自我意识与社会适应的关系 (230)
   第三节　青少年归因风格与学习适应：学业自我的中介作用 (241)
   第四节　青少年人际压力与社交适应行为：人际自我效能感的中介作用 (248)
   第五节　青少年道德自我与社会行为倾向的关系 (256)

第七章　青少年自我意识与认知加工 (265)
   第一节　认知加工研究概述 (265)
   第二节　自我控制与基于事件前瞻记忆的关系 (277)
   第三节　自我损耗与冲动决策的关系 (296)

第八章　青少年自我意识与心理和谐 (320)
   第一节　心理和谐的研究概述 (320)
   第二节　自我和谐与自我评价 (326)
   第三节　自我和谐与认知加工偏向 (335)
   第四节　自尊与自我妨碍 (349)

附　录 (363)

参考文献 (368)

后　记 (408)

第一章

青少年的自我意识及理论概述

19世纪末,法国实证主义哲学的奠基人孔德(A. Comte)对当时诞生不久的心理学领域中的自我意识研究提出了这样的疑问:"思考者无法将自身分成两部分:一部分进行推理思考,而另一部分在观察这种推理。一个有机体进行观察的同时觉察到这种观察事实的存在……这种观察是如何发生的呢?"不同学者对此作出了不同的回答,从而引发了心理学对自我意识的研究热潮。本章主要回顾不同学派关于自我意识的界定、自我意识的主要理论,以及我们对青少年自我意识的内涵、结构和功能的理解。

第一节 青少年自我意识的含义和结构

自我意识一直是心理学研究的一个重要课题,不同的研究者由于所关注的层面和研究视角不同,对自我意识的界定也存在着较大差异,但总体而言,不同学派对自我意识的研究都极大地丰富了自我意识概念的外延,推进了自我意识研究的步伐,促使自我意识的研究向着更加科学和实证的方向发展。

而青少年是自我意识发展迅速、自我功能越来越显著、自我觉醒突出、自我分化明显的时期,探讨青少年自我意识的发展特点、结构及功能,对了解青少年心理发展规律,开展青少年心理教育,促进青少年人格健全发展和社会适应良好是十分必要和重要的。

一　自我意识的提出

在科学心理学创立之后，真正从科学心理学的角度来阐述与研究自我问题的第一人是著名心理学家 W. James。他在 1890 年出版的《心理学原理》(The Principles of Psychology) 一书中指出自我意识 (self-consciousness) 是个体所拥有的身体、特质、能力、抱负、家庭、工作、财产、朋友等方面的整体，并提出自我具有二元性，包括主我 (self as knower, I) 和宾我 (self as known, me)。主我指作为知觉者的我，它代表自我中积极的知觉、思考的部分，是个体对自己独特的统一体的感觉，随着时间的发展具有持续性，能够按照意愿进行行为；宾我指被知觉的我，指的是我们对于自己是谁和我们是什么样的人的想法以及由此产生的情感（James，1980)。

James 用"经验自我"(empirical self) 的术语来形容宾我，并认为经验自我是具有层次结构性的，其组成部分可以分为三类，即物质自我、社会自我和精神自我。

(1) 物质自我 (material self)：指的是真实的物体、人或地点，可以分为躯体自我和躯体外自我，罗森伯格 (Rosenberg, 1979) 认为躯体外自我是延伸的自我，它包括了能够说明我们是谁的几乎所有的心理部分，从这个意义上讲，自我是易变的，且含义广泛。

(2) 社会自我 (social self)：指的是我们被他人如何看待和承认，个体生来就有一种要被别人注意、被别人喜欢的倾向，而社会自我不仅包括我们所拥有的各种社会地位和我们所扮演的各种社会角色，我们如何看待别人对我们的看法在其中更为重要。

(3) 精神自我 (spiritual self)：指的是我们的内部自我或我们的心理自我，由我们所感知到的能力、态度、情绪、兴趣、动机以及愿望等组成，它代表我们对自己的主观体验。

James 对于自我的认识，可以用一个图予以清晰地表示（如图 1-1 所示）。

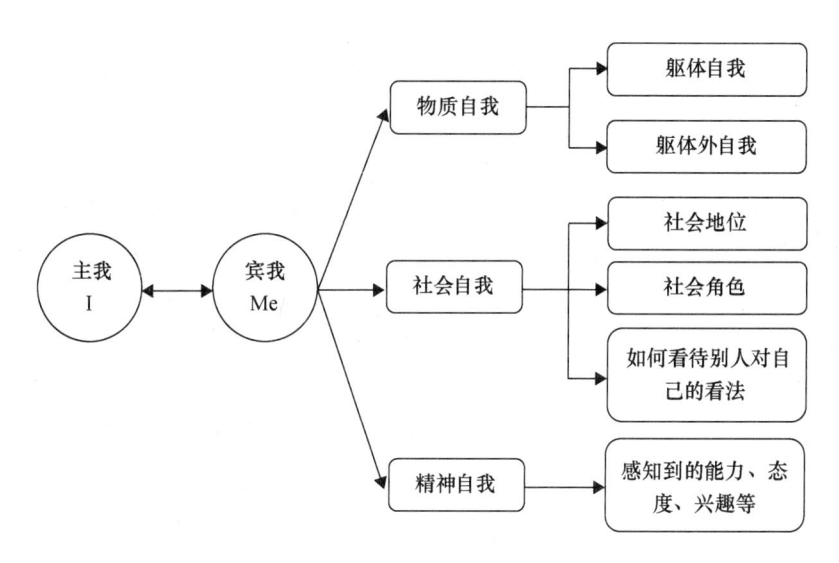

```
                    ┌─→ 物质自我 ──┬─→ 躯体自我
                    │              └─→ 躯体外自我
                    │
                    │              ┌─→ 社会地位
  主我 ←→ 宾我 ─────┼─→ 社会自我 ─┼─→ 社会角色
   I      Me        │              └─→ 如何看待别人对自
                    │                    己的看法
                    │
                    └─→ 精神自我 ──→ 感知到的能力、态
                                       度、兴趣等
```

图 1-1　James 对自我结构的划分

二　不同学派对自我意识的界定

（一）社会心理学取向

继 James 之后，C. H. Cooley 在 1902 年提出了镜像自我（looking-glass self）的概念，他认为对每一个人来说，他人都是一面镜子，个人通过社会交往，了解到别人对自己的看法，从而形成自己的自我，个人对自己的认识是通过观点采择过程而发展起来的，是一个社会化的过程，并会在此过程中产生与自我有关的情感。简言之，一个人的自我就是个体对他人知觉的知觉，它包括三个主要成分：对别人眼里自己形象的想象、对别人对这一形象判断的想象以及由此产生的某种或好或坏的情感。可见，Cooley 认为自我实际上是"社会我"，个体主要是通过与他人的互动后产生自我认识，强调了自我的社会性。

与此同时，G. H. Mead 也形成了自己的观点，但 Mead 的著作在他去世后才由他的学生整理出版，Mead 强调"社会自我"，即从他人知觉中觉察到的自我。Cooley 和 Mead 都特别重视自我和他人的关系，认为自我意识的形成发展是一个社会化的过程，他们认识的不同之处在于侧重点的不同。Cooley 强调自我感觉的发展，情感在其自我分析中占据着重要的地位；而 Mead 强调认知而不是情感过程，他认为认知才是自我的核心，"当考虑自我的本性时，重点应放在思维的中心地位上。……自我本质上是认知的现象而不是情感的现象"（转自赵月瑟，2005）。

J. M. Rosenberg 进一步发展了 Mead 的观点，认为自我概念是自我反省活动的产物，这个产物是个体关于自己作为一个生理的、社会的、道德的和存在着的人的概念。因此，自我概念是个体关于自己作为客体的思想和情感的总和，它包括个人在时间和空间上的连续感，包括本质自我与外部自我（外表和行为等）的区别，并且由各种态度、信念、价值观、体验以及各种评价成分和情感成分（诸如自我评价和自我体验）所组成。

此外，R. A. Wicklund 和 S. Dual 在研究反省能力时发现，当被试被引导将注意力指向内部时，被试表现出对重要行为标准的顺从，从而提出客观自我意识概念。他们假定个体的注意在任何给定的时刻不是指向自我就是指向外部事件，即注意状态在自我和环境之间进行转换。A. Fenigstein、M. F. Scheier 和 A. H. Buss 在此基础上提出自我的两个划分，即公我和私我。公我是社会的、公开的，表现在他们面前的，与他人密切相关的自我方面；私我是隐私的、躲避的，他人不可获得的自我方面。他们强调公我与私我同时存在于个体身上，只是大小程度不同而已。

早期社会心理学的先驱们从自我的社会性角度对自我意识进行了界定，丰富和加深了自我的内涵，大大深化了自我理论的发展，为自我理论研究开辟了新思路，是自我理论发展的一次重大突破。

（二）精神分析取向

精神分析创始人 Sigmund Freud 在其人格理论中涉及了自我的概念，他认为自我是现实化了的本能，是在现实的反复教训下，从本我中分化出来的部分。这部分由于现实的陶冶，变得渐识时务，不再受"快乐原则"的支配，而是在"现实原则"的指导下，既要获得满足，又要避免痛苦，自我负责与现实接触，并在超我的指导下，监督和管制本我的活动。自我协调着人格结构各部分之间的联系，并且也协调着机体与环境之间的关系。但是，弗洛伊德认为自我从本我中发展而来，它的能量也来源于本我，所以自我是软弱的，几乎只是对本我力量的一种妥协。

Jung 认为自我是我们意识到的一切东西，包括思维、情感、记忆和知觉。在他的晚期作品《伊涌》一书中对自我定义如下："它仿佛是构成意识场域的中心，就它构成经验人格这个事实而言，自我是所有个人意识的主题。"自我构成了意识域的中心，使日常生活机能正常运转，对我们的同一性的延续感的同节奏负有责任。正是由于自我的存在，我们才能够感觉到今日之我与昨天之我是同一个人。因此，自我体现了独立个体的组织原则，是统一的人格整体的经验概念。

A. Adler 提出了创造性自我的概念，创造性自我是一种个人主观体系，它通过解释个人的经验使经验变得有意义，它追求经验，甚至创造经验以帮助个人完成他独特的生活作风。创造性自我使人格有一贯性、稳定性和个性（Adler 和 Adler，1989；黄国光，2009）。

H. Hartmann 把自我从弗洛伊德自我本能概念的束缚下解脱出来，提出了自主性自我的概念，认为自我与本我是独立存在的两种心理机能，自我在生命的早期是未分化的，是和本我同时存在的，而且二者在其内在倾向方面都有其各自的根源与独立发展过程，自我过程也并不是由性和攻击的中和性能量所推动，自我过程并不依赖于纯粹的本能目的，即自我过程并不都是为了满足个体的本能需要，而是有着不同于本能的目标。自我的自主性非常强，它不完全受本能的支配，而是以其拥有的感知、记忆、思维等认知过程来自主地支配自己，主要是以非防御性的方式来应付现实，适应环境。

（三）人本主义取向

C. Rogers（1951）及其他人本主义者将"自我概念"作为其人格理论的核心，Rogers 指出，自我概念（self-concept）是由现象场的一部分逐渐分化而成，由主体的我和客体的我的各种知觉以及关于主、客体的我与他人联系在一起的各种知觉组成。自我意识是一个人现象场的核心，是自我知觉与自我评价的统一体，主要包括：（1）个体对自己的知觉与评价；（2）个体对自己与他人关系的知觉与评价；（3）个体对环境及自己与环境关系的知觉与评价。他区分了两种自我概念：现实自我（the self）与理想自我（the ideal self），前者是我认为我是什么样的人，后者是我希望成为什么样的人。这两种自我概念都很重要，如果两者之间出现偏差就可能导致适应不良问题的产生。

（四）认知主义取向关于自我意识的概念与结构

20 世纪 60 年代开始，随着认知心理学的兴起，人们开始用认知的方法和观点来研究和看待自我。根据认知的观点，人们关于自身的知识是一个有组织的认知结构，在层次的顶端是自我，在它下面有三个层次：生理特征、自尊、社会特征,每种社会特征下面是各种特征和特质(如图1-2所示)。尽管并非所有的心理学家都认同这一观点,但大多数都认为,人们对于自身的看法是一个复杂而有高度组织性的知识结构,而且随着年龄的增长,随着人们关于自身的知识的日益丰富,这个结构的变化会越来越大。

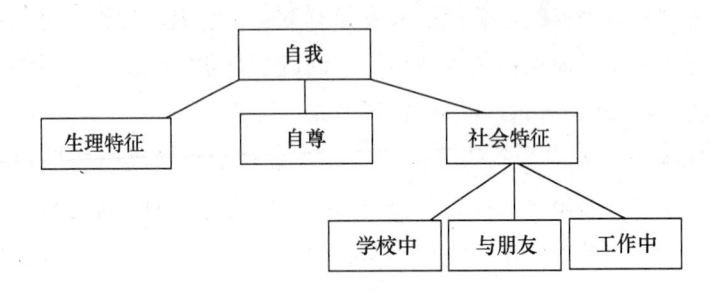

图1-2 自我的层次知识结构

Jennings 和 Markus(1977)用自我图式来指代那些人们认为具有特定自我含义的以及具有高度确定性的特性。被纳入个体自我图式中的信息都是个体认为与自我有密切关系的,或者也可以说都是个体自我意识的一部分。他们进一步提出了可能的自我(possible self)的概念,可能的自我既包括我们希望成为的自我,也包括我们害怕成为的自我。

Higgins(1987)在 Markus 的基础上进一步把可能自我分为理想自我和应该自我,理想自我是个人想要成为的自我,建立在理想和目标的基础上;应该自我是自己觉得别人希望自己成为什么样的人,建立在责任和承诺的基础上,并提出了自我导向理论。

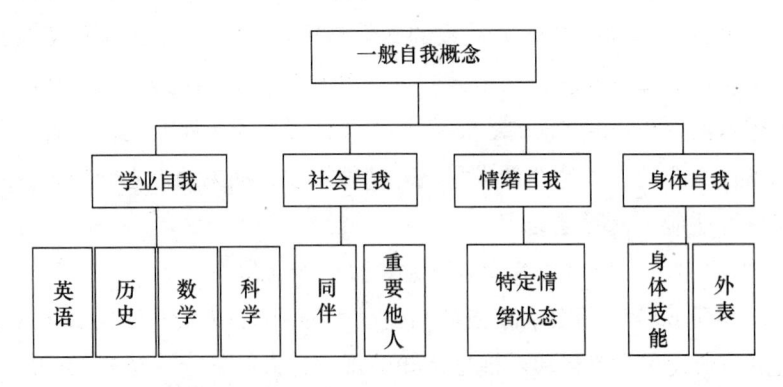

图1-3 自我概念的多维度层次模型(引自 Shavelson et al., 1976)

Shavelson 和 Bolus（1982）继承了 James 和 Cooley 等人的思想，认为自我概念是通过经验和对经验的理解而形成的自我知觉，或者说自我概念是个人的自我知觉，这种知觉源于在人际互动中关于自我属性和社会环境的经验，是多维度的，并按一定的层次组织到一个范畴系统中，即自我概念是一个多层次、多维度的范畴建构。据此，他们于1976年提出了自我概念的多维度层次模型（如图 1-3 所示），即一般自我概念包括学业自我概念、社会自我概念、情绪自我概念、身体自我概念，每一个二级维度之下又有很多具体的项目。而且他们认为自我概念会随着年龄的增长而发展。自我概念的维度和强度会随着人的主要生活任务的变化而变化，如小学阶段以学习为主，到了大学则变成了学习与交往两大任务，大学毕业后，工作和家庭开始重要起来。

Song 和 Hattie（1984）对 Shavelson 等人的原始的模型提出了两个改进：第一，在学业自我方面，提出了三个二阶学业因素，即成就自我（个体对实际成就的自我知觉）、能力自我（个体对自我能力实现的知觉）和班级自我（个体在班级活动中的自信心）；第二，在非学业方面提出了两个二阶因素，即社会自我和自我表现自我（Self-regard/presentation Self）并将社会自我概念分为更具体的家庭自我和同伴自我，自我表现自我分为身体自我和自信。

1984 年，Marsh 等人对学校情境下的青少年的自我概念做了进一步的研究，认为学校情境下的青少年的自我概念包括学业自我概念和非学业自我概念两部分，其中学业自我概念有三个——阅读能力、数学能力和一般学业自我概念；非学业自我概念有五个，包括运动能力、同伴关系、亲子关系、身体相貌和一般自我概念（Marsh 和 Shavelson，1985）。

此外，Snyder（1974）提出自我监控的概念，他认为自我监控是一个人在自我表现方面的心理结构，是指由社会适合性的情境线索引导的个体对自己进行的自我观察、自我控制和自我调节能力。比莱认为，自我概念（self-concept）是关于自己的技巧、能力、外表和社会接受性方面的态度、情感和知识的自我知觉，即个体把自己当作客观物体而作出的知觉和评价（Byrne 和 Shavelson，1986）。Canter 和 Kihlstrom 提出了自我家族的概念，即自我概念不是单一的，而是一系列自我概念的集合体，包括工作自我、家庭自我、社会自我和情绪自我等。

三 青少年自我意识的含义和结构

我国心理学家对自我意识的研究开始于 20 世纪 60 年代，对自我意识概念也进行了比较多的探讨。朱智贤认为自我是个人自我意识的凝聚，即人对自身的观念系统（黄希庭，2005）。时蓉华（1986）认为自我意识也称自我，乃是对自己存在的察觉，即自己认识自己的一切，包括认识自己的生理状况、心理特征以及自己与他人的关系。李德显（1997）认为，自我意识不同于自我概念，自我意识属于一种主体自觉的、能动的行为过程，包括知、情、意三大过程，是个体的"主我"实现认识"客我"的方法和手段，而自我概念就是这一过程的目的和结果。主体通过自我意识形成自我概念，两者是过程与结果的关系。尽管研究者对自我意识存在着分歧，但是一般认为，自我意识是一个具有多维度、多层次性的复杂心理系统，是对个体自身及其与周围关系的意识，包括个体对自身的意识和对自身与周围世界关系的意识两大部分。从形式上可以表现为认识、情感、意志三种形式，即包括自我认识、自我体验、自我控制三个部分。

综上所述，心理学关于自我的研究也有一百多年的历史，涉及的领域极为广泛。然而自我意识这个概念却是不容易进行定义的，不同的研究者都从自己的理论解释来阐释自我意识，因此自我意识内涵和外延都不断地发生变化。给自我意识下一个精确定义之所以觉得困难，主要有以下几点原因。

（1）自我意识的属性太多，一方面，有研究者认为自我意识属于人格的一部分，有的却认为自我意识是独立的成分，在个体的心智中起独特的作用；另一方面，自我意识的成分过于复杂，人类几乎把意识都纳入自我意识的范畴之中，这样并不利于辨析清楚内部错综复杂的关系。

（2）自我意识的复杂性源于人性的复杂性。自我意识是个体对自己的属性和功能的认识，本质上就是对自己的人性进行窥探，人性表面上看起来不可捉摸，但背后似乎有一条稳定而强有力的规律在支配着它，因此，自我意识也一样，从它的发展来看，无序性和阶段性二者始终共存着。

（3）研究自我意识的领域太多，研究自我意识的不单单是心理学，还有社会学、人类学、历史学、哲学等，每个领域对自我意识的研究都是从自己的角度出发，因而显得自我意识的定义非常庞杂与纷乱。

尽管每个研究者对自我意识概念研究的角度和高度有所不同，但是，我们发现研究者们对自我意识都形成了较为一致的认识：（1）自我意识是人的意识活动的一种形式，也是人的心理区别于动物心理的一大特征；（2）自我意识作为主体的我对自己及自己与客观世界之关系的心理表征；（3）自我意识是构成一个人人格和行为的综合调控系统。

因此，在已有研究基础上，我们从自我意识的心理功能的角度出发，认为青少年的自我意识是由自我认识、自我体验和自我控制三方面心理活动构成，是青少年对自己及与周围环境的关系诸方面的认识、体验和调节的多层次心理功能系统，其结构如图1-4所示。

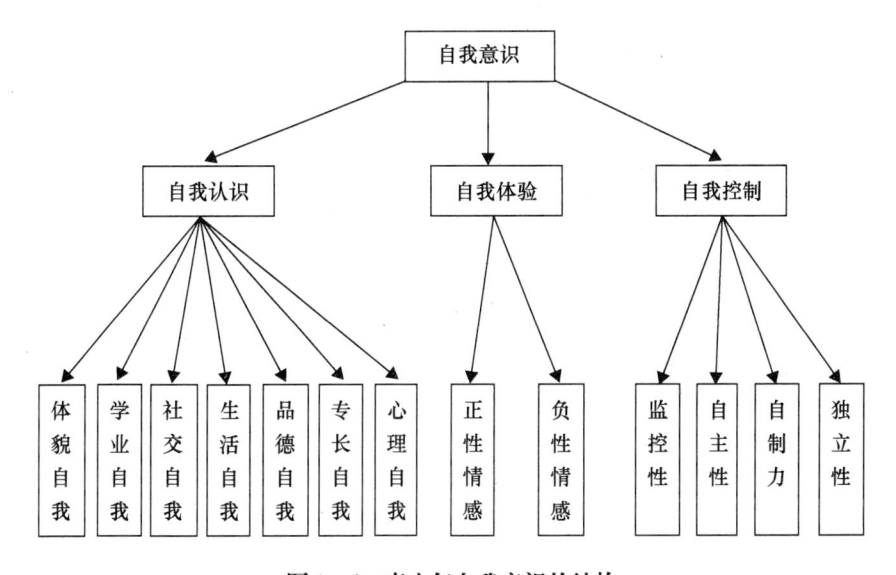

图1-4 青少年自我意识的结构

（1）自我认识属于自我意识的认知成分，包括对躯体自我、社会自我、心理自我的评价、感觉、分析等。其中躯体自我是指对自己体貌的认知和评价；社会自我是指在学业、社交、品德、生活和特长等方面的自我认识；心理自我是对自己的性格、兴趣、理想、价值观等方面的看法和评价。

（2）自我体验属于自我意识的情感成分，是在自我认识的基础上产生的，反映个体对自己所持的态度和体验，包括自尊感、焦虑感和满足感等。

（3）自我调节属于自我意识的意志成分，包括自主性、自制力、监控性和独立性等。其中，自主性指个体能根据目标来调整自己的行为；自制力指个体在一定诱惑的情景下的自控性，如延迟满足；监控性指个体对自己行为的认知和监控，根据不同的情景调节自己的行为与心理状态；独立性指个体心理和人格的独立，表现在个体自主行为的水平上。

可以说，青少年的自我意识就是其自我认识、自我情绪及自我调控，这三个维度紧密相连、相互作用。个体通常基于自我认识而产生正性或负性情感体验，如自信、自尊、自豪、自卑、焦虑等；自我控制是自我意识的执行方面，而自我认识和情感体验影响着自我控制，因而间接影响自我意识的能动性。这三个维度都是自我意识操作水平上的重要成分，影响着青少年的人格发展和社会适应。

第二节 自我意识的功能

个体在适应社会过程当中不是被动消极，而是具有其主观能动性，是一个自由选择的过程。其中，自我意识在这一过程中起着重要的作用，关于自我意识的具体功能，研究者都有自己不同的观点。

一 已有研究对自我意识功能的概述

Swan 和 Adkins（1981）认为人们为了获得对外界的控制感和预测感，会不断地寻求或引发与其自我概念相一致的反馈，从而保持并强化他们原有的自我概念，即自我验证。在认知方面，自我验证有助于形成稳定的自我概念，而稳定的自我概念就像船上的舵，在变幻莫测的生活海洋中支撑着我们航行的信心，从而使我们能更好地把握世界。在实用方面，自我验证使得他人对我们的看法与我们对自己的看法一致，使得我们自认为的身份得到普遍的承认，而我们的社会交往会更加顺利。

Sedikides 和 Skowronski（1997）认为自我在调节认知、情感、动机和行为过程中都发挥着作用，并描述了在信息加工、情绪反应和体验、目的导向行为中自我具体表现的多种途径。Tracy、Robins 和 Tangney（2007）认为自我有四种不同的适应机能：自我调节、信息加工过滤器、理解他人和认同过程，每一种适应机能都需要个体获得形成稳定自我表征的能力和反思个人心理过程的能力。(1) 自我调节，即自我意识能控制、调节和组织心理活动，指导人们的行为、情绪、思想和目标。Brown J. D. 概括了自我调节过程的三个阶段，首先选择目标，其次准备行动，最后把目前状态和愿望状态进行比较并评价行动的成果。但是，自我调节的能力并不能保证每个人都能有效地朝着目标前进，人们也会表现出自我击败和适应不良的行为。(2) 信息加工过滤器，即自我起过滤器或透镜的作用。在复杂的社会环境中，个体并不加工环境中所有的信息，而是根据一定的优先次序，选择性地加工与自我有关的信息。(3) 理解他人。自我是理解他人的参照点，个体通过自己的内部状态、情感和意图的反映，可以模拟在他人心里可能发生的活动并学着理解他人，因而自我觉知或自我洞察力能够促进个体对他人的理解。(4) 认同。在社会生活中，个体的地位是由各自的社会角色所确定的，由此也就产生了个人、关系、社会和集体等多种认同。而自我提供了一个联结，使个体能够在区分自己与他人、自己不同角色之间，获得连续性和统一感，更好地适应复杂的社会结构。

随后，Povinelli (1998) 认为，自我调节能力是由自我察觉和高水平的自我表征系统促进形成的。Brown (1998) 指出了自我调节过程的三方面：目标选择、行动准备、比较目前状态和愿望状态系统评价过程的循环控制。

另外，乔森纳·布朗 (2004) 在《自我》一书中，总结了自我具有六种功能，其中主我的功能包括：(1) 自我概念把个体和其他事物以及其他人区别开来，这种区别是形成自我概念的第一步；(2) 自我概念具有动机和意志功能；(3) 自我概念使个体具备了连续感和统一感，使个体的心理具有统一性。宾我的功能包括：(1) 个体关于自己的想法在认知功能中占重要地位，它们影响着人们对信息的加工和解释；(2) 个体关于自己的想法指导他们的行为，可以说个体表现出来的行为以及他们所选择的生活方式是受到他们对自己的看法影响的；(3) 自我概念具有动机作用，由于个体可以计划他们的特性，所以他们可以努力使自己成为特定的一个人。

二 自我意识功能模型

探讨自我意识的功能,实质上就是探讨自我意识在个体的主体性活动中起到什么样的功能与作用。我们都知道,个体在与环境相互作用过程中所体现出来的最本质的特点就是个体的主体能动性,而个体的自我意识就是这种主体性的核心,所有活动都必须经过自我意识的加工与处理。因此,我们从知情意出发,基于青少年心理活动的特殊性,提出自我意识的功能模型。

(一) 维护个体人格完整与独立

自我属于人格的核心,它在维护个体行为一致性中起着很重要的作用。个体从萌发思想到产生行动过程中,自我管理、自我预期、自我效能等不断地调节着个体的行为,使个体的身心不断处于动态平衡状态,从而维护人格的完整(珀文,2001),因此,人格健全也是自我意识功能的集中体现。

自我与人格是两个非常接近的概念,但它们又不是完全重叠。研究者对两者的关系进行了许多研究,提出一些著名的理论。G. W. Allport 提出,人格健全的个体就是"成熟的人",应该具有自我广延的能力,能够自我接纳,情绪上具有安全感和稳定性,形成现实客观的自我形象等。E. Fromm提出健全人格应该具有创造性的自我;A. H. Maslow 认为健全的人格是"自我实现者";Rogers 认为健全的人格是"充分发挥自我机能者";Pears 则提出此时此地的人能够客观而全面地认识自我;精神分析学派的 Karen Horney 认为"真实我""现实我"与"理想我"统一的人才能被称为人格健全的人。

另外,人格的良性发展也是基于自我意识的较好发展,Erikson 认为在自我同一性的发展过程中,每一个阶段都充满一对对立的矛盾,而这些矛盾的解决都是围绕自我的问题展开的。青少年阶段,个体面临自我统合与角色混乱的矛盾,这对矛盾能否得到化解意味着自我意识能否达到和谐统一的水平,个体的人格能否完整与独立。可以说,青少年人格发展过程也是自我意识(自我认同)形成的过程。王晓明和周爱保(2004)也认为,健康人格的自我意识至少具备以下几个特点:第一,恰当的自我认识;第二,真实的自我体验;第三,合理的自我控制。因此可以说,自我意识的发展水平,是人格完整与独立的一个重要指标。

(二)促进个体心理健康

良好的自我意识使个体更具有灵活性,在处理生活事件、应对危机的过程中,可以有效地维护心理健康、预防心理危机。自尊、自我价值感是心理健康的核心,良好的自我概念是心理健康的基础,理想自我、应该自我与现实自我的一致性是心理平衡的保证。而自我概念的单一性、自我评价过低等易导致个体心理危机。

首先,在情感因素上,Rogers(1951)认为,自我认可程度越高,其心理越健康;Erikson(1968)认为在个体的心理发展过程中,自我同一性感到混乱,其心理危机就会产生,人格发展就会滞留。良好的自我意识既是心理健康的一个基本要求,又是促进心理健康和主观幸福感的重要因素。

其次,在认知因素上,认知—行为学派认为家庭、社会、重大事件都是外部事件,是影响心理健康状况的外因,不起决定作用,真正具有决定性的是自我意识的经验解释功能,即个体以何种方式解释经验(时蓉华,1998)。Albert Ellis 在提出理性行为疗法(REBT)时也指出,心理障碍是由于个体对生活状态的感知和思维造成的,而不是由生活状况本身所造成,也不是由其他或过去的事件造成的。

我们的研究结果也证实了这一观点:(1)青少年自我意识水平的高分组和低分组在 SCL90 的各个维度得分上都具有显著差异,抑郁和人际敏感与自我意识的相关最为密切,自我意识中的自觉性、自信感、能力评价、体貌评价和自尊感对心理健康具有较大的影响(彭以松、聂衍刚、蒋佩,2007);(2)青少年的自我意识和生活事件能较好地预测心理危机,自我意识水平越高的青少年,其心理弹性越好,核心自我评价水平高的个体具有更高的生活满意度,也就是说,良好的自我意识使个体更具有心理弹性,在处理生活事件、应对危机的过程中,可以有效地维护心理健康、预防心理危机(聂衍刚、李婷、李祖娴,2011);(3)青少年情绪调节自我效能感对心理健康、主观幸福感也有着直接的影响,而情绪调节方式在其中起部分中介作用,提高青少年管理消极情绪、控制情绪冲动的自信心,不但有助于促进他们更好地调节情绪,而且能有效地避免因情绪问题而出现的负面行为(窦凯、聂衍刚、王玉洁、刘毅、黎建斌,2013)。

（三）促进个体社会适应

从进化论的观点来看，自我意识是一种进化适应的产物，对个体的社会适应具有重要的作用。Adler、Erikson、Rogers 等十分重视自我在社会适应行为发展中的地位与作用，他们认为自我觉察和内省可以促进对他人的觉察，自我意识的情绪如害羞、自豪、窘迫，可以在复杂的社会交互作用中调节社会行为，促进适应行为。个体的社会适应常常是通过个体与社会环境相互作用的行为活动而实现的，其社会适应水平（社会适应性）也是通过其适应行为表现出来的。自我意识对社会适应行为的促进和影响的理论假设是把个体的社会适应行为解释为对社会环境的应对，其理论依据主要有：

第一，追求优越理论。Adler 认为，个体适应社会就是克服自卑，追求优越的历程。因为个体一生下来是弱小、无力的，完全依赖成人，因而内心会产生自卑。但是，人们不是遗传和环境的消极接受者，人在塑造自己的人格和命运中有一种有意识的主动力量，有追求优越与完美的倾向，追求优越是为了求得自身完美所做的一种努力，而不是一种要超过他人的欲望。当个体意识到自身的缺陷就会与"劣势"抗争，在这个过程中，个体的适度追求会促进个体具备为了生存和发展的需要而必须具备的行为，以及根据社会规范和环境的要求而必须作出的行为选择的能力，从而促进个体的社会适应。

第二，自我调节机制理论。自我调节理论把社会情景的应激源看作一种有待解决的问题，从认知的角度探讨解决问题，获得最大收益和最佳效应的途径。自我调节理论认为自我调节的问题经历以下四个阶段：（1）确认目标状态和实际问题状态之间的差异；（2）导致这些差异减少的行为条件的确认；（3）选择恰当的行为以产生这些行为条件；（4）重复上述步骤，直到目标达到。自我调节理论反映自我调节三个阶段的三种行为方式：期望、选择、反应和一种结果状态——获得。自我调节理论始终强调将社会环境看作应激源以及目标状态对实际问题状态及其问题解决行为的导向作用，所以自我调节能力较好的个体，不仅表现出较高的认知发展，而且还能更好地适应社会环境。

另外，班杜拉提出的自我效能感理论中也涉及自我调节的内容。班杜拉指出，自我效能感本质上就是效能预期，表现为个体对自己能力的自信程度。自我效能感有两个重要的功能：（1）影响或决定人们对行为的选择以及对该行为的坚持性、努力程度。高自我效能感者倾向于选择具有挑战性的任务，在困难面前能坚持自己的行为，以更大的努力战胜困难；而低自我效能感者相反。（2）影响人们的思维模式和情感反应模式，进而影响新行为的习得和习得行为的表现。高自我效能感者与环境作用时，确信自己能很好地把握环境，因而能把注意力集中在任务要求及困难的解决上；而低自我效能感者更多地把注意力放在可能的失败和不利的后果上，从而产生焦虑、恐惧，阻碍了已有行为能力的表现。

我们的研究表明，自我意识促进社会适应的具体表现有：

第一，提高社交适应。研究发现人际自我效能感越高的个体其社交适应行为越好，而人际压力对人际自我效能感、社交适应行为有负性影响，进一步分析发现，人际自我效能感在人际压力与社交适应行为之间起到部分中介作用。因此，我们可以通过提高个体的人际自我效能感来促进学生的社交适应行为（聂衍刚、曾敏霞、张萍萍、万华，2013）。

第二，促进学习适应。通过对广州市1100名中学生进行调查，结果发现：青少年学习适应与归因风格存在显著负相关，与学业自我呈显著正相关，且学业自我对学习适应行为有显著的预测作用，并在归因风格与学习适应行为之间起部分中介作用（蒋洁，2011）。在对1079名农村中学生的调查结果也表明，一般学业自我、具体学科自我均与心理健康呈显著负相关，而与语文、数学、英语三科成绩呈显著正相关（李辉云，2012）。因此，在教育教学中，注意学生良好学业自我的培养，有助于提高学生学业成绩、促进学生心理的健康发展。

第三，促进诚信品质的形成。对青少年自我意识与诚信的关系研究发现，自我意识对诚信态度具有促进作用，良好的自我意识能够正向预测诚信态度，而减少学生的焦虑感能减少其对消极诚信情感的体验，同时发现自我监控对诚信态度可能有双重影响（聂衍刚、黎建斌、林小彤、周虹，2012）。

（四）影响个体的信息加工

自我意识是人的意识的最高形式，自我意识的成熟是人的意识的本质特征。它以主体及其活动为意识的对象，因而对人的认识活动起着监控作用。通过自我意识系统的监控，可以实现大脑对信息的输入、加工、储存、输出的自动控制系统的控制，这样，个体就能通过控制自己的意识而相应地调节自己的思维和行为。通过研究，我们发现自我意识对信息加工的影响具体有以下几点。

第一，改善前瞻记忆。通过行为实验，我们探讨了自我控制资源损耗对基于事件前瞻记忆的影响，结果发现，自我控制资源损耗会降低之后的基于事件前瞻记忆的正确率，其中的机制在于自我控制资源损耗影响基于事件前瞻记忆中的前瞻成分，从而导致基于事件前瞻记忆成绩的下降。另外，自我控制资源损耗对正在进行任务的正确率也存在负性影响。也就是说，在自我控制资源非损耗或充足的情况下，个体可能会有更好的前瞻记忆能力（黎建斌，2012）。

第二，影响冲动决策。对冲动决策的研究发现，自我损耗会促进冲动决策，表现为高损耗者比低损耗者的决策冲动性水平更高，更倾向于选择即时满足，脑电成分上表现为 N1 波幅的下降和 P200 波幅的上升。进一步研究发现补充生理能量能有效缓解该效应，也就是说个体可以通过补充生理能量来减少冲动决策行为的发生（窦凯、聂衍刚、王玉洁、黎建斌、沈汪兵，2014）。

第三，影响情绪信息加工。我们在问卷调查的基础之上，采用眼动和ERP技术考察了高低自我差异的情绪信息加工特点，对高低自我差异个体的情绪信息加工特点进行研究发现，高自我差异组加工负性信息的N170 潜伏期比积极信息的短，高自我差异者加工情绪信息的波幅比低自我差异者更高，眼动的潜伏期也更短。也即高自我差异组比低自我差异组对负性信息加工的速度更快，注视时间更长。进一步探索发现，沉思诱导下高自我差异组 P3 的潜伏期比低自我差异组更长，这说明高自我差异个体对负性信息存在注意偏向，而不同的诱导情况会影响个体的情绪信息加工（蔡瑶瑶，2013）。

综上所述，自我具有一种执行的机能，它帮助控制、调节和组织心理，并且在这一过程中指导着我们的行为、情绪、思想和目标。

第三节 自我意识的理论

不同心理学家根据自己对自我意识的理解或研究结果，从不同视角提出了关于自我的理论，下面主要介绍自尊理论、自我同一性理论、自我效能感理论、自我监控理论、自我动机理论、自我图式理论和整合理论（核心自我评价理论）。

一 自尊理论

（一）自尊的情感理论

自尊的情感理论假设自尊是形成于个体生命的早期，并以归属感和掌控感两种情感体验为特征。归属感指个体感受到无条件地被喜欢或被尊重，它不需要任何特定的品质或理由，来源于社会交往经验，尤其是亲子关系。掌控感指个体感受到在日常生活中能够对外部环境施加影响，埃里克森认为这是个体专心做一件事情或努力去克服困难的过程中获得的感受，如孩子在玩橡皮泥，挤捏的动作、橡皮泥在手指间的感觉所带来的愉悦也能产生掌控感。

自尊的情感理论认为归属感和掌控感通常都在生命早期形成，归属感对应于埃里克森的"信任与不信任"的发展阶段，这一时期，如果抚养者能够满足个体基本需要，给予其足够的爱，就可以帮助个体形成一种信任感，反之就会产生不信任感和不安全感；掌控感对应于埃里克森"自主对害羞与怀疑"的发展阶段中。这一时期，如果鼓励孩子探索和改造其周围世界，可以帮助其形成掌控感。反之，如果抚养者破坏、嘲笑或过度批评孩子的努力，将阻碍其形成掌控感。

（二）自尊的认知理论

自尊的认知理论认为自尊是个体对自身价值的有意识的判断和评价，强调个体在各个领域对自己的评价将决定其自尊水平。

自尊的认知理论有三种假设：（1）逐项相加假设。即假设整体自尊代表了个体对自己具体品质的评价的总和，即把个体对自己各方面的评价分数简单相加即可决定个体总体的自尊水平。但是该理论没有体现个体在对自己而言重要的方面的评价，因而不能很好地反映自尊。（2）重要性加权假设。该假设主张将个体对自身特质的评分与其对该特质重要性的评分相乘，最后再把这些分数相加形成加权的自尊分数。这样一来，如果个体看重自己表现好的方面，可以预期会有高的自尊。该理论的局限性则体现在一方面个体可能认为所有特质都非常重要，因此，重要性评价并不能增加信息；另一方面，个体自身的重要性评价可能并不重要，社会对这些特质的重要性评价可能更为关键。（3）自我理想假设。该假设关注个体对自身具体品质的评价与其相应的期望之间的差异，主张从自我评价分数中减去理想自我评价分数，再将各项差值相加得到个体的总体自尊分数。根据这个假设，即使个体在各方面对自己的评价都很高，但由于与其理想自我仍有差距，那么其自尊水平仍会较低。而对自己的评价中等，同时也认为自己并不需要在各个方面都"完美"的个体，其自尊水平可能较高。

（三）自尊的社会学理论

自尊的社会学理论，我们主要介绍 Cooley 提出的自尊理论和 Solomon 提出的恐惧管理理论。

（1）Cooley 的自尊理论。该理论认为自尊受到社会因素的影响，如果个体认为自己得到多数人的尊重和重视，那么个体就拥有高自尊。Cooley（1902）认为自我是从人际交往产生的，儿童通过与父母及其他家庭成员、同伴以及社区成员的交流而发展其人格与自我，他人赞许或谴责会逐渐融入个体的自我而形成其自尊。个体在社会化过程中不断接受着成人社会的价值标准，父母依据这些价值标准对自己的看法和评价，并将这些价值标准连同父母的看法与评价加以内化，这种内化的过程对年幼个体自尊的形成和发展具有非常重要的作用。在这个过程中，个体接受这些价值标准，个体设想别人对自己的评价，并从这些评价中摄取自己的形象，继而形成与自我感觉相联系的带有情感与评价性质的观念——自尊。Mead 也认为自尊在个体与他人、社会的相互作用中产生。个体通过观察自己所处社会中主要人物的观点、行为、态度，其中也包括那些重要人物对自己的态度，通过学习将其内化为自己的态度并表达出来。如果他人对自我是高度重视的，那么该人所拥有的自尊感就将是高的。相反，如果他人对自我不重视，那么该人将会把这些消极的看法与态度以低自尊的形式加以表现。

（2）恐惧管理理论。该理论是 Solomon（1986）提出的一个关于自尊的理论，该理论强调自尊的文化基础。恐惧管理理论源于 Erest Bekcer（1962）关于文化的观点，即人类存在的显著特征就是对死亡的思考，对死亡的思考产生了焦虑和恐惧，而文化的功能在于能够指出一种充满意义和价值的生活方式，从而缓解人们的这种焦虑与恐惧，并让人们看到希望。因此，Solomon（1990）认为，自尊是个体对自己生活环境的意义感以及在这些环境中的价值感的体会，自尊同样具有焦虑缓冲器的作用，其主要功能是克服恐惧、缓解焦虑。个体的自尊是通过社会化过程获得的，是个体对自己是否达到了文化、世界观和价值的要求的感受与体验，个体在一定的环境中获得意义感和价值感的过程既是个体适应环境的过程，也是维持和获得自尊的过程。任何对价值感和意义感的威胁都会引起焦虑，并影响自尊。当个体受到威胁时，自尊作为焦虑的缓冲器，会诱发一定的社会行为去补救和防御。但是冲击和威胁过大、时间过长，将导致自尊的适应机制受损，从而引起适应不良和障碍，产生各种心理和生理问题。

（四）自尊的社会度量计理论

该理论是 Leary 等人提出的，他们认为自尊是个体与他人人际关系的内在反映。当个体被他人喜爱时，自尊就会上升，而被他人拒绝或排斥时，自尊就会下降。自尊对于个体维持与他人良好的关系具有重要的作用，是个体对其个人与社会，尤其是与重要他人之间关系的主观度量，反映了个体与他人的关系在他人眼中的重要性，或他人对这种关系的亲密程度的看法和关注程度。自尊扮演的是人际关系度量计的角色，促使个体保持最低程度地被他人接受。主观的高自尊反映了个体知觉到对于某群体或亲密的人来说，自己是有价值的、可爱的。相反，低自尊反映了个体对其社会融入程度低的知觉。自尊作为监控系统，有特质自尊和状态自尊之分，标志着个体即时的和潜在的人际关系状况。状态自尊标志着个体当前的关系价值，即他在当前可能被他人接受或排斥的程度。特质自尊则反映了个体能被所期望的群体或同伴接受的程度的一般性、总体性的评价，标志着个体对未来潜在关系的一种预期，不会因为社会关系暂时的变化而改变。

（五）自尊的现象学理论

该理论是 Murk 在 1999 年提出关于自尊的理论。该理论认为胜任力和价值感是决定自尊的两个主要因素，自尊通过价值感和胜任力的相互作用而产生。根据胜任力和价值感的不同组合关系，自尊可以分为四类：高自尊、低自尊、防御型自尊（包括 I 型和 N 型）和中间型自尊。高自尊又称为真实的自尊，拥有高自尊的人胜任力和价值感都高，并且这种自尊是通过个体努力取得的而非外界给予的；低自尊的人胜任力和价值感都低，通常采取消极防御或躲避风险的方式来应对生活的挑战，容易导致焦虑和抑郁；防御型自尊Ⅰ型的人拥有高价值感和低胜任力，通常表现出自我中心和自恋倾向，当自尊受到威胁时，会产生强烈的负面行为；防御型自尊Ⅱ型的人拥有低价值感和高胜任力，通常过分担心失败，缺乏安全感，特别渴望成功或避免失败，遭遇挫折时容易出现自残或暴力行为；中间型自尊为大多数人所拥有，具有中等的价值感和胜任力。

二 自我同一性理论

自我同一性理论从提出到现在，虽然只有几十年的时间，但其研究已经有了很大的进展。

（一）Erikson的自我同一性理论

自我同一性理论的研究源于Erikson，他认为自我同一性是具有建设性机能的健康自我所具有的一种复杂的内部状态，包括四个方面：（1）个体性，即独特感，个体感受到自己是与众不同的、独立的存在；（2）整体性和整合感，即内在的整体感，个体在成长过程中有许多关于自己的零碎表象，健康的自我能把这些零碎的表象整合为一个有意义的整体；（3）一致性和连续性，即潜意识地追求一种过去、现在和未来之间的内在一致感和连续感，使个体感受到生命的连贯性；（4）社会团结感，即个体能够与其所属的社会或次级团体的理想和价值产生一种内在和谐的凝聚力和休戚与共的感受，感觉到个体对他人是有意义的存在，并能主动符合他们的期望。Erikson认为，自我同一性感实际上就是生存感，其反面是同一性混乱或角色混乱，也就是同一性危机。

（二）Marcia的危机与承诺

Marcia根据Erikson同一性形成理论提出两个主要维度：危机和承诺，（后来改为探索和承诺）。探索是指个体在同一性发展过程中努力寻找合适自己的目标、价值观和理想，承诺是指个体为认识自己、实现自己对于目标、价值观和理想等作出精力、毅力和时间等方面的个人投入、自我牺牲以及对特定兴趣的维持等。Marcia还发现并不是每个青少年都会经历"同一性与同一性混乱"这一危机，有些青少年并不经历这一危机。于是他根据个体是否经历探索达到承诺将其分为4种类型：（1）同一性完成型，即经历了探索并形成了明确的承诺；（2）延缓型，即正在经历探索，尝试各种选择，但还没有形成承诺；（3）早闭型，即没有经历探索就形成了稳定的承诺、信念，这些承诺、信念多是来自父母或重要他人；（4）弥散型，即不主动探索也没有形成稳定的承诺。

（三）自我同一性发展模型

随着自我同一性发展既受个体内部因素影响又受社会环境因素影响这一解释越来越形成共识，许多研究者提出了不同的影响同一性发展的模型，以下就是两个有代表性的模型。

（1）Côté 的同一性资本模型。这一模型整合了社会学和心理学对同一性的理解。从社会学角度来看，整体的经济政治变化、后现代的制度支持都影响着同一性的形成；从心理学角度来看，个体可支配的资源尤其是有利于控制环境的资源影响着个体同一性的形成。个体生活环境对自己提出各种要求，个体必须有足够的资源来应付，这就是同一性资本。同一性资本可分为两部分：有形资产和无形资产。有形资产就是个体进入各种社交圈和机构的"通行证"，如教育证书、兄弟/姐妹会俱乐部的成员、个人仪态（如着装、说话风格等）。无形资产如对承诺的探索、自我强度、自我效能、认知灵活性和复杂性、自我监控、批判性思维能力、道德推理能力及其他性格特征（Côté，1996）。该模型认为个体对"自己是谁"进行探索与投入，将会对同一性的形成有很大帮助。

（2）自我同一性发展的因素模型。该模型是 Bosma 和 Kunnen 提出的。这一模型基于已有研究和理论对影响同一性发展因素的解释将同一性发展看成一个重复的过程，每一次重复就是个人与情境的一次交互作用，这些交互作用有可能导致冲突。个体最初通过调节对情境的解释将冲突同化进已有的同一性中，尽力解决冲突。如果无法进行同化，冲突就会继续存在并累积，同时逐渐消除现有的承诺，直到顺应或同一性改变发生。在这个模型中，个人和情境决定因素决定了同化和顺应的比例和二者之间的最优化平衡。

三 自我效能感理论

自我效能感理论是 Bandura 从社会学习的视角提出的关于自我的理论，我们主要从自我效能感的维度、影响因素以及作用三个方面进行简单介绍。

(一) 自我效能感的三个维度

自我效能感主要具有水平、强度和延展性三个特征维度：(1) 水平上的变化是指一个人认为自己所能完成的、指向特定目标行为的难易程度，这一维度上的差别是不同个体选择不同难度的任务的主要原因；(2) 强度上的变化是指一个人对自己实现特定目标行为的确信程度，低自我效能感的个体容易受某些失败经验的影响而自我否定，强自我效能感的个体则不会因一时失败而自我怀疑，而是相信自己有能力完成特定任务；(3) 延展性（或广度）上的变化是指在某个领域的自我效能感影响其他相近或不同领域中的自我效能感的程度。

(二) 自我效能感形成的影响因素

Bandura（1995）认为自我效能感形成的影响因素主要有四个：

(1) 以往的成败经验。以往的成败经验对于个体自我效能感的形成影响最大，成功的经验可以形成较高的自我效能感，失败的经验则可能降低个体的自我效能感，尤其是当个体尚未形成较强的自我效能感之前。

(2) 替代性经验（示范效应）。如果人们看到跟自己相似的人通过持续的努力获得成功，他们就会相信自己也有能力成功。相反，对失败者的观察会使个体怀疑自己进行相似活动的能力，进而会降低动机水平。同时，Bandura 还强调了榜样与个体越相似（如在年龄、性别以及地位和经验等方面相似）和要完成的工作的关联性，与个体越相似、工作关联性越大对观察者自我效能感形成过程的影响就越大；相反，如果观察者发现榜样跟自己并无相似之处，那么榜样的行为选择以及所产生的结果就不会对他们的自我效能感的形成产生较大的影响。

(3) 社会劝说。当他人劝说个体拥有完成任务和工作的能力时，个体更有可能投入更多的努力和毅力去完成任务，尤其是当个体在一项工作的过程中感到举步维艰或是怀疑自己时，这样的社会说服作用就更加明显。因此，社会劝说在自我效能感形成过程中的作用也是不可忽视的。

(4) 情绪状况和生理唤起。个体在评估自己的能力时，常常会依赖于当时生理和情绪状态。在生理上，个体往往将受到的压力视为业绩不良的征兆、把耐力活动中的疲惫感和疼痛看作是生理缺陷；在情绪上，积极的情绪状态可以增强自我效能感，消极的情绪状态则可能削弱自我效能感。

（三）自我效能感的作用

自我效能感对个体的作用主要体现在以下四个方面（Wood 和 Bandura，1989）。

（1）选择过程。根据三元交互作用理论，人既是环境的产物，又是环境的营造者，人作为环境的营造者，除了通过自己的活动改变环境的性质外，当个体面临不同的环境条件时，他选择什么环境，则主要取决于他的自我效能感。个体倾向于回避那些他们认为超过其能力所及的任务和情境，而承担并执行那些认为胜任的事。

（2）认知过程。个体的目的性行为大多受到预期目标的调节，而预期目标如何设定，则要受到自我效能感的影响。自我效能感越强，个体设定的目标越具有挑战性，其成就水平也就越高。

（3）动机过程。自我效能通过动机过程对个体发生作用，除了影响人的归因方式、控制点知觉之外，自我效能还会影响到个体在活动过程中的努力程度，以及个体在面临困难、障碍、挫折、失败时对活动的持久力和耐力。

（4）情绪反应。当面临着可能的危险、不幸、灾难的环境时，自我效能将决定个体的应激状态、焦虑和抑郁等情绪反应，相信自己能够对环境中的潜在威胁施以有效控制的人，不会在应对环境事件之前忧虑不绝、担惊受怕，而怀疑自己能否处理、控制环境的潜在威胁的人则相反，他们常常担心自己应对能力不足，感到环境中充满了危险，因而体验到强烈的应激反应和焦虑，并会采取消极的退避行为或者防卫行为。

四　自我监控理论

（一）自我监控理论概述

自我监控理论是 Snyder（1974）提出的一个理论。该理论认为个体控制表情和自我呈现差异是由于其自我监控差异造成的，典型的高自我监控个体由于关心其社会行为的情境和人际适宜性，对社会情境中他人的表情和自我呈现特别敏感，并用这些线索作为自我监控（即管理和控制）其言语和非言语自我呈现的指南。相反，典型的低自我监控个体对情境适宜性自我呈现的社会信息不敏感，他们也没有发展出很好的自我呈现技能，与高自我监控者相比，低自我监控个体的自我呈现和表情行为受其内在情感状态和态度控制。换言之，高自我监控的人对情境的适合性线索有高的敏感性，并能相应地调节他或她的行为，而低自我监控的人对社会信息较少注意，并且通常根据内在感受和态度行动。

(二) 公我与私我意识理论

Carver 和 Scherier (1981, 1990) 在 Scheier 等人基础上，提出了公我与私我意识理论。该理论强调人们在关注公我与私我程度上的个体差异，私我意识强的人对群体中的社会压力敏感度低，其外在表现和内心态度更一致，较多关注诸如信念、价值和情感等个人的内在方面，较少认识和考虑到他人的意见与期望，他们面对社会要求和压力时是独立的、自主的；而公我意识强的个体更多关注他人意见与期望，尽量避免显得不合众，在面对社会期望与压力时，他们会顺从大多数人的意见，他们十分在意自己在他人面前的表现，也能更准确地预测自己给周围人的印象。也就是说，高公我意识的个体更关注他人如何看待自己、呈现在他人面前的自我和外在标准，而高私我意识的个体关注自己的内心并专注自己的感受、愿望和标准。

(三) 自我导向理论

Higgins 等人的自我导向理论首先定义了现实自我、理想自我、应该自我三种自我，现实自我指个体自己或他人认为个体实际具备的特性的表征；理想自我指个体自己或他人希望个体理想上应具备的特性的表征；应该自我指个体自己或他人认为个体有义务或责任应该具备的特性的表征。该理论认为理想自我和应该自我是引导现实自我的导向或标准。理想自我建立在理想和目标的基础上，当现实自我与其不一致时，个体就会感到悲伤、失望和抑郁；应该自我建立在责任和承诺的基础上，当现实自我与其不一致时，个体就会感到内疚和焦虑。因此，现实自我与这些标准有差异时，个体就会产生要减少这种差异的动机，这种动机推动着个体不断努力，从而使现实自我达到相关的自我标准。不过减少自我差异的动机倾向性存在着个体差异。因为不是所有的人都有两种自我标准，有的人可能只有应该自我标准，有的人可能只有理想自我标准，而有的人两种标准都有，因此，每个人选择的标准也就有所不同。

五　自我动机理论

自我动机理论的核心观点最早由 Lecky（1945）提出，他认为个体具有自我一致或自我统一的动机。人们需要建构一个统一的概念系统以产生对世界的秩序感，因此人们的自我概念被组织成一个分等级的、整合的系统。个体保持其概念系统一致性的强烈需要，如果个体经验的组织系统消失了，个体就会努力保护他们的概念系统，而且个体容易被与自我评价一致的经验所吸引，而与个体自我评价不一致的经验由于引起个体焦虑而通常被拒绝。下面主要介绍自我提升理论和自我验证理论。

（一）自我提升理论

自我提升理论是 Shrauger 提出的不依附于自我验证、自我评定和自我完善动机的自我提升。Shrauger 在阿德勒等人研究基础之上，提出了两种形式的自我增强理论：简单的自我增强理论和补偿性自我增强理论。简单的自我增强理论认为，所有的人都会努力地提高自我价值感。补偿性的自我增强理论认为，消极自我观的人，因为经常得到他人的消极评价，所以他们会更需要得到他人的肯定，会更倾向于提高自我价值感，以补偿这种不足。

日常生活中，人们寻求和保持积极自我意向的动机有着极其繁多的表现形式，这些表现可能有所不同，但殊途同归，它们都以获取积极的自我意向为最终目的。有研究认为个体的自我提升主要有五种表现（刘肖岑、王立花、朱新筱，2006）：

第一，优于平均效应、控制错觉和不切实际的乐观。优于平均效应，即认为自己比一般人拥有更多的积极品质和更少的消极品质，人们持有夸大自己品质的信念，这可能是自我提升动机最强有力的证明；控制错觉是指人们有时会过高地估计自己对结果和偶发事件的控制程度，相信自己能够影响那些本质上由随机规律所决定的结果（如抽彩票中奖）；而不切实际的乐观是指人们毫无理由地深信自己会比其他与自己类似的人经历更多的积极生活事件并遭遇更少的消极生活事件。

第二，自我服务偏向的归因。自我服务偏向归因是个体针对积极和消极结果作出的不平衡性归因，表现为人们倾向于对积极结果做性格倾向性归因，将其归结为自我中稳定的、核心的方面，而对消极结果做外部因素性归因，或者将其归结为自我中价值较低的方面。

第三，选择性地注意、加工、保持与提取信息。寻求、加工和记忆对自己有利的信息是人们形成和保留积极自我观念的一种方式。人们会选择性地遗忘与自我核心特质有关的消极信息，表现出记忆忽略现象，会高估自己的缺点在人群中的普遍性，表现出虚假一致性效应，或者会低估自己优点在人群中的普遍性，表现出虚假独特性效应。

第四，策略性地选择社会比较和交往的对象。通常人们会策略性地选择下行社会比较来实现自我提升的目的，但有时平行比较和上行比较也能使人们从别人的优秀品质和成就中受到鼓舞、获取力量，因而亦有自我提升的功效。此外，由于喜欢自己的人多半会给自己提供积极的人际反馈，所以多数人会选择与喜欢自己的人交朋友。

第五，自我妨碍。当人们不能确定自己是否能完成某项重要任务时，会出于对自身能力所持的固定实体观念为自己的成功设置障碍，以使自己保持胜任的形象，这便是自我妨碍行为。通过该行为，人们可以将失败归咎于设置的障碍以保护自尊，也可以通过克服障碍获得成功而使自尊得以提高。

（二）自我验证理论

Swann 于 20 世纪 80 年代提出了自我验证理论。该理论认为个体在人生的最初阶段通过不断接受别人对自己的反馈而逐渐形成的一种自我观，一旦形成了稳定的自我观，人们就会用它预测世界、引导行为，维持个体的连续感和一致感，并激发了人们产生维持一致性的想法和行为。自我验证增强人们的预测感和控制感表现在两个方面：认知方面，自我验证有助于形成稳定的自我概念，而稳定的自我概念就像船上的舵，在变幻莫测的生活海洋中支撑着我们航行的信心，从而使我们能更好地把握世界；实用方面，自我验证使得他人对我们的看法跟我们对自己的看法一致，我们自认为的身份得到普遍的承认，则我们的社会交往会变得可预测，社会交往也会更加顺利。

Swann 等（2010）用 SIR（Selection–Interpretation–Retention）模型系统阐述了寻求自我验证的过程。首先，人们选择进入能够验证自我观的群体，如果自我观没有得到验证，接下来人们通过身份暗示，努力强化得到验证的行为来增加他人对自己的自我验证评价，同时，人们会无意识地进行选择性注意、选择性记忆和选择性解释,来形成一种自我认知得到验证的期望。最后,如果以上实践都失效,人们会脱离群体,转而去寻求另一种能够获得自我验证的关系。人们验证自我的途径主要有两种:营造验证自我的社会环境和歪曲客观信息,营造验证自我的社会环境包括选择交往伙伴和环境、有意显示身份线索和采取能引发自我验证反馈的交往策略,对现实信息的主观歪曲包括选择性注意、选择性编码和提取、选择性解释。

六 自我图式理论

认知取向的自我理论既不是从自我的结构去探讨自我,也不是从自我的内容去分析自我,而是从认知心理学的观点出发,运用认知心理学的术语去解释人类关于自我的认识。下面主要介绍几种较有代表性的理论。

(一) 认知—体验理论

Epstein 的自我观点是以认知心理学的信息(经验)、组织(概念形成)、表征(层级组织的概念体系)及其发展过程等为基础的。他认为经过一定的时间后,个体就会形成精确的自我认知地图,自我认知地图是个人对现实和外部世界及他人的理解,Epstein 称之为"世界理论"(world theory)。以此为基础,Epstein 认为自我认知地图会帮助人们理解过去、现在和未来的事件。这种认知工具可以预见未来,维持自我快乐和痛苦的平衡。

认知—体验理论整合了意识与内隐认知的观点。Epstein(1994)指出人们对外部和内部世界存在两种反应方式,一种是理性的,一种是经验的,它们分别代表个体适应现实的不同心理系统。理性系统在意识水平上运作,受责任驱动,以语言为中介,以深思熟虑为特征。而经验系统在无意识水平上运作,受情感驱动,以加工信息的整体性和迅速高效为特征。理性系统主导个体的外显自我评价,而经验系统主导个体的内隐自我评价。

(二) 自我认知的图式理论

Jennings 和 Markus(1977)在吸收了认知心理学有关图式的概念及信息加工的观点基础上提出了关于自我的信息加工观。

Markus 认为自我图式是有关自我的认知结构,是关于自我的认知概括。它来自过去经验并对个体社会经验中与自我有关的信息加工进行组织和指导。个体之所以形成某一自我图式，是因为这一领域对个体具有重要意义。自我图式既包括以具体的事件和情境为基础的认知表征（如"我前天演讲时很紧张"），也包括较为概括的、来自本人或他人评价的认知表征（如"我是一个热心的人"）。自我图式由个体加工过的信息组成，对与自我有关的信息的输入和输出均有影响。自我图式储存于记忆中，一经建立即发挥其选择性功能，决定是否注意信息、信息的重要程度如何、怎样建构以及如何处理信息。随着某类重复经验的不断累积，个体的自我图式会变得越来越稳固，对与之不一致或矛盾的信息会加以抗拒。当然，这并不是说已经建立的自我图式就完全不能改变，在某些条件下自我图式亦会作出适当的调整。

Markus 和 Nurius（1986）认为自我图式不仅对过去的行为进行表征，还有一类知识是与个体的潜能和未来有关的。这类知识被他们称为可能的自我（possible selves）。可能的自我既包括我们希望成为的理想自我，也包括害怕成为的自我。可能的自我是自我系统中有关未来的部分。可能的自我不仅仅是一些想象的角色或状态，它们表征的是对个体有重要意义的希望、恐惧和幻想。这些可能的自我既是人格化、个性化的，也是社会化的，受到个体所处的社会历史文化背景的影响。可能的自我是未来行为的诱因，具有动机的功能，同时它也为当前的自我提供了评价和解释的情境。

七　整合理论——核心自我评价

Parker 的评价理论使核心自我评价概念的提出成为现实。Parker 的评价理论将情感视作个体根据自身所意识到的需要、承诺或者价值而对个人、事物、事件进行潜意识评价的一种形态。Parker 认为不同的评价具有不同的水平，但针对特定情境的评价总是受到更深层次的、更为基本的评价所影响，这些基本的评价被称为"核心评价"，它影响着其他的次要评价，是次要评价的基础。Parker 将人们潜意识所持有的最基本的评价界定为"核心评价"，并把这些潜意识的评价分为三类：自我评价、他人评价和社会评价。其中，在这三类核心评价中，最为基本和重要的评价是对自我的核心评价，即核心自我评价。

1997年，Judge等在Parker的评价理论基础上，综合临床心理学、人格心理学、社会心理学、管理心理学、发展心理学等8个领域的研究成果提出核心自我评价（Core Self - Evaluations，CSE）这一综合型的人格概念，并将其定义为：核心自我评价是个体对自我能力和价值所持有的最基本的评价和估计，是一种总体自我评价，影响着对具体领域的自我评价（Judge、Locke、Durham、Judge和Durham，1997）。因此，核心自我评价是一种相对持久和基础的对自己作为一个个体的评价。如同树干的特性决定着枝叶的发展类型一样，个体的核心评价影响着其他所有的次级评价。

Judge等人认为，核心自我评价是由一些子特质组成的，这些子特质应当符合3个标准：（1）评价性，即不应该仅仅对人格特质进行陈述，还应包括对其的评价；（2）根源性，人格特质应该是基本性的而不是表面性的，基本特质处于表面特质之下，决定了很多表面特质，例如对自我的评价和对侵略性的评价，前者更为基本，而后者可能是自我怀疑和挫折感的反映；（3）广泛性，核心自我评价的子特质不是针对某种能力的具体评价而是对整体能力的一种更为宽泛的评价。根据这3个标准，Judge和他的同事确定了4个符合这些标准的特质：自尊、一般自我效能感、神经质（情绪稳定性）以及控制点，这4个特质能够组合成一种潜在的、宽泛的特质。

第二章

青少年自我意识的测评

自我意识（self-consciousness）是个体人格的核心，不仅影响着个体人格发展的水平而且还与个体的学习、生活、交往、社会适应、心理健康等都有密切的关系。在个体生命历程中，处于12岁、13—17岁、18岁的青少年时期是介于儿童与成人之间的过渡阶段，也是个体人格发展的关键期。此时，作为人格发展核心的自我意识得到了迅速发展，形成既不同于儿童又区别于成人的心理特点。一般认为，青少年的自我意识呈现两重性倾向：独立性与幼稚性相关联；自尊心与自卑感同在；闭锁性与开放性共存；自我控制能力差（戴风明、陈锦秀，2004）。但是，由于存在个性差异，不同的青少年其自我意识发展的水平和特点是不完全相同的，深入了解青少年自我意识的特点和发展规律，并有针对性地培养学生良好的自我意识，对促进青少年人格健全发展和心理健康完善都有重大意义。

我们认为，编制一套有良好信效度的青少年自我意识量表十分重要，通过科学的测评工具，系统且客观地了解当代青少年自我意识的发展状况，可为学校开展青少年人格教育和心理辅导提供科学的参考依据。本章将整理我们团队所开发的《青少年自我意识问卷》《青少年道德自我问卷》和《青少年自我差异问卷》，为探索青少年的自我意识功能、特点提供研究基础。

第一节 青少年自我意识问卷编制

一 青少年自我意识的结构和初步测评

（一）研究背景

1. 研究的现状

在自我意识研究的历程中，心理学先驱 James 于 1890 年的《心理学原理》一书中首次出现了对自我不同方面的归类（James，1890）。20 世纪 20 年代对自我意识进行了很多研究，Cooley 提出了"镜像自我"，Mead 把自我分为主体我（I）和客体我（Me）。Freud 的人格理论涉及自我的内容，把人格分为本我、自我、超我三个部分。之后 Allport 提出了一个叫"统我"的概念来解释自我意识的结构特征，Erikson 提出自我同一理论，Rogers 提出自我机能评估理论，Albert Bandura 提出了自我效能理论，Buss（1980）提出了他的自我意识理论，Gergen（1991）研究了多重自我的概念，Pervin 和 John（2003）在回答自我的结构要素是什么的时候，认为自我有个人的、关系的、社会的、集体的四个层次。Panayiotou 和 Kokkinos（2006）认为自我意识是自我各个方面的某种倾向，例如情感和公共意象（public image）。此外，从 20 世纪中后期开始，Rosenthal（2000）从认知过程深入研究自我问题。在有关自我的量表方面，Fenigstein 等（1975）编制的自我意识量表（SCS）由三个维度组成：个体自我意识（Private Self‐Consciousness），10 个项目；公众自我意识（Public Self‐Consciousness），7 个项目；社会焦虑（Social Anxiety），6 个项目。个体自我意识维度是测试自我的内在方面，比如情感和信念；公众自我意识维度测试的是自我的公共性的一面，比如外貌和行为方式等；社会焦虑维度测试的是负性评判的理解。之后，Scheier 和 Carver（1985）进一步修订了自我意识量表（SCS‐R）。Rotatori（1993）编制了多维自我概念量表（MSCS）来测查自我概念的综合情况，由社交、能力、影响力、学业、家庭和躯体 6 个内容领域组成。每个维度 25 个项目，总量表 150 个项目。Piers 和 Harris 1974 年修订的 Piers‐Harris 儿童自我概念量表（PHCSS），主要用于儿童自我意识状况的评价，由行为、智力与学校情况、躯体外貌与属性、焦虑、合群、幸福与满足 6 个分量表 80 个项目组成。Fitts 编制的田纳西自我概念量表（TSCS）由自我认同、自我满意、自我行动、生理自我、道德自我、心理自我、家庭自我、社会自我、自我总分和自我批评10个因子组成，共70个项目（Fitts，1965）。在国内方面，程乐华等自编了由生我自评、生我自尊、生我自纳、心我自评、心我自尊、心我自纳、社我自评、社我自尊和社我自纳9个维度组成的自我意识量表（程乐华、曾细花，2000）；贾晓波（2001）编制了由自我观念、自我设计、自我体验、自主意识和自省意识5个维度组成的中学生自我意识量表；陈国鹏等（2005）编制了小学生自我概念量表；黄希庭（1998）编制了青年学生自我价值感量表等。自我的理论如此之多，以至大量的自我理论和模型使多数自我研究者无所适从。从他们的理论中，我们可以确定自我意识是一种多维度、多层次的综合心理结构，这对我们自我意识量表的编制具有理论参考价值。国内外的研究者们根据某些不同的理论编制了一些自我量表，但国内目前为止仍未有从自我意识的功能角度来编制自我意识量表。

2. 青少年自我意识的功能结构及量表编制的理论构想

个体的自我意识具有重要的心理功能，在个体的心理活动和社会生活中发挥着积极的调节、监控作用。从心理功能的角度看，我们认为个体的自我意识是由自我认识、自我体验和自我控制（或自我调节）三方面心理活动机能构成，是个体对自己及与周围环境的关系诸方面的认识、体验和调节的多层次心理功能系统。自我认识属于自我意识的认知成分，包括对体貌、能力、行为、道德、社会角色、社会关系等方面的自我评价、感觉、分析等；自我体验属于自我意识的情感成分，是在自我认识的基础上产生的，反映个体对自己所持的态度，包括自尊感、自信感、自卑感、内疚感等；自我调节属于自我意识的意志成分，包括自觉性、自我控制、自我监督等。个体往往是基于自我评价而产生情绪调节，自我控制是自我意识的执行方面，自我意识的能动性最终体现在自我控制之上。这三个大维度紧密相连，是自我意识操作水平上的重要成分。因此，本研究从自我意识的心理功能这个角度出发，把青少年自我意识定义为对自己的体貌评价、能力评价、品德评价、自信感、自尊感、自觉性、自制力、坚持性等因素构成的心理功能系统，并以此为依据编制青少年自我意识量表。

（二）研究方法

本研究包括三个步骤：一是在总结国内外相关研究的基础上，根据理论假设建构出自我意识量表的初步框架；二是进行量表项目和维度的探索，反复推敲修改形成能够探索青少年自我意识心理结构的量表；三是运用拟订的量表对被试进行心理测验，通过统计测验学的分析，对构想的青少年自我意识的功能结构和测评量表进行检验。

1. 量表项目和维度的施测

（1）量表的初步编制：从量表的初步构想出发，并参考前人编制量表的项目，把大量挑选的和自编的项目组成项目题库。经过咨询有关专家、心理学老师和研究生的意见，反复推敲和修改某些项目之后，从题库中精选了 50 个项目组成的青少年自我意识量表初稿。量表初稿的内容体现了自我认识、自我体验和自我控制（或自我调节）三个方面涉及自我评价（体貌、能力、品德）、自尊感、自信心、自觉性、自控性、自制力、坚持性等具体内容的题项。量表编制采用李克特式 5 点量表法："1"表示完全不符合，"2"表示不符合，"3"表示有点符合，"4"表示比较符合，"5"表示非常符合。

（2）研究对象：选取广州地区 3 所中学的 379 位青少年为被试进行量表初稿的测试。其中初二 210 人，高一 154 人（15 人信息缺失）；男生 164 人，女生 189 人（26 人信息缺失）。

（3）施测过程与数据处理：在心理学老师指导下，由班主任协助，以班为单位集体施测，测试题统一发放和回收；数据全部采用 SPSS for Windows 12.0 统计软件包进行整理和统计分析。

（4）确定量表的第二稿：对收集回来的测试数据，首先将反向题进行记分调整，然后进行项目分析，删掉与总分相关过低的 8 个项目。进一步因素分析，KMO 系数为 0.887，Bartlett 检验 $p<0.0001$，说明变量之间有一定相关，适合因素分析。第一步探索性因素分析后，删除两个在所属因素上的载荷少于 0.30 的项目，形成具有 40 个项目的青少年自我意识量表第二稿。再一次因素分析发现，可抽取到特征值大于 1 的因子 9 个，方差贡献率为 59%。这 9 个因素和初步理论框架的内容基本符合，但是结构仍不够清晰。

2. 量表项目和维度正式确定

（1）确定量表的第三稿：在施测研究的基础上，对初编的青少年自我意识量表项目的表达和数量作进一步修订。对一些语句表达不清、语义不明的项目加以修改或删除，并慎重地增加了一些项目。确定了由42个项目组成的《青少年自我意识量表》为第三稿，进行第二次施测。

（2）研究对象：选取广州地区另外3所中学的青少年为被试，一共发放问卷716份，回收701份，有效问卷690份。其中男生356人，占51.6%；女生334人，占48.4%。初一161人，占23.3%；初二183人，占26.5%；高一165人，占23.9%；高二181人，占26.2%。

（3）施测过程与数据处理：在心理学老师指导下，由班主任协助，以班为单位集体施测，测试题统一发放和回收；数据全部采用SPSS for Windows 12.0统计软件包进行整理和统计分析。

（4）确定正式量表：同样，首先对测试数据的反向题进行记分调整，然后进行项目分析，删除了与总分相关过低的项目39个。探索性因素分析得出，特征值大于1的因子有12个，为防止因子过度抽取，考虑了单个因子解释的方差百分比和因素结构的碎石图，并结合研究理论构想，预定抽取8个因子。设定抽取8个因子进行正交旋转主成分分析，根据结果删除同时与两个因子高负荷的项目2、项目6和项目18，形成由8个因子、38个项目组成的正式的《青少年自我意识量表》（见附录一）。

（三）研究结果

1. 量表的结构分析

对正式量表进行因素分析，在几次探索之后，抽取的8个因素上的项目归属较为明显（如表2-1所示）。项目所属因素上的载荷介于0.333和0.858之间，8个因素累计变异百分比为54.830%。

表2-1　　　　　　　　探索性因素分析的结果

因素	特征值	变异百分比（%）	累计变异百分比（%）
1	4.269	11.235	11.235
2	3.448	9.073	20.308
3	3.298	8.679	28.987
4	2.569	6.761	35.748
5	2.034	5.353	41.100
6	1.893	4.981	46.081
7	1.811	4.766	50.847
8	1.513	3.983	54.830

根据理论构想和各因素所包括的题项内容，可以对抽取的 8 个因素进行具体命名（如表 2-2 所示）：因素 1 为自制力与坚持性；因素 2 为情绪自控；因素 3 为品德评价；因素 4 为自尊感；因素 5 为自觉性；因素 6 为自信感；因素 7 为体貌评价；因素 8 为能力评价。这 8 个因子基本符合之前的关于青少年自我意识的理论构想。

表 2-2　　　青少年自我意识量表各因素的项目及其载荷

因素 1		因素 2		因素 3		因素 4		因素 5		因素 6		因素 7		因素 8	
7	0.876	17	0.872	37	0.867	31	0.868	20	0.858	14	0.823	38	0.836	21	0.798
34	0.818	41	0.820	8	0.862	42	0.827	24	0.855	36	0.811	28	0.767	26	0.792
40	0.773	3	0.735	13	0.834	23	0.615	30	0.647	5	0.701	11	0.748	1	0.582
32	0.752	22	0.721	25	0.400	27	0.557	9	0.443	10	0.590	16	0.554	29	0.565
12	0.645	33	0.547	4	0.333	35	0.422	15	0.381						
19	0.560														

2. 信度

分别采用 Crobach'α 系数和分半信度对量表进行信度检验。结果（如表 2-3 所示）显示总量表的 Crobach'α 系数为 0.772，各分量表的 Crobach'α 系数在 0.697 至 0.837 之间。总量表的分半信度为 0.808，各分量表的分半信度在 0.724 至 0.873 之间。结果表明该量表具有较好的信度。

表 2-3　　　　　　　青少年自我意识量表的信度

	体貌评价	能力评价	品德评价	自尊感	自信感	自觉性	情绪自控	自制力与坚持性	总量表
Crobach'α 系数	0.74	0.697	0.715	0.713	0.755	0.707	0.815	0.837	0.772
分半信度	0.75	0.873	0.796	0.724	0.849	0.768	0.805	0.832	0.808

3. 效度

本量表的结构是通过多次因素分析验证的，分析得出的因素模式与研究者的设想基本一致，表明本量表具有较好的结构效度。而且分析各分量表之间的相关表明（如表 2-4 所示），多数分量表之间的相关都很低，而各分量表与总量表的相关较高,介于 0.289 至 0.534 之间,并都达到 0.001 显著水平。这基本符合量表编制者的目的和构想,本量表的效度可靠。

表2-4　　　　青少年自我意识量表各因素之间的相关矩阵

	1	2	3	4	5	6	7	8
体貌评价								
能力评价	0.184**							
品德评价	0.028	0.060						
自尊感	0.255**	269**	-0.004					
自信感	0.215**	0.286**	0.026	0.167**				
自觉性	0.065	0.062	0.104**	0.026	0.077*			
情绪自控	0.047	0.102**	-0.015	0.035	0.072	0.326**		
自制力与坚持性	0.030	0.007	-0.025	0.086*	0.019	-0.001	0.019	
总量表	0.500**	0.534**	0.289**	0.491**	0.503**	0.466**	0.472**	0.350**

注：$*p < 0.05$, $**p < 0.01$, $***p < 0.001$。

（四）讨论与分析

1. 青少年自我意识的心理结构及量表的构成因素

关于自我意识的内部结构存在许多不同的见解,形成了各种各样的自我理论。这些理论都给我们的研究提供了重要的参考和启示。我们以自我意识的认知、情感和意志的三分法为出发点,把自我意识理解为体貌评价、能力评价、品德评价、自信感、自尊感、自觉性、自制力、坚持性等能反映整个自我意识水平的多维度功能系统。为了验证构想,我们以该理论假设为基础,按照严格的量表编制程序,初步编制了青少年自我意识量表。对量表进行因素分析发现青少年自我意识量表由8个因素组成,各项目在所属因素上的载荷介于0.333至0.868之间,因素累计变异百分比达到54.830%。因素1有6个项目,方差贡献率为11.235%,内容涉及青少年日常活动和学习行为的克制性、忍耐性、坚持性等反映自制力和坚持性的内容,命名为自制力与坚持性;因素2有5个项目,方差贡献率为9.073%,内容涉及青少年日常生活和学习中情绪的表达、控制以及情绪稳定性等状况,命名为情绪自控;因素3有5个项目,方差贡献率为

8.679%，内容与青少年的对自身行为规范性、价值性、品德等方面的评价有关，可命名为品德评价；因素 4 有 5 个项目，方差贡献率为 6.761%，内容代表了青少年独立感、成人感、自豪感以及自我价值感等自我体验的内容，可命名为自尊感；因素 5 有 5 个项目，方差贡献率为 5.353%，内容体现了青少年日常活动和学习的自我启动、自我计划性等反映个体自主性和自觉性的内容，可命名为自觉性；因素 6 有 4 个项目，方差贡献率为 4.981%，内容表现了青少年在生活和学习中对自己的信任感、自我效能感等自我体验的内容，可命名为自信感；因素 7 有 4 个项目，方差贡献率为 4.766%，内容是青少年对自身身躯状况、外貌特征等评价方面的，可命名为体貌评价；因素 8 有 4 个项目，方差贡献率为 3.983%，内容涉及青少年对自身学习能力、交际能力以及能力特长等行为和能力的评价，可命名为能力评价。这 8 个因素基本符合我们关于青少年自我意识的理论构想，其中体貌评价、能力评价、品德评价 3 个因素主要属于自我认识方面，自尊感、自信感两个因素主要属于自我体验方面，自觉性、情绪控制、自制力与坚持性 3 个因素主要属于自我控制方面。

由这 8 个因素组成的青少年自我意识量表与前人的量表比较起来有所异同。Piers – Harris 儿童自我概念量表（PHCSS）主要用于儿童自我意识状况的评价，而我们主要的对象是青少年；Fenigstein 等的自我意识量表（SCS）由个体自我意识、公众自我意识、社会焦虑 3 个维度组成，本量表的因素显得更为详细具体；Fitts 等编制的田纳西自我概念量表（TSCS）的某些因子与本量表类似，比如其生理自我、道德自我因子与本量表的体貌评价、道德评价因素类似，而本量表没有类似 TSCS 的家庭自我、社会自我这样的因子，也没有自我总分和自我批评这两个评价综合状况的因子；Brachen 编制的多维自我概念量表（MSCS）由 6 个内容领域组成，而本量表主要是从功能角度来构建自我意识量表；贾晓波的中学生自我意识量表中包括一个自我体验维度，而在本量表中，这个维度是由自尊感、自信感两个因素组成的。

2. 自我意识量表的信度和效度

信度分析显示该量表总的 Crobach'α 系数为 0.772，各分量表的 Crobach'α 系数在 0.697 至 0.837 之间。总量表的分半信度为 0.808，各分量表的分半信度在 0.724 至 0.873 之间。可见，作为一个初步制定的自陈量表，该量表具有较好的内部一致性。至于效度方面，本量表的结构是通过多次因素分析验证的，分析得出的因素模式与编制者的设想基本一致。而且分析各分量表之间的相关表明，多数分量表之间的相关都很低，而各量表与总量表的相关较高，并都达到 0.01 显著水平。这基本符合量表编制者的目的和构想，即因素间相对独立有一定相关，因素分与总分有较好的相关。此外，Crobach'α 系数既是一个信度指标，同时也是研究结构的一个指标。在本研究中此系数较高，与最初的理论构想基本一致，也说明关于青少年自我意识的结构设想是合理的。因此，本量表的效度可靠。

（五）结论

研究结果较好地验证了我们关于青少年自我意识功能结构的理论构想，青少年自我意识可以由自我认识、自我体验和自我控制三方面心理功能整合构成，每一个心理功能方面都包括了多个具体的自我心理活动因子。

初步编制的《青少年自我意识量表》包括了 8 个因素：体貌评价、能力评价、品德评价、自尊感、自信感、自觉性、情绪自控、自制力与坚持性，共 38 个项目。

《青少年自我意识量表》具有较好的信度和效度，能够基本符合心理测量工具的要求，可以作为评价青少年自我意识发展特点的较有效的工具。

二 《青少年自我意识量表》第二版的编制

（一）研究背景

在对《青少年自我意识量表》编制的初步研究中，我们发现青少年的自我意识的结构与构想的三个维度（自我认识、自我体验和自我控制）一致，具体表现为：自我认识维度包括体貌评价、能力评价和品德评价三个因子；自我体验维度包括自尊感和自信感两个因子；自我控制维度包括自觉性、情绪自控、自制力与坚持性三个因子。

但总结第一版的研究发现还存在以下几个问题：

（1）一些维度的题目数较少，对该维度的反映不够完善；

（2）因子之间（尤其是属于同一个二阶维度的因子）的相关水平不高，甚至还有一些负相关，使整个量表的结构效度还不够高；

(3) 缺乏重测信度和效标效度的验证;

(4) 自制力与坚持性重叠;

(5) 一些假设的因子没有得出。

因此,在初步问卷的基础之上,我们进行了自我意识量表的进一步修订工作,并确定第二版《青少年自我意识量表》,具体编制、修订程序如图 2-1 所示。

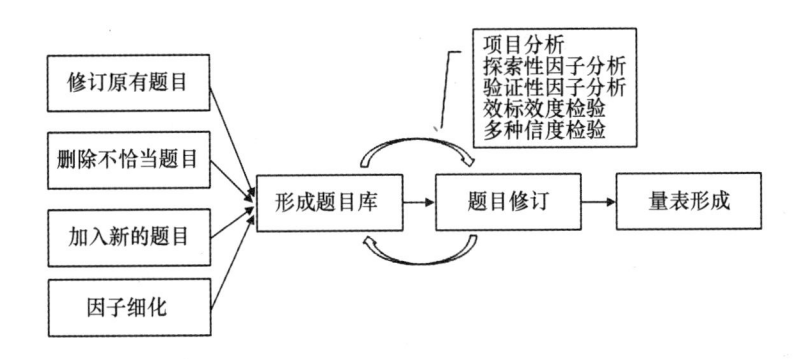

图 2-1 青少年自我意识量表第二版修订程序

(二) 研究方法

本研究包括三大步骤:一是在原有量表的基础上,添加新的项目,再次进行量表项目和维度的探索,反复推敲修改形成项目基本确定、结构基本稳定的青少年自我意识量表;二是在探索性因素分析结果的基础上设置可资比较的一阶因子模型,并根据自我意识层级模型的构想和一阶因子分析结果设置二阶因子模型予以验证;三是对确定的量表进行各种统计测量学指标的分析,尤其是之前自我意识量表编制过程中所缺乏的重测信度和效标效度的分析。

1. 量表项目和维度的施测

(1) 量表的初步修订:从量表的理论构想出发,参考相关自我意识量表,在原有 38 个项目的基础上,添加大量挑选的和自编的项目组成项目题库。经过咨询有关专家、心理学教师和研究生的意见,反复推敲和修改某些项目之后,从题库中精选了 85 个项目组成的青少年自我意识量表初稿。量表初稿的内容体现了自我认识、自我体验和自我控制(或自我调节）三个方面，涉及自我评价（体貌、能力、品德）、自尊感、自信心、焦虑感、满足感、监控性、自制力、自觉性等具体内容的题项。

其中对自我意识10个因子的理解如下：体貌评价指对自己身体相貌的认识；能力评价指对自己的生活、学习和交往能力的认识；品德评价指对自己品行、与社会规范要求契合程度的认识；自尊感指对自己价值感、重要性的感受和体验，是悦纳自我、接受自我的前提基础；自信感指对自己所能者和所知者的确定感，不怀疑；焦虑感主要指社交焦虑，指出现在社交场合及人际交往时的退缩、紧张情绪体验；满足感指对自己目前在家庭、人际、学业等方面现状的满意感；自觉性指自己能够自主地、自动自发地去做某些事情而无须他人监督；自制力指对自己情绪的控制以及面对各种外在诱因时的坚持和自制；监控性主要指对自己内在思考过程的洞察和监控，以及对自己行为的反思过程。

量表编制依然采用李克特式5点计分法："1"表示完全不符合，"2"表示不符合，"3"表示有点符合，"4"表示比较符合，"5"表示非常符合。

（2）研究对象：以广州市两所中学的140名青少年为被试者进行量表初稿的测试，其中初一学生99人，初二学生41人，男生66人，女生74人。

（3）施测过程与数据处理：在心理学老师指导下，由班主任协助，以班为单位集体施测，统一发放和回收问卷；数据全部采用SPSS for Windows 13.0统计软件包进行整理和统计分析。

（4）确定量表的第二稿：对收集回来的测试数据，首先将反向题进行记分调整，然后进行项目分析，删掉临界比率未达显著的项目4个。进一步因素分析，KMO系数为0.729，Bartlett检验$p<0.0001$，说明变量之间有一定相关，适合因素分析。第一步探索性因素分析后，删除3个在所属因素上的载荷少于0.30的项目，形成具有78个项目的青少年自我意识量表第二稿。再一次因素分析抽取到特征值大于1的因子16个，方差贡献率为64.684%，但是结构仍不够清晰。

2. 量表项目和维度正式确定

（1）确定量表的第三稿：在施测研究的基础上，对初次修订的青少年自我意识量表项目的表达和数量做进一步修改。对一些语句表达不清、语义不明的项目加以修改或删除，并慎重地增加了3个项目。确定了由

81个项目组成的《青少年自我意识量表》为第三稿，进行第二次施测。

（2）研究对象：从广州市随机选取3所普通中学和1所重点中学的初一、初二、高一、高二共计12个班级的学生进行测验，获得有效问卷579份，样本分布情况如表2-5所示。

表2-5　青少年自我意识量表研究对象样本分布情况　　　单位：所、人

年级	普通中学	重点中学	性别 男	性别 女	合计
初一	97	50	75	72	147
初二	102	48	66	84	150
高一	82	51	60	73	133
高二	98	51	59	90	149
合计	379	200	260	319	579

（3）施测过程与数据处理：测验程序和数据处理方式与前次相同。验证性因素分析采用LISREL 8.30软件包进行处理。

（4）确定正式量表：首先对测试数据的反向题进行计分调整，然后进行项目分析，删除与总分相关过低的项目25、32、54，探索性因素分析得出，KMO = 0.894，Bartlett检验$p < 0.0001$，特征值大于1的因子有18个，为防止因子过度抽取，考虑了单个因子解释的方差百分比和因素结构的碎石图，并结合研究理论构想，设定抽取10个因子进行正交旋转主成分分析。

根据结果依次删除无负荷项目1、5、6、25、32、54、12、65、33、48、38以及同时在两个因子上负荷值十分接近的项目80和56，形成由10个因子、68个项目组成的量表。但是考虑到因子10只有两个项目负荷，所以决定抽取9个因子做进一步的因子分析，结果删除项目81，形成了保留9个因子、共67个项目组成的正式的《青少年自我意识量表》（见附录二）。

（三）研究结果

1. 探索性因素分析

对正式量表进行因素分析，在几次探索之后，抽取得到9个因素上的项目归属较为明显（见表2-6）。KMO = 0.899，Bartlett检验$p < 0.0001$，项目所属因素上的载荷介于0.303和0.742之间，9个因素累计变异解释

率为45.018%。

表2-6　　　　　　　　探索性因素分析的结果

因素	特征值	变异百分比（%）	累计变异百分比（%）
1	4.530	6.762	6.762
2	4.388	6.549	13.310
3	3.948	5.893	19.203
4	3.668	5.475	24.678
5	3.495	5.216	29.894
6	3.353	5.005	34.899
7	2.590	3.866	38.766
8	2.247	3.353	42.119
9	1.942	2.899	45.018

根据理论构想和各因素所包括的题项内容，对抽取的9个因素进行具体命名（如表2-7所示）：因素1为自尊感；因素2为自制力；因素3为交往能力；因素4为监控性；因素5为体貌评价；因素6为自觉性；因素7为品德评价；因素8为焦虑感；因素9为满足感。这9个因子基本符合之前的关于青少年自我意识的理论构想。

表2-7　　　　青少年自我意识量表各因素的项目及其载荷

自尊感		自制力		交往能力		监控性		体貌评价		自觉性		品德评价		焦虑感		满足感	
2	0.682	74	0.647	41	0.701	75	0.628	39	0.742	28	0.600	11	0.567	34	0.658	15	0.532
42	0.638	64	0.589	40	0.692	52	0.570	29	0.723	55	0.578	61	0.507	20	0.562	58	0.517
3	0.572	57	0.565	30	0.678	71	0.561	10	0.661	16	0.532	63	0.480	24	0.523	45	0.515
4	0.527	37	0.561	73	0.618	18	0.507	49	0.652	66	0.440	70	0.471	14	0.446	50	0.409
62	0.523	69	0.545	31	0.558	23	0.470	59	0.507	9	0.414	78	0.459	13	0.408	60	0.391
77	0.514	21	0.542	79	0.366	27	0.426	19	0.476	8	0.408					67	0.383
76	0.497	35	0.521	17	0.365	26	0.415			51	0.392						
72	0.475	44	0.468			68	0.329			7	0.387						
43	0.413	36	0.448							47	0.349						
22	0.331	53	0.381														
		46	0.303														

2. 验证性因素分析

由于该量表涉及多个层次、多个维度及其相互间的复杂关系，在验证性因素分析中，首先根据探索性因素分析的结果对模型进行验证，然后根据修订指数调整项目归属，之后根据理论构想确定二阶因子，先设定所有的一阶因子都不相关，后设定归属于同一阶的因子彼此相关，从而构造出最终的理论模型，共拟定了 4 种模型。

模型 0：为 67 个因子按照探索性因素分析结果，分别归属 9 个因子；

模型 1：为根据修订指数，将原先归属于因子 1 的第 22 题，归属于因子 9；

模型 2：为根据修订指数，在模型 1 的基础上，将原先归属于因子 9 的第 50 题，归属于因子 4；

模型 3：设定自我认识、自我体验、自我控制中各自的 3 个具体方面之间相关，一共有 9 对相关。

4 种模型的拟合指标以及各个模型之间的比较结果如表 2-8 所示：模型 2 的 $\chi^2/df = 1.795$，而且模型中的 NFI、NNFI 和 CFI 的值分别达到 0.90 以上，RMSEA 虽然大于 0.05，但是小于 0.08，都达到了可以接受的标准，说明模型和数据拟合良好，量表具有较好的构想效度，验证了青少年自我意识有自尊感、自制力、交往能力、监控性、体貌评价、自觉性、品德评价、焦虑感、满足感 9 个相关因子的理论构想。

表 2-8　　　　　　　各模型的拟和指数摘要

Model	χ^2	df	χ^2/df	NFI	NNFI	CFI	RMSEA
0	3824.55	2108	1.814	0.83	0.91	0.92	0.053
1	3799.83	2108	1.802	0.84	0.92	0.92	0.053
2	3784.50	2108	1.795	0.84	0.92	0.92	0.053
3	140.42	24	5.851	0.95	0.94	0.96	0.090

模型 3 结果显示：尽管 χ^2/df 与 RMSEA 的值略高于普遍认可的范围，但是其他的拟合指数都还比较好，而且二阶因子和一阶因子的关系很强（自我体验：0.55、0.78、0.70；自我控制：0.58、0.61、0.75；自我认识：0.77、0.70、0.64），这种很强的关系，支持了二阶因子的存在（侯

杰泰、温忠麟、成子娟，2004）。而且可以看出，自我体验、自我控制、自我认识3个二阶因子之间的相关并不是很高（0.36、0.41、0.34），这也证明了我们量表的构念效度是比较好的。

3. 信效度检验

（1）信度

从广州市选取3所普通中学、1所重点中学的初一、初二、高一、高二共计12个班级的学生进行测验，获得有效问卷579份，分别采用同质性信度（Crobach'α系数）、分半信度和重测信度（稳定性系数）对量表进行信度检验，另外选取普通中学初一和初二年级各一个班的学生共97人作为重测对象，以对《青少年自我意识量表》的稳定性进行测查，时间间隔为4个月，结果如表2-9所示，总量表的Crobach'α系数为0.923，各分量表的Crobach'α系数在0.640至0.839之间；总量表的分半信度为0.901，各分量表的分半信度在0.635至0.813之间。总量表的重测信度为0.787，各分量表的重测信度在0.580至0.781之间，这表明该量表具有良好的信度。

表2-9　　　　青少年自我意识量表的信度（N=579）

	体貌自我	社交自我	品德自我	自尊感	焦虑感	满足感	自制力	监控性	自觉性	总量表
Crobach'α系数	0.768	0.806	0.640	0.839	0.683	0.640	0.758	0.721	0.805	0.923
分半信度	0.794	0.659	0.695	0.813	0.635	0.637	0.709	0.691	0.801	0.901
重测信度	0.686	0.621	0.722	0.687	0.580	0.611	0.764	0.735	0.781	0.787

（2）结构效度

首先，本量表的结构是通过多次因素分析验证的，分析得出的因素模式与研究者的设想基本一致。而且对各因子之间相关的分析表明（见表2-10），因子1（自尊感）、因子6（自觉性）与其他因子相关较高，而其他几个因子之间的相关相对较低。各因子与总量表的相关则较高，处于0.498至0.798之间，并都达到0.001显著水平。其次，验证性因素分析结果表明，二阶9因子模型的CFA拟合指数为 χ^2 = 3784.5，df = 2108，χ^2/df = 1.79，NFI = 0.92，CFI = 0.92，$RMSEA$ = 0.053，这表明数据与模型的拟合程度良好。

表 2-10　　青少年自我意识量表各因子之间的相关矩阵

	因子1	因子2	因子3	因子4	因子5	因子6	因子7	因子8	因子9
因子1									
因子2	0.243								
因子3	0.578***	0.243							
因子4	0.536***	0.211	0.444**						
因子5	0.473**	0.163	0.390	0.216					
因子6	0.578***	0.459**	0.449**	0.559***	0.243				
因子7	0.454**	0.252	0.489***	0.409	0.197	0.469**			
因子8	0.351	0.240	0.266	0.243	0.280	0.268	0.171		
因子9	0.469**	0.341	0.440**	0.224	0.355	0.393	0.337	0.311	
总量表	0.798***	0.594***	0.709***	0.664***	0.544***	0.788***	0.610***	0.498**	0.636***

注：$*p < 0.05$，$**p < 0.01$，$***p < 0.001$。

(3) 效标效度

以 Piers-Harris 儿童自我意识量表作为效标，以广州市两所普通中学的初一和初二年级的学生为被试，同时进行《青少年自我意识量表》和《Piers-Harris 自我意识量表》的测验，回收有效问卷 148 份。结果显示，Piers-Harris 自我意识量表和青少年自我意识量表总分的相关系数为 0.724（$p < 0.001$），与青少年自我意识量表各分量表之间的相关系数也都在 0.328—0.542 之间（如表 2-11 所示），说明修订的青少年自我意识量表具有良好的效标效度。

表 2-11　青少年自我意识量表与 Piers-Harris 自我意识量表之间的相关

	自尊感	自制力	交往能力	监控性	体貌评价	自觉性	品德评价	焦虑感	满足感	总量表
P-H自我意识量表	0.474**	0.473**	0.509***	0.328**	0.518***	0.439**	0.316**	0.389**	0.542***	0.724***

注：$*p < 0.05$，$**p < 0.01$，$***p < 0.001$。

(四) 讨论与分析

1. 青少年自我意识心理结构的构成因素

我们在应用研究中发现《青少年自我意识量表》第一版存在一些不足之处，为了使这一工具具有更广泛的应用性和更好的实用性，在本研究中对其进行了修订。在保留原有项目的基础上，在自我体验维度中添加了焦虑感和满足感两个因子，将自我控制维度中的自觉性、情绪自控、自制力和坚持性重新设定为监控性、自制力、自觉性3个因子。

对量表进行探索性因素分析发现青少年自我意识量表由9个因素组成，各项目在所属因素上的载荷介于0.303和0.742之间，9个因素累计变异解释率为45.018%。经过第二版《青少年自我意识量表》的研究工作，我们发现青少年的自我意识结构有一定的提升。具体表现为：自我认识维度包括体貌评价、社交能力评价和道德评价3个因子；自我体验维度包括自尊感（学习自我）、焦虑感和满意感3个因子；自我控制维度包括自觉性、自我控制、自我监控3个因子。

修订后的第二版《青少年自我意识量表》正式量表是一个二阶9因子模型，共67个条目（见附录二），包括：体貌自我指对自己身体相貌的认识评价，共6个项目，方差贡献率为5.216%；社交自我指对自己交往能力的认识和评价，共7个项目，方差贡献率为5.893%；品德自我指对自己品行、与社会规范要求契合程度的认识和评价，共5个项目，方差贡献率为3.866%；自尊感指对自己的积极、肯定性评价和体验，共9个项目，方差贡献率为6.762%，由于我国青少年的自尊感主要来源于学习表现和学业成绩，导致了学习自我与自尊感的整合；焦虑感主要指社交焦虑，指出现在社交场合及人际交往时的退缩、紧张情绪体验，共5个项目，方差贡献率为3.353%；满足感指对自己目前在家庭、人际、学业等方面现状的满意感，共6个项目，方差贡献率为2.899%；自觉性指自己能够自主地、自动自发地去做某些事情而无须他人监督，共9个项目，方差贡献率为5.005%；自制力指对自己情绪的控制以及面对各种外在诱因时的坚持和自制，共11个项目，方差贡献率为6.549%；监控性主要指对自己内在思考过程的洞察和监控，以及对自己行为的反思过程，共9个项目，方差贡献率为5.475%。

2. 量表的信效度分析

量表的信度分析显示该量表总的 Crobach'α 系数为 0.923，各分量表的 Crobach'α 系数在 0.640 至 0.839 之间。总量表的分半信度为 0.901，各分量表的分半信度在 0.635 至 0.813 之间。与第一版的量表相比，总量表的内部一致性信度和分半信度的值都升高了，说明修订后的自我意识量表具有很好的内部一致性。而为了更细致地考察修订后的自我意识量表的可靠性，在本研究中以初中学生为被试作了重测信度研究，结果显示，自我意识总量表和各个因子的重测信度在 0.580 至 0.787 之间，说明修订后的自我意识量表的信度良好。

在效度方面，本量表的结构是通过多次因素分析验证的，分析得出的因素模式与编制者的设想基本一致。而且分析各分量表之间的相关表明，多数分量表之间的相关都很低，而各量表与总量表的相关较高，并都达到 $p<0.001$ 显著水平。这基本符合量表编制者的目的和构想，即因素间相对独立有一定相关，因素分与总分有较好的相关，说明量表具有较好的结构效度。

为了检验我们的构念效度，采用验证性因素分析的方法对青少年自我意识结构模型进行了结构验证和模型比较。验证性结果对两个项目作了调整，将原先归属于因子 1 的第 22 题，归属于因子 9，将原先归属于因子 9 的第 50 题，归属于因子 4，这样因子 1 自尊感变成了 9 个项目，因子 4 监控性变成了 9 个项目，其他各个因子的项目数没有发生改变。

一阶因子模型的各项指标都达到了可以接受的标准，说明模型和数据拟合良好，量表具有较好的构念效度，验证了青少年自我意识由自尊感、自制力、交往能力、监控性、体貌评价、自觉性、品德评价、焦虑感、满足感 9 个相关因子的理论构成。二阶因子模型结果中除了 χ^2/df 等于 5.851，$RMSEA$ 等于 0.090，其他的指标都很好。χ^2/df 比较大，很多文献都认为是由于样本量过大所导致（Bagozzi 和 Yi，1998；Marsh、Balla 和 Mcdonald，1988），但在本研究中样本量并不大，而且根据 Jöreskog 和 Sörbom（1996）提出的采用多系列相关矩阵和渐进协方差矩阵作为输入矩阵并以一般加权最小平方法进行参数估计时（本研究所采用的方法），样本容量必须大于 $K(K-1)/2$（其中 K 为观察指标的数目），本研究中所采用的样本量非但没有过大，反而有点少，这也是在后续研究中应该要着重注意的一个问题。总体来讲，验证性因素分析的结果说明该量表的构念效度良好。

在这一部分研究中，值得注意的是尽管大部分分量表之间的相关都比较低，但是因子1（自尊感）、因子6（自觉性）与其他因子相关较高，自尊感方面可能跟其所考察的内容有关，自尊感是个体对自己的重要性和有价值感的体验，对青少年来说，这种体验必然是建立在对自己的全面客观的自我认识的基础上的，青少年的主要活动领域是学校和家庭，而这两个场所对他们的意志要求都比较高，所以，他们对自己重要性和有价值感的体验不可避免地要和自我认识、自我控制等方面相联系。但是自觉性与其他维度相关也很高的原因有待深入研究。

（五）结论

青少年自我意识是对自我及其周围关系的意识，它包括个体对自身的意识和对自身与周围世界关系的意识两大部分，它从来不是一个单一的实体，而是包含很多成分的有组织的概念系统。从自我意识的整体性和功能性的角度出发，我们认为个体的自我意识是由自我认识（自我评价）、自我体验和自我控制（自我监控）三方面心理活动机能构成，是个体对自己及与周围环境的关系诸方面的认识、体验和调节的多层次心理功能系统。

《青少年自我意识量表》第二版包括自我认识、自我体验和自我控制三大维度，其中自我认识包括体貌评价、品德评价和（交往）能力评价；自我体验包括自尊感、焦虑感和满足感；自我控制包括自制力、监控性和自觉性。

《青少年自我意识量表》第二版具有较好的信度和效度，是测量青少年自我意识发展水平的可靠和有效的工具。

三 《青少年自我意识量表》的修订（第三版）

（一）研究背景

《青少年自我意识量表》第二版采用心理测评的手段和技术对青少年自我意识的心理结构进行了验证，与第一版相比，第二版的《青少年自我意识量表》有其优点，表现在自我意识三大层次的结构更加丰满，因子更加能涵盖自我意识的测查内容，但是依然存在一些不足：首先，学业自我因子作为自我体验中的一个重要成分没有被提取出来，且与个体的自尊感相混淆；其次，诸如家庭自我、专长自我等自我认识内容未能得到较好的体现；最后，还有整个量表及个别因子的累计方差贡献率不够高等。这可能是由于本研究的样本容量还不够大，也可能是因为部分项目在表述时不够细致准确从而在探索性因子分析时被删除，诸如此类的因素都将使得本研究的结果依然存在一些不尽如人意的地方，但也提示我们自我意识作为心理学研究的重要内容，对其结构的深入认识需要我们做更多的探索。鉴于第二版自我意识量表存在的问题，本研究在前两次研究的基础之上进行总结分析，新增了家庭自我、专长自我和学业自我三个因子，并将自我体验维度整合为正性情感和负性情感两个因子，以及对因子项目进行进一步的修改和增删，最终形成由11个因子组成的自我意识理论框架，其中在自我认识维度中新增的家庭自我是指个体对家庭以及自身在家庭中角色的认识和评价；学业自我是指对自己学习表现、学习能力和学业成绩的认识和评价；专长自我是指个体对自身特长及其兴趣爱好的认识和评价。自我体验维度整合成两个因子：正性情感和负性情感。其中正性情感是指对自己的积极、肯定性的评价和体验，包括自尊、自信、满意感等；负性情感是指对自己的消极、否定性的评价和体验，包括自卑等。在此基础上，我们严格依照问卷编制及修订的标准程序来检验各项测量指标的合理性，以试图发展出更适合中国青少年人群应用的自我意识测量工具。

（二）研究方法

本次量表修订包括三个步骤：第一，在再一次回顾国内外相关研究、结合前两次量表编制过程中所发现问题的基础之上，对自我意识量表的理论框架做进一步完善；第二，根据理论框架，在原量表的基础上增加相应维度的施测项目，并对项目进行探索性因素分析，形成自我意识量表第三版的量表初稿；第三，运用第三版的初稿对被试进行心理测量，对量表进行验证性因素分析及量表的信效度检验。

1. 研究工具

（1）青少年自我意识量表

预测问卷：预测问卷是在第二版自我意识量表的基础上，根据理论假设并查阅相关研究文献新增了家庭自我、专长自我和学业自我的相关项目，以及对原有的因子项目进行进一步的修改和增删，最终形成由11个因子，114个项目组成的初测问卷，与第二版一样为5点计分，从"完全不符合"到"完全符合"依次记为1、2、3、4、5分，有反向计分题。

正式问卷：在对初测问卷进行项目分析、探索性因素后，得到由11个因子64个项目组成的第三版《青少年自我意识量表》，得分越高表明自我意识水平越高。

(2) Piers – Harris 自我意识量表

Piers – Harris 自我意识量表共包括80个选择"是"或"否"的项目，80个项目分为行为、智力与学校情况、躯体外貌与属性、幸福与满足、焦虑和合群6个分量表，量表为正性计分，得分高者表明该分量表评价好，即无此类问题，总分越高则表明该儿童自我意识水平越高（汪向东、王希林、马弘，1999）。本研究中该量表的一致性系数为0.885，分半信度为0.862。

(3) 心理健康量表

采用王极盛（1997）等编制的中学生心理健康量表，共60个项目，包括强迫症状、敌对、偏执、人际关系敏感、焦虑、抑郁、学习压力感、情绪不稳定、适应不良和心理不平衡10个分量表，每个分量表由6个项目组成。量表采用5点计分（"1—5"分别表示"从无""轻度""中度""偏重"和"严重"），总均分低于2分表示心理健康状况总体上是良好的，高于2分表示存在不同程度的心理问题。本研究中该量表的一致性系数为0.950，分半信度为0.928。

(4) 问题行为量表

问卷选自方晓义等（1998）的研究，共包括20种问题行为。让青少年回答在过去一年中自己出现这些问题行为的情况。量表采用4点计分（"1—4"分别表示"从未""一次""几次"和"经常"），得分越高说明问题行为越多。本研究中该量表的一致性系数为0.830，分半信度为0.816。

2. 被试

预测：在广州地区选取512名中学生（样本一）进行预测（收回有效问卷493份）。主试由两名熟悉问卷施测流程及注意事项的心理学研二学生担任，采用集体施测的方式，以班级为单位施测完成后当场回收问卷。预测所得数据主要用于项目分析、探索性因素分析。

正式施测：在广州地区随机选取两所中学（城市与农村中学各一所），共993名初一至高二的学生，年龄分布为11—18岁，平均年龄14.57岁（样本二，具体分布如表2-12所示），进行正式问卷的施测，回收有效问卷965份，有效回收率97.18%。

表2-12　　青少年自我意识量表研究对象样本分布情况　　单位：所、人

年级	城市中学	农村中学	性别 男	性别 女	合计
初一	95	144	112	127	239
初二	82	101	79	104	183
初三	95	105	87	113	200
高一	96	72	68	100	168
高二	82	93	76	99	175
合计	450	519	424	545	965

（三）研究结果

1. 项目分析

项目分析采用每个条目上的被试得分与量表总分的皮尔逊积差相关系数和临界比率值（Critical Ration，CR）作为项目鉴别力的指标。结果表明：量表所有项目与总分之间的相关均在中等相关以上，所有相关系数的显著性水平都达到了 $p<0.001$ 的水平，并且所有项目（除第27题 p 值为0.027外）的 CR 值均达到显著性水平（$p<0.001$），表明所有题目的鉴别度良好，符合统计学要求。

2. 探索性因素分析

对样本一数据进行探索性因素分析，结果显示：KMO值为0.913，Bartlett球形检验 $p<0.001$，表明数据非常适合做探索性因素分析。使用主成分分析法，在理论假设的基础上固定抽取11个成分，删除负荷低于0.3和有高双负荷的项目7、11、18、21、22、27、34、36、39、40、45、44、45、50、53、54、62、64、67、69、72、74、75、76、80、82、84、85、86、88、90、91、92、93、94、95、96、97、98、99、100、101、

102、103、104、105、107、108、109 和 112 后，共保留 64 个项目（见附录三），累计方差贡献率为 53.381%（如表 2-13 所示）。根据理论构想和各因素所包括的题项内容，我们对 11 个因子进行具体命名（如 2-14 所示）：因素一为学业自我，因素二为家庭自我，因素三为正性情感，因素四为负性情感，因素五为自主性，因素六为品德自我，因素七为社交自我，因素八为专长自我，因素九为监控性，因素十为自制力，因素十一为体貌自我。

表 2-13　　　　　　　　探索性因素分析结果

因素	特征值	变异百分比（%）	累计变异百分比（%）
1	4.154	6.491	6.491
2	4.016	6.275	12.766
3	3.922	6.127	18.893
4	3.540	5.531	24.424
5	3.241	5.064	29.487
6	3.178	4.965	34.452
7	2.772	4.332	38.784
8	2.568	4.012	42.796
9	2.393	3.740	46.536
10	2.285	3.570	50.106
11	2.096	3.275	53.381

表 2-14　　　　　青少年自我意识量表各因素的项目及载荷

因子一		因子二		因子三		因子四		因子五		因子六		因子七		因子八		因子九		因子十		因子十一	
10	0.741	25	0.782	60	0.697	79	0.700	61	0.644	30	0.702	13	0.641	38	0.699	113	0.659	89	0.682	9	0.670
6	0.712	24	0.772	51	0.696	65	0.682	55	0.617	17	0.696	15	0.635	56	0.659	66	0.623	70	0.645	87	0.610
12	0.656	26	0.753	111	0.560	58	0.616	57	0.545	49	0.548	5	0.632	4	0.640	73	0.581	63	0.511	23	0.594
2	0.647	28	0.717	106	0.461	71	0.562	83	0.539	33	0.539	1	0.605	47	0.569	46	0.543	110	0.448	43	0.545
8	0.632	29	0.658	37	0.457	52	0.559	59	0.534	32	0.473	78	0.565	48	0.506	81	0.521	35	0.424	3	0.346
14	0.603	16	0.511	41	0.444			77	0.520	20	0.472										
19	0.574	31	0.463	68	0.437					114	0.424										

3. 验证性因素分析

结合理论架构及探索性因素分析的结果，我们对自我意识第三稿问卷进行了二阶11因素模型的验证性因素分析（样本二），结果如表2-15所示。如表所示，模型一虽然可以与数据拟合，但适配度卡方值较大，且其综合评估结果表明模型的适配度欠佳，因此，在参考修正指标及期望参数改变量的基础上，依次增列体貌自我与负性情感、自制力与负性情感、体貌自我与自制力、自主性与负性情感、家庭自我与品德自我、社交自我和负性情感、专长自我与负性情感、家庭自我与负性情感、学业自我与负性情感以及家庭自我与体貌自我的共变关系，从而得到模型二，结果表明模型二的各项模拟指标达到统计学标准，说明该模型拟合度较好，具有较好的结构效度。

表2-15 自我意识量表（第三版修订）假设模型的拟合指标（$N=927$）

Model	χ^2	df	χ^2/df	NFI	CFI	GFI	RMSEA
1	459.977	41	11.219	0.878	0.878	0.916	0.105
2	162.763	31	5.250	0.957	0.964	0.970	0.068

4. 信效度分析

（1）信度分析

对总量表和11个分量表分别进行信度分析，结果如表2-16所示，总量表的内部一致性信度为0.943，分半信度为0.921，11个分量表的内部一致性信度介于0.630—0.871之间，分半信度介于0.596—0.853之间。表明修订后的青少年自我意识量表达到较好的信度水平。

表2-16 青少年正式自我意识量表的信度

	学业自我	家庭自我	体貌自我	社交自我	品德自我	正性情感	负性情感	自制力	监控性	自觉性	总量表
Cronbach'α 系数	0.862	0.871	0.658	0.808	0.809	0.826	0.833	0.673	0.630	0.762	0.943
分半信度	0.849	0.853	0.642	0.816	0.802	0.829	0.839	0.731	0.596	0.765	0.921

(2) 效标关联效度

本研究以 Piers-Harris 的自我意识量表、心理学健康量表和问题行为量表作为效标,对青少年自我意识量表的总分与 3 个量表的总分分别进行皮尔逊相关分析,结果显示本量表与 Piers-Harris 的自我意识量表之间的相关分别为:$r = 0.801$,$p < 0.001$,呈非常显著的正相关;与心理学健康量表之间的相关为:$r = -0.573$,$p < 0.001$;与问题行为量表的相关为:$r = -0.359$,$p < 0.001$,呈非常显著的负相关。这表明修订的青少年自我意识量表具有良好的效标关联效度。

(四) 讨论与分析

1. 青少年自我意识量表的心理结构

鉴于第二版自我意识量表的不足,我们根据理论模型,按照严格的量表修订程序,再次对自我意识量表进行修订。探索性因素分析的结果支持自我意识量表由 11 个因素组成,各项目所在因素上的载荷介于 0.346—0.782 之间,因素累计变异解释率达到 53.381%。其中因素一有 7 个项目,方差贡献率为 6.496%,内容涉及青少年个体在学业行为中的自我表现,命名为学业自我;因素二包括 7 个项目,方差贡献率为 6.275%,内容涉及青少年的家庭关系及其在家庭中角色的认识和评价,命名为家庭自我;因素三包括 7 个项目,方差贡献率为 6.127%,内容涉及青少年个体的自信、自尊、自豪等情感体验,命名为正性情感;因素四包括 5 个项目,方差贡献率为 5.531%,内容涉及青少年个体的自卑、失落、羞愧等情感体验,命名为负性情感;因素五包括 6 个项目,方差贡献率为 5.064%,内容体现了青少年个体日常生活和学习的自我启动、自我计划性等反映个体自主性和自觉性的内容,命名为自主性;因素六包括 7 个项目,方差贡献率为 4.965%,内容涉及青少年个体对自身行为的价值性、品德等方面的评价,命名为品德自我;因素七包括 5 个项目,方差贡献率为 4.332%,内容反映青少年个体在社会交往中的自我评价,命名为社交自我;因素八包括 5 个项目,方差贡献率为 4.012%,内容包括青少年个体在兴趣、爱好和特长等方面的自我认识,命名为专长自我;因素九包括 5 个项目,方差贡献率为 3.740%,内容涉及青少年对自己思想、行为及其后果的洞察、监控和反思的情况,命名为监控性;因素十包括 5 个项目,方差贡献率为 3.570%,主要涉及青少年在日常活动中的克制性、忍耐性、坚持性等反映其自制力的内容，命名为自制力；因素十一包括5个项目，方差贡献率为3.275%，内容主要为青少年个体对自身身躯状况、外貌特征等方面，命名为体貌自我。

这11个因子符合我们关于青少年自我意识的理论构想，其中学业自我、家庭自我、品德自我、社交自我、专长自我和体貌自我6个因子属于自我认识维度，反映自我意识的认知成分；正性情感和负性情感2个因子属于自我体验维度，反映自我意识的情感成分；监控性、自制力和自主性3个因子属于自我控制维度，反映自我意识的意志成分。

与第二版量表相比，自我认识维度在原来的基础之上增加了家庭自我、学业自我和专长自我3个因子，而自我体验维度有原来的自尊感、满意感和焦虑感3个因子合并为现在的正性情感和负性情感两个因子。自我控制维度保持原来的3个因子不变，只是对项目进行了进一步的修改和增删。由于中国集体文化及招考制度的独特性，家庭和学业对我们每个人的身心都有着重要的影响，本研究量表的编制是以个体心理功能角度为出发点，所以加入家庭及学业自我两个维度更符合我们的理论构想及文化独特性。而如今青少年有无兴趣、爱好或特长也成为了千家万户谈论的主题，家长们会不惜花费大量金钱让青少年参加各种兴趣班或特长班，青少年个体间也会有各种比较，因此本研究加入了专长自我，具有一定的时代特征。关于自我体验，我们采用了情绪二分法将各种自我体验整合为正性和负性情感两种。这样一来，整个理论构想就更加饱满，也更具中国特色。最终我们的理论构想也得到了探索性因素分析的验证，并在各项统计指标上较第二版有了明显的提高。

2. 信度和效度

在依据修正指标和理论构想的基础上对模型进行了修正后，二阶11因素模型拟合良好，各项指标达到可接受水平，表明青少年自我意识量表第三稿具有良好的构念效度，其中从依次增列的体貌自我与负性情感、自制力与负性情感、体貌自我与自制力、自主性与负性情感、家庭自我与品德自我、社交自我和负性情感、专长自我与负性情感、家庭自我与负性情感、学业自我与负性情感以及家庭自我与体貌自我的共变关系中，告诉我们体貌自我、家庭自我、专长自我、自主性和自制力对青少年个体的负性情感体验有着重要的影响。

此外，效标效度分析和信度分析的结果一致表明第三稿青少年自我意识量表具有较好的信效度，可以作为我国青少年群体自我意识测量的理想工具。

（五）结论

青少年自我意识由自我认识（自我评价）、自我体验和自我控制（自我监控）3个维度的心理活动机能构成，其中自我认识由6个因子组成，包括家庭自我、学业自我、体貌自我、品德自我、专长自我和社交自我；自我体验由两个因子组成，分别为正性情感和负性情感体验；自我控制包括自制力、监控性和自觉性3个因子。3个维度解释了项目总变异的53.381%，有较高的解释率。

青少年自我意识量表的进一步修订结果表明本量表具有较好的信度和效度，能作为测量青少年自我意识发展水平的有效工具，具有较好的推广使用的价值。

第二节 青少年道德自我的测评

道德自我概念是自我意识的重要成分，主要是指个体在特定的社会文化背景下，在人际互动过程中形成对自身品行及其是否符合社会道德规范要求的认识。从发展的角度看，青少年的自我意识正处于快速发展阶段，道德自我概念作为自我概念的重要成分，对青少年个体的日常行为规范有着不可替代的影响作用，良好的道德自我概念能促使个体更好地适应社会，不良的道德自我概念不仅会阻碍青少年的社会适应，也有可能引发自我同一性危机，从而引发各种心理健康问题。因此，开发出测量青少年道德自我概念的有效工具以了解青少年的道德自我概念发展现状显得尤为重要。基于此，本研究在总结分析以往有关道德自我研究的基础上，提出了青少年道德自我概念的理论框架，认为青少年道德自我概念由个体道德自我概念、社会道德自我概念和人际道德自我概念三个方面组成，并以此为依据编制了《青少年道德自我概念问卷》，以期为了解我国青少年道德自我概念发展的现状提供科学的工具。

一　青少年道德自我概念的结构和测评

（一）研究背景

自我，一直是包括心理学在内的人文社会科学领域诸多学科一直关注和研究的问题。从心理学的角度看，Freud 的精神分析理论较早地运用了"自我"（ego）这一概念来阐述它与"本我""超我"两者的关系以及人格的结构。1890 年，James 把自我分为主我和宾我两部分，并系统地提出自我概念理论。心理学家逐渐从人的反身意识，即从个体以自身为对象的意识这一角度来对自我、自我观及相关问题进行广泛的探究。其中包括了对自我观发展趋势、测量方法、它与学业成就的关系、它与社会化的关系等方面的理论与实证研究，也包括了对那些与自我有关的概念如"自我概念""自我效能感"等的阐述，还包括了建构自我之结构的种种努力（林彬、岑国桢，2000）。我国在 20 世纪 60 年代初，开始对学生道德品质自我评价进行研究（谢千秋，1964），然而更多的研究是围绕着道德判断、道德移情、道德情绪和价值观等领域对道德心理进行研究，从自我意识的角度对个体自身道德品质的认知进行研究的还比较少。因此，本研究从自我意识的角度出发，对道德自我概念的结构及其测评进行研究，并试图编制出能有效测量我国青少年道德自我概念的测量工具。

1. 道德自我概念的内涵

道德自我概念的含义丰富多样，至今没有一个为研究者所普遍接受的明确定义。段慧兰和陈利华（2010）从心理学角度指出，对道德自我概念的研究可从三方面进行，一是建构道德自我概念的要素结构模型；二是研究道德自我概念的发展特点与趋势；三是揭示道德自我概念在自我发展中的作用及其心理图式。这对我们开展道德自我概念的研究十分具有启示作用。

朱智贤在《心理学大词典》中将道德自我定义为：道德自我是自我意识的道德方面，包括了自我道德评价、自我道德形象、自尊心、自信心、理想自我和自我道德调节能力等，道德自我的形成比自我意识的其他成分稍晚些，12—15 岁是道德自我发展的关键时期。自我评价和自我调节能力是道德自我意识的最重要成分（朱智贤，1989）。林彬、岑国桢（2000）将道德自我定义为个体对自身道德品质的认识或一种意识状态。

牡丹（1997）认为道德自我是基于对自己道德品质的判断从而产生的道德价值感和区分好坏人的看法。唐莉（2005）同样认为道德自我是自我意识的重要成分，是个体对自身道德状况的认识，是自我意识的道德方面，道德来自人际关系，因此可以尝试从交往活动领域进行划分。聂衍刚和丁莉（2009）认为道德自我是指个体对自己的品行及其与社会规范要求契合程度的认识。上述是对道德自我的一个总体概述，本研究主要探讨道德自我中个体对自身道德品质的认识，即道德自我概念。

综上所述，我们认为道德自我概念是个体在特定的社会文化背景下，在人际互动过程中形成对自身品行及其是否符合社会道德规范要求的认识。

2. 道德自我概念发展的相关理论

杜威的道德自我发展阶段理论将儿童道德自我发展分为三个水平：（1）前道德或前习俗水平，处于这种水平的儿童，其行为动机大多来自生理或社会的运动；（2）习俗水平，处于这种水平的儿童，其行为大都接受团体的规范，很少对外部规范有异议；（3）自律水平，处于这种水平的个体，其行为的善恶完全由自己的思想和判断决定，而不受团体标准限制。

皮亚杰的道德自我发展理论指出儿童最初并没有主客体之分，没有显示出任何的自我意识，只有当出现符号功能和表象性智力的阶段时，主客体的分化才逐渐出现。由此，他认为儿童的道德发展包括以下阶段：前道德阶段（约4—5岁），儿童的思维是自我中心化，行为直接受行为结果支配，缺乏道德判断能力；他律道德阶段（4岁、5—8岁、9岁），儿童对道德的看法是遵守规范，重视行为后果而不考虑行为意向；自律道德阶段（9—10岁），儿童不再盲目服从权威，他们开始意识到道德规范的相对性，除了看到行为结果外，还考虑当事人的行为动机，也称道德相对主义；公正道德阶段（11—12岁），这一阶段的儿童开始出现利他主义，他们基于人与人之间的道德关系作出道德判断，并将规则同整个社会和人类利益联系起来，形成具有人类关心和同情心的深层品质。

科尔伯格的道德自我发展理论认为个体的道德发展受到社会环境的制约，社会环境对道德自我的发展有很大的刺激作用，特别是个体对人际关系环境的认识与评价。道德自我的发展是连续的按照不变的顺序由低到高逐步展开的过程，更高层次和阶段的道德推理兼容更低层次和阶段的道德推理方式；各阶段的时间长短不等，道德发展的水平也有较大的个体差异。科尔伯格把道德发展水平分为以下阶段：第一，零阶段水平，儿童总是以自我为中心，不考虑别人的感情或想法；第二，前习俗水平，儿童能遵守规范，但未形成自己的主见，着眼于自身的利害及行为的结果，此时还有两个阶段，分别为惩罚和服从定向阶段与工具性的相对主义定向阶段；第三，习俗水平，此时个体会从团体其他成员的角度看问题，努力与他人维持良好人际关系，会想到权威和社会秩序的维持，此水平分为两个阶段：人际协调的定向阶段和维护权威或秩序的定向阶段；第四，后习俗水平，个体的道德发展已经超越现实道德规范的约束，达到完全自律的境界，此水平分为社会契约定向阶段和普遍道德原则的定向阶段。

塞尔曼的道德自我阶段理论以社会观点采择为基线对自我意识及其他社会人际关系能力的发展进行研究，提出了自我意识发展的 5 个阶段：(1) 自我中心观点采择阶段（3—6 岁）。此阶段儿童不能认识到他人的观点与自己不同，因而往往只会按照自己的好恶作出行为反应。(2) 社会信息的观点采择阶段（6—8 岁）。此阶段的儿童已经能认识到别人的观点可能与自己相同，也可能不同，因而开始表现出对他人心理状态的关心。(3) 自我反省的观点采择阶段（8—10 岁）。儿童意识到，即使自己和他人得到同样的信息，观点也会有冲突，他们已能考虑他人的观点，并预期他人的行为反应。(4) 相互性观点采择阶段（10—12 岁）。儿童不但能考虑到自己和别人的观点，而且能认识到他人也会这样，于是会从第三者的角度来看问题，从而使观点的表达更加客观。(5) 更深层次的社会性观点采择（12 岁至成人）。

卢文格的道德自我理论认为自我是个过程，主要控制和整合过去的经验。据此，Giesbrecht 和 Walker（1999）的研究指出内在的道德动机、清晰的道德自我概念便于使道德与自我整合，从而促进了道德自我的发展。道德自我的发展水平可分为以下阶段：(1) 前社会的、共生的阶段。此时儿童物我不分，与母亲处于共生性的关系中。(2) 冲动阶段。儿童缺乏对冲动的控制，不能理解规则，需要外部约束才能控制自己。(3) 自我保护阶段。儿童的自我控制并不是处于道德原因，而是情境经历体验让其有意识地自我控制并采取某些手段使自己免于受罚。(4) 尊奉者阶段。由于认识到团体与自己的关系，能自觉地控制自己以遵守团体规则。

(5) 良心阶段。个体已把外部规则内化，构成自我的良心结构，如不控制自己，会产生内疚和自我批评，具有较为强烈的责任感和丰富的内心世界。(6) 自主阶段。能认识到生活中的众多矛盾冲突，并能正视和积极地处理这些冲突，不再回避和推卸责任。(7) 整合阶段。相当于马斯洛的"自我实现"水平，通常很少人达到这一阶段。

3. 道德自我概念的结构

心理学者对道德自我概念的研究一般放在自我概念的具体结构中，主要有两种不同的研究路径。一条是 self 路径，将道德自我概念看作对自我道德的反身意识，尝试在自我概念的体系下建构道德自我的结构模型；另一条是 ego 路径，将道德自我概念看作人格内部的核心调节系统，重视道德自我对自我发展的调节作用。

James (1890) 提出自我具有反省能力，将自我分为主我 (I) 和客我 (me)，其中客我分为物质自我、社会自我和精神自我。精神自我是个体的道德感和良心的主观体验。Fitts (1965) 的自我概念理论包括两个维度和综合状况，即结构维度：自我满意、自我认同、自我行动；内容维度：生理自我、心理自我、家庭自我、道德伦理自我、社会自我；综合状况：自我总分和自我批评。并根据这一构想编制了《田纳西自我概念量表》。Fitts 提出的自我概念多成分说以及道德伦理自我等观点，为以后的自我结构研究和道德自我研究奠定了基础。

Rosenberg (1986) 指出自我概念是个体对自我客体的思想和情感的总和。他对自我概念进行了较深入的元分析，指出自我是多成分有层次的，认为各个成分在自我概念中居于不同的地位。这些成分包括生理和身体方面、作为社会行动者的自我、兴趣与态度、能力与潜能、作为个性品质的一些本质特征、内在思想、情感与态度等。Rosenberg 非常重视自我概念中各成分要素间的关系，并认为现象自我不是各种成分要素的简单集合，而是有的成分处于中心位置，有的处于边缘位置，有些成分可聚集为一个大的单元部分，各个部分又构成一个整体。同时，他还指出成分的水平有一般水平和具体成分水平。

随着研究方法和统计学的发展，自我结构的探索有了更大的进步，推动了 Harter 的多维度阶段自我概念模型、Shavelson 的多维度多层次结构模型和 Marsh 的自我概念结构模型的发展。Harter (1985, 1986) 对自我概念的具体成分进行测量研究，并重视根据个体心理发展的年龄特征评价其自我概念水平，不同年龄阶段的个体，自我概念的成分要素不同。她指出关键两点：第一，要把涉及具体领域的能力自我概念和普遍的自我价值信念进行根本的区分，重视具体成分自我概念的测量。第二，必须根据儿童心理发展的年龄特征来评价他们的自我概念发展，不同年龄阶段的儿童其自我概念成分要素不同。她认为随着年龄的增长，儿童自我概念的成分要素会不断增加，据此编制了5种自我概念测量问卷（学龄前，学龄期，青春期，大学生，成人），具体各维度如表2-17所示。其中，对个体道德自我概念的测量主要集中在大学生和成人阶段。

表2-17　Harter的不同年龄阶段个体自我概念测量问卷维度的比较

测量工具名称	学龄前儿童能力知觉	学龄前儿童自我知觉侧面（SPPC）	青春期学生自我知觉侧面（SPPA）	大学生自我知觉侧面	成人自我知觉侧面
	认知能力	学术能力	学术能力	学术能力	学术能力
	身体状况	艺术能力	艺术能力	智　力	幽默感
	同伴认同	同伴社会认同	社会认同	创造性	工作能力
	行为成果	行为成果	行为成果	工作能力	道　德
		身体状况	身体状况	艺术能力	艺术能力
		一般自我价值	朋友关系	身体状况	身体状况
			魅　力	同伴社会认同	社会性
			工作能力	朋友关系	亲密关系
			一般自我价值	亲子关系	抚养责任
				幽默感	供给者的适当性
				道　德	家务管理
				一般自我价值	一般自我价值
年龄（岁）	4—7	8—12	13—18	19—24	25—55

Shavelson、Hubner和Stanton（1976）认为，自我概念是通过经验和对经验的理解而形成的自我知觉。自我概念是个体源于对人际互动、自我属性和社会环境的经验体验到的知觉。自我概念是多维度的，按一定层次组织到范畴系统之中，这种范畴建构可以从多个方面来理解：多维性、组织性、稳定性、发展性、可评价性和区别性。自我概念的发展水平受重要人物的评价、强化以及个体对自身行为的归因风格的影响。他们进一步将

自我概念区分为一种多侧面多等级的结构,并在此基础上提出了自我概念的多侧面多等级模型。在这个模型中,一般自我概念处于最顶层,在它之下是学业自我概念和非学业自我概念。学业自我概念又细分为数学、英语等具体学科的自我概念,非学业自我概念则细分为身体的、社会的和情绪的自我概念(如图2-2所示)。其中,道德自我归属于社会自我概念中。

```
                   一般自我概念
              ┌─────────┴─────────┐
         学业自我概念           非学业自我概念
        ┌────┼────┐         ┌──────┼──────┐
      语文  数学  ... ...   社会自我  情感自我  身体自我
     自我概念 自我概念         概念    概念    概念
```

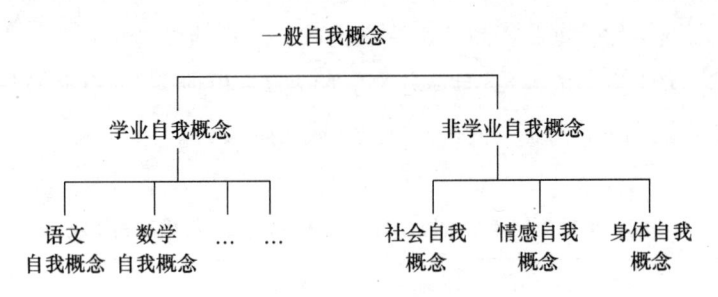

图2-2 自我概念的多侧面多等级模型

　　Marsh 等运用自编的自我概念测量工具——自我描述问卷(Self-Description Questionnaire,SDQ)为 Shavelson 的多维度多层次结构模型提供了实证支持,并进一步修正了其理论。在实证研究中发现,之前研究者所忽视的道德成分内容在自我概念发展中占有不可忽视的比重,因此,他把宗教信仰和诚实性作为道德自我的两个维度编入 SDQ Ⅱ、SDQ Ⅲ 中,并将其纳入自我概念的第二层级(Marsh,1987,1989)。不过,Vispoel(1995)的研究发现道德自我因素在验证性模型中不稳定,可能是因为原有的 SDQ 没有完全概括道德自我所包含内容的缘故,提出需要对自我概念进行完整系统的探究。

　　Kochanska(1997)用37道自评题目测量儿童对自我道德水平的评价,其中包括了9个道德自我维度,分别是:忏悔(confession),道歉(apology),补偿(reparation),对缺陷的敏感性(sensitivity to flaws),规则的内化(internalisation of rules),共情(empathy),关注他人的错误(concern over others wrongdoing),消极情感(affective discomfort),关注父母的态度(concern over parents forgiveness)。

　　Walker 和 Pitts(1998)通过系统聚类分析(hierarchical cluster analysis)得出道德成熟者的自我概念具有依赖—忠诚、关怀—信任、原则—

理想化、完善、公平和自信等特征。

近年来，我国心理学者也对道德自我的结构开展了一些研究，林彬和岑国桢（2000）在建构道德自我观时即以"自我独特性""自我连续性""自我力量""他观自我""理想自我"作为其表现形式。在建构道德自我内容时，提出人际交往、对权威和准则的尊重、公正、关爱、宽恕五项。同时，根据道德的社会教化特点，从学校道德教育内容与社会道德规范中抽取了"五爱"（即爱祖国、爱人民、爱劳动、爱科学、爱护公共财物）、"四有"（即有理想、有道德、有文化、有纪律）和"七不"（即不随地吐痰、不乱扔垃圾、不乱穿马路、不损坏公物、不在公共场所吸烟、不说粗话脏话、不破坏绿化）作为建构道德自我观的基本内容。

魏运华（1997）研究中国儿童自尊（自我概念）的结构模型，发现6个维度中有两个维度"纪律"和"公德与助人"与儿童的道德自我方面有关。

牡丹（1997）以James的自我概念理论为基础，将自我概念分为生理自我、心理自我、社会自我三种形式，其中社会自我包含家庭自我和道德自我，随后采用自编的自我概念量表研究了初中生的自我概念。

郑涌和黄希庭（1998）调查大学生自我概念结构发现，友善和信义维度属于道德方面的自我概念。同时，黄希庭和杨雄（1998）在研究青年学生的自我价值感时发现道德是影响个人自我价值感的重要方面，并将其归入特殊自我价值感维度。

唐莉（2005）从青少年的不同交往活动领域对其道德自我进行划分，分为同伴、社会、家庭和个体四个领域（具体维度如图2-3所示）。

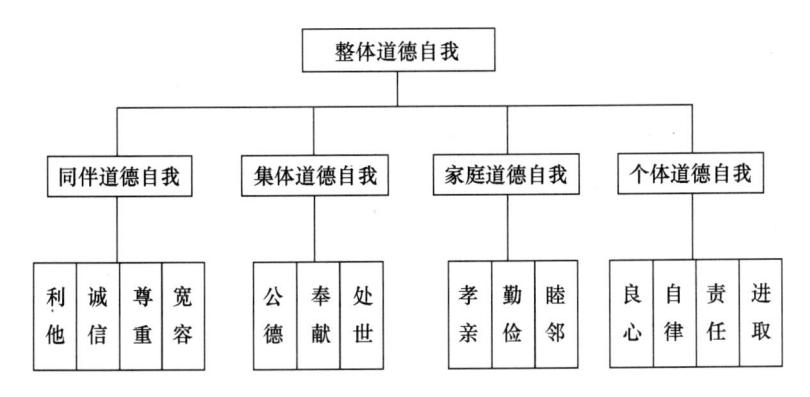

图2-3 青少年道德自我结构

何进军（2008）据国内外学者对自我概念结构分析研究的大多数结论，认为个体的自我概念是由多个彼此关联的结构构成的，不仅包括他对自己心理特征的看法，也包括了其对自己身体特征以及行为表现的积极或消极的评价。何进军进一步指出诚信道德自我的结构包括个体对诚信的自我认知、诚信行为中的自我体验与自我意志、对自身诚信行为的自我评价等方面。诚信自我认知是个体对诚信道德意义和个人诚信形象的认识和判断；自我体验是对自身在诚信行为中获得的情绪、情感的体验和态度；自我意志是对自己在诚信实践中的意志品质的认识与评判；行为自我评价是对自己在实际学习生活中的诚信行为的了解和评估。

上述研究主要是以 self 路径为指导思想，对道德自我进行研究。那么，将道德自我看作是人格内部的核心调节系统，则以 Freud 的"超我"理论为开创性研究。Freud 认为"超我"（super‐ego）的内容与"本我"（ego）表达的原始欲望和冲动相反，它包括自我理想、自我观察和良心三方面，代表了个体人格系统中的社会文化因素和道德成分。超我的作用是指导和控制人的心理和行为活动，使其符合文明习惯和社会准则。它是人格结构中的管制者，由完美原则支配，是人格结构中的道德成分。在 Freud 的学说中，超我是父亲形象与文化规范符号的内化，超我是"本我"的原始渴望的抑制者。超我以道德规范的形式运作，维持个体的道德感、回避社会所不允许的冲动与欲望等禁忌。

Loevinger（1976，1998）认为良心或者自我理想本就是一个自我发展的动态原则，并将良心和自我理想看作是向导。理想的自我最早体现在由父母和老师建立的标准上，随着年龄的增长，儿童把理想的自我掺入习惯行为中，当他取得进步时，内在道德模式就被他建立起来。

研究表明，道德规范是来自社会环境中经由奖励与惩罚的历程而建立起来的，青少年的道德观念影响源主要集中于家庭与同伴（White，1996）。随着青少年道德自我意识的发展，他们会把这些道德规范内化为自身的道德要求，当个人的行为与社会道德规范不符时，就会受到良心的谴责。外在的道德标准内化成超我的次级系统，即"理想自我"（ego‐ideal），良心通过让个人感到高兴、自豪或内疚、羞愧来奖励或处罚他。

4. 青少年道德自我概念结构的建构

自我是一个在主观与客观活动中展开的有机生成过程，是在约束或修养人的性情中以及在被约束、被培养的活动中生成的。对道德自我的形成与发展进行研究，有助于我们建构青少年道德自我概念的结构。

首先，关于个体道德自我的形成，不管是来自皮亚杰和科尔伯格的道德认知观点，还是来自精神分析、社会学习理论的视野，都一直认为儿童的道德形成更多来自外化，来自与他人的人际互动过程中。道德观念不是与生俱来的，也不是人出生后自然发展起来的。个体要把社会伦理规范要求反映到头脑中来，并且变成自己的道德观念，这是一个从他律到自律的过程。因此，我们从个体的活动领域进行划分，将道德自我概念分为个体道德自我概念、社会道德自我概念及人际道德自我概念。

人具有社会属性，个体的活动都是在一定社会文化背景下进行的，不可避免地受到所处社会的价值观影响。文化心理学认为，人类心理与文化环境是相互生成、相互影响的关系，道德观念也必然是由人们生活于其中的文化世界所塑造的（万增奎，2009）。社会建构论观点认为，自我意识是从社会生活和话语实践的语言交往中建立起来的，是个体在社会活动中的产物（Shotter，1997）。那么，道德自我概念就是在不同的社会情境中与他人互动的产物，是人在与外界互动中自主建构的。同时，道德自我概念又是一种社会文化的建构物，有赖于特定的社会情境及他人的评价与反映。

其次，青少年的道德内化是道德自我概念发展的关键。道德内化即个体将外在的社会道德要求、社会道德价值观、道德规范转化为自身稳定的道德判断标准，形成道德人格特质和道德行为反应模式的过程，即道德自律。个体道德建构的动力来自自我实现需要，是个体对自身道德品行的要求，如良心就是个体道德建构的结果。

最后，建构主义认为个体的道德自我概念的形成与发展主要在于道德学习中的"相互作用"，它主要包括三种建构形式：个体的建构（个体与物理环境的相互作用）、个体间（儿童与儿童、儿童与成人的相互作用）的建构及更大的社会背景下的道德知识建构（杨韶刚，2007）。

儿童最初获得关于是非、好坏和善恶的观念，是在同别人的交往中，从掌握具体的道德行为开始。婴儿在出生后不久，就会以成人的表情作为社会参照，指导着他们对社会不确定环境的反应。社会参照是儿童道德发展的一个重要途径，作为一种情感线索影响着他们的行为，传递成人对他们的评价,为了获得赞赏和关注,他们会更多地表现出符合成人要求的行为。心理理论的发展进一步促进道德自我的形成。观点采择具有反思的特点,儿童开始意识到自己的行为会影响他人,并发展出理解和关爱等品质。到了幼儿后期,儿童在他们的社会行为中能表达他们的公平意识,同时移情也得到了很大的发展。所以他们通过理解他人、关心他人,秉持公平公正的分配原则,以保持良好的人际关系,并回避那些阻碍人际关系发展的错误行为。随着年龄的增长,儿童走出家庭,进入社会中,与老师、同伴及社会上许多方面的人接触,广泛的人际交往及接受的思想品德教育使他们逐渐发展和丰富了自身的道德观念。

正是人际交往活动,促进了儿童道德感的发展与复杂化,使他们对思想和行为的好与坏、对与错,有了稳定的认识。有些道德品质就是在人际交往中特定存在的,如 Woodbine(2004)的研究发现中国人倾向于在人际交往中实行平等公正原则。

综上所述,我们对道德自我概念的含义理解为:道德自我概念是个体在特定的社会文化背景下,在人际互动过程中形成对自身品行、与社会道德规范要求契合程度的认识。道德自我概念的结构包括以下三方面:个体道德自我概念、社会道德自我概念和人际道德自我概念。个体道德自我概念是个体在以自己为主体的个人活动中对自身道德品行的认识与评价;社会道德自我概念是青少年在特定社会文化背景及伦理规范要求的活动中对自身道德状况的认识与评价;人际道德自我概念是个体在人际互动过程中形成的,是个体在与他人交往过程中对自身道德品行的认识与评价。

(二)研究方法

本研究对测查问卷的编制是在通过文献资料分析、道德自我发展理论以及开放式问卷调查的基础上来确定问卷的各份问卷、维度结构和各题项。首先,根据理论分析,我们把青少年道德自我概念划分为三个维度:个体道德自我概念、社会道德自我概念、人际道德自我概念。其次,我们通过个别访谈和半开放式问卷确定这三个维度下具体包含了哪些内容及表现形式。最后,通过探索性因子分析和验证性因子分析论证模型的结构性与科学性。

1. 问卷项目设计

问卷中项目的来源和确定是基于以下几个方面:第一,采用半开放式问卷获得描述青少年道德品质的关键词,通过访谈中学老师和学生,列出每一个关键词的基本内涵,如询问被试:"你觉得一个诚实守信的人应该是怎样的?"从被试的回答中提炼出最具代表性的描述。第二,参考已有量表相关维度下的项目,主要参考聂衍刚等人编制的青少年自我意识问卷、Marsh 等的自我描述问卷(SDQ)和唐莉的青少年道德自我问卷等。第三,通过查阅文献并结合实际,了解青少年这一群体的生活,来丰富所得到的关键词,初步形成项目描述语句,再结合访谈的结果对项目进行补充,从而形成青少年道德自我概念问卷的具体项目,然后请 10 名心理学专业硕士研究生就问卷项目进行评估,包括每个项目是否准确表达了维度所代表的概念、是否具有歧义、社会赞许性如何等方面问题。

2. 被试

随机抽取 350 名高中生参与初始问卷调查。剔除无效问卷与社会赞许性高的问卷,获得有效问卷 312 份。其中高一学生 70 名,高二学生 60 名,高三学生 182 名;男生 97 名,女生 215 名;平均年龄为 17.6 ± 1.99 岁。

3. 研究工具

自编的青少年道德自我概念预测问卷,问卷共 50 个项目,其中 5 题为测量被试社会赞许性题目,1 题为被试自评回答认真程度题,所有题项采用随机排列方式。问卷采用 5 点计分,从"完全不符合"到"完全符合"依次记为 1 分、2 分、3 分、4 分、5 分。

4. 程序

(1) 以班级为单位进行团体施测,由一名心理学研究生和班级班主任共同担任主试,所有测试过程均保证充裕的时间以填写问卷。

(2) 问卷回收后,对问卷回答的真实性和有效性进行检查,剔除漏答数量超过题项总数 1/5 的和作答有明显反应倾向的问卷。

5. 数据处理

数据采用 SPSS 15.0 统计软件包进行分析处理。

(三) 研究结果

1. 项目分析

项目分析采用每个条目上的被试得分与量表总分的皮尔逊积差相关系数项目鉴别力的指标。结果表明:各题项得分与总均分均呈显著相关

(p <0.01)，但第 17 题与第 40 题相关系数低于 0.30，所以予以删除。

2. 探索性因素分析

对样本一数据进行探索性因素分析，结果显示：Bartlett 球形检验卡方值为 10787.393，$df = 990$，$p < 0.001$，KMO 系数值为 0.916，表明问卷非常适合作探索性因素分析。采用主成分分析法，剔除表述不明确，可能产生歧义及被试认为重复的项目、题项在多个因子上载荷都高于 0.4 的项目、题项在每个因子上载荷都小于 0.4 的项目、题项与总分相关不显著或相关小于 0.30 的项目以及题项不利于归类于因素命名的项目共 27 个，最终保留 21 个题项。结果提取了 3 个共同因子，共解释变异率 42.35%（具体如表 2 – 18 所示）。

表 2 – 18　　　　中学生道德自我概念探索性因素分析结果

	因子 1	因子 2	因子 3	共同度
49	0.711			0.623
48	0.711			0.598
47	0.672			0.614
38	0.622			0.482
39	0.597			0.442
30	0.482			0.432
35		0.708		0.564
42		0.640		0.488
33		0.639		0.499
25		0.633		0.497
15		0.597		0.421
23		0.558		0.328
44		0.549		0.325
31		0.524		0.354
4			0.728	0.617
13			0.676	0.532
19			0.591	0.625
7			0.496	0.446
45			0.453	0.516

续表

	因子1	因子2	因子3	共同度
28			0.427	0.494
5			0.418	0.436
解释率	15.67%	13.97%	12.71%	42.35%

（四）讨论与分析

研究探索出青少年道德自我概念的结构包括个体道德自我概念、社会道德自我概念、人际道德自我概念3个维度，符合我们的研究构想。因子1包含6个题项，主要反映的是青少年与他人交往时所秉承的道德原则，体现人际关系中的道德形象，命名为"人际道德自我概念"；因子2包含8个题项，体现了个体对自身道德品行的认识与评价，包括自制自律的能力和良心的发展等，命名为"个体道德自我概念"；因子3包括7个题项，主要关于个体对自己的道德品行是否符合社会规范要求的认识与评价，命名为"社会道德自我概念"。

考虑到个体道德自我概念维度中的条目主要是负面描述，遂将其陈述方式改为正面描述，如把"我不排斥社会上行贿受贿的现象，如果需要，我也会采取"改为"我不赞同社会上行贿受贿的现象，并会坚持自己的原则"以及把"有时我也会作出违背良心的事情"改为"做了违背良心的事情，会使我感到羞愧"，从而形成道德自我概念的再测问卷，并在青少年群体中进行再次施测以检验量表的适用性。

（五）结论

研究结果较好地验证了我们关于青少年道德自我概念的理论结构构想，青少年道德自我概念由个体道德自我概念、社会道德自我概念和人际道德自我概念三个方面的内容构成。初步编制的《青少年道德自我概念问卷》包括个体道德自我概念、社会道德自我概念和人际道德自我概念三个因素，共21个项目。

二 《青少年道德自我概念问卷》的正式编制

（一）研究目的

对初步编制《青少年道德自我概念问卷》进行修订，形成具有良好信度和效度的青少年道德自我概念正式问卷。

(二) 研究方法

1. 被试

708名初中学生参与正式问卷调查。剔除无效问卷与社会赞许性高的问卷，有效问卷为676份。其中初一学生288名，初二学生193名，初三学生195名；男生329名，女生342名，性别缺失数据5份；平均年龄为14.68±1.69岁。

2. 研究工具

自编的《青少年道德自我概念问卷》（见附录四），问卷共26条项目，其中4题为测量被试社会赞许性题目，1题为被试自评回答认真程度题，所有题项采用随机排列方式。问卷采用5点计分，从"完全不符合"到"完全符合"依次记为1分、2分、3分、4分、5分。

3. 程序

(1) 以班级为单位进行团体施测，由一名心理学研究生和班主任共同担任主试，所有测试过程均保证充裕的时间以填写问卷。

(2) 问卷回收后，对问卷回答的真实性和有效性进行检查，剔除漏答数量超过题项总数1/5的和作答有明显反应倾向的问卷。

4. 数据处理

数据采用SPSS 15.0、Amos 4统计软件包进行分析处理。

(三) 研究结果

1. 项目分析

根据题项与总均分的相关，剔除不合格的题项。相关分析结果显示，各题项得分与总均分相关均显著（$p < 0.01$），且相关系数均在0.35以上，说明所有题项均具有较好的区分度。

2. 信度分析

由于本问卷没有现成的研究可以作为外部参照，所以采用α系数和分半信度进行检验。结果如表2-19所示，问卷各维度信度系数检验都在0.70以上，整体问卷的一致性α系数为0.858，分半信度为0.835，表明问卷信度良好。

表 2-19　　　　　　　　道德自我概念问卷各维度的信度系数

	个体道德自我概念	社会道德自我概念	人际道德自我概念
Cronbach'α 系数	0.770	0.809	0.774
分半信度	0.764	0.756	0.745

3. 效度分析

采用相关分析法考察问卷各维度之间的相关程度，以检验问卷的结构效度。结果如表 2-20 所示：问卷各维度间的相关均在 0.35—0.60 之间，具有中等程度的相关性，没有重叠性高的维度。各维度与问卷总均分的相关均在 0.77—0.81 之间，具有较高的相关。说明道德自我概念问卷具有良好的构想效度。

表 2-20　　　　　　　　道德自我概念问卷各维度的相关分析

	1	2	3
个体道德自我概念			
人际道德自我概念	0.37**		
社会道德自我概念	0.35**	0.60**	
总体道德自我概念	0.81**	0.77**	0.77

注：$*p < 0.05$，$**p < 0.01$，$***p < 0.001$

验证性因子分析结果如表 2-21 所示：$\chi^2/df = 2.764$，小于 5，属于可接受范围。$RMSEA < 0.05$，各项指标均达到临界值以上，虽然 NFI 小于 0.9，但也接近临界值。这说明模型和数据拟合良好，问卷结果可以接受。

表 2-21　　　　　　　　各模型的拟合指数摘要

χ^2	df	χ^2/df	RMSEA	GFI	AGFI	NFI	NNFI	CFI
497.497	180	2.764	0.036	0.945	0.930	0.896	0.919	0.930

（四）讨论与分析

1. 青少年道德自我概念问卷的编制

本研究以自我的发展理论为基础，通过半开放式问卷及个别访谈，试图在本土文化背景下探究道德自我概念的结构。首先我们通过文献分析，对道德自我概念下了操作性定义，认为道德自我概念就是个体在特定的社会文化背景下，在人际互动过程中形成对自身品行、与社会道德规范要求契合程度的认识。并从《中外古今道德箴言》《公民道德修养手册》和《社会道德与个体道德》等讲述道德的书籍中挑选出道德品质形容词，并请专家在意义度、熟悉度和现代性程度较高的形容词中挑选出40个词汇，形成半开放式问卷。然后，请40名中学老师和学生根据自己的生活经验与体会，对这些形容词进行判断：一名道德好的青少年，最重要的是具备哪些道德品质？数据搜集后根据频次大小删除部分形容词，并根据挑选出来的形容词进行个别访谈，如询问被试："你认为一个诚实守信的人应该是怎样的？"通过访谈结果和对形容词的质性研究，最终获得青少年道德自我概念初测问卷。

随后，采用预测问卷对312名被试进行了测查，主要目的是验证和修正问卷所反映的道德自我概念结构，也对问卷及其题项的质量进行考察。通过探索性因素分析，发现问卷共有3个维度，分别是个体道德自我概念、社会道德自我概念和人际道德自我概念。各题项载荷量较高（均大于0.40），共解释总变异的42.35%。

根据探索性因子分析结果，我们得出青少年道德自我概念的正式问卷，其中包含3个维度：个体道德自我概念、社会道德自我概念和人际道德自我概念。并对正式问卷的信效度进行检验分析。

2. 青少年道德自我问卷的信效度

本研究分析了青少年道德自我概念问卷的内部一致性信度和分半信度，整体问卷的一致性α系数达到0.858，分半信度为0.835，各子维度的信度也在0.70以上，达到心理统计学要求的标准。表明问卷具有良好的信度。

进一步的验证性因素分析结果表明，多数指标都达到了拟合标准（χ^2/df、RMSEA、GFI、AGFI、NNFI、CFI），少数指标接近拟合标准（NFI），因子的模型和数据拟合良好，说明问卷的建构效度较好，适用于青少年道德自我概念的评定。根据心理测验理论，问卷总分和各分问卷之间的相关系数可以作为问卷构想效度的衡量指标。结果发现问卷各维度间的相关在0.35—0.60之间，没有重叠性高的维度。各维度与问卷总均分的相关均在0.77—0.81之间，存在较高的相关。本研究不足之处在于没有考察问卷的效标效度，这是将来在问卷的进一步修订时需做补充的。

总之，本研究编制的青少年道德自我概念问卷可以作为有效测查我国青少年道德自我概念的研究工具。

3. 青少年道德自我概念问卷的结构

关于自我意识的结构，不同研究者存在不同的见解，据此形成了各种各样的自我理论，这些理论给我们的研究提供了重要的参考和启示。根据自我意识的发展理论，我们提出了道德自我概念的操作性定义，并认为道德自我概念包括个体道德自我概念、社会道德自我概念和人际道德自我概念。然后根据半开放式问卷和探索性因素分析结果，探索各因子下的具体内容及表现形式。

个体道德自我概念体现了个体对自身道德品行的要求与规范，注重的道德内容主要有：生活中表现真诚老实，不弄虚作假，不欺骗，信守自己的承诺；约束自身道德言行，不放纵，严于律己，在学习、工作中对目标不懈努力和追求，表现为有自信、自强、坚毅、不怕挫折；关注对自身道德状况的反省，知荣知耻，具有明确是非感和道德情绪，如内疚感、羞耻感、自豪感等。

社会道德自我概念体现了个体根据社会道德规范要求自己的言行表现，注重的道德内容主要有：对家庭、集体和国家、社会所负责任的认识，是个体根据自身社会角色要求承担责任和履行义务的自己态度；对集体的热爱，自愿贡献个人时间、精力或财富服务于集体，以集体利益为先，认同集体规则；自觉遵守法律法规、社会道德规范，表现爱护环境、遵守秩序等有利于公共生活的言行。

人际道德自我概念是个体在人际交往过程中表现的道德品行，良好的品行是人际适应的重要内容。这部分的道德内容包括：在人际交往中，文明有礼，尊重理解，宽容体谅；在与他人相处时，表现出对他人的关心、帮助与爱护，态度和蔼亲切；在群体内秉持公平原则，不偏私，不恃强，公正不阿。

(五) 结论

道德自我概念包括个体道德自我概念、社会道德自我概念和人际道德自我概念 3 个维度，分别从个体、社会和人际互动层面对道德自我概念进行了诠释，为道德自我概念的研究提供了新的视角。

《青少年道德自我概念问卷》有较高的信效度，能够作为评估我国青少年道德自我概念状况的有效工具。

第三节 青少年自我差异的测评

每个人都可能有心理冲突或矛盾的信念导致不舒服的经验。心理学中，有很多描述这种冲突状态的名词，包括不一致（inconsistency）、不协调（incongruity）、不平衡（imbalance）、不和谐（dissonance）等，这些都是个体自我差异的表现。自我差异源于个体对自我的完善和发展，从自我的诞生开始，人们就已经开始思考这种差异的产生以及差异带来的对人类的影响。自我差异可以分为"现实—理想"自我差异和"现实—应该"自我差异两种，不同的自我差异会引起不同的心理问题，如"现实—理想"自我差异可能会更多地引起抑郁情绪，而"现实—应该"自我差异会更多地引起焦虑情绪等。本研究编制的自我差异问卷是"现实—理想"自我差异问卷，以期为了解我国青少年"现实—理想"自我差异的情况提供科学的测量工具。

一 现实自我的结构和测评

(一) 研究背景

1. 自我差异的发展

在科学主义自我观产生之前，浪漫主义的自我观关于自我差异的论述就在各种哲学思想里体现，浪漫主义的自我观与宗教同源，以柏拉图为代表，古希腊人将决定人的行为的神秘力量归结为人的灵魂（soul），柏拉图认为是神造就了灵魂，再把灵魂放在人的体内，知识不是人对存在的反映，而是灵魂从生前的存在里带来对理念世界的回忆（杨莉萍，2006）。浪漫主义的自我观认为在人的生活中，给出的东西（what was given）对于人确定事物的意义并不重要，而想象的东西（what was imagined）更为重要。给出的东西类似现在所说的现实自我，而想象的东西则与理想自我相类似。

自 1890 年，詹姆斯（W. James）首次提出系统的自我概念理论以来，有关自我意识的研究大致经历了四个阶段，对自我的研究大多从内容和结构两个角度。早期研究关注自我的基本内容，试图从静态的方式去认知自我。自 20 世纪 70 年代末期开始，心理学界开始尝试从动态的角度去解读自我概念，关注自我的结构及其结构对信息加工的影响，进而探索自我对思想、情感和行为的影响（朱长征，2010）。人们常在相同意义上使用自我和自我意识的概念，自我和自我意识其实是两个有着密切联系然而却又有着明显差别的东西。自我在某种程度上说是一种具有实体性的概念，如当一个人在思考或行动的时候，它是思考或行动的主体，而当一个人在思考或省察本身的一切时，它又是一个被动的客体；而自我意识则是自我对自身的一切的认识和体验的过程，同时它们有时是相互联系的，自我既是自我意识的主体，又是自我意识的客体（杨莉萍，2005）。因此，如果没有自我，也就没有自我意识的活动；另外，自我意识又是自我存在的方式和特点，是自我活动的表现，只有在自我意识中才表现出了自我的能动作用。James 在《心理学原理》一书中首次出现了对自我进行了阐述和不同方面的归类，他认为自我就是一个人的人格，把现在的自我与它过去所想的那些与自我相同的感觉，称为"人格恒同之感"。同时，他认为自我应该分为主我和宾我两部分。自我是知觉者的我（self as knower），是个体对自己知觉，随着时间的发展具有持续性，能够按照意愿进行行为；而宾我是被知觉的我（self as know），是个体认为自己是谁以及是什么样的人的想法以及由此产生的情感。

在精神分析时期，Freud 认为自我可视为是一种组织，它是人格的主要组成部分，心理主要由本我、自我和超我组成，自我处于第二层，遵循现实原则，其主要任务包括两个，第一是限制、协调本我和外界环境的关系，第二是协调本我和超我的关系。它会在不违背超我的前提下，尽量满足本我的要求。当本我表示它的愿望后，自我在现实中找出满足这个愿望的潜在的方法，预计使用这个方法的后果，然后或者采用这个方法，或者当这个方法是无效的或可能是危险的时候，推迟本我的满足直到找到一个更合理的满足方式。自我理想、超我的概念是和自我的一项功能——自我批判功能联系在一起的，在现实环境中，如果自我与超我一致，个体会感到很愉快，当自我与超我不一致时，个体便会产生一种罪恶感。Freud 从一开始便认为，幼儿期的自恋在成人中被取代为对他在自己内部建立的一个理想自我的忠诚，他提出了一种观点认为，可能存在着一个"特殊的心理机构"，其任务是观察现实的自我，并通过理想自我或自我理想测量它。而自我理想的起源，源于个体背后存在着一个隐藏了的最初和最重要的认同，等同个人的前生活史里对父亲的认同。尽管超我是从自我中分化出去的，但是这并不代表超我和自我之间的关系是和谐一致的，在很多时候自我经常会陷入同自我理想、超我的紧张关系当中，而且在自我理想和实际自我之间距离的情况在不同个体之间是易变的，在很多人那里自我内的区别没有比儿童走得更远，因为他们仍然通常保存了早期自恋性的自鸣得意。

　　罗杰斯从现象学的角度出发，认为自我概念是个人自我知觉的系统，是个人体验到与所处环境发生关系的方式知觉，对一个人的人格发展和行为具有较深的影响。在《人本主义》一书中，罗杰斯将自我划分为实际的自我和理想自我，第一次正式使用"理想自我"的概念。他认为现实自我略低于理想自我，而理想自我是个体行为的向导和动力，当个体的现实自我和理想自我达到统一时，个体会体验到满足感，甚至产生成就感；如果自我不一致，就可能产生不良情绪，甚至导致心理疾病。

　　罗森伯格在他的自我理论中，认为自我是一种动态的和多维度的，现实自我和理想自我是其中的两个维度，理想自我涉及一个人渴望成为的可能和潜在的自我，而现实自我涉及个人现实拥有的自我概念。个体以达到理想自我和现实自我的匹配为动机。

　　Higgins（1987）总结了前人有关自我信念中的不一致与情绪障碍相联系的理论，在此基础上提出了自我差异理论，他将自我分为理想自我、现实自我和应该自我。自我差异主要来源理想自我与现实自我的差异和应该自我与现实自我的差异，不同的自我差异会导致不同的情绪问题。

　　自希金斯提出自我差异之后，Markus 和 Ruvolo（1989）提出与希金斯类似的观点，即可能自我（possible selves）。可能自我包括两种成分：希望成为的自我和害怕成为的自我。希望成为的自我指的是个体觉得自己在某一方面具有发展的自我信念，是个体希望达到并确信能够实现的一种目标状态。害怕成为的自我指的是个体害怕或恐惧成为的自我信念。Markus 的可能自我与 Higgins 的自我向导具有异曲同工之处，可能的自我与现实自我同样存在差异。不同类型的自我差异可以调节不同的情绪类型，同时，还可以作为一种行为标准来调节、推动人的行为。

2. 自我差异的内涵

自我概念被定义为认知和情感上了解我们是谁，并将我们分为两种形式：真实的自我和理想的自我。真实的自我源于感知到的我的真实存在（如我现在是谁或我现在在想什么）。而理想的自我形成于理想的想象和个人想成为的目标的信念，即我能成为什么样的人或渴望成为什么样的人（Malär、Krohmer、Hoyer 和 Nyffenegger，2013）。

自我差异（self-discrepancy）也叫自我不一致，希金斯提出自我差异包括自我系统中的三种自我状态：现实自我、理想自我和应该自我。现实自我（actual self）指个体认为自己能够知觉到现实的特点和体验状态；理想自我（ideal self）指个体期望成为或想拥有的特点和状态，包括希望、愿望和渴望的；应该自我（ought self）是个体感到自己应该达到的特点和状态，包括责任、义务等。这些现实、理想和应该自我都具有两个层面，一个是个体自己所设定的，反映个人的立场；另一个是与个体相关的重要他人意义上的立场（例如，母亲或父亲）。从时间维度和自我差异相互关系上说，应该自我归于昨天，现实自我处于今天，理想自我位于明天。展望明天的理想自我，是个体发展的前进方向，同时回顾昨日的应该自我，是个体成长的动力所在。现实自我是客观存在，而每一个人都企图调整个人的理想自我和应该自我，因此，理想自我和应该自我称为自我导向（self-guides）或自我标准，因为它们对个体具有行为导向、目标导向和激励作用，同时，自我导向代表了个体所要达到的标准，影响个体某方面的信息加工认知结构。

自我导向与现实自我的差距即自我差异，因此，存在两种基本的自我差异：现实—理想自我差异和现实—应该自我差异。本研究基于 Higgins 对自我差异的定义，在 Higgins 的基础上，结合已有的研究，从而对"现实—理想"自我差异进行研究。

3. 自我差异的理论构想

自我是一个多维度、多组织的结构，而且会随着年龄的增长而不断增多。本研究在国内学者王垒（1998）提出的人格动态研究，彭以松、聂衍刚和蒋佩（2007）对中学生自我意识发展特点和聂衍刚获得的青少年自我意识的功能结构的基础上，提出了青少年能够知觉到的现实自我主要内容包含 6 个方面：体貌自我、学业自我、家庭自我、社交自我、品德自我和心理自我。其中体貌自我是自我的基础，它是个体最早发展的自我意识，是个体对自己的身体和外貌的认识和评价。个体对于自己体貌的看法是自我价值感的重要来源，青少年时期是第二性征的发展时期，最大的变化就是身体的改变。学业自我是指个体对自己学业的能力、知觉和评价。国内研究发现学业自我影响青少年心理健康，学业自我是通过在学习活动中积累的丰富的学习经验而形成，青少年在学业过程中会建立一套与自己学业成就相符的评价（史小力、杨鑫辉，2004；姚计海、屈智勇、井卫英，2001），如，我学习很差，所以我是个失败的人。家庭自我是指个体对自己在家庭与生活当中的角色的认识和评价，实质是个体与家庭交互的认识和评价。社交自我是在与他人的相互作用中形成的，是指个体在社交过程中对自己社交能力及其表现的认识和评价。品德自我是个体对自己的品行、与社会规范要求契合程度的认识和评价。它对个体行为具有调节作用和指导作用。心理自我是指个体对自我心理的健康及其情绪的认知和评价。

（二）研究方法

1. 被试

随机抽取 480 名中学生进行问卷调查。回收有效问卷 469 份。其中 260 名男生，206 名女生，3 名性别缺失。样本涵盖初一、初二、高一、高二共 4 个年级。

2. 研究工具

自编的青少年现实自我初测问卷，问卷共 43 条项目，所有题项采用随机排列方式，问卷采用 5 点计分，从"完全不符合"到"完全符合"依次记为 1 分、2 分、3 分、4 分、5 分。

3. 施测方法与程序

以班级为单位进行团体施测，由一名心理学研究生和班级班主任共同担任主试，所有测试过程均保证充裕的时间以填写问卷，回收问卷后剔除漏答数量超过题项总数 1/5 的和作答有明显反应倾向的问卷。

4. 统计处理

采用 SPSS17.0 和 Lisrel 8.70 统计分析。

（三）研究结果

1. 项目分析

根据题项与总均分的相关，剔除不合格的题项。若各题项得分与总均分相关性太低，则说明该题项不能很好地反映量表所要测查的内容，应予以删除，因此删除相关不显著的题项。相关分析结果表明，除题 32 外，其余各题项与总分相关均达到显著水平（$p<0.01$）。说明该问卷中这些题项的区分度较为良好。

2. 探索性因素分析

问卷调查 Bartlett 球形检验值为 3938.203，$df=861$，$p<0.001$，KMO 系数值为 0.813，表明适合进行因素分析。采用主成分分析法，剔除表述不明确、可能产生歧义及被试认为重复的项目、题项在多个因子上载荷都高于 0.4 的项目、题项在每个因子上载荷都小于 0.4 的项目、题项与总分相关不显著或相关小于 0.30 的项目以及题项不利于归类于因素命名的项目共 20 个，最终保留了 23 个题项，共提取出 5 个共同因子。第二次探索性分析时，Bartlett 球形检验值为 1919.674，$df=276$，显著性水平为 $p<0.001$，KOM 系数值为 0.780。通过探索性因素分析提取了 5 个共同因子。共解释变异率 45.268%。否定了最初的 6 个维度的设想。具体如表 2-22 所示。

表 2-22　　　　中学生现实自我问卷探索性因素分析结果

	因子1	因子2	因子3	因子4	因子5	共同度
34	0.716					0.557
12	0.643					0.439
29	0.641					0.528
16	0.624					0.506
2	0.556					0.376
33		0.752				0.656
27		0.734				0.642
18		0.694				0.490

续表

	因子1	因子2	因子3	因子4	因子5	共同度
3		0.623				0.513
24			0.641			0.529
40			0.599			0.401
4			0.504			0.341
38			0.465			0.296
30			0.454			0.367
21				0.599		0.450
28				0.577		0.376
7				0.573		0.398
5				0.554		0.400
1				0.478		0.373
39				0.437		0.389
14					0.735	0.569
25					0.712	0.568
23					0.493	0.247
解释率	10.398%	9.870%	8.990%	8.861%	7.149%	45.268%

（四）讨论与分析

探索性因素分析的结果显示，除了"心理自我"维度各题项被分散在其他维度之中外，问卷的结构与最初的理论构想基本吻合。鉴于抽取5个共同因子后对总变异的解释近似为45.268%，最终确立5个维度，并在再次查阅文献并参考专家意见的基础上，对某些题项存在题意不清或题项所包含的意思尚不完整进行修改，对第5个维度"家庭自我"增加两个题项，共得到25个题项，并以此作为正式问卷进行再次考察验证。

（五）结论

青少年现实自我由体貌自我、学业自我、家庭自我、社交自我和品德自我5个方面的内容构成。

初步编制的《青少年现实自我量表》包括体貌自我、学业自我、家庭自我、社交自我和品德自我5个因素，共25个项目。

二 自我差异问卷编制

（一）研究背景

在预测问卷的基础上对问卷进行进一步的修订，形成具有较好信度和效度的现实自我正式问卷。

（二）研究方法

本研究包括两个步骤：一是在原有量表的基础上，再次进行量表项目和维度的探索，反复推敲修改形成项目基本确定、结构基本稳定的青少年自我意识量表；二是运用拟订的量表对被试进行心理测验，通过统计测验学的分析，对构想的青少年自我意识的功能结构和测评量表进行检验。

1. 量表项目与维度的确定

（1）研究对象：选取广州地区400名中学生进行问卷调查，有效回收386份。其中男生184人，女生185人，17人未填写性别信息，初一被试139人，初二150人，高一46人，高二48人，3人未填写年级信息。

（2）研究工具：自编的青少年现实自我问卷，问卷共25个项目，所有题项采用随机排列方式，问卷采用Likert自评式五点量表法自评，从"完全不符合"到"完全符合"依次记为1分、2分、3分、4分、5分。

（3）施测方法与数据处理：以班级为单位进行团体施测，由一名心理学研究生和班级班主任共同担任主试，所有测试过程均保证充裕的时间以填写问卷。问卷回收后，对问卷回答的真实性和有效性进行检查，剔除漏答数量超过题项总数1/5的和作答有明显反应倾向的问卷，数据采用SPSS13.0进行分析处理。

（4）确定正式量表：对收集回来的数据，进行项目分析，删除与总分相关不显著的项目9。进一步探索性因素分析，KMO系数值为0.818，Bartlett球形检验值为2152.092，$df=300$，显著性水平为$p<0.001$，适合进行因素分析。删除项目所属因素上的载荷少于0.3以及同时在两个以上因子上有高负荷的题项2和14。验证性因素分析发现题项7与因子的相关低于0.30，因此删除了题项7，最终保留21个题项，形成现实自我正式问卷（见附录五）。

2. 正式量表的检验

（1）研究对象：选取了广州市和汕头市的4所中学的初一、初二、高一和高二的学生。共发放问卷900份，回收问卷852份，其中有效问卷817份。其中男生354人，占总人数的43.3%，女生451人，占总人数55.2%，12人未填性别信息。初一年级233人，初二年级256人，高一年级165人，高二年级163人。

（2）研究工具：自编21个题项的正式现实自我问卷。

（3）施测方法与数据处理：以班级为单位进行团体施测，由一名心理学研究生和班级班主任共同担任主试，所有测试过程均保证充裕的时间以填写问卷。问卷回收后，对问卷回答的真实性和有效性进行检查，剔除漏答数量超过题项总数1/5的和作答有明显反应倾向的问卷，数据采用SPSS 13.0进行分析处理。

（三）研究结果

1. 探索性因素分析

对正式问卷进行探索性因子分析，KOM系数值为0.801，Bartlett球形检验值为2972.127，$df=210$，显著性水平为$p<0.001$，适合进行探索性因子分析，问卷旋转出5个因子，因子解释率共为48.411%。结果见表2-23。

表2-23　　　　现实自我正式问卷探索性因素分析结果

项目	学业自我	社交自我	家庭自我	体貌自我	品德自我	共同度
6	0.626					0.436
8	0.723					0.560
16	0.729					0.569
18	0.746					0.579
2		0.763				0.638
9		0.559				0.343
14		0.737				0.638
17		0.762				0.648
11			0.744			0.574
13			0.618			0.450
20			0.807			0.685
21			0.472			0.397

续表

项目	学业自我	社交自我	家庭自我	体貌自我	品德自我	共同度
3				0.466		0.375
4				0.441		0.286
5				0.699		0.509
7				0.666		0.473
12				0.392		0.326
19				0.576		0.344
1					0.597	0.450
10					0.656	0.473
15					0.630	0.425
解释率（%）	11.379	10.754	9.403	9.335	7.540	48.411

2. 信度

采用 Cronbach'α 系数作为检验问卷信度分析指标。结果显示：总问卷的 α 系数为 0.830。5 个因子的 α 系数在 0.604—0.796 之间。结果表明该量表的内部一致性信度可以接受。

3. 效度

通过比较各因子的相关和因子与总分的相关来考察问卷的结构效度，一般认为各因子之间的相关在 0.10 至 0.60 之间，因子与问卷的相关在 0.30 至 0.80 之间，则能说明问卷具有良好的结构效度，本问卷的结构效度结果如表 2-24 所示。结果表明，各因子之间的相关在 0.170—0.479 之间，各因子和总分之间的相关在 0.517—0.696 之间，说明本问卷具有较好的结构效度。

表 2-24 各因子之间及其与总分的相关矩阵

	1	2	3	4	5	6
家庭自我						
品德自我	0.187**					
社交自我	0.259**	0.312**				
体貌自我	0.479**	0.170**	0.259**			

续表

	1	2	3	4	5	6
学业自我	0.223**	0.253**	0.261**	0.224**		
自我总分	0.634**	0.517**	0.688**	0.696**	0.620**	

注：*p<0.05，**p<0.01，***p<0.001

验证性因子分析结果如表2-25所示：$\chi^2/df=2.82$，小于5，属于可接受范围。$RMSEA<0.05$，其他各项指标均大于0.90，达到临界值以上，这说明模型和数据拟合良好，问卷结果可以接受。

表2-25　　　现实自我问卷验证模型的拟合指数

χ^2/df	GFI	CFI	IFI	NFI	NNFI	RMSEA
2.82	0.94	0.94	0.94	0.91	0.93	0.047

4."现实—理想"自我差异问卷的形成

在获得的信效度良好的现实自我问卷基础上，本研究的理想自我问卷在现实自我问卷的各题项前加上"我希望……"从而获得《中学生"现实—理想"自我差异问卷》（见附录五）。最后，用理想自我总分减去现实自我的总分得到"现实—理想"自我差异的分数。

（四）讨论与分析

编制青少年"现实—理想"自我差异问卷的关键在于编制较好的现实自我问卷，基于以往的研究和相关理论，理想自我源于现实自我又高于现实自我，因此，编制现实自我问卷是编制"理想—现实"自我差异问卷的第一步，也是最重要的一步。在对青少年的现实自我问卷过程中，经过了文献查阅—预测—正式施测的逐步过程，并使用探索性因子分析和验证性因子分析的方法来验证对现实自我的维度。

1.青少年现实自我问卷的结构

本研究为了测量青少年理想—现实自我差异，立足于Higgins提出的自我差异理论基础，基于Higgins等人提出的测量自我差异的评定法的缺点，提出了以自我内容为基础的测量方法。张靓晶和廖凤林（2007）也曾从5

个内容维度（包括生理自我、道德自我、心理自我、家庭自我和社会自我）测量中学生的自我差异。贾远娥（2007）编制的现实—理想自我差异问卷，得到问卷由人际自我、品性自我、学业自我、情绪自我、家庭自我、魅力自我6个因素构成。因此，在已有文献的基础上，提出了青少年差异来源的6个主要方面：包括体貌、学业、品德、家庭生活、社交和心理自我。

对问卷进行探索性因素分析后，剔除了心理自我，得到5个因子。包括学业自我、体貌自我、品德自我、家庭生活自我和社交自我。5个因子解释了总变异的48.411%。第一个因子学业自我，包括4个题项，方差贡献率为11.379%，主要反映的是个体对自己学业的能力、知觉和评价，比如，我可以很轻松地做完学校作业。第二个因子社交自我，包含4个题项，方差贡献率为10.754%，主要反映个体对自己交往能力的认识和评价，比如，我善于与他人交往。第三个因子体貌自我，包含6个题项，方差贡献率为9.335%，主要反映个体对自己身体、外貌的认识和评价，比如，我长得很难看。第四个因子家庭生活自我，包含4个题项，方差贡献率为9.403%，主要反映个体对自己在家庭与生活当中的角色的认识和评价，比如，我总是帮父母做一些力所能及的事情。第五个因子品德自我，包括3个题项，方差贡献率为7.540%，主要反映个体对自己的品行、与社会规范要求契合程度的认识和评价，比如，我很正直，看不惯恃强凌弱。

2. 青少年现实自我问卷的信效度分析

现实自我问卷的 α 系数为0.830。五个因子的 α 系数分别为0.706、0.796、0.626、0.665和0.604。问卷的信度是可以接受的。通过结构方程对该问卷进行验证性因素分析，模型的各项均达到很好的标准，χ^2/df 为2.82，GFI 为0.94，CFI 为0.94，IFI 为0.94，NFI 为0.91，$NNFI$ 为0.93，$RMSEA$ 为0.047。验证性因子分析中的绝对适配指标和增量适配指标均达到标准值，说明模型拟合较好。

（五）结论

青少年现实—理想自我差异问卷主要由学业自我差异、社交自我差异、体貌自我差异、家庭生活自我差异和品德自我差异5项内容构成，解释率共为48.411%。

信效度分析表明，青少年现实自我问卷具有良好的信度和效度，可以作为测量青少年的"现实—理想"自我差异的工具。

第 三 章

青少年自我意识的发展特点

自我意识（self-consciousness）是个体人格发展的核心，不仅影响着个体的人格发展，还与个体的学习、生活交往、社会适应及心理健康有着密切的关系。在个体生命发展历程中，处于12岁、13岁至17岁、18岁的青少年时期是介于儿童和成人之间的过渡阶段，也是个体人格发展的关键期。此时，作为人格发展核心的自我意识得到迅速发展，形成了既区别于儿童又区别于成人的心理特点（聂衍刚、张卫、彭以松、丁莉，2007）。因此，了解这一年龄阶段个体的自我意识发展特点，对有针对性地开展青少年心理健康教育发挥着非常重要的作用。故本章主要总结和回顾我们前期开展的关于青少年自我意识发展特点（彭以松、聂衍刚、蒋佩，2007）、青少年道德自我发展特点（聂衍刚、刘莉、曾燕玲、宁志军，2015）、青少年学业自我发展特点（李辉云、聂衍刚，2012）和青少年身体自尊发展特点（周虹、聂衍刚，2011）的相关研究成果。

第一节 青少年自我意识发展特点

一 青少年自我意识发展研究概述

自我意识的产生和发展并非与生俱来的，也不单纯是个体生物成熟的结果，而是个体在社会化过程中逐渐形成和发展的，是一个从无到有、从低级到高级逐渐发展的过程。心理学研究表明，个体自我意识从发生、发展到相对稳定和成熟，大约需要20年的时间。此过程可分为3个阶段：从生理自我意识到社会自我意识，再到心理自我意识。个体自我意识发展有两个飞跃期。第一飞跃期大约在1岁至3岁，是以儿童可以用代词

"我"来标志自己为重要特点的（着重于社会自我）。第二飞跃期是青春期，尤其是初中阶段（开始关注社会自我）。进入青春期后，个体的社会自我意识渐渐增强，开始形成心理的自我意识。青少年用他们所知觉到的内部情绪和心理特点的抽象特征来定义自己，在自我定义时出现了更为复杂和更具分析性的取向，同时也会体现出个体更不为人所知的一面。12岁、13岁至17岁、18岁的青少年时期是介于儿童与成人之间的过渡阶段，也是个体人格发展的关键期，其自我意识的发展变化尤其值得注意。

我国对青少年自我意识问题的研究始于20世纪80年代，当时为了弥补我国在这一领域的研究空白，开展了"全国中小学生自我意识发展调查研究"的全国性协作研究，初步揭示了我国青少年（儿童）自我意识发展的一般特点。此类研究的角度除了从总体上考察青少年自我意识发展的一般特点外，也十分重视单一维度研究自我意识中的一些重要成分如自我评价、自尊、自信、自我效能感、自我控制、自我教育等，同时关于自我意识的影响因素的研究、自我意识的比较研究、自我意识发展的干预研究等也渐次展开（杨秀君、任国华，2003）。

我们认为自我意识是青少年对自己及与周围环境的关系诸方面的认识、体验和调节的多层次心理功能系统（聂衍刚、张卫、彭以松、丁莉，2007），包括自我认识、自我体验和自我控制三个方面。自我认识是自我意识的认知成分，包括对体貌、道德、社会关系等方面的自我评价；自我体验是自我意识的情感成分，反映个体对自己所持的态度，包括自尊感、满意感和焦虑感；自我控制是自我意识的意志成分，包括自觉性、自制力和监控性。在此基础上，我们编制了《青少年自我意识量表》（第一版和第二版）并证实了自我意识的三因素结构。

研究表明自我意识对青少年心理健康、社会适应行为、心理危机和诚信行为都有重要影响（彭以松、聂衍刚、蒋佩，2007；聂衍刚、黎建斌、林小彤、周虹，2011），我们也初步探讨了青少年自我意识的发展特点，例如聂衍刚和丁莉（2009）以中学生（初一、初二、高一、高二年级）为研究对象，发现青少年自我意识的发展存在年级差异和性别差异；聂衍刚等（2011）对初中生自我意识的发展趋势进行了研究，结果发现初中生自我意识发展存在年级差异，并认为初二年级是自我意识发展的关键期。我们发现已有的研究被试年龄段没有包括整个青少年期，且有的研究距今已相隔多年,同时这个领域仍鲜有研究考察青少年自我意识的发展特点。因此,本研究的目的在于探讨当今青少年自我意识发展的特点及规律。

二　研究方法

(一)被试

从广州市 3 所普通中学获得有效被试 1202 人。男生 599 人,占 50.1%,女生 596 人,占 49.9%;初一 184 人,占 15.3%,初二 219 人,占 18.2%,初三 147 人,占 12.2%,高一 205 人,占 17.1%,高二 215 人,占 17.9%,高三 231 人,占 19.2%;独生子女 696 人,占 58.3%,非独生子女 498 人,占 41.7%;平均年龄 14.91 岁 ±1.89 岁。

(二)测量工具

采用自编的《青少年自我意识量表》(第二版)测查青少年的自我意识发展状况,该量表包括体貌评价、社交评价、品德评价、自尊感、焦虑感、满意感、自制力、自觉性和监控性共 9 个因子,反映了青少年自我评价、自我体验和自我控制三方面的特点(Nie、Li、Dou 和 Situ,2014)。采用 Likert 5 点计分法("1" = "完全不符合"到"5" = "完全符合"),其中"焦虑感"的因子采用反向计分,其余因子均为正向计分,分数越高表明自我意识发展越好。研究表明此量表具有较好的信效度。本研究中,该量表的内部一致性信度为 0.93,上述各因子的内部一致性信度依次为 0.80、0.83、0.71、0.88、0.69、0.71、0.81、0.79、0.78。

(三)施测程序

在心理学老师指导下,由班主任协助,以班为单位进行一次性集体施测,统一发放并当场回收;数据全部采用 SPSS 19.0 统计软件进行处理。

三　研究结果

(一)青少年自我意识的总体特征

从总体上看,青少年在自我意识上的得分普遍较高,被试总体自我意识总分在中等水平(3.00 分以上)以上的人数占到总人数的 86.2%(具体如图 3 - 1 所示),说明青少年自我意识发展处于中等偏上水平。为方便了解青少年自我意识的发展特点,表 3 - 1 列出了本研究中被试总体的自我意识总分及各维度的平均分与标准差。一阶因子中社交评价、监控性、品德评价得分较高；二阶因子中得分从高到低依次为自我认识、自我控制、自我体验。

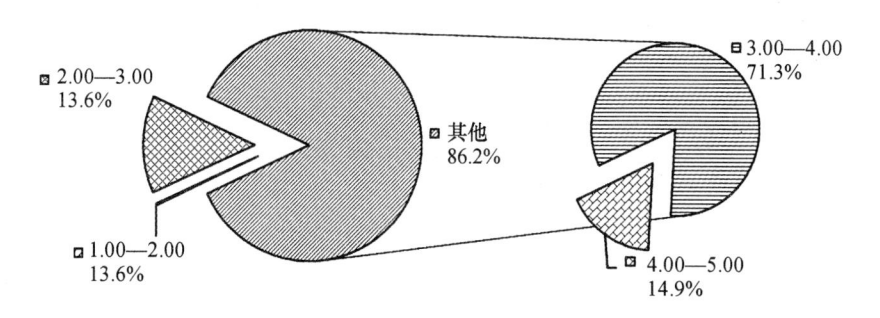

图 3-1　青少年自我意识总体状况

表 3-1　青少年自我意识总分及各维度的平均分与标准差

	体貌评价	社交评价	品德评价	自尊感	焦虑感	满意感	自觉性	自制力	监控性	自我认识	自我体验	自我控制	总分
M	3.38	4.04	3.70	3.54	3.04	3.63	3.36	3.29	3.74	3.71	3.37	3.46	3.51
SD	0.78	0.69	0.68	0.69	0.75	0.70	0.66	0.65	0.57	0.56	0.58	0.50	0.49

为了寻找能有效解释青少年自我意识发展的因素，我们以青少年自我意识总分为因变量，年级、性别和独生子女状况为自变量进行多因素方差分析。表 3-2 多因素方差分析结果表明，年级、独生子女主效应显著（$F_{年级}=13.91$，$p<0.001$；$F_{独生子女状况}=9.64$，$p<0.01$），事后比较发现初一的分数显著高于其他任何一个年级，独生子女的分数显著高于非独生子女，但性别主效应及两两交互作用效应均不显著。

表 3-2　青少年自我意识总分的差异分析

变异来源	MS	df	F
年级	3.11	5	13.91***
性别	0.33	1	1.51
独生子女状况	2.16	1	9.64**

续表

变异来源	MS	df	F
年级×性别	0.07	5	0.33
年级×独生子女状况	0.33	5	1.47
性别×独生子女状况	0.31	1	1.40

注：*$p < 0.05$，**$p < 0.01$，***$p < 0.001$

（二）青少年自我意识各维度的特征

1. 青少年自我意识的年级特征

表3-3显示在量表的所有维度上均存在显著的年级差异。事后比较发现，初一学生的焦虑感得分显著低于初二学生，初一学生的监控性得分显著高于初二、初三、高一和高二四个年级，其他维度上，初一学生得分均显著高于其他5个年级；初二学生的自觉性和自制力均显著高于高二、高三年级学生；初三学生的品德评价得分显著高于高二学生。

表3-3　　　　　青少年自我意识的年级特征分析

量表维度		初一 M	初一 SD	初二 M	初二 SD	初三 M	初三 SD	高一 M	高一 SD	高二 M	高二 SD	高三 M	高三 SD	F
二阶因子	体貌评价	3.66	0.8	3.28	0.81	3.32	0.82	3.35	0.76	3.29	0.71	3.4	0.71	6.39***
	社交评价	4.36	0.67	4.01	0.74	4.03	0.74	4	0.64	3.92	0.62	3.94	0.66	10.60***
	品德评价	4.01	0.72	3.62	0.73	3.74	0.65	3.67	0.62	3.53	0.65	3.67	0.61	11.99***
	自尊感	3.81	0.71	3.58	0.69	3.42	0.65	3.44	0.69	3.47	0.65	3.48	0.68	8.85***
	焦虑感	2.89	0.87	3.14	0.77	3.12	0.75	3.09	0.75	3.04	0.71	2.97	0.65	3.21**
	满意感	3.96	0.77	3.62	0.62	3.43	0.76	3.62	0.69	3.53	0.64	3.6	0.65	11.81***
	自觉性	3.75	0.71	3.42	0.63	3.33	0.62	3.27	0.61	3.23	0.65	3.23	0.63	18.13***
	自制力	3.68	0.74	3.33	0.63	3.24	0.61	3.22	0.62	3.16	0.59	3.14	0.57	19.36***
	监控性	3.89	0.59	3.67	0.62	3.7	0.57	3.7	0.52	3.69	0.56	3.77	0.52	4.03***
一阶因子	自我认识	4.01	0.6	3.64	0.57	3.7	0.59	3.67	0.52	3.59	0.5	3.67	0.52	14.76***
	自我体验	3.63	0.65	3.35	0.53	3.24	0.56	3.32	0.6	3.31	0.53	3.37	0.53	9.68***
	自我控制	3.77	0.58	3.48	0.49	3.43	0.45	3.4	0.47	3.36	0.47	3.38	0.44	19.15***

注：*$p < 0.05$，*$p < 0.01$，***$p < 0.001$

我们进一步根据不同年级青少年在自我意识测验上的得分情况，画出青少年自我意识发展的曲线图，以便能够更直观地显示青少年自我意识的发展趋势。

图 3-2 是根据不同年级青少年在自我意识的总分及 3 个二阶因子上的得分画出的自我意识发展的曲线图。总体来看，在整个中学阶段，青少年自我认识的发展水平一直高于自我控制和自我体验的发展水平。自我认识、自我体验和自我控制的发展曲线与自我意识总分的发展曲线形状基本一致，初一到初二这一时期变化最大，之后趋于平缓；除自我认识在初二后有所上升外，其他因子在初中阶段呈现持续下降趋势，曲线变化较大；高中阶段，自我意识发展较为稳定，最低点皆出现在高二。

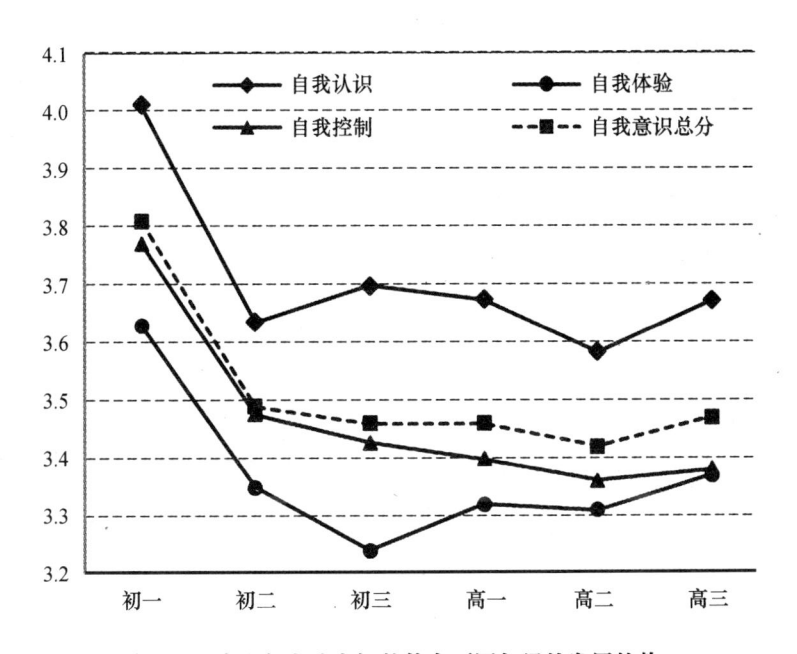

图 3-2　青少年自我意识整体在不同年级的发展趋势

在更具体的维度上，从图 3-3 所展示的发展情况来看，青少年自我意识的各个维度发展趋势大致相同，且与自我意识总体发展趋势非常接近，都在初一到初二阶段出现较大变化。此外，从图中可以看出，6 个年级青少年在社交评价维度上得分最高，说明他们对自己的交往能力评价都较高；青少年在焦虑感维度上得分最低，说明他们在中学阶段的焦虑体验水平相对偏低。

自我认识方面，社交评价在初一到初二阶段迅速下降，之后趋于稳定；品德评价在初一到初二阶段和高一到高二阶段表现为迅速下降，而在初二到初三阶段以及高二到高三阶段表现为快速上升，稳定性较低；体貌评价在初一到初二阶段下降到中学阶段的最低点，之后缓慢上升，高一上升高二阶段又有所下降，高二后继续上升。

自我体验方面，满意感在初一到初三阶段得分迅速下降，之后有所上升，高一到高二阶段又有所下降，高中阶段高二得分最低；自尊感在初中阶段持续下降，初中阶段初三得分最低，高中阶段趋于稳定，呈缓慢上升趋势；整个中学阶段，焦虑感在初一时得分最低，从初一到初二迅速上升到最高点，初二后焦虑感又逐渐回落。

自我控制方面，监控性从初一到初二迅速下降到中学阶段最低点，之后变化趋于平稳，高二后呈现上升趋势；自觉性和自制力的发展均表现为初一到高三逐渐下降，但下降的幅度越来越小，高二后变化趋于平缓。

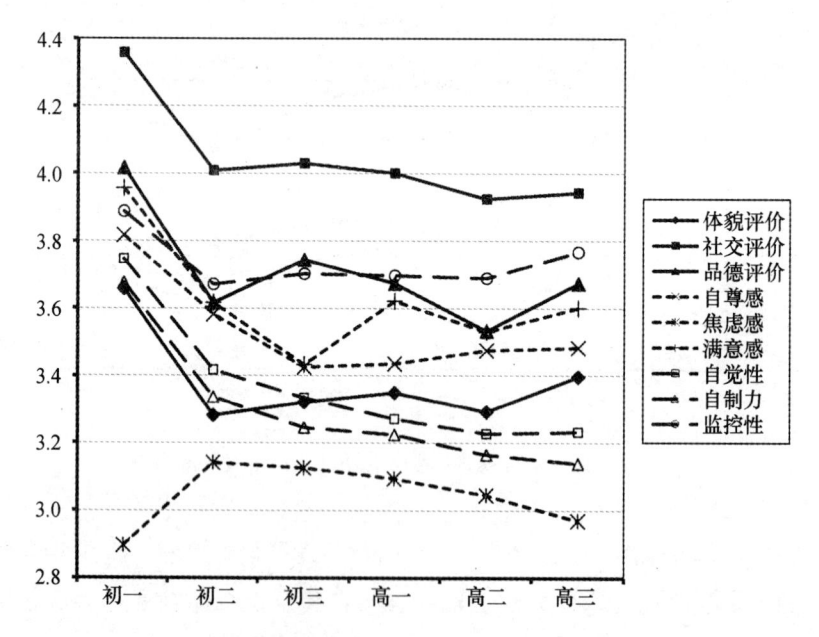

图 3-3 青少年自我意识各维度在不同年级的发展趋势

2. 青少年自我意识的独生子女状况特征

表3-4显示独生子女在自我认识、自我体验和自我控制3个二阶因子以及社交评价、自尊感、满意感、自觉性、监控性5个一阶因子上得分均显著高于非独生子女，且在焦虑感维度上得分显著低于非独生子女。

表3-4　　　　青少年自我意识的独生子女状况特征分析

		独生子女		非独生子女		t
		M	SD	M	SD	
二阶因子	体貌评价	3.4	0.81	3.36	0.73	0.85
	社交评价	4.09	0.7	3.96	0.66	3.09**
	品德评价	3.72	0.71	3.67	0.63	1.53
	自尊感	3.59	0.7	3.45	0.66	3.41***
	焦虑感	2.98	0.76	3.13	0.73	-3.47***
	满意感	3.67	0.7	3.57	0.69	2.44*
	自觉性	3.4	0.67	3.3	0.64	2.53*
	自制力	3.3	0.68	3.27	0.61	0.94
	监控性	3.77	0.59	3.68	0.53	2.70**
一阶因子	自我认识	3.74	0.58	3.66	0.53	2.30*
	自我体验	3.43	0.59	3.3	0.55	3.87***
	自我控制	3.5	0.51	3.42	0.48	2.52*

注：$*p<0.05$，$**p<0.01$，$***p<0.001$

3. 青少年自我意识的性别特征

表3-5显示女生在社交评价、品德评价、满意感、自制力、监控性和自我控制维度上的得分均显著高于男生，男生只在体貌评价维度上得分显著高于女生。

表 3-5　　青少年自我意识的性别特征分析

		男生 M	男生 SD	女生 M	女生 SD	t
二阶因子	体貌评价	3.45	0.77	3.31	0.78	3.02**
	社交评价	3.99	0.72	4.08	0.65	-2.38*
	品德评价	3.61	0.7	3.79	0.64	-4.52***
	自尊感	3.57	0.72	3.59	0.65	1.67
	焦虑感	3.01	0.75	3.08	0.76	-1.73
	满意感	3.57	0.69	3.69	0.7	-3.06**
	自觉性	3.34	0.68	3.38	0.65	-1.17
	自制力	3.22	0.65	3.36	0.64	-3.90***
	监控性	3.7	0.6	3.77	0.53	-2.01*
一阶因子	自我认识	3.68	0.58	3.73	0.54	-1.4
	自我体验	3.37	0.58	3.37	0.57	0.18
	自我控制	3.42	0.5	3.5	0.5	-2.96**

注：$*p < 0.05$，$**p < 0.01$，$***p < 0.001$

四　讨论与结论

（一）青少年自我意识发展的总体特征

青少年自我意识发展处于中等偏上水平，说明多数中学生自我意识发展状况较好。他们对自身体貌、社交能力、品德等有较好的评价；保持较高的自尊感和满意感，情绪体验积极、正向；总体上能够有目标、有计划地学习，并为自身目标发挥自我控制的启动和自制作用，这与已有研究结果一致（聂衍刚、丁莉，2009；聂衍刚、涂巍、李水霞、吴少波，2012）。我们认为这除了可能是因为青少年期是自我意识发展的重要时期，青少年的自我意识确实得到了较大的发展外，还可能受到自我服务偏见心理效应的影响，这是人们加工与自我有关的信息时会出现一种潜在的偏见，表现在主观和社会赞许性方面，大多数人会认为自己比平均水平高。从自我认识、自我控制、自我体验三个维度看，这一时期青少年的自我认识的发展水平要高于自我体验和自我控制的发展水平。这可能是因为身体的急剧变化、人际关系的扩大以及思维能力的发展使得青少年将大部分注意力转移到自己的内部世界，他们开始关注自我和了解自己，不断对自己的体貌、行为、道德和社会关系等方面进行思考和评价，这使得他们的自我认识快速发展。而自我认识是自我控制和自我体验的基础，自我体验和自我控制随着自我认识的发展而发展，自我控制和自我体验的发展较自我认识滞后。

（二）青少年自我意识发展的年级特征

有研究发现自我意识的发展并不是一个直线上升和下降的过程，而是一个曲折波动的过程（Labouvie-Vief, 2005）。诸多研究表明，在某些关键期和转折期，如1—3岁、初中时期，自我意识的变化是急骤的，但不同的研究其结果仍存在一定差异，比如发展的缓急、转折点、自我意识各因素变化的大小等有所不同。但这也就说明自我意识的跌宕起伏存在于儿童发展的各阶段，青少年的自我意识相当不稳定，随着年龄和年级的变化对自己的评价和判断不断波动。本研究虽然是一个横断设计，但也从侧面揭示了青少年自我发展的这种特性。许多心理学家认为青春期是自我意识发展的第二飞跃期，更有研究发现初中二年级可能是自我意识发展的一个重要时期（施加平，2007；杨善堂、程功、符丕盛，1990），这与本研究的结果比较一致。我们的研究结果显示，在青少年自我意识总分及所有具体维度上，年级主效应显著。从总体上说，青少年自我意识的发展曲线是起伏变化的，特别是初中阶段，初一是整个中学阶段自我意识发展的最高点，初一到初二是一个关键时期，初中阶段自我意识逐渐下降，高中阶段变化趋于平缓。

初中阶段青少年自我意识的发展很不稳定，并表现出先高后低的特点。究其原因，一方面，思维能力的发展促进自我认识能力的发展，使得自我评价更加客观。根据皮亚杰的认知发展阶段理论可知，学生的抽象逻辑思维开始由经验型水平向理论型水平转化是从初二开始的，而且初一学生在学习和生活上还具有很强的依赖性，这也在一定程度上限制其思维能力，这就导致初一学生认识自我的能力较低。这一阶段认知的发展有两个重要特征，一个是认知发展的自我中心性，即通过认知他人来认识自己的能力低；另一个是自我认知的被动性和依赖性，青少年对自我的认识往往依从于成人，而成人出于教育目的的积极鼓励也会促成青少年认识自我的"乐观主义"，这也就导致这一时期学生未能形成客观的自我认知和正确的自我评价。初中二年级到高中二年级的几年内，由于抽象逻辑思维的进一步发展、知识经验的日益丰富，青少年逐渐学会了较为全面、客观、辩证地看待自己、分析自己，青少年对自身的认识就趋于现实和相对客观了。另一方面，除了认知能力的提高使得认识不断变化且评价相对客观外，还在于这一时期的特殊性。青少年期作为个体发展的过渡时期，青少年的生理、认知和社会性方面以及其所处外在环境均发生了巨大的变化，具体表现为他们的身体正在迅速发育，交友的方式发生变化，学会了与同伴进行社会性比较，同学间的竞争更加激烈，学业压力更大，家长和教师对他们提出更高的要求和期望，身心发展迅速而又不平衡等（林崇德，2009）。虽然随着年龄增长初中生的认知能力有所发展，但此阶段的认知仍然是不成熟的，他们对于变化的认知和自我调适能力不足，这一系列的变化让初中生的心理活动往往处于矛盾状态，由此产生挫败感会导致他们形成较低的自我评价，产生消极的自我体验，也就不利于他们的自我控制。

高中阶段自我意识的发展趋于稳定，自我意识总分及各维度在三个年级间并无显著性差异。可能是这一阶段青少年身体的变化开始减弱，抽象思维已逐渐成熟，虽然也面临着许多变化，但个体已经拥有足够的心理资源去自我调适，因此自我意识的发展不再像初中阶段一样大起大落。从曲线变化看，高二学生相比高一学生和高三学生在自我意识总分及多个维度上自我意识发展下降，这可能是高二学生需要经历文理科分班的选择问题，这促使他们开始考虑自我的人生道路，开始经历同一性对角色混乱这一心理冲突，同时高二的学业压力也突然增大，这些主客观上的需求使得青少年将更多的心智用于内省，自我意识发展产生了波动。

研究结果还发现，在自我认识维度上，初二、高二分别是初中阶段、高中阶段的最低点。初一学生因为自我评价的"乐观主义"得分虚高，初二是初中阶段的谷底可能是因为从初二年级开始，学生的身心发生巨大变化，但学生对此不知所措，这使得他们对自己的评价有所下降。在体貌方面，身体的快速发育使得学生将注意力转到自身并带来了成长的烦恼；在社交方面，小学时期的交友的团伙方式开始解体，对朋友和友谊有了新的认识和要求，迫切需要作出改变来适应新的交友方式；在品德方面，因为过分关注别人的评价以及正集中精力关注自身变化，显然忽视了对集体的贡献。但走过了初二，学生开始适应身心的变化，增长了身体发育的知识，学会了新的交友方式，也开始将更多的精力投入到集体的建设中，初三学生自我认识相比初二有所提升。进入高中阶段，面对新的环境，高一学生的自我认识相比初三有所下降但并不明显，我们认为这可能是军训发挥的作用，军训期间学生能够很快建立起友谊并且集体意识被强化。高二年级虽然已是高中阶段的第二年，但是高二学生需要经历文理科分班的选择问题，同时新的班级也相当于新的环境，但此时他们没有充分的时间和精力去更好地适应新环境，其自我认识也相应下降了。

在自我体验维度上，初中阶段迅速下降，高中阶段趋于平稳并有上升趋势。初中生因为身心发展不成熟，其自我体验相比高中生更容易受到影响而发生波动。在自尊感方面，有研究发现自尊感与学习和同伴关系密切（逢宇、佟月华、田录梅，2011；赖建维、郑钢、刘锋，2008），初中相比小学，学习的科目和难度都大大提升，学习压力的增加使得学生对自己的能力产生怀疑，而且交朋友和维系友谊也更难了，这都大大打击了学生的自信心，自尊感迅速下降。高中阶段因为心理成熟度和适应水平提高，对自己形成了较为深刻、稳定的认识，自尊趋于稳定。在焦虑感方面，这里指的主要是社交方面的焦虑感，因为社交能力的提升，焦虑感也随着下降。在满意感方面，这里主要指对自己目前在家庭、人际、学业等方面现状的满意感，导致初中生满意感下降的原因除了交友方式的变化以及学业压力的增大外，还因为初中生成人感剧增，不再对父母百依百顺，与父母的矛盾增多。高二学生满意感低也离不开上述高二年级的特殊性。

在自我控制维度上，整个中学阶段逐渐下降，但下降的幅度越来越小，高二后有所上升。有研究显示初中学生的自我控制比较好，而高中学生的自我控制比较差（王红姣、卢家楣，2004），本研究与这一结果相一致。这与人们通常认识不符，我们认为这可能跟中学生心理发展特点与测量方式有关。通过问卷方式测量到的只是学生自我控制的表现情况，不能完全体现学生的自我控制能力。我们认为测量结果呈现出的先高后低的特点并非说明随着年龄增长，中学生的自我控制能力退步，反而说明中学生的自我控制能力有所发展。初中生心理依赖性较强，易受外界权威的影响，外在的标准和动力促使他们能管好自己，他们的自我控制明显带有被动性。相比之下，高中生的主动性、独立意识增强了，他们多有自己的主见，并常根据自己的原则行事，不再对家长和老师的要求百依百顺，自我控制带有明显的独立性和主动性。但因为他们的身心尚未完全成熟，他们对于问题的观察和分析还带有片面性和表面性，在思想认识上容易出现偏颇或绝对化情况，易感情用事，做事冲动。此外，高中生相比初中生受到老师、家长的监控更少了。这也就不难解释为什么初中生在自我控制方面有更佳的表现，初中生在老师和家长的严格监控下，根据成人提出的要求被动自我控制，尽量满足成人的要求。而高中生受到的监控减少，常根据自己的原则行事，其自我控制的动力来自于自身，其自我控制正在由被动发展为主动，但因为主动控制能力尚不稳定，这就导致其自我控制的表现反而比初中生差。

（三）青少年自我意识发展的独生子女状况特征

在自我意识总分及3个二阶变量中，独生子女与非独生子女间的差异均达到显著水平。独生子女与非独生子女在自我意识上的差异可能是由于家庭环境造成的。父母教养的过程涉及个体成长的各个方面，是一个复杂而又系统的过程。研究表明，父母教养观念和亲子关系是影响青少年自我意识发展的重要因素（刘小先，2009）。

在自我认识上，独生子女与非独生子女只在社交评价上存在差异。独生子女的社交评价优于非独生子女，这与人们以往的认识有出入。究其原因，有研究发现独生子女初中生性格较非独生子女外向，善于人际交往（刘苓、陈蕴，2011）。另外，独生子女可能在发展社会交往能力方面比非独生子女拥有更有利的条件。独生子女由于缺少同兄弟姐妹交往的家庭环境，只能更多地进行家庭之外的人际交往。相反，非独生子女与家庭里兄弟姐妹交往的时间较多，一定程度上限制了家庭以外的人际交往。于是，独生子女有更多与同伴和同学交往的机会和实践，进而可以更好地发展与同伴群体的交往能力。而对于体貌评价，这一时期，青少年正经历第二镜像阶段，不管是不是独生子女，他们十分在乎自己的仪表长相，担心自己的身高体重及脸部特点等不符合标准，且对自己的体貌评价都较低。尽管独生子女与非独生子女在外在环境等多方面有许多差异，但是他们对自己品行、言行符不符合社会规范的认识却不存在差异，都对自身行为规范性、价值性、品德等方面有较高评价。

独生子女与非独生子女在自我体验三个维度上差异显著。两者在自尊感上的差异有可能是父母教养方式不同造成的，已有研究表明，独生子女能更多地体会到父母的温暖、关爱和理解，但同时也感受到来自父母的过度干涉和保护（韩雪、李建明，2008），而且青少年的自尊发展状况与父母教养方式各维度之间均有密切的关系（张文新、林崇德，1998）。由于家庭环境的影响，独生子女受父母等长辈的关注明显高于非独生子女，对自己怀有优越感，普遍认为自己是聪明的、重要的人，对自己的评价更积极。而满意感维度上的差异很可能与自尊水平有关。研究表明，自尊是预测生活满意度的最佳指标之一（Diener，1984）。对青少年的研究也符合这一结果，自尊与生活满意度存在显著的正相关（李晓苗、张芳芳、孙昕霙、高文斌，2010）。所使用量表中的焦虑感维度主要测量的是社交方面的焦虑感，因此焦虑感维度上的差异可能与社交评价有关，独生子女的社交评价高于非独生子女，其体验到的社交焦虑感也会轻些。

在自我控制中，独生子女与非独生子女在监控性和自觉性上差异显著。有研究者对初一学生研究表明，非独生子女自我控制水平高于独生子女，并认为这与独生子女受到过度关爱有关（李培红，2007）。也有研究发现，在学习自我监控水平上，独生子女得分高于非独生子女（高德凰，2012）。我们的研究与后者一致。这与父母教育观念的转变有关，随着社会对独生子女教育的关注以及父母教育水平的提高，独生子女的父母注重孩子良好性格的培育，相比非独生子女家庭，父母与孩子交流的机会更多，也更重视子女的身心健康成长及各方面的教育，父母会给予孩子更多的指导和监控。再加上独生子女相对处于较好的家庭、学校环境当中，他们从小培养各种兴趣爱好，常与他人进行比较，有着更强烈的竞争意识。其实，独生子女与非独生子女本身并无先天的差异，他们的差异是由他们所处的社会文化环境，尤其是父母的教养态度和教育方式所决定的。独生子女的父母克服了以往教育的弊端，给予孩子更好的成长环境，且独生子女充分利用这些优势，因此其自我控制能力得到了更好的发展。

（四）青少年自我意识发展的性别特征

在自我意识总分上，性别主效应不显著，说明中学生自我意识发展的总体水平没有明显的性别差异，以往有研究也得到这样的结果（高平，2001；肖晓玛，2002），但在某些具体维度上则存在显著的性别差异，如女生的社交评价、品德评价、满意感、自制力和监控性得分要高于男生，而男生的体貌评价优于女生。

男生与女生在自我认知的三个维度上均差异显著。女生的体貌评价显著低于男生这一结果与以往的许多研究一致（陈红、黄希庭，2005），以往研究认为这可能是因为随着青春期的来临，女生的现实身体与她们的理想身体的差距比男生大，而且女生更多地与他人比较从而更消极地看待自己，此外，大众媒介对于女性身形标准塑造的影响，使得女生对自己的外貌的自我评价要求比男生高。本研究得到女生的社交评价和品德评价都高于男生，分析其原因，可能是男女传统的社会角色和性格特质的差异所致，女生相比男生，情感更加丰富和细腻，有更多的社会取向。有研究发现同伴关系方面女生表现出更多的友爱互助，而男生表现出更多的矛盾冲突（赖建维、郑钢、刘锋，2008），社会对女生的刻板印象也强化了这一特质，这就使得女生在人际交往中更注重关系的和谐和他人的评价，在集体中更多地表现出集体意识和服务意识，因此社交评价和品德评价都比男生高。

在自我体验上，男生与女生只在满意感维度上存在差异，女生相比男生体验到更高的满意感，本研究中的满意感是指对自己目前在家庭、人际、学业等方面现状的满意感，女生比男生有着更高的社交评价也就能够体验到更多来自和谐人际交往带来的满意感，中学阶段的男生往往是很不听话的，有研究表明父母对男生表现出更多的消极教养方式（杨斌芳、侯彦斌，2014），男生较女生从家庭得到更少的理解与温暖，这就使得男生对家庭的满意感可能比女生低，这些差异也就导致了女生在中学阶段比男生体验到更高的满意感。

以往关于儿童自我控制能力性别差异的研究大部分结论都是女生比男生表现更好（魏昌盛、薛莉，2009）。本研究的结果也显示在整个中学生阶段，女生无论在总的自我控制能力上还是自制力和监控性维度上都显著优于男生，我们认为这可能与社会期望和教育有关，在我国的传统观念下，女生就要听话，而男生太文静反而不好，在这种观点的影响下，教师、父母对男孩与女孩的要求和期望也不同，女孩从小起就对自己的行为要求较为克制，行为也较为内敛。

（五）学习自我与自我体验的关系

本研究中使用的自编《青少年自我意识量表》中，自我认识维度没有"学习自我"这个因子，但是在自我体验维度中却有独立的"自尊感"

因子，这与国外有关研究不一致。国外学者一般把青少年自我概念分为"学业自我"与"非学业自我"两个维度，十分强调学业自我概念，而我们的自我意识问卷中学业自我概念与自尊感合在一起了，这让我们十分困惑。但是细致探究发现，这其实与我国当前教育评价体制有关。当前我们评价青少年成功与否的主要指标是学习成绩，学生的自尊感主要来源于学习成绩，因为学习自我太重要了，甚至它是自我价值和自我满意以及自我焦虑等自我情绪的主要影响因子，因此，当代青少年的学业自我概念与自我体验几乎相互交织、相互影响，变成了一个自我评价因子。这值得我们关注，因为自我情绪如果只是由单一的自我概念决定，更容易出现心理危机。虽然学习自我概念对青少年十分重要，但是其他方面的自我评价如品德自我、社交自我等也应该成为影响自我情绪的重要因素。改变单一的以学习成绩作为评价学生、高考选拔的标准，将有助于学生形成多元化的自我概念，促进学生的全面发展。

五 教学建议

本研究为青少年自我意识教育提供启示。

第一，Linville 曾提出自我复杂性的压力缓冲模型，她认为人的自我概念中包含着大量的自我维度（即人们看待自己的方式），个体在自我维度上的数量及其重叠程度上有所不同，从而表现为自我复杂性的差异，高自我复杂性可以缓冲日常生活压力对个体的消极影响（Linville，1987；2011）。对于自我复杂性较高的人而言，自我任何一个方面的失败（如关系破裂）都可以得到缓冲，因为其自我的许多方面并没有受到该事件的影响。青少年会遇到许多成长的烦恼，而且他们的身心尚未成熟，看待问题较片面，情绪波动大。这就提示我们要帮助青少年形成多元化的自我概念，这样在他们面对失败时能起到保护作用。父母、老师不应该将考试分数作为评价学生唯一的标准，而是应该注重培养学生丰富的兴趣，让学生在除学习外能够体验到更多的成就感，积极关注学生的闪光点，帮助学生全面正确地了解自己，并不断地从新的生活经验中丰富自我和发展自我。

第二，根据青少年自我意识发展的年级特征，我们要重视初一至初二这一发生巨大变化的时期，在这一阶段一方面要多开展心理健康课，增进学生对这一时期身心变化的了解；另一方面要转变教育方式，父母师长要给予学生更多的尊重和关心，引导青少年自身正确认识自己、悦纳自己，建立客观合理的评价标准。当然，我们也应该注意对高中生的管理和指导，不能掉以轻心。特别是高二年级，文理科分班的选择问题促使他们开始经历同一性对角色混乱这一心理冲突，父母师长应该要给予他们更多的理解、支持和引导，帮助他们更好地思考和选择。此外，鉴于高中生自我控制表现不佳的情况，应该注重培养他们自我控制能力，以青少年自控为主，教育者助控为辅，一方面培养他们的自我控制的主动性，另一方面也要适当监控，给予及时评级和反馈。

第三，目前独生子女家庭已成为我国现有的主要的家庭结构模式，在独生子女政策推行的早期，独生子女在个性品质和行为习惯等方面不如非独生子女。而现在更多的研究表明独生子女在心理健康、适应性、自我意识等多个方面优于非独生子女。这种前后的变化正说明了在青少年自我意识发展的过程中，父母的作用不可忽视。父母对子女合理客观的评价和期望、适当的教养方式以及良好的亲子关系都有助于青少年自我意识的发展。对于独生子女家庭，父母应该减少对孩子的过分保护，要注重培养孩子的独立性；而对于非独生子女家庭，父母应该给予孩子更多的关注和温暖，善于发现孩子的闪光点，多抽空与孩子沟通，关注孩子的成长，在孩子遇到困惑时加以引导。社会与学校也应给予非独生子女及其家庭更多的关注和关爱。

第四，根据青少年自我意识发展的性别特征，我们可以有针对性地对青少年进行引导，教育学生正确处理外貌打扮与内在修养、学习成绩与能力培养之间的关系，引导学生将注意引向自己的内在品质，加强自身修养。对于女生，应注重帮助她们建立正确的审美观，给予她们更多积极的评价，这有助于她们建立信心、悦纳自己，从对外貌的过分关注中脱离。对于男生，应该更多地培养他们的集体意识、服务意识以及自我控制能力。可通过激发他们的成就动机，引导他们树立目标、树立学习榜样等途径提升自我控制能力和品德。

第二节　青少年道德自我概念的发展特点

道德自我概念的含义丰富多样，至今没有一个为研究者所普遍接受的明确定义。段慧兰、陈利华（2010）从心理学角度指出，对道德自我概念的研究可从三方面进行，一是构建道德自我概念的结构模型，二是研究道德自我概念的发展特点与发展趋势；三是揭示道德自我概念在自我发展中的作用及对行为的影响。这对我们开展道德自我概念的研究十分具有启示作用。朱智贤在《心理学大词典》中将道德自我（moral self）定义为：道德自我是自我意识的道德方面，包括了自我道德评价、自我道德形象、自尊心、自信心、理想自我和自我道德调控能力等。并进一步指出，道德自我的成熟比自我意识中的其他成分稍晚些，道德自我发展的关键时期一般在12—15岁。林彬、岑国桢（2000）简要地提出道德自我是个体对自身道德品质的认识或一种意识状态。牡丹（1997）认为道德自我是基于对自己道德品质的判断从而产生的道德价值感和区分好坏人的看法。唐莉（2005）同样认为道德自我是自我意识的重要成分，它形成于人际交往活动过程中，因此可以从个体的交往活动领域对其结构进行划分。不同的研究者从不同的角度对道德自我进行定义和研究，但其中也存在一致的地方，都认为道德自我是自我意识的重要组成部分，是对自己品行的认知，并且一致认为，道德自我具有调节和监控的功能。本研究主要探讨道德自我中个体对自身道德品质的认识，即道德自我概念。我们认为，道德自我概念是个体在特定的社会文化背景下，在人际互动过程中形成对自身品行及其是否符合社会道德规范要求的认识。

一　研究背景

2013年12月，山东济南市民王先生从当地沃尔玛超市买了包装好的，产地为山东德州的熟牛肉、驴肉，食用时发现味道和色泽不对，于是将这些肉送到了权威检测机构检测。12月20日，工商所召集相关人员进行调查，举报人提供了购货发票复印件、五香驴肉样品一袋及山东出入境检验检疫局检验检疫技术中心出具的检验报告复印件，报告显示驴肉成分未检出，检出的居然是狐狸成分。沃尔玛所售"五香驴肉"掺有狐狸肉事件，又一次挑战了人们的底线。近年来，食品安全问题层出不穷，如双汇瘦肉精事件、白酒塑化剂超标、"毒胶囊"事件、"染色馒头"、地沟油、肯德基45天"速成鸡"等事件，无不把我国道德制度建设推向风口浪尖。"道德"是这几年人们谈论最多的关键词之一，集中曝光的食品安全问题、"郭美美事件""小悦悦事件"等一次又一次地触动着国人的神经,是制度的空缺还是国民素质的退步?这个问题发人深省。

诚然,健全的道德制度是道德行为的护航舰,但是,我们认为个体的自我力量才是道德行为的决定性力量。人不仅仅是自然人、经济人、社会人,从根本上说,人是一种道德性的存在,这种道德性是人之为人的根本。"道德自我"是道德行为的原始驱动力,有强烈的道德定向功能。它调控着个体内在的生命秩序,促进个体自我实现,它的发展是现实自我活动的精神依托,是自我成熟的标志。道德自我是自我意识的重要内容之一,长期以来对它的研究都是放在具体的自我意识或自我概念中进行的,鲜有独立的对道德自我的探讨。再者,随着自我发展理论研究的深入,道德自我逐渐受到越来越多的关注。因此,对道德自我展开深入的研究不仅具有现实意义,同时也可丰富自我意识理论的发展,体现了其理论价值。

青少年一代联系着国家和民族的命运,其成长直接影响到整个社会的风貌,也影响到国家和民族的发展。随着社会道德危机的爆发,诚信、责任、公正等成为评价人才的重要标准。因此,对受教育者道德的培养与提高就成为学校教育的主要内容之一,培养学生的道德判断能力、自律意识的主体教育应运而生。从个体方面来说,青少年时期是自我发展的重要阶段,他们逐渐关注自身的性格、能力、品质等心理内容,但同时也面临着自我同一性和角色混乱的冲突,对正确价值观的辨别力和坚持性低;从社会层面来说,利益结构的转变、信息的开放和科技革命影响了原有的价值观、文化观,冲击着人们的道德观,新旧、优劣的道德观交相混杂,而社会尚缺乏主导的道德价值取向,这就使处于成长期的青少年更难于明辨是非。

因此,有必要运用心理学的研究方法,从自我意识的角度,对当前青少年的道德心理进行探索,构建出青少年道德自我概念的结构并研究其发展特点,帮助青少年对自身的道德心理状况形成较清晰的意识,也为教育界开展青少年思想道德教育工作提供依据和参考,最终达到促进青少年健康成长的目的。

二 研究方法

关于个体道德自我的形成,不管是来自皮亚杰和科尔伯格的道德认知观点，还是来自精神分析、社会学习理论的视野，都一直认为儿童的道德形成更多来自外化，来自与他人的人际互动过程中。道德观念不是与生俱来的，也不是人出生后自然发展起来的。个体要把社会伦理规范要求反映到头脑中来，并且变成自己的道德观念，这是一个在活动中形成的从他律过渡到自律的过程。因此，我们从个体的活动领域进行划分，将道德自我概念分为个体道德自我概念、社会道德自我概念及人际道德自我概念。个体道德自我概念是个体在以自己为主体的个人活动中对自身道德品行的认识与评价；社会道德自我概念是青少年在特定社会文化背景及伦理规范要求的活动中对自身道德状况的认识与评价；人际道德自我概念是个体在人际互动过程中形成的，是个体在与他人交往过程中对自身道德品行的关注与认识。本研究从青少年道德自我概念结构中的这三个方面进行探究，了解青少年道德自我概念的发展特点。

（一）被试

本研究以中学生群体为被试，主要选取广州市 2 所普通中学的初一、初二、初三、高一、高二 5 个年级的学生进行施测。发放问卷共 862 份，其中删除未完成项目超过 5 个、作答有明显反应倾向、自评回答认真度低于理论中值 3 分，以及赞许性题目的平均分高于 3 分的问卷，获得有效问卷为 832 份。其中被试平均年龄为 15.31 岁 ±1.36 岁，年龄缺失数据为 66 份。具体样本分布情况如表 3 - 6 所示。

表 3 - 6　　青少年道德自我概念发展特点研究对象样本分布情况

年级	性别 男	性别 女	独生 是	独生 否	父文化程度 初中或以下	父文化程度 高中	父文化程度 大专或本科	父文化程度 硕士以上	母文化程度 初中或以下	母文化程度 高中	母文化程度 大专或本科	母文化程度 硕士以上	合计
初一	73	49	33	89	85	25	5	6	101	11	3	5	122
初二	74	59	32	99	86	27	10	0	100	16	7	0	134
初三	41	38	11	69	57	12	5	1	58	11	5	1	81
高一	135	214	48	295	205	90	36	4	250	68	14	4	352
高二	67	75	12	131	102	30	9	1	122	14	5	1	143
合计	390	435	136	683	535	184	65	12	631	120	34	11	832

(二) 研究工具

本研究采用自编《青少年道德自我概念问卷》测查青少年道德自我概念发展的特点。问卷的编制过程在第一章有详细的说明。问卷包含内在道德自我概念、社会道德自我概念和人际道德自我概念3个分量表。信度分析和验证性因子分析结果表明该问卷具有良好的信效度，可作为测量青少年道德自我概念的研究工具。该问卷有4题测查被试社会赞许，1题为被试自评认真程度项目。问卷采用五点量表自评，从"完全不符合""比较不符合""不确定""比较符合"到"完全符合"依次记为1分、2分、3分、4分、5分。分数越高，代表被试的道德自我概念水平越高，反之越低。本研究中，整体问卷的一致性α系数为0.849，个体道德自我概念分问卷的一致性α系数为0.761，社会道德自我概念分问卷的一致性α系数为0.767，人际道德自我概念分问卷的一致性α系数为0.801。

(三) 研究程序

研究者担任主试，在班主任的协助下，以班级为单位，使用统一指导语进行集体施测，测试时间大约为30分钟，所有被试均独立完成问卷。学生答完后，当场回收问卷，问卷采取不记名的形式作答。

三 研究结果

(一) 青少年道德自我概念发展的总体情况

从总体上看，青少年在道德自我概念上的得分普遍较高（如图3-4所示），呈偏正态分布。总体道德自我概念平均分为4.07±0.47（$N=832$），说明当前青少年道德自我概念发展的总体情况较为良好。

通过各分问卷维度的平均数，我们可以了解到青少年道德自我概念发展的具体情况。从表3-7可以看出，青少年在人际道德自我概念维度上得分均高于其他维度，其次是社会道德自我概念。在个体道德自我概念维度上，被试得分最低。表明青少年在自制能力和对自身道德品质方面的要求仍需加强。

Histogram

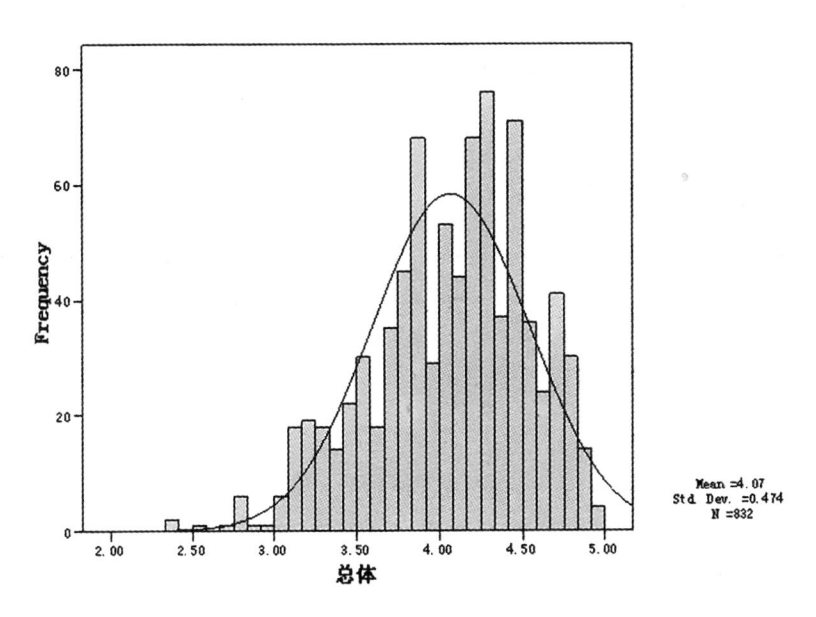

图 3-4　青少年道德自我概念水平总体分布

表 3-7　　　　　　　青少年道德自我概念各分问卷得分情况

维度	M	SD
个体道德自我概念	3.94	0.70
社会道德自我概念	4.13	0.56
人际道德自我概念	4.16	0.54

(二) 青少年道德自我概念发展在年级、性别和是否独生之间的差异分析

为了更好地把握青少年道德自我概念的发展特点，便于学校和家庭有针对性地对青少年开展人格教育和自我意识培养，我们以各人口统计学数据为自变量，考察被试在总体道德自我概念及各维度上得分的差异情况。

表 3-8　　青少年道德自我概念的多元方差分析

	变量	SS	df	MS	F
年级	个体	3.07	4.00	0.77	1.63
	社会	1.78	4.00	0.44	1.41
	人际	3.51	4.00	0.88	3.18**
	总体	1.92	4.00	0.48	2.26
性别	个体	0.65	1.00	0.65	1.37
	社会	2.41	1.00	2.41	7.63**
	人际	2.42	1.00	2.42	8.78***
	总体	1.65	1.00	1.65	7.75**
是否独生	个体	1.11	1.00	1.11	2.36
	社会	0.02	1.00	0.02	0.07
	人际	0.11	1.00	0.11	0.38
	总体	0.10	1.00	0.10	0.48
年级 * 性别	个体	4.42	4.00	1.11	2.35*
	社会	1.24	4.00	0.31	0.98
	人际	0.58	4.00	0.15	0.53
	总体	0.46	4.00	0.11	0.53
年级 * 是否独生	个体	4.17	4.00	1.04	2.21*
	社会	1.00	4.00	0.25	0.79
	人际	0.21	4.00	0.05	0.19
	总体	1.36	4.00	0.34	1.59
性别 * 是否独生	个体	1.97	1.00	1.97	4.18
	社会	0.07	1.00	0.07	0.22
	人际	0.04	1.00	0.04	0.14
	总体	0.15	1.00	0.15	0.68
年级 * 性别 * 是否独生	个体	2.05	4.00	0.51	1.09
	社会	0.56	4.00	0.14	0.45
	人际	1.50	4.00	0.38	1.36
	总体	0.63	4.00	0.16	0.73

注：*$p < 0.05$, **$p < 0.01$, ***$p < 0.001$

以年级、性别和是否独生为自变量，以总体道德自我概念得分及三个子维度的得分为因变量进行多元方差分析，探究青少年道德自我概念发展的具体情况（如表3-8所示）。结果表明，在个体道德自我概念维度上，年级、性别和是否独生子女变量的主效应均不显著；社会道德自我概念方面，性别主效应显著，其他两变量主效应均不显著；而人际道德自我概念维度，其年级、性别主效应显著；整体道德自我概念除性别主效应显著外，其他变量主效应均不显著。

进一步分析变量间的交互作用，结果显示，在个体道德自我概念方面，性别与是否独生的交互作用显著（$F = 4.18$, $p < 0.05$），其他变量的交互作用均不显著（$p < 0.05$）。表3-9说明，男性的独生子女和女性的非独生子女比男性的非独生子女和女性的独生子女在个体道德自我概念得分上更高。

表3-9　性别与是否独生在个体道德自我概念维度上的平均数与标准差

性别	是否独生	M	SD
男	独生	3.88	0.07
	非独生	3.79	0.04
女	独生	3.92	0.11
	非独生	4.08	0.04

为了进一步把握青少年道德自我概念的发展特点，我们以年级为自变量，以学生在各维度上的得分为因变量进行单因素方差分析，以探讨不同年级学生道德自我概念的发展趋势，并根据被试在各维度上得分绘制了发展趋势图（如图3-5所示）。

图3-5结果显示，不同年级被试的道德自我概念发展不一致，其发展趋势具有动态起伏特点。表3-9结果显示，除个体的道德自我概念外，青少年在社会道德自我概念、人际道德自我概念和总体道德自我概念维度上均存在显著的年级差异。

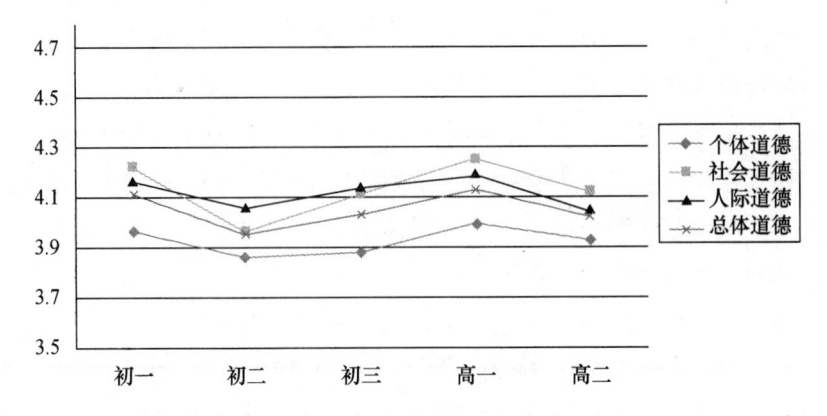

图3-5 各年级被试在各维度上的得分趋势图

表3-10 青少年道德自我概念在年级变量上的差异分析

	年级（$M \pm SD$）					F
	初一	初二	初三	高一	高二	
个体道德	3.96±0.75	3.86±0.79	3.88±0.69	3.99±0.65	3.93±0.70	1.05
社会道德	4.22±0.48	3.96±0.60	4.11±0.59	4.25±0.53	4.12±0.49	2.48*
人际道德	4.16±0.56	4.06±0.63	4.14±0.52	4.19±0.52	4.04±0.59	7.62***
总体道德	4.11±0.46	3.95±0.53	4.03±0.49	4.13±0.45	4.02±0.46	4.27*

注：$*p < 0.05$，$**p < 0.01$，$***p < 0.001$

事后检验发现，初二学生在社会道德自我概念得分上均显著低于其他年级，高一学生得分则显著高于初二、初三、高二学生。在人际道德自我概念维度上，高一学生得分显著高于初二、高二学生，与其他年级学生差异不显著。在整体道德自我概念维度上，高一和初二学生存在显著的差异，其他年级学生差异并未达到显著水平。从发展趋势图和方差分析结果都可看出，初一、高一学生的道德自我概念得分较其他年级高。

四　讨论与分析

问卷测量的可靠性体现在三方面：一是问卷的信度和效度；二是被试结构的代表性；三是问卷与被试的匹配。关于问卷与被试的匹配，是指在社会人口统计学背景下，搜集所得的数据统计其差异和质量特征符合公认的心理学原理和常识。其中，社会人口统计学是指被试的性别、年级、年龄、专业、学历、居住地等方面的资料特征。本研究选取年级、性别、独生子女等社会统计学资料来考察青少年道德自我发展水平差异。

(一) 青少年道德自我概念发展的年级特征

除个体道德自我概念维度外，青少年总体道德自我概念及各个维度均存在显著的年级差异。

在个体道德自我概念维度上，各年级学生得分不存在显著差异（$F = 1.05$, $p < 0.05$）。我们所测查的个体道德自我概念具体包括青少年在生活中是否表现真诚老实，信守承诺，能否约束自身道德言行，不放纵，严于律己，在学习、工作中对目标不懈努力和追求，表现自信、自强、坚毅、不怕挫折。同时，具有内在的道德准则，并关注对自身道德状况的反省，具有明确的是非感和道德情绪，如做错事会感到内疚或羞耻等。皮亚杰指出，10—12岁以后，儿童逐步进入道德自律阶段，逐渐形成自己的道德准则并按照此内在准则规范自己的行为（万增奎，2009）。从理论和数据上来看，这个阶段的道德自我发展是相对稳定的。

在社会道德自我概念维度上，各年级得分存在显著差异（$F = 2.48$, $p < 0.05$），事后检验发现，初二学生在社会道德自我概念得分上均显著低于其他年级，高一学生得分则显著高于初二、初三、高二学生。从发展曲线上看，初二年级的得分处于最低谷，过了高一后道德自我概念得分呈现出下滑趋势。我们所测查的社会道德自我概念具体包括青少年对家庭、集体和国家、社会所负责任的认识；对集体的热爱，是否自愿贡献个人时间、精力或财富服务于集体，以集体利益为先，认同集体规则；能否自觉遵守法律法规、社会道德规范，表现爱护环境、遵守秩序等有利于公共生活的言行。我们从小就生活在强调集体主义文化的社会背景下，学校的品德教育也一直关注培养学生的集体荣誉感、班集体意识，要求学生自觉遵守校规校纪，特别是对新生的纪律教育尤为重视。而初一、高一正是学习生活、学习环境的转变期，学生寄希望于新的环境能使自我得到积极的改变，从而行为表现更为积极，如主动遵守学校规章制度，积极融入新集体等。但随着年级的升高，个体感受到的竞争和压力也越来越大，多数学生会在竞争中遭受到更多的挫折与失败，理想自我与现实自我表现出较大的差距，他们转而更关注自身的利益，注重个人感受，由此导致社会责任感下降。相关研究也表示责任心的发展与学生在各个阶段的不同学习任务、

生活任务密切相关（谭小宏、黄希庭，2008）。

在人际道德自我概念维度上，存在非常显著的年级差异（$F = 7.62$，$p < 0.001$），事后检验结果表明，高一学生得分显著高于初二、高二学生，与其他年级学生差异不显著。我们所测查的人际道德自我概念具体包括：青少年在人际交往中是否做到文明有礼，尊重理解，宽容体谅；在与他人相处时，能否表现出对他人的关心、帮助与爱护，态度和蔼亲切；在群体内是否秉持公平原则，不偏私，不恃强，公正不阿。从青少年人际道德自我概念发展趋势图上我们可以看到，高二年级的得分下降较大，其原因可能是高二学生面临着比其他年级更为繁重的课业，也有许多来自外界和自身的压力出现，他们花更多的时间关注自我，在与他人的交往上变得更为成熟谨慎，对此的自我评价也就更为务实和真实许多。

总体上看，青少年道德自我概念存在显著年级差异（$F = 4.27$，$p < 0.05$）。从发展趋势图和方差分析结果均可见，高一学生在大多数道德自我概念维度上得分均高于其他年级学生，如整体道德自我概念、社会道德自我概念和人际道德自我概念方面。道德自我概念从初一到高二呈现下降—上升—下降高低起伏趋势。这与Freeman（1992）和Marsh（1998）等研究的自我概念在初中逐年下降，随后在高中逐渐上升的结论相似。究其原因可能是，13—14岁青少年由于青春期等各种原因的影响，其自我发展处于低潮期，具有动态、不稳定特质，同样地，道德自我概念发展也应具有上述特点。而15—16岁是自我意识发展的关键期（聂衍刚、丁莉，2009），个体升上高中后重新审视自我，关注自我发展，从而影响了自我概念的发展。

（二）青少年道德自我概念发展的性别特征

差异检验结果表明，整体道德自我概念及各子维度均存在显著的性别差异，普遍表现为女生的道德自我概念发展水平高于男生，这一结果与国内许多研究保持一致（胡维芳，2004）。分析其原因，可能是男女性格特质和传统的社会角色差异所致：女性情感丰富、富于同情心，在人际交往中更注重关系的和谐和他人的评价。社会也要求她们在社会交往中表现出更多的关怀意识和服务意识。基于社会角色要求，女性一般被认为更有同情心，更具责任感，其道德力量更为强大。杨雄和黄希庭（1999）的调查同样得出女生在社会取向的道德价值感得分显著高于男生的得分。另外，女生的生理和心理比男生要早熟 1 年至 2 年，女生对社会生活中的事物和自身的思想、行为的认知判断、分析上显得更加成熟些，责任心更强，自我认知水平和调控自身行为的能力也比男生要强一些。

（三）青少年道德自我概念发展的独生子女状况特征

青少年道德自我概念的总均分及各子维度得分上不存在是否为独生子女的显著性差异，此结论与我们的假设不一致。基于独生子女与非独生子女在自我意识、责任行为、心理健康等方面存在差异（刘朝燕，2010；曲夏夏，2008），我们假设独生子女与非独生子女在道德自我概念发展上也存在差异性。对于孩子（特别是独生子女）的心理健康教育和道德感培养，已经成为社会关注的一个难点。近年来，父母的教育意识和教育理念逐渐提高，不再一味地纵容、溺爱或迁就，而是有意识地培养子女的独立意识、责任意识，给孩子（特别是独生子女）灌输如何与他人良好相处，如何处理和应对事情，形成对他人、事情负责任的思想，成为一个具有责任感的社会公民（刘朝燕，2011）。此外，学校教育和班级群体在平衡独生子女和非独生子女的心理特征、行为方式上起着很大的作用，学校道德教育对独生子女和非独生子女的要求是一致的，因此，在道德表现上，二者并不存在明显的差异。本研究结果也表示，独生子女和非独生子女在整体道德自我概念及各维度上的得分差异不大。

综上所述，本研究主要得出如下结论：

青少年道德自我概念发展的总体情况良好，具有良好道德自我概念水平的青少年在总体中所占比重较大。其中在人际道德自我概念维度上得分最高，其次是社会道德自我概念，个体道德自我概念得分最低。表明青少年对自身道德品质方面的要求仍须加强。

青少年道德自我概念总体上存在年级、性别差异；在具体的维度上，表现出整体道德自我概念、社会道德自我概念、人际道德自我概念存在显著的年级差异；道德自我概念各维度均存在显著的性别差异，女生得分均显著高于男生。在独生子女与非独生子女变量上，道德自我概念的发展不存在显著差异。

五 教学建议

我国当前学校道德教育中最突出的问题是德育的实效性较低。道德教育很难真正打动学生的心灵，不少学生表现出道德上的知行分离、言表不一。同时，在面对现实道德情境时很难表现出一贯的道德行为，即使他并非认为自己是一个道德冷漠的人。德育失败的原因主要在于，灌输给学生无主体性的德育观，教学方法和教学内容脱离实际生活，仅仅是空洞的说教或象征性的口号。将道德教育作为一种单独的学科教学，脱离学生的整体生活，在相对封闭的课堂教学中培养人的德性等，这些都无法使学生形成积极的道德意识，更难以表现出稳定的道德行为。

相关学者研究证明，道德自我概念对个体的道德行为具有调节作用，影响着人们根据对自我的看法来解释行为，以及引导自己在情境中如何行动。道德自我概念对道德行为的重要影响作用，决定了培养青少年形成和发展积极的道德自我概念具有重要意义。提高青少年道德自我概念的具体方法有：

1. 重视学生的道德情绪体验，促进知行一致

道德知识不同于学科知识，它具有情感性。道德自我的形成是一个从外到内的过程，因此形成积极的道德自我概念，首先需要对道德产生一定的理解，并从情感上认同该种道德价值。个体偏爱和信仰某些道德规范，才能将其转化为自己的内在道德需要，才有可能在实践中体验和遵从它们。因此，在学校德育教育中，不仅要提高学生的道德判断能力，更重要的是激发学生的道德情绪体验，形成稳定的情感和正确的情感定向。通过认知和情感体验，促使学生将正确的道德价值内化为自身的道德行为准则，明确自我道德形象，才能使其在不同情境中保持一致的道德行为。

2. 树立道德榜样，培养道德孩子

儿童自我概念的形成，既来自自己过去经验的总结，也来自他人对自己的反映和评价。生活中重要的他人，如父母、教师对自我概念形成的影响很大，家庭体系的稳定与变化，亲子之间互动关系的好坏，学校老师的言行表现，都会投射到青少年的自我概念上。可以说，与青少年最接近的父母、教师及社会上其他成人都是他们最强有力的道德榜样。因此，成人应关注自己的言行给青少年留下什么样的印象，做好道德榜样作用。

3. 进行动机训练，维持适度的道德动机

自我概念具有动机的作用。积极的道德自我概念能使个体通过努力，抑制不符合社会道德规范的念头与冲动，表现出道德行为。因此，对个体

进行动机训练，借助改变个体的信念、习惯、期望和态度等，提高道德自我概念的稳定性。动机训练有两种基本方法：第一，引导个体在预先设定的领域中获得高成就。在德育教育中，可创设诱惑情境，让学生通过自身努力克服冲动的欲望，体验成功感。第二，帮助个体形成追求成就的倾向与态度，具体的行为目标由个体自己确定。

4. 指导自我分析，增强自我了解

教师可以多鼓励学生用自我陈述的方法来了解自己，让学生学会分析个人的成长过程，熟悉自己的心理特征、人际关系、学习生活等情况，从而建立起明确的自我形象，增强个人的自我概念稳定性。道德自我概念是个体对自身道德状况的本源性认识。一个具有道德的人不仅能满足自我实现的需要，而且还会遵从社会规范的要求，自觉自律。

第三节　青少年学业自我概念的发展特点

一　研究背景

学业自我概念是个体在学业情境中关于自己的学业态度、学业成就感、学业目的、学业兴趣等方面比较稳定的认知和评价，它包括学生对自己的各科学业及一般学业表现的认识与评价（Shavelson 和 Stanton，1976）。大量研究表明，自我意识作为个体人格发展的核心，对个体行为具有重要的定向和调节作用，当个体形成一定的自我意识后，便倾向于产生与这一自我意识一致的行为。学业是青少年时期的主要任务，学业自我概念作为自我意识的重要组成部分，对青少年自我概念的发展和学习成绩的提高具有重要的影响。探讨青少年学业自我概念的发展，不仅能够帮助学生了解自己的学业态度、学业兴趣等，还能指导教育工作者培养学生健康的学业自我概念，促进学习成绩的提高，保证学生身心健康发展。

在学业自我概念的结构研究方面，研究者提出了不同的结构观。Shavelson 等（1976）首次提出学业自我概念的结构层次，认为学业自我概念是一般自我概念的构成部分，并细分为具体学科的自我概念，包括数学自我概念、语言自我概念和科学自我概念等。Marsh（1984）编制的自我描述问卷中将学业自我概念分为阅读能力、数学能力和一般学业自我概念。Song 和 Hattie（1984）将学业自我概念分为能力、成就和班级。后继研究者在研究学业自我概念的发展特点时,主要也采用了这三种结构。

由于个体学业自我的形成与发展与其所处的特定文化与教育环境有着密切的关系,青少年学业自我的研究具有浓厚的民族化和本土化色彩,因此不同地区青少年的学业自我发展应该有其独特性。但是纵观国内已有的研究,我们发现针对青少年学业自我发展特点的研究明显偏少,且现有的研究在学业自我测量工具的选择上大多是直接采用或借鉴国外的量表,量表的本土化倾向不够强。另外,目前我国针对青少年学业自我的研究对象多集中于经济发达地区的学生,较少涉及基础教育比较薄弱的农村地区。城市和农村在社会文化、学校设施、师资力量等方面存在的差异,可能会对学生的学业自我概念产生不同的影响,因此,本研究采用郭成(2006)基于我国青少年学业自我内隐观研究结论而编制的学业自我问卷,对农村地区学生的学业自我发展特点进行了研究,以期为农村地区的教育教学以及学生学业自我的培养提供依据。

二 研究方法

（一）研究对象

研究以从化市2所农村中学的学生（包括初中生和高职生）为研究对象,发放问卷1200份,获得有效数据1079份,有效率为89.9%。被试的基本信息如表3-11所示。

表3-11　　　　　　　研究对象的人口学分布状况

		人数	比例
性别	男	468	43.4%
	女	611	56.6%
年级	初一	200	18.5%
	初二	203	18.8%
	初三	128	11.9%
	高一	162	15.9%
	高二	196	18.2%
	高三	190	17.6%

续表

		人数	比例
是否独生	是	312	28.9%
	否	767	71.1%
生源地	城镇	515	47.7%
	农村	564	52.3%

(二) 研究工具

1. 学业自我问卷

(1) 一般学科自我量表

采用郭成等（2006）编制的青少年学业自我概念量表中的分量表，分为学业能力、学业体验、学业行为和学业成就 4 个维度，共 22 个条目。其中学业能力指学生从总体上对自己学业能力的认知和评价；学业体验指学生从总体上对自己学业的情感体验；学业行为指学生对自己在整个学业活动中的行为倾向；学业成就指学生对自己的学业成绩和学业价值的认知评价。量表采用李克特式 5 点法计分，5 个等级依次为"完全不符合""大部分不符合""部分符合，部分不符合""大部分符合""完全符合"。研究表明此量表具有较好的信效度。本研究中，一般学业自我概念量表的 Crobach' α 系数为 0.896，四个子量表的 Crobach' α 系数在 0.704 至 0.822 之间；总量表的分半信度为 0.837，四个子量表的分半信度在 0.703 至 0.779 之间。

(2) 具体学科自我概念量表

采用郭成等（2006）编制的青少年学业自我量表中的关于语文、数学和英语三门学科的自我概念条目所组成的分量表。该量表共包括 24 个条目，分别是语文自我概念、数学自我概念和英语自我概念三个维度。本研究中具体学科自我概念量表的 Crobach' α 系数为 0.924；三个子量表的 Crobach' α 系数分别为 0.873、0.924、0.916；量表的分半信度为 0.909，三个子量表的分半信度分别为：0.867、0.897、0.871。

2. 学业成绩

在施测后收集被试期末考试的语文、数学和英语成绩，以班级为单位，把各科成绩转换为标准分数。

三 研究结果

（一）中学生一般学业自我概念的发展特点

1. 中学生一般学业自我概念的总体状况

为考察中学生一般学业自我概念的发展状况，我们对参加本研究调查的1079名中学生在一般学业自我概念各因素上的平均数与标准差进行了描述性统计，结果如表3-12所示。

表3-12 中学生一般学业自我概念的描述性统计（$N=1079$）

项目	M	SD
学业能力	2.98	0.81
学业体验	3.38	0.90
学业行为	3.41	0.77
学业成就	3.54	0.90
总均分	3.29	0.71

如表3-12所示，中学生一般学业自我概念的总均分为3.29，高于中等临界值，处于中等水平；除学业能力均分低于3分（$M=2.98$）外，学业体验、学业行为和学业成就的均分都高于3分，处于学生一般学业自我概念中上水平。

如图3-6所示，从年级的横向发展特点来看，初一到高一，中学生一般学业自我概念发展水平处于下降趋势，但总均分均高于中间临界值3分，从高一到高二呈上升趋势，从高二到高三又呈现下降趋势。

2. 中学生一般学业自我概念的差异分析

为考察中学生一般学业自我概念的发展在性别、年级、是否独生、城乡之间的差异，我们以性别、年级、是否独生、城乡为自变量，以一般学业自我概念及各维度均分为因变量，分别进行分析，结果发现学生一般学业自我概念及各维度在性别和年级变量上存在差异，但在城乡、是否独生变量上不存在显著差异。

（1）性别差异

采用独立样本t检验考察中学生一般学业自我概念及各维度在性别上

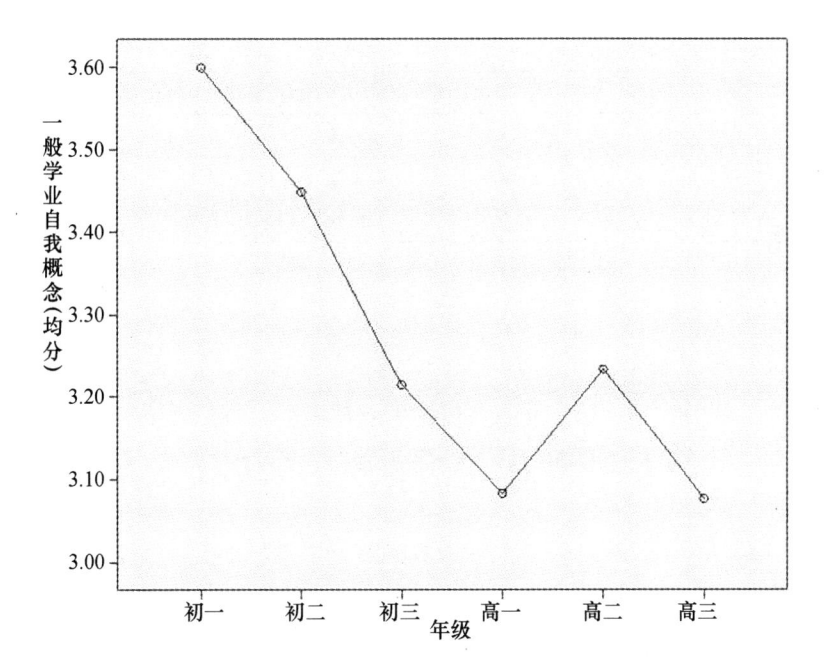

图 3-6　中学生一般学业自我概念的年级发展特点

的差异。结果如表 3-13 所示，一般学业自我概念的总均分存在性别差异（$t = -2.430$, $p < 0.05$），女生得分高于男生。就具体维度而言，女生在学业体验（$t = -3.414$, $p < 0.01$）、学业行为（$t = -2.303$, $p < 0.05$）和学业成就（$t = -2.441$, $p < 0.01$）上得分都高于男生，而在学业能力（$t = -0.584$, $p > 0.05$）上不存在差异。

表 3-13　　　中学生一般学业自我概念的性别差异分析

维度	性别	N	M	SD	t
学业能力	男	462	2.96	0.84	-0.584
	女	605	2.99	0.80	
学业体验	男	468	3.27	0.84	-3.414**
	女	608	3.46	0.93	
学业行为	男	467	3.35	0.79	-2.303*
	女	608	3.46	0.75	

续表

维度	性别	N	M	SD	t
学业成就	男	463	3.46	0.97	-2.441*
	女	609	3.60	0.84	
总均分	男	459	3.23	0.71	-2.430*
	女	600	3.34	0.70	

注：*$p<0.05$，**$p<0.01$，***$p<0.001$

（2）年级差异

为了解中学生一般学业自我概念的发展趋势，我们考察了一般学业自我概念在年级上是否存在差异，结果如表3-14所示。

表3-14　　　　中学生一般学业自我概念的年级差异分析

因变量	df	MS	F
学业能力	5	7.83	12.417***
	1074	0.63	
学业体验	5	9.68	12.588***
	1074	0.77	
学业行为	5	5.73	10.097***
	1074	0.57	
学业成就	5	10.87	14.355***
	1074	0.76	
总均分	5	8.05	17.419***
	1074	0.46	

注：*$p<0.05$，**$p<0.01$，***$p<0.001$

中学生一般学业自我概念及其各维度均存在显著的年级差异（$p<0.001$），进一步多重比较发现，一般学业自我概念及各维度在年级变量的差异表现各不相同，具体如下：

① 在一般学业自我概念维度上，初一学生显著高于其他五个年级，初二显著高于初三和高中三个年级，初三显著高于高中三个年级，高一显著低于高二，初中生的一般学业自我概念发展水平显著高于高中生。

② 学业能力的年级差异具体表现为：初一学生显著高于初三和高中三个年级，初二显著高于高中三个年级，初三显著高于高一和高三，高一显著低于高二，高二与高三差异不明显。

③ 学业体验的年级差异具体表现为：初一显著高于初三和高中三个年级，初二显著高于初三和高中三个年级，初三与高中三个年级的差异不明显，高一与高二和高三差异不明显，高二显著高于高三。

④ 学业行为的年级差异具体表现为：初一显著高于初二、初三和高中三个年级，初二显著高于初三和高中三个年级，初三与高中三个年级的差异不显著，高一与高二、高三的差异不显著，高二与高三的差异也不显著。

⑤ 学业成就的年级差异具体表现为：初一显著高于其他五个年级，初二显著高于初三和高中三个年级，初三与高中三个年级差异均不明显，高一显著低于高二，与高三差异不显著，高二显著高于高三。

（二）中学生具体学科自我概念的发展特点

1. 中学生具体学科自我概念发展的总体状况

中学生具体学科自我概念发展的总体状况如表3-15所示，语文、数学和英语自我概念总均分都小于临界值3，未达到中等水平，这表明中学生具体学科自我概念的发展水平总体偏低。

表3-15　　中学生具体学业自我概念的描述性统计（$N=1079$）

项目	M	SD
语文自我概念	2.83	0.86
数学自我概念	2.90	0.98
英语自我概念	2.79	1.04

从图3-7至图3-9描述了中学生具体学科自我概念在年级上的发展特点，语文自我概念：从初一到高一处于下降趋势，从高一到高三处于上升趋势，整体上看呈现V字形发展态势。数学自我概念：从初一到高一处于下降趋势，从高一到高二有上升趋势，但是高二到高三又出现下降趋势。英语自我概念：从初一到初二处于上升趋势，但从初二到高二一直处

于下降趋势，直到高三稍微有点回升趋势。

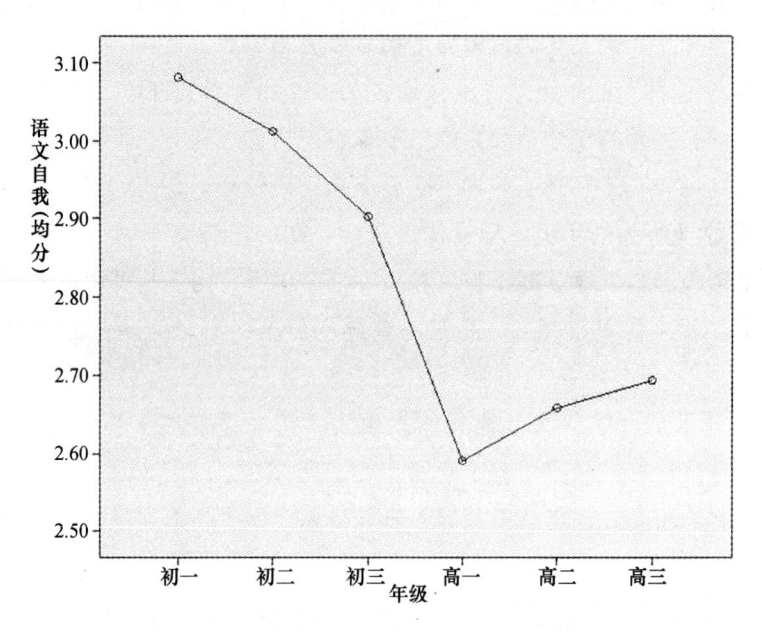

图 3-7 中学生语文自我概念的年级发展特点

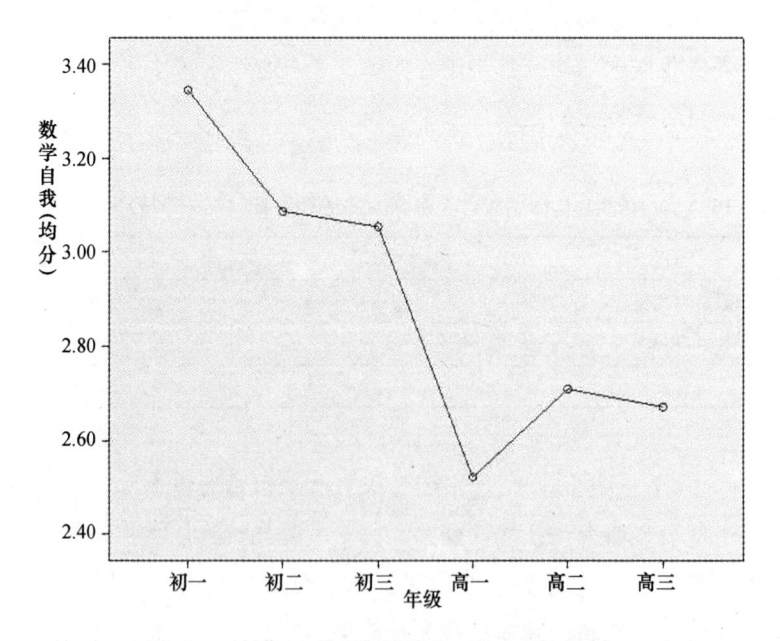

图 3-8 中学生数学自我概念的年级发展特点

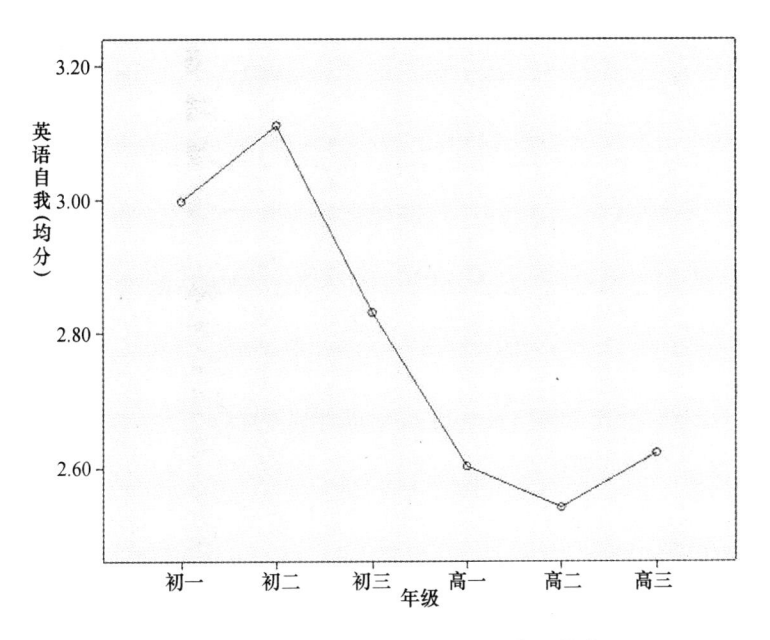

图 3-9　中学英语自我概念的年级发展特点

2. 中学生具体学科自我概念发展的差异分析

为进一步考察中学生具体学科自我概念在性别、年级、是否独生、城乡上是否存在差异，分别以语文、数学和英语自我概念为因变量，分别以性别、年级、是否独生、城乡为自变量进行差异分析。结果显示具体学科自我概念在性别、年级和是否独生变量上存在显著差异，在城乡变量上不存在显著差异。

（1）中学生具体学科自我概念发展的性别差异

采用独立样本 t 检验考察中学生具体学科自我概念在性别上的差异，结果如表 3-16 所示。男生和女生在具体学科自我概念上的得分均存在显著差异，其中男生的数学自我概念显著优于女生，而女生的语文自我概念和英语自我概念显著优于男生。

表 3-16　中学生具体学科自我概念的性别差异分析

项目	性别	N	M	SD	t
语文自我概念	男	468	2.72	0.90	-3.533***
	女	611	2.91	0.82	

续表

项目	性别	N	M	SD	t
数学自我概念	男	468	3.00	0.97	2.927**
	女	611	2.83	0.99	
英语自我概念	男	468	2.57	1.03	-6.189***
	女	611	2.96	1.02	

注：*$p<0.05$，**$p<0.01$，***$p<0.001$

（2）中学生具体学科自我概念发展的年级差异

为考察具体学科自我概念在年级变量上的差异，采用因素方差法分析中学生（从初一到高三）共6个年级的差异情况，结果如表3-17所示。

表3-17　　　　中学生具体学科自我概念的年级差异分析

因变量	变异来源	df	MS	F
语文自我概念	组间	5	7.69	10.867***
	组内	1076		
数学自我概念	组间	5	17.76	19.955***
	组内	1076		
英语自我概念	组间	5	10.57	10.160***
	组内	1076		

注：*$p<0.05$，**$p<0.01$，***$p<0.001$

由表3-17可以看出，中学生的语文、数学和英语自我概念均存在非常显著的年级差异（$p<0.001$），进一步多重比较发现：

①在语文自我概念上，初一年级学生的语文自我概念处于发展的最高水平，而高一处于发展的最低水平。具体来看，初中三个年级学生显著高于高中三个年级学生，高中三个年级的学生间无显著差异。

②在数学自我概念上，初一年级学生的数学自我概念处于发展的最高水平，而高一处于发展的最低水平。具体来看，初一学生显著高于其他五个年级，初二学生显著高于高中三个年级，初三学生显著高于高中三个年级，高一和高二、高三均无显著差异。

③在英语自我概念上，初二年级学生的英语自我概念处于发展的最高水平，而高二学生处于发展的最低水平。具体来看，初一学生显著高于高中三个年级，初二学生显著高于初三和高中三个年级，初三显著高于高二，高一和高二、高三均无显著差异。

(3) 中学生具体学科自我概念发展在是否独生上的差异

为考察具体学科自我概念在独生与非独生子女之间是否存在差异，以是否独生作为自变量，以具体学科自我概念得分为因变量进行独立样本 t 检验，结果如表 3-18 所示。独生与非独生子女在具体学科自我概念上的得分均存在显著的差异，独生子女的具体学科自我概念得分均显著高于非独生子女。

表 3-18　　独生与非独生中学生的具体学科自我概念差异分析

项目	是否独生	N	M	SD	t
语文自我概念	独生	314	2.92	0.86	2.308*
	非独生	765	2.79	0.86	
数学自我概念	独生	314	3.08	0.97	3.821***
	非独生	765	2.83	0.98	
英语自我概念	独生	314	2.91	1.02	2.340*
	非独生	765	2.74	1.05	

注：$*p < 0.05$，$**p < 0.01$，$***p < 0.001$

四　讨论分析

(一) 中学生一般学业自我概念的发展特点

研究采用《一般学业自我概念量表》对从化市 2 所农村中学的青少年（包括初中生和高中生）进行调查，在一定程度上揭示了我国农村中学生一般学业自我概念的发展特点，为开展农村中学生的教育工作提供参考。

1. 中学生一般学业自我概念的总体水平

从研究结果来看，我国农村中学生一般学业自我概念总均分为 3.29，基本上处于中等水平，这说明农村中学生对自己学业的认识、体验、评价及行为表现并不积极。就其具体维度来看，学业能力的发展水平最低，学业成就的发展水平最高,这一结果与郭成等(2006)对西南地区青少年的研究结果类似,这说明国内对中学生的教育和引导具有普遍性,而导致中学生这一结果的原因与我国学校教育、社会文化对学生学业价值的追求存在必然的联系。在我国实际教育中,读书与升学有着密切关系,对于农村学生而言,读书就是他们摆脱现状、追求美好生活的重要途径,学习和升学成为他们学业活动的主体和核心,而这一切都是以追求考试成绩、考上大学、实现人生价值为主要目标,所以农村中学生学业成就价值发展水平较高。上至国家、社会,下至学校家长,都在重视学生的教育问题,这对促进学生个体一般学业自我概念的发展具有非常重要的意义,但是,为什么农村中学生在学业愉悦情绪体验和学业能力知觉上的发展水平较低呢?这与现行的教育方法、教育环境是有一定关联的,学生教材难度的不断增加,教育方法的外部强制性程度逐渐加重,这对农村中学生来说,完成高强度和高难度的学业任务有一定的困难,最终导致他们失去自我肯定,降低自我效能感,进而失去信心,所以,农村中学生的学业能力知觉发展水平较低。农村中学生一般学业自我概念的发展状况揭示了农村中学教育还存在许多不足,不仅会导致学生对自己学业认知水平的下降,还会带来一些负向的情绪体验,如果处理不当,可能造成心理问题的出现。这提示我们一定要关注农村的学校教育,要控制那些教育情境中阻碍学生积极学业自我发展的消极因素,深化教育体制改革,从根本上完善我国的教育机制,促使学生人格的健全发展。

2. 中学生一般学业自我概念的性别特点

关于青少年学业自我的性别差异,国外多数研究发现,女青少年较男青少年更易获得较低的学业自我概念(Fraine、Damme 和 Onghena,2007;Young 和 Mroczek,2003),但也有研究者指出,性别的这种差异还会随着年龄的增长而逐渐减少,因为女孩在校期间的学业表现往往要好于男孩(Fredricks 和 Eccles,2002)。但我们的研究发现,从总体上看,中学生一般学业自我概念存在显著的性别差异,这与国内外关于学业自我的一些研究成果有所不同,导致这种研究结果不同的原因可能是被试的选择不同。从具体维度来看,本研究发现农村中学生一般学业自我概念中的学业愉悦体验、学业行为控制、学业成就价值三个维度上存在显著的性别差异,且女生显著高于男生。但在学业能力知觉上不存在显著的性别差异。这一结果较好地解释了国内学校教育的实际,在学校教育情境中,男生更多地被看作是机智灵活、聪明活泼但是不努力、不认真、喜欢调皮捣蛋,而将女生普遍看作是刻苦踏实、勤奋细腻,正是学校情境下对男生和女生形成的刻板印象使得女生在学业成就、学业行为自控维度上得分显著高于男生。事实上,女生的成绩往往高于男生,无论是平时学习成绩还是考试,取得优秀成绩的往往是女生,这种学习经历也促进了女生在学业成就维度上的得分显著高于男生。另外,女生具有情感细腻,善于表达情感,在学习生活中更认真,更容易取得好成绩,较少受到老师和家长的责备,因此女生比男生在学业上体验到更多的愉悦情绪,这可能是本研究女生学业体验维度上的得分显著高于男生的原因。

3. 中学生一般学生自我概念的年级特点

本研究发现,农村中学生一般学业自我概念总体发展水平存在显著的年级差异,从初一到高一一直处于下降趋势,而后略有上升至高二,然后到高三又呈现下降趋势,这种波浪式的前进发展趋势比较符合国内外的相关研究结果。从教学实践来看,中学生随着年级的增长,来自内部和外部的各种学习要求和学业期望也会不断提高,对顺利升学存在潜在的忧虑,导致他们的一般学业自我概念发展水平较低,尤其是进入高中阶段,而且高中时期也是心理发展的敏感期和关键期,这应该引起教育者的广泛关注。

就其一般学业自我概念具体维度来看,初一学生的四个维度得分均是最高的,这可能与他们刚入学时的学习状态有关,刚步入学校,有着一种对未来学业和前途的美好憧憬,时常带来愉悦的情绪体验,这种积极的情绪体验会促进学业自我的健康发展。正是因为刚到新的学校,所学知识的深度和难度都不高,考试的成功会给他们带来更多的信心,这种积极的学业经验会使中学生的一般学业自我概念发展到较高的水平。

(二) 中学生具体学业自我概念的发展特点

1. 中学生具体学业自我概念的总体水平

总体而言,农村中学生具体学科自我概念的发展水平不高,均未达到中等水平,这与他们对具体科目重要性的认识程度有关,尽管现行的教育体制提倡中小学开展各种丰富多彩的教育活动,但对于学科教学的引导还不够,学生往往根据自己的兴趣爱好和学科的难易程度选择自己最喜欢的科目重点学习，这容易导致学生对其他科目产生消极学业自我概念。

2. 中学生具体学业自我概念的性别特点

在性别上，具体学科自我概念存在显著差异，其中男生的数学自我概念显著优于女生，而女生的语文自我概念和英语自我概念显著优于男生，这种学科间的性别差异与男生和女生自身心理发展有关，特别是认知发展的差异性在学科学习中的表现存在不同的性别优势，男生比女生在数学学科更具优势，而女生比男生往往在语文和英语学科更具优势，所以，对于男生来说，往往会对数学这种理科类的学科自我认识和自我评价更加积极，而女生则会对语文和英语这种文科类的学科自我认识和自我评价更加积极。

3. 中学生具体学业自我概念的年级特点

在年级上，农村中学生具体学科自我概念的发展整体上呈下降趋势，且在不同年级上均存在显著的差异，具体表现为：语文自我概念上，初一至高一一直处于下降趋势，从高一到高三开始回升，但仍显著低于初一；数学自我概念上，从初一到高三一直处于波浪式的下降趋势；英语自我概念上，初一到初二处于上升趋势，而后到高二一直处于下降趋势，到了高三有所回升。可以看出，具体学科自我概念在年级间出现较大的波动，这种发展趋势反映了我国农村中学生具体学科自我概念的发展与学业经历密不可分，尽管随着年龄的不断增长，知识不断积累，心理发展水平也不断成熟，认知水平和解决问题的能力也在提高，但是学科自我却呈现下降趋势，这说明学科自我的发展与认知水平的提高不存在线性关系。

4. 独生子女与非独生子女具体学科自我概念的发展特点

本研究发现独生子女与非独生子女在具体学科自我概念上存在显著的差异，独生子女在具体学科自我概念维度上的得分显著高于非独生子女。导致这一结果的原因可能与学生的家庭环境和家庭教育有关，本研究调查的对象是在农村中学，由于我国实行计划生育，每个家庭只能生育一胎，公务员、教师等公职人员的家庭只能生一胎，但是在农村还是会存在两个或三个子女的现象，且大多都是农民家庭，父母受教育程度不高。这就导致独生子女和非独生子女所接受的家庭教育有所差异，文化程度高的家长会给子女带来更加清晰的学科教育或入学前的引导，使他们对不同学科有了一个更加清晰的认知，而非独生子女家庭，父母的受教育程度本身就不高，难以对子女进行学科方面的教育。这一现象揭示了农村家庭教育的重要性，父母在教育方面对子女的引导对于他们学业自我概念的发展具有积极的促进作用。

五 教学建议

（一）加强学业自我概念的教育，提升学生学习自我效能感

我们发现，农村中学生一般学业自我概念处于中等发展水平，而语文、数学和英语三个学科的自我概念均未达到中等水平，加强学生学业自我概念的教育无疑很有意义。具体措施有：（1）让学生经常体验成功。学生亲身经历的成功和失败对他们自我效能感的影响最大。成功的学习经验会提高人们的自我效能感，不断地成功会使人们建立起稳固的自我效能感。（2）组织交流、讨论，树立学习榜样。观察学习对于学生自我效能感的形成也有重要的影响。一个学生看到与自己水平差不多的同学解决了一道难题，会认为自己经过努力也可完成同样的任务，从而增强自我效能感。（3）培养学生进行积极的自我强化。人不仅受到外部强化的影响，还受到自我强化的影响。自我强化是以自我奖赏的方式激励或维持自己达到某个标准的行为过程，它对调节人的行为很重要，是提高学生学习自我效能感的又一关键。（4）创造宽松、和谐的教学环境。在教学中，教师要相信学生、平等地对待学生。当学生在学习中遇到困难时，要耐心启发、循循诱导。对学生学习上的优点和点滴进步要善于发现、及时肯定、给予鼓励和表扬。总之，宽松和谐的环境有利于培养学生的自信心、自尊心，有利于学生学业自我效能感的形成和提高。

（二）关注群体差异，加强教育针对性

研究发现，中学生在学业自我的发展上表现出一定的群体差异性，因此在学业自我的培养上要具有针对性。在年级上，教育者应充分关注初二、高一年级，尤其更要注意加强对初二年级的教育引导，在这一时期教育者应注意加强自我概念的教育，提升学生学习自我效能感，防止学生总体学业自我水平的下滑；在性别上，教育者需要关注男生学业自我的教育与培养，尤其要注重其学业体验和学业成就的教育引导，在学习行为上严格要求以提高其学习行为的自控力。

（三）合理利用评价，促进学生学业自我的发展

中学阶段，青少年逐渐摆脱成人评价的影响，产生了独立评价的倾向。但是，这个时期学生的自我概念依然存在不稳定性、依附性强等特点。作为教育者，不能忽视评价与反馈在学生学习和成长过程中的作用，应通过对评价的合理运用，促进其学业自我概念的发展。第一，以鼓励性评价为主。作为教育者，应善于发现学生的优点和长处，把握时机，适时对学生进行鼓励性评价；慎重使用消极评价，避免评价学生时的光环效应、刻板印象等不利因素。第二，应用过程性评价。用对付出的鼓励（如"你真努力！"）替代对成果的表扬（如"你真聪明！"），这更有利于学生积极学习态度的培养，并促进其自我评价能力的发展。切忌过于重视学生学业成绩，将升学压力扩大化，以免对初中生的学业自我概念造成损害。第三，引导学生进行客观、准确的自我评价。

（四）加大教育投入，改善学校环境

一方面，政府要加大对学校教育的投入，努力改善教育设施，提升师资水平等，进一步缩小农村地区与城市的差距；另一方面，学校应注意改善学生的学习和生活环境，因为学生的学业自我会因学校环境的好坏（如教育方式、学校的好坏、学业的成败等）而出现较大的差异（Marsh、Hau 和 Kong，2002；赵小云、郭成，2010）。如果学生对学校环境的知觉是积极的，会有助于他们获得愉快的学习和生活经历，就会促使他们对学业作出积极的认知和评价，从而培育积极的学业自我。

第四节 青少年身体自尊的发展特点

一 研究背景

身体自我是自我意识中最早萌发的部分，是自我的重要物质基础，人体的物质属性，例如相貌、体能、健康情况等都是通过身体自我整合到整体自我中，西方人甚至称"身体是自我的源泉"（Body is the source of self；Fox，1997）。青少年时期是人生命中一段躁动的时期，第二性征的发展和体格的逐渐成熟所带来的身体的变化是造成矛盾与困惑的主要原因之一。如何引导青少年树立正确的身体自我价值观，提高身体自尊水平，从而发展起健康积极的生活态度是当代教育者不可回避的问题。

(一) 身体自尊的含义

身体自尊（body self-esteem 或 physical self-esteem）是指与社会评价密切相关的"个体自我身体的不同方面的满意或不满意感"（Secord 和 Tourard，1953）。类似的概念还有身体自我（physical self）、身体意象（body image）、身体自我满意度（physical self-satisfaction）等，研究者并没有严格地对它们进行概念的区分，它们都有着相似或相近的内涵。以下对这些概念做一个简单介绍：

身体自尊（body esteem or physical self-esteem）是与社会评价密切相关的"个体对自我身体的不同方面的满意或不满意感"，它是整体自尊的一个具体领域，包括身体自我价值感和身体各方面的满意感。

Fox 和 Corbin 在 1989 年针对大学生的研究中将身体领域内的自我知觉划分为 4 个等级（如图 3-10 所示）。

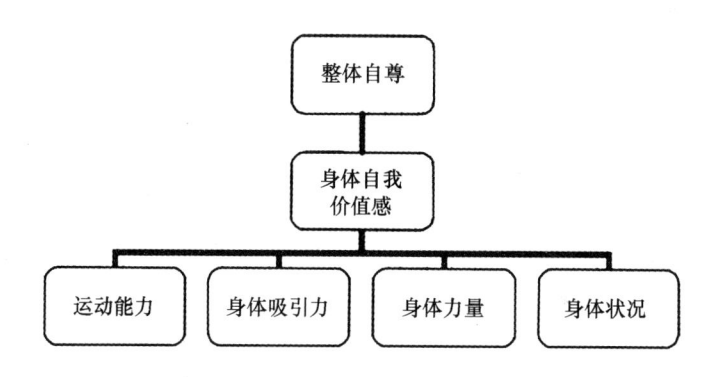

图 3-10 身体领域内的自我知觉示意图

身体意象（body image）是个体头脑中身体的图式，是一种"随着身体的成长、损伤或衰竭，受社会环境的交互作用影响明显的、可塑的、经常变化的概念和持续的改进"（Sugar，1993）。

身体自我（physical self-concept）是个体对自己身体方面的看法，常常作为自我的重要组成部分来研究。James 把自我作为知觉的对象来研究，认为自我包括物质自我、社会自我、精神自我和纯自我。其中物质自我主要是对我的身体及其特定部位以及我的衣物、住房、财产和装饰物等的知觉，身体自我是自我的基础。

由身体自尊、身体意象、身体自我的概念可知，它们有很多共同点，都是个体对自己身体外表的认识和看法。其中，身体自尊强调的是身体的体验方面，是评价性的自我，而身体意象和身体自我是身体的认知方面，是描述性的自我。身体自尊主要包括：一般的身体自我价值感和具体的有关身体的各个方面的满意感。个人的物质属性、相貌、体能、健康状况等都是通过身体自尊整合到整体自尊中，所以，对身体自尊的深入研究就显得很有必要。

（二）身体自尊的测量

关于身体自尊的测量，一般采用自陈式量表，主要分为两类，一类是以整个身体为研究对象，如："我能不停地跑很长的距离"，"我对自己的身体方面总是感觉不错"，"我……"代表性量表是身体自我描述问卷（Physical Self - Description Questionnaire, PSDQ; Marsh, 1994）。另一类是对身体具体部位和功能的接受性评价的量表。主要量表是 Shields（1984）的身体自尊量表（Body Esteem Scale, BES）。

国内关于身体自尊的研究刚刚起步，主要工作集中在对国外量表的修订和使用上。Marsh（1994）针对澳洲12—15岁的青少年学生编制了身体自我描述问卷（PSDQ），该问卷由70个项目组成，包括健康、协调、身体活动、体脂、运动能力、外貌、力量、柔韧、耐力、整体身体自尊和整体自尊共11个分测验，量表具有较高的信度和效度。段艳平（2000）对这个量表进行了修订，修订后的量表的信度和效度良好。

身体自我知觉量表和主观重要性量表（Perccived Importance Profile, PIP）是 Fox 等人（1990）针对大学生编制的量表，PSPP 包括1个主量表——整体身体价值感（General Physical Self - Worth, GPSW）和4个分量表——运动技能、身体状况、身体吸引力和强壮。主量表用于测量人们一般的整体身体价值感，而分量表主要用于测量人们在更低一级的身体领域所获得的主观身体能力。PIP 和 PSPP 包括相同的4个分量表。PIP 是身体自尊的个性化量表，它反映了身体各方面对个体的重要性。FOX 的量表常用于锻炼的选择、坚持机制的解释以及锻炼如何改变自尊的研究中。

徐霞（2001）对 PSPP 进行了修订，修订后的量表具有可接受的信度和效度，她的研究指出，中国大学生身体自尊量表与西方大学生身体自尊量表在一个维度上有差异。她用身体素质维度代替了西方大学生的强壮维度。

（三）外显身体自尊和内隐身体自尊的关系

内隐自尊一经提出，人们便开始关注其与外显自尊的关系。Greenwald 和 Famham（2000）运用实证性因素分析对内隐自尊与外显自尊的关系进行了研究，结果证实了二者是相对独立的，同时又存在低的正相关。Jennifer 等（2000）也对二者的关系进行了研究，得到了类似的结果。然而，又有研究者发现内隐自尊并不稳定（Pebham、Hett，2000），这又为内隐自尊与外显自尊的关系带来了不确定性。蔡华俭（2002）对内隐自尊的作用机制进行了研究，证明了内隐自尊是基于一种积极的内隐的自我态度，即基于自我与积极属性和事物之间所存在的一种内隐的自动化的评价性联系，当自我被激活时，同时激活的自我态度是积极肯定的，使个体表现出内隐自尊效应。

在身体自尊领域，也有研究者认为身体自尊包括外显身体自尊和内隐身体自尊两个层面，外显身体自尊（explicit body self-esteem）一般都是依靠传统的，在意识层面上采取自陈式研究方法，直接地使用身体自我意识或身体自尊量表测出。内隐身体自尊（implicit body self-esteem）是个体自动化地、无意识地对自我身体的态度。研究表明，身体自尊同样存在着内隐自尊效应（何波、汤舒俊，2009），人们比较倾向于把自我同积极的身体评价或描述相联系。内隐身体自尊是否是客观存在的？它和外显身体自尊之间的关系是否与总体自尊中的外显自尊与内隐自尊的关系相似？

回顾已有研究，关于身体自尊的研究多集中在两个方面：一是测量工具的修订与编制；二是身体自尊与整体自尊、体育锻炼等因素的相关研究。近年来，关于身体自尊的研究不断增多，但是对于身体自尊的形成和发展特点的调查却相对较少。身体自尊是自我意识形成和发展的基础，个体的身体不仅是一个生物体，透过身体外表、健康、体能、姿态和衣着等还传递着重要的社会信息。青少年正处于青春发育期，其最大的特点就是生理上的快速成长和急剧变化。这一期间，青少年的身体自尊会有哪些特点？探讨这个问题对于深入了解自我意识的发展，引导青少年树立正确的身体观具有重要意义。

鉴于此，本研究采用心理测量法探讨青少年外显身体自尊、内隐身体自尊的发展特点，并通过 IAT 内隐实验的方法对青少年的内隐身体自尊效应进行验证性研究，并对青少年的内隐身体自尊与外显身体自尊的关系问题进行探讨。

二 研究一：青少年身体自尊的发展特点

（一）研究对象

在广州市随机抽取重点、普通、职业中学的初二、高一、高二共 3 个年级的学生，每个年级各两个班，共抽取被试 750 人，回收有效问卷 726 份，有效率达 96.8%。被试基本构成如表 3-19 所示。

表 3-19　　　　　　　　　被试基本信息

类别	学校			性别		年级			家庭				户口			
	重点	普中	高职	男	女	初二	高一	高二	双亲	离异	单亲	其他	城市	郊区	乡镇	其他
人数	235	226	163	231	403	205	243	186	603	20	9	2	469	23	139	3

（二）研究工具

1. 少年儿童身体自尊量表

采用段艳平（2000）修订的《少年儿童身体自尊量表》，为了与下文的《身体自尊量表》相区分，称其为《抽象身体自尊量表》。该量表为 78 个条目的单维量表，条目如："我太胖了。"该量表采用 Likert 7 点计分法，选项从 0 = 完全不符合，到 6 = 完全符合，要求被试选择其中一个数字来描述与自己实际情况的符合程度。包括健康、身体吸引力、运动技能、外貌、身体活动、力量、速度、柔韧、耐力、协调、身体价值、身体自尊等 12 个因子。本研究中，该量表的 Crobach' α 系数为 0.93。

研究采用极大似然法对量表的结构进行验证性因素分析，结果表明模型拟合程度良好（如表 3-20 所示）。

表 3-20　　　　　　　　　模型拟合指数

Model	χ^2	df	NFI	NNFI	CFI	RMSEA
	7410.72	2858	0.93	0.95	0.95	0.054

2. 具体身体自尊量表

第二部分是修订后中文版的身体自尊量表（Franzoi 和 Shields, 1984）。由于其条目是直接评价身体某部位的满意度，因此本书将其称为《具体身体自尊量表》。身体自尊量表原文有35个条目，考虑到中国国情，删去与性相关不便回答的3个条目，同有关专家一起校订为32个条目的中文版。本次测量的 Cronbach'α 系数为0.95，信度良好。

（三）研究结果

1. 青少年身体自尊的总体情况

整体而言，青少年抽象身体自尊总体呈正态分布：$M = 3.1$，$SD = 0.496$，根据身体自尊采用的5点计分法，我们将结果分成三组进行解释，即以15%为分界线，各分量表的分组标准为：低分组（1 < M < 2）、中等组（2 ≤ M ≤ 4）、高分组（M > 4）；其中低分组约占7%，中等组约占87.8%，高分组约占5.2%。这表明，大部分学生身体自尊较好。在身体自尊各因子方面，除了青少年力量、柔韧和耐力分量表上的均分稍低于水平线3分外，其他各因子都高于水平线。

青少年具体身体自尊总体也呈正态分布：$M = 3.614$，$SD = 0.985$，按照上文的标准进行分组，其中低分组约占4.1%，中等组约占63.4%，高分组约占32.5%，满意度比身体自尊量表高（如表3-21所示）。

表3-21　　　　抽象身体自尊、具体身体自尊的基本情况

	因子	M	SD
	健康	3.489	0.766
	身体吸引	3.273	0.763
	运动技能	3.074	0.870
	外貌	3.078	0.755
抽象身体自尊	身体活动	2.999	0.799
	力量	2.406	0.613
	速度	3.037	0.843
	柔韧	2.992	0.768
	耐力	2.970	0.655
	协调	3.024	0.574

续表

	因子	M	SD
抽象身体自尊	身体价值	3.189	0.740
	总体自尊	3.541	0.707
	总均分	3.100	0.496
具体身体自尊	总均分	3.614	0.958

2. 不同体重指数男女青少年的身体自尊差异比较

采用国际卫生组织通用的形体标准（BMI）对被试体重进行衡量，其计算方法为体重（千克）/身高（米）的平方，正常值的范围为 18.5—24.9，低于此范围则认为体重过轻，高于此范围则认为是超重。调查结果显示，被试现实体重指数得分为 13.01—32.46，体重正常人数比例为 80.1%，体重偏轻人数比例为 12.6%，体重偏重人数比例为 7.3%，可见多数中学生体重指数处于正常范围。

将被试的体重指数得分按由高到低进行顺序排列，分为低体重组：$BMI < 18.5$、正常组：$18.5 \leqslant BMI < 23$；超体重组：$BMI \geqslant 23$（如表 3-22 所示）。

表 3-22　　　　　不同体重指数男生的身体自尊差异比较

		低体重组	正常体重组	超体重组	F
男	具体身体自尊	123.03 ± 38.150	126.28 ± 30.081	107.94 ± 28.917	4.598 **
	抽象身体自尊	249.25 ± 38,299	242.76 ± 36.634	223.84 ± 36.295	4.555 ***
女	具体身体自尊	110.83 ± 27.385	111.48 ± 28.164	104.48 ± 32.535	0.33
	抽象身体自尊	220.28 ± 34.663	219.00 ± 33.419	215.82 ± 43.109	0.719

注：$*p < 0.05$，$**p < 0.01$，$***p < 0.001$

对于男生组而言：在具体身体自尊和抽象身体自尊两个方面，三组比较存在显著差异，主要表现在超体重组比低体重组和正常体重组的身体自尊要低；对于女生组而言，在具体身体自尊和抽象身体自尊上，虽然低体重组、正常组比超体重组的身体自尊高，但并没有显著差异。

3. 青少年身体自尊的人口学变量分析

对青少年身体自尊人口学变量进行分析，结果表明（如表 3-23 所示）：（1）在性别上，抽象身体自尊和具体身体自尊均具有显著差异（$T_{抽}=7.508$，$p_{抽}=0.000$；$T_{具}=4.740$，$p_{具}=0.018$；$T_{生}=-2.701$，$p_{生}=0.007$），而且男生都显著地高于女生；（2）在年级上，抽象身体自尊和具体身体自尊差异显著（$F_{抽}=3.951$，$p_{抽}=0.000$；$F_{具}=4.064$，$p_{具}=0.018$），呈现了初二年级身体自尊最高，高一年级最低，高二年级其次，青少年身体自尊发展模式大致呈现 V 形；（3）在户籍上，抽象身体自尊和具体身体自尊差异显著（$F_{抽}=2.754$，$p_{抽}=0.042$；$F_{具}=3.233$，$p_{具}=0.022$），无论是抽象身体自尊还是具体身体自尊，城市的青少年都显著高于乡镇的青少年；（4）在学校类型上，青少年身体自尊没有显著差异。

表 3-23　　　　　抽象身体自尊与具体身体自尊的人口学变量

	类别	抽象身体自尊（M）	F/t	具体身体自尊（M）	F/t
学校	重点	233.910	1.974	122.41	3.133*
	普中	228.170		116.42	
	高职	212.820		104.91	
性别	男	239.200	7.508***	122.690	4.740***
	女	219.000		111.610	
年级	初二	231.900	3.951*	122.230	4.064*
	高一	221.700		110.770	
	高二	226.600		115.480	
户口	城市	231.150	2.754*	119.13	3.233*
	郊区	225.560		120.15	
	乡镇	211.700		103.96	
	其他	220.000		93.67	

注：$*p<0.05$，$**p<0.01$，$***p<0.001$

4. 抽象身体自尊人口学变量的差异分析

根据表 3-24，我们可以发现，抽象身体自尊各因子中，（1）身体吸引、柔韧、协调性的学校差异显著，经事后检验，重点中学的青少年在这 3 个因子得分都显著高于普通中学和高职中学；（2）除了运动技能、外貌和柔韧度外，其他因子都具有显著的性别差异，男生的得分都显著高于女生；（3）不同年级的青少年的身体活动、力量、柔韧、协调、身体价值、总体自尊等因子都有显著差异，初二年级的青少年因子得分最高，高一的最低；(4) 来自不同地区的青少年在运动技能、身体活动、力量3个因子上具有显著差异，其中城市地区的青少年得分最高，而来自乡镇地区的青少年在这些因子中得分最低。

表3-24　　　　抽象身体自尊各因子的人口学变量差异分析

	学校（F）	性别（t）	年级（F）	户籍（t）
健康	0.985	3.490*	0.047	0.344
身体吸引	4.472*	16.556***	0.848	1.179
运动技能	0.475	18.158***	1.610	3.375*
外貌	1.210	1.866	2.638	0.707
身体活动	0.450	42.564***	5.486**	2.967*
力量	0.043	7.931***	7.034**	3.408*
速度	0.619	8.571***	2.303	2.244
柔韧	7.838***	0.859	4.425*	1.925
耐力	0.761	7.545**	1.825	1.953
协调	5.982**	3.123*	3.532*	2.040
身体价值	1.461	14.757***	3.146*	1.824
总体自尊	2.509	7.062**	4.728**	1.772
总分	1.965	19.353***	3.813*	2.755*

注：$*p<0.05$，$**p<0.01$，$***p<0.001$

三　研究二：青少年外显身体自尊与内隐身体自尊的关系

（一）研究对象

将研究一的被试的抽象身体自尊、具体身体自尊分数标准化后相加，剔除极端数据值，再抽取总分为前5%和后5%的被试，即高、低身体自尊各35人，接下来从中随机抽取高身体自尊男生10人，女生10人，低身体自尊的男生10人，女生10人，被试共40人。

（二）研究工具

1. 外显身体自尊的测量

选用段艳平（2000）修订的《少年儿童身体自尊量表》和修订后中文版的身体自尊量表（Franzoi 和 Shields，1984）（同研究一）。

2. 内隐身体自尊的测量

实验前通过半结构式调查共统计出 45 个与女生积极身体评价有关的词汇，52 个与女生消极身体评价有关的词汇，47 个与男生积极身体评价有关的词汇，49 个与男生消极身体评价有关的词汇，32 个与积极身体情感有关的词汇，36 个与消极身体情感有关的词汇，然后让 103 名（112 名被试，剔除 9 份无效问卷）初二年级学生对六类词汇是否符合所属分类做 5 分评定，最后选取各类词汇被评定为 3 分以上的高频词汇，评价词每类 20 个，情感词每类 15 个，统计结果如表 3 - 25 所示。统计结果表明，六类词汇平均频率指标差异不显著，适合本实验目的。

表 3 - 25　　　　　　实验材料统计信息（频率单位：次/百）

实验材料种类	实验材料举例	平均频率
与女生积极身体评价有关的词汇	漂亮、迷人、可爱、丰满	71.28
与女生消极身体评价有关的词汇	肥胖、瘦弱、矮小、丑陋	71.41
与男生积极身体评价有关的词汇	漂亮、英俊、灵活、性感	75.1
与男生消极身体评价有关的词汇	瘦弱、丑陋、弱小、肥胖	72.08
与积极身体情感有关的词汇	喜欢、好看、乐观、满足	74.11
与消极身体情感有关的词汇	憎恨、厌恶、自弃、不满	72.35

鉴于内隐自尊主要涉及情感和评价两个过程（蔡华俭，2002），因此对内隐身体自尊的测量也将从这两方面展开。这样，本研究中测量内隐身体自尊的内隐联想测验（以下简称 IAT）包括两个，一个是评价性的（evaluative）（IAT1），一个是情感性的（affective）（IAT2），二者采用的自我词和非我词相同，但目标词不同，目标词基本是译自 Greenwald 等设计的用于测量内隐自尊的 IAT。

3. 施测过程

外显的自尊测量均采用团体施测方式，主试按标准程序施测，完成后当场收回问卷。

内隐联想测验由 5 个部分组成，具体程序如表 3 - 26 所示。第一部分被试对"自我"和"非自我"快速分类并按键反应（如"F"键或"J"键）；第二部分被试对正性形容词和负性形容词做分类按键反应（如"F"

键或"J"键）；第三部分被试对自我类和正性评价形容词做相同的按键反应（如"F"键），对非自我词和负性自我词做另一种按键反应（如"J"键）；第四部分再次对属性词分类，但是要求与第一部分相反；第五部分是合并任务，但是要求与第三部分相反，即被试对非自我词和正性词做一种反应（如"F"键），而对自我词和负性形容词作出另一种按键反应（如"J"键）。其中，第一、第二、第四部分为练习阶段，第三、第五部分的合并分类任务为测量部分。由于反应时容易受到多种个体状态因素的影响，在正式测验中第三、第五部分在开始之前有练习，练习中被试的错误反应都在计算机屏幕上得到反馈。

表 3 – 26　　　　　　　　　IAT 实验程序和样例

测试部分	分类任务描述	刺激（例）
靶词分类	自我词按"F"键，非自我词按"J"键	"F"——我，"J"——别人
属性词分类	积极身体属性词按"F"键，消极身体属性词按"J"键	"F"——漂亮，"J"——丑陋
联合分类（一致）	自我词或积极身体属性词，按"F"键；非自我词或消极身体属性词，按"J"键	"F"——我/漂亮，"J"——别人/丑陋
属性词分类反转	自我词按"J"键，非自我词按"F"键	"F"——丑陋，"J"——漂亮
联合分类反转（不一致）	自我词或消极身体属性词，按"F"键；非自我词或积极身体属性词，按"J"键	"F"——我/丑陋，"J"——别人/漂亮

4. 数据处理

将量表及实验所得数据进行整理并使用 SPSS 15.0 进行统计分析。

（三）研究结果

1. 内隐身体自尊效应

对内隐自尊测量的结果，先按 Greenwald 等的建议，对反应时大于 3000 毫秒（ms）以 3000 毫秒计，小于 300 毫秒以 300 毫秒计，对错误率超过 20% 的被试予以剔除，对不相容部分和相容部分的结果的反应时求平均，其差便为内隐自尊效应。为使结果适于作进一步的统计分析，对指标中采用的反应时作对数转换，以转化后的结果为基础对不相容部分和相容部分的结果求平均,其差作为内隐自尊的指标。

把判断相容分类和不相容分类的反应时结果整理为表 3-27,并以条形图直观显示于图 3-11。

表 3-27　判断相容分类和不相容分类的统计结果($n=40$,单位:ms)

	男生评价 IAT1		女生评价 IAT1		男生情感 IAT2		女生情感 IAT2	
	相容	不相容	相容	不相容	相容	不相容	相容	不相容
M	884.918	1260.003	817.700	1187.589	693.85	996.49	658.47	862.09
SD	101.329	269.598	221.672	310.824	242.47	567.19	184.56	436.99

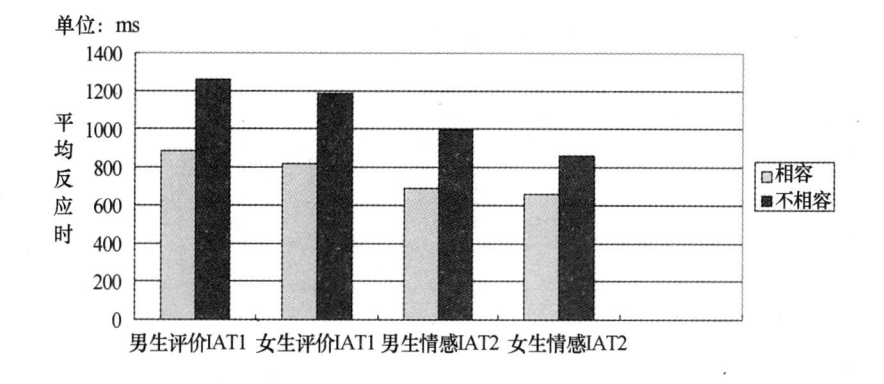

图 3-11　IAT1、IAT2 的内隐自尊效应图

从表 3-27 中不难看出,当把自我词与积极的词归为一类,即进行相容的归类时,反应时短,反应快;相反,当把自我词与消极的词归为一类,即进行不相容的归类时,反应时长,反应慢。分别对两个 IAT 的相容组和不相容组的反应时进行配对的 t 检验,结果显示:对于 IAT1,内隐身体自尊效应显著($t_{男}=5.179$,$df_{男}=18$,$p=0.000$;$t_{女}=5.207$,$df_{女}=19$,$p=0.000$),效应区间分别为 $d_{男}=3.192$,$d_{女}=3.704$;对于 $IAT2$,内隐自尊效应也显著($t_{男}=4.468$,$df_{男}=16$,$p=0.000$;$t_{女}=4.219$,$df_{女}=19$,$p=0.000$),效应区间分别为 $d_{男}=2.546$,$d_{女}=2.268$。这表明,被试都倾向于把自我词和积极的刺激词归为一类,被试的自我图式中,自我与积极的词语联系更为紧密,或者说自我词激活的自我态度为积极肯定的。从效应区间的对比可以看出,无论是男生还是女生,IAT1 内隐自尊效比 IAT2 大。

2. 外显身体自尊与内隐身体自尊的关系

将外显身体自尊与内隐身体自尊测量结果进行对数转换后，作相关分析。从表3-28中可以看出，外显测量的抽象身体自尊和具体身体自尊存在显著的相关（$r=0.639$，$p<0.001$），内隐测量IAT1和IAT2之间也存在着显著的相关（$r=0.697$，$p<0.001$），预示内隐测量间良好的聚合效度；内隐测量和外显测量间相关几乎为零（$r=0.036$），预示外显测量和内隐测量存在着良好的区分效度，也预示内隐自尊与外显自尊彼此间相对独立，二者是两个不同的结构。为验证这一构想，构建了内隐自尊与外显自尊的结构模型，并进行验证性因素分析。

表3-28　各外显测量指标和内隐测量指标间的相关

	具体身体自尊	抽象身体自尊	评价IAT	情感IAT
具体身体自尊	1.000	0.639***	0.036	-0.194
抽象身体自尊	0.639***	1.000	0.073	0.030
评价IAT	0.036	0.073	1.000	0.697***
情感IAT	-0.194	0.030	0.697***	1.000

注：$*p<0.05$，$**p<0.01$，$***p<0.001$

结果显示，外显身体自尊和内隐身体自尊模型（如图3-12所示）的拟合情况为：$x_2=5.857$（$df=3$，$p=0.119$），$GFI=0.905$，$NFI=0.647$，$NNFI=0.810$，$RMSRA=0.00$，表明模型拟合可以接受。这说明了身体自尊也存在内隐和外显两个层面，而且两者为独立的结构。

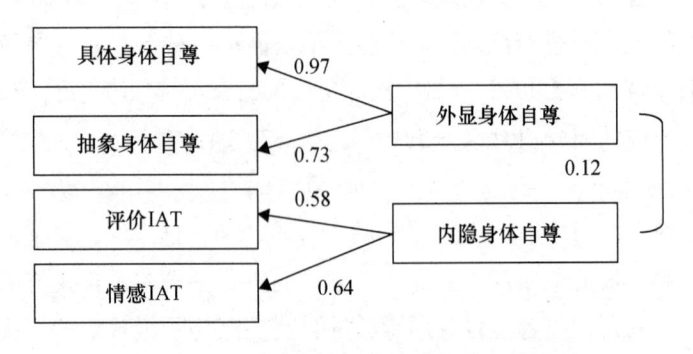

图3-12　外显身体自尊和内隐身体自尊模型

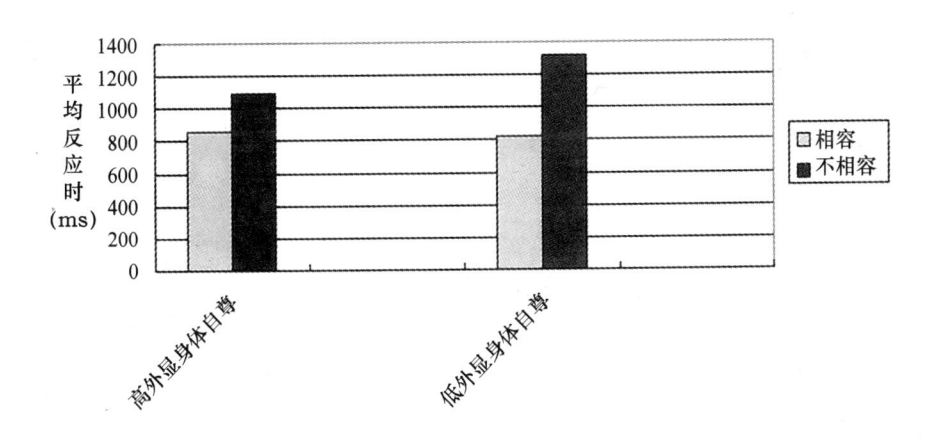

3. 高低外显身体自尊的内隐身体自尊比较

对内隐身体自尊测量的结果,先进行同实验一类似的初步处理,以作为进一步的分析基础。所有测量中都有效的被试共为37名,其中高外显身体自尊组13人,低外显身体自尊组24人。高外显身体自尊组标准化的外显身体自尊为258.00,$SD=22.46$,$N=13$;低外显身体自尊组的标准化后的外显身体自尊为115.53,$SD=21.45$,$N=24$。经检验,高、低抽象身体自尊组的差异不显著($t=1.224$,$p=0.214$),高、低抽象身体自尊组的差异非常显著($t=3.133$,$p=0.009$)。高外显身体自尊组和低外显身体自尊组的内隐自尊基本情况见表3-29和图3-13,经检验高低外显身体自尊组的内隐身体自尊水平没有显著差异($t=0.262$,$P=0.800$)。

表3-29 高外显身体自尊组和低外显身体自尊组的内隐身体自尊情况

(单位:毫秒)

	高外显身体自尊($N=13$)		低外显身体自尊($N=24$)	
	相容	不相容	相容	不相容
M	855.470	1089.995	821.488	1319.292
SD	223.186	246.228	169.581	301.930

图3-13 高、低外显身体自尊组的内隐身体自尊比较

四 讨论分析

哈特（Harter）和其他学者经研究后指出，体貌特征是青少年自尊的所有影响因子中对自尊感影响最深远的方面。这表明，从现实意义层面来看，基于青少年身体形态及素质所产生的身体自尊对于其个体的健康发展有重要的作用，也是值得深入研究的一个课题。

（一）青少年的身体自尊的总体特征

青少年身体自尊发展处于中等偏上水平，说明多数青少年对自己的身体自我价值和身体各方面作出肯定的评价，而且青少年具体身体自尊得分普遍高于抽象身体自尊。青少年时期，个体自我意识迅速发展，并经历着一个分化、矛盾、统一与转化的过程。这一时期，青少年将大部分注意力转移到自身，他们开始关注自己和了解自己，生理上的巨大变化使他们不断对自己的体貌进行思考和评价，由于其自我中心主义的影响，对自己的身体评价偏高。而由于其身心还处于发展变化之中，心理还不成熟，对于抽象身体自我、理想自我与现实自我之间常常会有较大差距，因而会出现自我评价偏差，从而影响对抽象身体自我的接纳，导致抽象身体自我得分低于具体身体自我。

（二）青少年的身体自尊的性别特征

性别的社会意义通常依附在生理意义之上，由于生理意义不易改变，很容易就造成社会意义的先赋性和天然性的假象。性别生理会影响性别心理和性别社会心理，使性别在社会身份认同和自我知觉容易形成刻板印象。于是，其社会意义对生理意义的依附性就更强，更容易以生理意义界定和解释其社会意义，先赋性对获得性的限定也就越强。

在性别方面，男生的外显身体自尊显著高于女生，这也与一般的社会观念和前人研究相一致（何玲，2002）。另外，在美国的一些研究中指出，美国女生都希望自己体形苗条，所以伴随身体自然发育过程中的日渐丰满，女生无法保持良好的自我感觉，只有10%的白人女生对自己的身材满意，但是对于非洲裔女生来说，约有64%的非洲裔女生同意"胖比瘦好"的观点，且有70%的非洲裔女生对自己的身材持满意态度。这说明了身体自尊具有种族差异，青春期白人女生的身体自尊会比男生低，而东方一些国家的青少年女生也呈现这一特征。生命不同阶段的身体特征的改变引发无论男生和女生的身体形象问题，男生对身体的变化有一些积极的情绪，因为他们长了肌肉，这更符合社会的预想，而女生一般会对身体更加不满，因为她们增长了不少的脂肪，这与追求苗条的社会观念相违背。根据西方社会经验，有许多妇女和青少年女生被认为对她们的体形和体重不满，尤其希望更瘦一些。虽然身体自我概念是自我概念和自我认同很重要的一个方面，对于女生来说越重视体重和外貌越会导致对身体满意度的偏见，而这会比男性更多地影响其整体自尊（他们更多从金钱和地位等资源来获得自尊）。另外，女生比男性对自己的相貌、身高、身材以及整体都更不满意，造成这样的结果，有着根深蒂固的社会文化原因，社会将漂亮等诸多形容身体特征的词语加诸在女生的身上，众多的文学作品里也充溢着各种对美的标准的阐述，不断强化女生关注自己身体的观念，使她们竞相追逐理想身体的模型，而媒体的引导，朋友、家人的评价与暗示更提高了她们对自己的要求，容易导致低自尊。

（三）青少年的身体自尊的年级特征

无论在抽象还是具体的身体自尊方面，都呈现了初二年级身体自尊最高，高一年级最低，高二年级其次，青少年身体自尊发展模式大致呈现 V 形。初二的学生年龄为 13—14 岁，这些中学生刚刚开始进入青春期，虽然经历身体的巨大变化，但对身体的关注不及正值青春期的个体，根据陈红等（2005）的研究证实，青少年负面身体自我的年龄特征呈波动状态，并不是单纯的上升或下降状态，由于青春期的身体变化及外界的影响，让青少年关注身体，感受到社会比较与压力，降低了身体满意度（陈红，2006）。因此青春期前、后身体满意度均高于青春期，15 岁、16 岁、17 岁是对身体自我最不满意的阶段。

（四）青少年身体自尊的城乡特征

关于城乡差异，我们发现，无论是抽象身体自尊还是具体身体自尊，城市初中生在总体上显著高于农村初中生。有研究者认为，初中生自尊差异主要来源于被试所处的社会经济地位不同（张文新，1997）。西方研究者发现，个体的自尊与其所处的社会阶层或社会经济地位有密切关系，自尊在不同阶层中存在差异（Watkins 和 Dong，1994）。虽然近年来我国农村地区有了较大发展，但总体上仍与城市存在很大差距。这种城乡差别以及与此相联系的个体社会化过程的差异有可能是导致青少年身体自尊差异的主要原因。青少年身体自尊的城乡差异在一定程度上可能也是两种亚文化之间的差异。

(五)青少年的外显身体自尊与内隐身体自尊的关系

按平行分布加工理论来解释内隐自尊的作用机制,个体对自我的态度也是以某种模式表征的,这种模式可以被自动化地激活。当个体遭遇某种与自我有着直接或间接联系的事物或刺激时,由于该事物与自我有类似的表征模式,在与该事物相应的表征被激活的同时,自我态度也会被自动化地激活,并影响个体的后继行为,从而使个体对该事物表现出类似的评价或态度。本研究证明了,个体无意识中对自我身体拥有一种积极的自我态度,当个体遇到与自我相连的某种事物时,有类似表征模式的自我态度也会被激活,从而使个体对该事物也表现出积极肯定的评价,即在身体自尊领域,同样存在着内隐自尊效应。

通过对内隐身体自尊和外显身体自尊的关系模型的探讨,结果表明,二者是相互独立的不同的结构或特质,这与有关研究结果是一致的(Greenwald等,2000),但是内隐自尊与外显自尊间的相关($r=0.036$)与Greenwald等的研究结果($r=0.28$)相比低了很多。这可能是东西方文化差异所致。因为西方文化非常强调个体的诚实,这使得被试在作答外显的自尊问卷时可能会相对较为真实地表露自己内心的想法,较少地进行自我矫饰(self-presentation)等,而东方文化更强调集体,更强调"面子",因而在作答外显的自尊问卷时更容易进行自我矫饰(杨中芳,1997),这样一来使得外显测量误差增大,而IAT最大优点便是能避免个体的自我矫饰,所以本研究中内隐自尊和外显自尊的相关较低。

通过对高、低外显身体自尊两个组别的内隐自尊差异情况进行比较,结果发现,两个组别的内隐身体自尊水平不存在显著的差异。这表明外显身体自尊高,内隐身体自尊却不一定高,外显身体自尊低,内隐身体自尊不一定低,二者不存在必然的联系,即内隐身体自尊和外显身体自尊是相互独立的,是两个不同的结构,进一步验证了前人自尊的外显和内隐是两个不同结构的结果。

五 教育建议

首先,教育青少年学会看待正常的身体变化,保持良好心态。本次研究显示高一学生的身体自尊最低，青少年身体自尊成"V"形发展，在这一阶段中，学生一方面注意到自己身体的第二性征的变化，对自己的身体变化产生兴趣，开始关注自己的身体和外貌。另一方面注重自己在他人眼中的形象和表现。然而，由于体格和外表更多受先天遗传因素影响，发育速度又因人而异，很多青少年对自己的现实状况不甚满意。教育者及家长应该分阶段有目的地引导青少年正视身体的变化，以培养学生积极的身体意象。

其次，身体自尊和整体自尊一样，具有中介作用，可以有效地缓解焦虑，也是心理弹性的保护性因素之一。中学时期是个体自我意识、自尊和认知方式形成的关键时期，又是学生身体自尊和整体自尊趋于下降的时期，在这一阶段对中学生的身体自尊和心理健康应加倍关注，教学中应该增加教师的成功评价和积极鼓励，帮助学生提高认知水平，并在之后指导学生进行理性的身体自评和互评，将多种评价方式结合起来，给予学生丰富的反馈信息，有可能提高学生的身体自尊水平。另外，教师应通过积极的评价信息，帮助学生改变个体关于身体自尊错误的思维方式和观念，并教给个体适应环境的技能，从而克服不良的情绪体验和行为，让身体自尊成为整体自尊的积极因子，也成为心理弹性的保护性因素之一。

最后，加强青少年体美观的教育，鼓励青少年积极锻炼，提高身体自尊水平。科学的体美观应该是以良好的身体素质，健康向上的审美情趣，科学的锻炼方法为基础的，是青少年健康教育的重要课题，教育者要营造一个有利于青少年成长的校园社会环境，达到增强整体自尊，健全人格的目的。

第四章

青少年自我意识与心理健康

本章主要探讨青少年自我意识与心理健康、心理弹性的关系，探讨农村中学生学业自我概念与心理健康的关系，探讨青少年情绪调节自我效能感与心理健康的关系。

关于心理健康（mental health）的定义，国内外学者由于其所处的社会文化背景不同，研究问题的立场、观点和方法各异，迄今未有统一的意见。1929年在美国召开的第三次全美儿童健康及保护会议上，与会学者认为："心理健康是指个人在其适应过程中，能发挥其最高的智能而获得满足、感觉愉快的心理状态，同时其在社会中，能谨慎其行为，并有敢于面对现实人生的能力。"第三届国际卫生大会认为，心理健康是指在身体、智能及情感上与他人的心理健康不相矛盾的范围内，将个人的心境发展成最佳状态。《简明不列颠百科全书》指出，心理健康是指个体心理在本身及环境条件许可范围内所能达到的最佳功能状态，但不是指十全十美的绝对状态。

心理弹性（Psychological Resilience）作为目前积极心理学的研究热点，它不仅意味着个体能在重大创伤或应激之后恢复到最初状态，更强调在挫折后的成长和新生，能较好地预测个体遭遇应激后的心理健康水平，常作为评价个体受挫能力与心理健康的参考指标。联合国专家曾预言，到21世纪中叶，没有任何一种灾难能像心理危机那样带给人们深刻的痛苦。美国一位资深的心理医生曾经断言："随着中国社会向商业化的变革，人们面临的心理问题对自身生存的威胁，将远远大于一直困扰着中国人的生理疾病。"可见，每位公民都需要保持良好的心理健康水平，然而实验也进一步发现了心理健康对青少年成长所起到的至关重要的影响，比如心理健康水平高的青少年比其他青少年能承受更强的社会压力，并采取较合理的应对方式，甚至会影响其一生的可持续发展。这就迫切需要加强青少年的心理健康教育，为其成长补充不可缺少的"精神钙质"。但究其根源，哪些因素影响着心理健康与心理弹性，并能对两者均起到调控作用呢？

自我意识对个体尤其是青少年的心理成长影响广泛，作为一种综合性的心理活动，自我意识表现为人对自我的生理、心理及社会关系诸方面的认知体验和调节，渗透于整个心理和行为之中，并对之起调控作用。自我意识发展水平较高的人，自我概念也随之提升，情绪自我调节效能感更强烈，人格更加健全，能良好地认知自我，正确处理个人与社会的关系。如此看来，自我意识在个体的心理健康和心理压弹力方面都有主动调控和完善的作用。

因此，在已有文献资料的基础上，本章主要探究青少年自我意识与心理健康的关系（彭以松、聂衍刚、蒋佩，2007），自我意识与心理弹性的关系（聂衍刚、李婷、李祖娴，2011），学业自我与心理健康的关系（李辉云，2012），自我概念与应对方式、心理压弹力的关系（张绮琳、聂衍刚，2011），情绪调节效能感与心理健康的关系（窦凯、聂衍刚、王玉洁、黎建斌，2012）等。

第一节 自我意识与心理健康的关系

自我意识是否能对个体心理健康水平产生重要影响？哪些维度与心理健康紧密相关？自我意识水平是否同样也与心理压弹力有此关联呢？本节从自我意识与心理健康、自我意识与心理压弹力两组关系入手，探讨个体自我意识对心理健康的作用。

一 研究概述

自我意识不是一成不变的，而是在一个人的一生中不断发展、不断变化的（Alawiye、Alawiye 和 Thomas，1990）。Marsh 和 shavelson（1985）认为自我意识最不稳定的阶段是在青少年时期的中段。而中学生的心理健康问题向来是社会关注的焦点，中学生处于由幼稚走向成熟的过渡期，这一时期是其身心发展的巨变期，由于心理发展未成熟易受诸多内外因素的影响而产生心理健康问题。

Rotter（1996）提出的控制源（locus of control）指个人日常生活中对自己与周围世界关系的看法。内控者比外控者更加相信自己的自控力，主动地去适应。Beck（1968）认为，抑郁症患者在评价和解释有关自身、周围环境和自己未来的事件时，由于受到他们特有的负面自我图式对有关信息的编码、储存和提取的影响，从而表现出各种抑郁的情感和行为。班杜拉认为，个体的自我效能感（self efficacy）影响人在困难面前的态度以及在各种活动中的情绪；高自我效能水平者信心十足，情绪饱满；而低自我效能水平者充满恐惧和焦虑（Bandura，1982）。作为自我研究的一部分，从20世纪90年代起，自我评价的概念一直以来与心理幸福感一起进行研究，并日益受到关注。以人为中心的疗法强调个体的自我概念以及成长和实现能力，重视自我对于心理健康的关键作用。而各种情绪—认知理论也启发我们，人们对自我的知觉、评价影响个体的情绪体验，从而影响个体身体健康。简略回顾前人的研究可看出，自我与心理健康的关系是值得关注和研究的。因此，我们认为自我意识（self-consciousness）是对个体、对自己及周围事物的关系诸方面的认识、体验和调节的多层次心理系统，是个体心理成熟度的一个重要标志，某种程度上决定着人格的发展水平。并假设影响中学生心理健康的因素很多，其中一个重要因素就是自我意识，而不同的自我意识因素对心理健康的影响可能不同。

本研究的目的就是采用自编的《青少年自我意识量表》，了解中学生自我意识发展状况并探索其与心理健康的关系，为中学生的人格教育和心理辅导提供可借鉴的资料。

二 研究方法

（一）研究对象

随机选取广州市3所中学的学生为被试，共发放问卷716份，回收701份，有效问卷690份。其中男生356人，占51.6%；女生334人，占48.4%。初一161人，占23.3%；初二183人，占26.5%；高一165人，占23.9%；高二181人，占26.2%。

（二）研究工具

1. 青少年自我意识量表

采用自编的《青少年自我意识量表》（第一版），量表包括体貌评价、能力评价、品德评价、自尊感、自信感、自觉性、情绪自控、自制力与坚持性8个因素，共38个项目。采用李克特式5点量表法，5个等级依次为"完全不符合""比较不符合""有点符合""比较符合"和"非常符合"。研究表明量表具有较好的信度和效度。在本研究中，量表总的Cronbach's α 系数为 0.772，各分量表的 Cronbach's α 系数在 0.697 至 0.837 之间；总量表的分半信度为 0.808，各分量表的分半信度在 0.724 至 0.873 之间；因素分析的结果表明量表具有较好的结构效度。

2. 症状自评量表

采用 Derogatis L. R. 编制的症状自评量表 SCL-90 测评中学生的心理健康水平。该量表含90个项目，内容涉及躯体化、强迫症状、人际敏感、抑郁、焦虑、敌对、恐怖、偏执、精神病性、其他症状10个维度。各项目采用从"无"到"严重"的5级评分标准，以1—5来计分，3分以上为有明显的心理问题，得分越高，心理问题越严重，心理健康水平越低。量表经检验具有良好的信度和效度（汪向东、王希林、马弘，1999）。

（三）施测流程与数据处理

在心理学老师指导下，由班主任协助，以班为单位进行一次性集体施测，统一发放和当场回收；数据全部采用 SPSS 12.0 统计软件包进行整理和统计分析。

三　研究结果

（一）中学生自我意识发展概况

总体上看，中学生在 ASS 得分较高（如图4-1所示）。多因素方差分析发现，ASS 总均分上的性别主效应、年级主效应，以及两者的交互作用均不显著（$p > 0.05$）。其中，在情绪自控维度上，性别 $F_{(1,688)} = 5.67$，（$p < 0.05$）和年级 $F_{(3,686)} = 3.16$，（$p < 0.05$）均主效应显著。简单分析发现，男生显著高于女生，初一、初二和高一显著高于高二。在自觉性上，年级主效应显著 $F_{(3,686)} = 2.68$，$p < 0.05$，简单分析发现初一和高一显著高于高二。

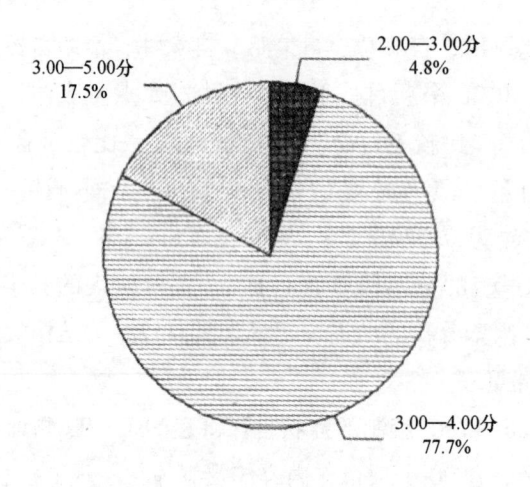

图 4-1 中学生自我意识水平总体分布

（二）中学生自我意识与心理健康的关系

1. 中学生自我意识与心理健康的相关分析

表 4-1　中学 SCL-90 总均分及各维度与 ASS 各因素的相关矩阵

SCL-90	体貌评价	能力评价	品德评价	自尊感	自信感	自觉性	情绪自控	自制力与坚持性	总均分
躯体化	-0.164*	-0.093*	-0.022	-0.148**	-0.156**	-0.134*	-0.071	-0.054	-0.221**
强迫症状	-0.158*	-0.154**	-0.059	-0.104*	-0.203**	-0.184**	-0.133**	0.013	-0.269**
人际敏感	-0.194**	-0.173**	-0.053	-0.176**	-0.245**	-0.195**	-0.156**	-0.037	-0.338**
抑郁	-0.199**	-0.174**	-0.019	-0.192**	-0.254**	-0.185**	-0.143**	-0.062	-0.339**
焦虑	-0.151**	-0.141**	-0.025	-0.131**	-0.179**	-0.205**	-0.133**	-0.060	-0.285**
敌对	-0.115**	-0.129**	-0.018	-0.086*	-0.143**	-0.174**	-0.125**	-0.021	-0.225**
恐怖	-0.182**	-0.106**	-0.064	-0.129**	-0.153**	-0.173**	-0.115**	-0.048	-0.267**
偏执	-0.132**	-0.140**	-0.001	-0.099**	-0.170**	-0.190**	-0.130**	-0.030	-0.248**
精神病性	-0.190**	-0.157**	-0.008	-0.130**	-0.208**	-0.208**	-0.159**	0.009	-0.290**
其他	-0.113**	-0.150**	-0.018	-0.127**	-0.164**	-0.158**	-0.101**	0.003	-0.228**
总均分	-0.185**	-0.163**	-0.028	-0.155**	-0.219**	-0.205**	-0.145**	-0.034	-0.313**

注：*$p<0.05$，**$p<0.01$，***$p<0.001$

将中学生在 ASS 的得分与 SCL-90 上的得分进行相关分析，结果显示（如表4-1所示），SCL-90各维度与ASS总均分都显著负相关，其中抑郁和人际敏感两个维度与ASS总均分相关系数最高。除品德评价、自制力与坚持性两个因素与SCL-90得分相关不显著，ASS中的情绪自控与SCL-90中的躯体化相关也未达到显著之外，ASS其他的因素都与SCL-90总均分及各维度呈显著负相关。

2. 中学生自我意识与心理健康的逐步回归分析

用ASS的8个因素作为预测变量，对SCL-90的得分进行逐步回归。结果显示（如表4-2所示），ASS的各因素对SCL-90的总均分及各维度具有不同程度的预测效果，各回归方程的调整决定系数介于0.058—0.123之间，都达到0.001以上显著水平。进入SCL-90总均分回归方程的ASS因素有体貌评价、能力评价、自尊感、自信感和自觉性。在10个SCL-90维度方程中，被引入次数最多的ASS因素为自觉性和自信感，进入所有10个回归方程；其次是体貌评价和能力评价，进入回归方程7次；再次是自尊感，进入回归方程6次；而情绪自控和品德评价只进入回归方程1次；自制力与坚持性则未进入任何一个回归方程。

表4-2 中学生SCL-90总均分及各维度与ASS各因素的多元逐步回归分析

SCL-90	体貌评价	能力评价	品德评价	自尊感	自信感	自觉性	情绪自控	调整R^2	F值	P值
躯体化	-101*			-0.101**	-0.117*			0.058	11.519	0.000
强迫症状	-0.089*	-0.096*			-0.145*	-0.161**		0.083	16.493	0.000
人际敏感	-0.087*	-0.082*		-0.079*	-0.170**	-0.143**	-0.081*	0.123	17.056	0.000
抑郁	-0.028**	-0.026*		-0.113**	-0.179*	-0.157*		0.122	20.175	0.000
焦虑	-0.081*			-0.083*	-0.128*	-0.188*		0.079	15.829	0.000
敌对		-0.095*			-0.111**	-0.159**		0.052	13.511	0.000
恐怖	-0.126**			-0.076*	-0.092*	-0.157*		0.069	13.669	0.000
偏执		-0.099**			-0.135**	-0.174**		0.66	17.163	0.000
精神病性	-0.115**	-0.092*	-0.082*		-0.137*	-0.158*		0.104	17.004	0.000
其他		-0.095*		-0.079*	-0.120**	-0.141**		0.061	12.144	0.000
总均分	-0.096*	-0.082*		-0.079*	-0.148*	-0.180**		0.106	17.375	0.000

注：$*p < 0.05$，$**p < 0.01$，$***p < 0.001$

四 讨论

(一) 中学生自我意识概况

总体上，中学生在 ASS 上得分较高，说明多数中学生自我意识发展状况较好。他们对自身体貌、行为能力、品德等有较好的评价；保持较高的自尊感和自信感，情绪体验积极、正向；总体上能够有目标、有计划地学习，并为自身目标发挥自我控制的启动和自制作用。ASS 总均分上性别主效应、年级主效应，以及两者的交互作用均未达到显著。表明中学生自我意识并没有显著的性别差异，男女中学生的自我意识发展可能基本上是同步的；不存在年级差异则可能表明中学生的自我意识发展还处于不稳定的波动状态，并没有完全成熟，故不能理所当然地认为年龄越大的中学生，自我意识水平就越高。而之前一些研究显示女生比男生具有更多的躯体抱怨、低自尊等内在问题（Broberg、Ekeroth 和 Gustafsson 等，2001；Räty、Larsson、Söderfeldt 和 Larsson，2005；陶琴梯、杨宏飞，2002）；对此，有待进一步验证。

情绪自控因素上的性别和年级均主效应显著，且是男生显著高于女生，初一、初二和高一显著高于高二。受我国社会传统观念的影响，人们对男生的角色期望与女生有所不同，往往要求男生表现出坚强、男子汉的一面，太任性、随便发脾气的男生会给人以懦弱之感，招致外界的议论压力，况且女生特有的生理特征也可能影响其情绪控制。因此，男生对自己的情绪自控得更好。而高二的学生面临高三升学压力的影响，情绪体验上比较消极，其情绪控制能力也相应较差。

对于初一和高一学生的自觉性水平显著高于高二，可能与中学生心理发展特点有关。相对来说，初一和高一的学生依赖性较高，其自觉性带有被动色彩，常由于外部的暗示、劝说等发生变化。他们往往为了得到表扬、逃避惩罚而服从父母、教师、集体所确立的准则，因而显得自觉性高些。且作为一年级的学生往往要到陌生环境中生活和学习，面对全新的同学、老师和难度加大的学习任务，需要表现出更高的自觉性来适应新环境。而高二学生对周围各种环境比较熟悉，年龄增长也带动独立意识的增强，更有自己的主见，对各种权威、准则不再百依百顺，自觉性带有明显的独立性。但由于对问题的观察、分析不够全面深刻，行事易冲动，此时他们在应对外界要求方面往往表现较差，且自身在学习、生活方面计划性仍不强，导致自觉性反而较低。

（二）中学生自我意识与心理健康的关系

两个量表的相关分析显示，SCL-90 各维度与 ASS 总均分都显著负相关，其中抑郁和人际敏感两个维度与 ASS 总均分相关系数最高。这与之前研究一致，Bolognini 等（1996）在 1996 年就曾指出抑郁与心理健康相关；谢虹等研究也表明与自我意识水平相关最高的心理健康因子是抑郁，且抑郁与所有的自我意识分量表呈显著负相关，这或许提示自我意识水平降低，容易产生自卑感，出现消极及抑郁情绪（谢虹、王艳、孙玲，2003）。本研究也突出显示自我意识低的个体更容易在人际交往中表现出不自在、自卑感、心神不定等消极症状。

除品德评价、自制力与坚持性三个因素与 SCL-90 得分相关不显著，ASS 的情绪自控与 SCL-90 中的躯体化相关也未达显著之外，ASS 的其他因素都与 SCL-90 总均分及各维度呈显著负相关。可见，中学生自我控制能力以及对自身行为规范性、价值性、品德等方面的评价与心理健康的关系不明显，情绪自控与个体主诉的身体不适感关系也不大。

在相关分析的基础上，用 ASS 的 8 个因素作为预测变量，对 SCL-90 的得分进行逐步回归的结果显示，ASS 各因素对 SCL-90 的总均分及各维度具有不同程度的显著预测效果，进入 SCL-90 总均分回归方程的 ASS 因素有自尊心、自觉性、自信心、体貌评价和能力评价。在 10 个 SCL-90 维度方程中，被引入次数最多的 ASS 因素依次为自觉性、自信心、体貌评价、能力评价、自尊心、情绪自控、品德评价。在之前的研究中，范蔚等研究得出中学生的自我价值感可能会影响其心理健康（范蔚、陈红，2002）；刘惠军等得出自我意识低的学生容易发生抑郁、焦虑等心理问题（刘惠军、石俊杰，2000），中学生中存在的抑郁症状多来自不合理的自我评价（刘惠军、石俊杰，2000）；低自尊被看作是抑郁的重要症状之一（Winter，1996）。本研究的结果都直接或间接地验证了这些结论。

结合相关分析的结果，可以得出 ASS 中的自觉性、自信心、能力评价、体貌评价和自尊心 5 个因素与中学生心理健康关系密切。自觉性比较高的中学生对自身言行的目的有更为正确的认识，为达到预期目标，能主动启动自己的行为，积极协调、适应环境；充满信心的中学生，往往对一切满怀希望，具有更多积极、丰富而持续的心理体验，摆脱自卑感，形成积极向上的自我形象，促进心理健康；对自身能力评价高的中学生，具有更强的独立感和成人感，更好地表现自己、实现自己，带动个体不断接触新事物，加强自身与环境的联系，从而体会更多成功的喜悦；体貌变化往往是青春期的敏感问题，他们意识到自己的生理特征和身体功能巨变，对自身的体貌显得更为关注，这种对身体的感受性很可能影响他们自我接受、自我认可的程度，高体貌评价的中学生具有更为积极的情感反应；正如马斯洛（A. H. Maslow）所认为的，自尊的需要是一种基本需要，它得到满足会使人相信自己的力量和价值（Robert，2004）。中学生自尊心尤其敏感，高自尊的中学生具有较强的主动性和良好的自我感觉，更感受到别人对自己的在乎和尊重，产生较强的主人翁意识。所以，具有较高自觉性、自信心、自尊心，以及对自身能力和体貌评价较积极的中学生，很可能更健康。

总体上，我们认为中学生自我意识与其心理健康有密切的关系，即中学生自我意识越高，其心理症状就越少，心理健康水平就越高。这一基本结果验证了以往的一些研究（Marsh、Parada 和 Ayotte，2004；郗浩丽、王国芳，2005；周凯、何敏媚，2003），本研究采用自编的自我意识量表再一次验证之。

五 教学建议

本研究表明，良好的自我意识既是心理健康的一个基本要求，又可能是影响心理健康的一个重要因素。培养中学生的心理健康水平，可以从培养中学生的自我意识入手。学校应致力于通过各种方式，培养学生积极的自我意识，促进学生健全人格发展，预防和减少心理问题的发生。这项工作不仅是心理辅导员的职责，还是学校所有教职员工在教学和管理过程中都应该注意的问题，这样才有利于提高中学生自我意识水平，促进身心健康发展。

同时，我们发现 ASS 的因素对 SCL-90 各维度的预测效果不尽相同，本研究显示提高学生的自觉性、自信感、能力评价、体貌评价和自尊感很可能对心理健康具有较大帮助，而个别因素与中学生的心理健康的关系并不密切。这提示我们要采用多维视角看待自我意识与心理健康的关系，总体上，自我意识与心理健康密切相关，但并不是所有自我意识因素都影响中学生的自我意识水平；单单某个自我意识的因素水平不足以说明问题，要综合考虑多个自我意识因素与心理健康的关系，并从中发现规律，更好地为中学生心理健康的培养服务。

第二节　自我意识与心理弹性的关系

一　研究概述

心理弹性（Resilience）是能够使个体在压力、危机、挫折或创伤下仍能积极适应的心理品质（Werner，1993）。心理弹性使个人处于危机或压力情境时，也能发展出健康的应对策略。自我意识是个体对自身及其与周围世界关系的心理表征，包括自我认识、自我体验、自我控制3个部分，这些成分的积极发展是个体人格健全发展的基础（聂衍刚、丁莉，2009）。有关研究证明中学生的自我意识水平越高，心理健康状况就越好（彭以松、聂衍刚、蒋佩，2007；王冠军、郑占杰、刘振静、王芯蕊，2009），而且心理弹性与心理健康关系密切（赵晶、罗峥、王雪，2010；张海芹，2010）。本研究通过实证研究的方法对自我意识和心理弹性的关系进行探索和证实。

二　研究方法

（一）研究对象

从广州市某中学随机抽取261名学生为被试，去除无效问卷，获得有效问卷214份。有效被试包括男生119名，女生95名；独生子女111名，非独生子女103名。

（二）研究工具

1.《青少年自我意识量表》（第二版）

此量表由聂衍刚和丁莉（2009）编制，包括9个因素，分别为：体貌评价、社交评价、品德评价、自尊感、焦虑感、满足感、自觉性、自制力、监控性，共67个项目。量表的分半信度为0.808，各分量表的分半信度为0.724—0.873。在本研究中该量表的内部一致性系数为0.898。

2. 心理弹性量表

采用 Brunstein（1996）编制的《心理弹性量表》，该量表一共由 14 个自陈条目组成。本研究中该量表的内部一致性系数为 0.812。

（三）施测流程与数据处理

在心理学老师指导下，由班主任协助，以班为单位进行一次性集体施测，统一发放和当场回收；数据全部采用 SPSS 12.0 统计软件包进行整理和统计分析。

三 研究结果

（一）青少年自我意识与心理弹性在人口统计学变量上的差异特点

青少年自我意识在人口统计学变量上的差异见表 4-3 和表 4-4。结果发现：男生的体貌评价分数及自尊感分数高于女生的体貌评价分数及自尊感分数，差异有统计学意义（$p<0.05$）。从表 4-4 可看出，独生子女的能力评价分数高于非独生子女的能力评价分数，且这种差异有统计学意义（$p<0.05$）。

表 4-3　　自我意识的性别差异比较（$M \pm SD$）

项目	例数	体貌评价	能力评价	品德评价	自尊感	自信感	焦虑感	满意感	自觉性	自制力	监控性	自我意识总分
男性	119	3.1±0.5	3.5±0.5	3.4±0.5	3.1±0.5	3.2±0.6	2.8±0.8	3.3±0.6	3.2±0.5	3.0±0.6	3.3±0.6	3.2±0.4
女性	95	2.9±0.5	3.4±0.5	3.2±0.4	3.0±0.5	3.2±0.5	2.8±0.7	3.2±0.5	3.2±0.6	2.9±0.5	3.2±0.6	3.1±0.3
t 值		2.41	1.06	1.60	2.50	-0.06	0.73	1.55	-0.40	0.92	0.21	1.57
p 值		<0.05	>0.05	>0.05	>0.05	>0.05	>0.05	>0.05	>0.05	>0.05	>0.05	>0.05

表 4-4　　是否独生子女的自我意识差异比较（$M \pm SD$）

项目	例数	体貌评价	能力评价	品德评价	自尊感	自信感	焦虑感	满意感	自觉性	自制力	监控性	自我意识总分
独生子女	111	3.0±0.5	3.5±0.5	3.3±0.5	3.1±0.5	3.2±0.6	2.9±0.7	3.3±0.6	3.2±0.6	3.0±0.6	3.3±0.6	3.2±0.4

续表

项目	例数	体貌评价	能力评价	品德评价	自尊感	自信感	焦虑感	满意感	自觉性	自制力	监控性	自我意识总分
非独生子女	103	3.0±0.5	3.4±0.5	3.3±0.5	3.0±0.4	3.1±0.4	2.8±0.7	3.3±0.5	3.1±0.5	2.9±0.5	3.2±0.5	3.1±0.3
t 值		1.14	2.60	1.13	1.43	1.52	0.84	0.57	0.47	1.78	0.20	1.75
p 值		>0.05	<0.05	>0.05	>0.05	>0.05	>0.05	>0.05	>0.05	>0.05	>0.05	>0.05

（二）青少年自我意识与心理弹性的关系

采用 Pearson 相关分析考察青少年自我意识与心理弹性的关系（r 值）：体貌评价为 0.22、能力评价为 0.27、品德评价为 0.25、自尊感为 0.27、自信感为 0.21、焦虑感为 0.12、满意感为 0.17、自觉性为 0.22、自制力为 0.21、监控性为 0.17 以及自我意识总分为 0.31。以上结果表明：自我意识中的体貌评价、社交评价、品德评价、自尊感、满足感、自觉性、自制力、监控性以及自我意识总分都与心理弹性呈正相关。

四 讨论

（一）青少年自我意识与心理弹性在人口统计学上的差异特点

女生对自己身体外貌的评价和自尊感差于男生。原因可能在于：社会对个体的评价标准对女生的体貌要求比男生高，一般而言，体貌良好的女生获得的社会支持也较高，所以女生比男生对体貌的要求更高。体貌处于同等水平的男女生，女生比男生更不满意自己的体貌，故女生对体貌的自我评价比男生低。而女生的自尊感很大程度来自个体对体貌的肯定程度，外表容貌对自尊有很大影响，这和香港的一些研究结果也是一致的（Davis 和 Kstrman，1997）。女生对体貌的自我评价较低，故女生自尊感也较低。

社会普遍认为，非独生子女在社交、适应等能力上一般比独生子女强，独生子女在创造性能力上比非独生子女强（黄希庭、余华、郑涌、杨家忠、王卫红，2000）。独生子女无兄弟姐妹，他们中的大多数比非独生子女享有更多的父母、祖父母及外祖父母的照顾，这种照顾不单单是身体或物质生活方面的，在精神生活方面相对于非独生子女也能获得更多家庭长辈的关注，能得到父母更多的积极的反应，所以造成独生子女更自信，对自我的评价更高。

（二）青少年自我意识与心理弹性的关系

青少年的自我意识水平越高，其心理弹性也越好；青少年的体貌评价、社交评价、品德评价、自尊感、满足感、自觉性、自制力、监控性越好，心理弹性就越好。自我意识是人的意识发展的高级阶段，是人格的自我调控系统。我国心理学界在论述自我意识的认知维度时涉及最多的是自我评价，当个体自我意识较高，对自己会作出比较正向的价值评价，就会比较认同自己，相信自己能够面对压力和困难，这使其在压力面前能够大胆行动、勇于克服困难，这样有利于其在压力、挫折下适应良好，故其心理弹性水平会较高。

综上所述，本研究主要得出如下结论：

（1）男生的体貌评价分数及自尊感分数高于女生。

（2）独生子女的能力评价分数高于非独生子女。

（3）自我意识中的体貌评价、社交评价、品德评价、自尊感、满足感、自觉性、自制力、监控性以及自我意识总分都与心理弹性呈正相关。

五　教学建议

本研究发现：女生在体貌评价与自尊维度的分数显著低于男生，这不仅显现了社会对女生外貌的过分追求，也暴露了对学生多方面能力缺乏肯定的弊端，无论是家、校乃至社会，对本项结果都应达到足够的重视，减少以貌取人的态度，鼓励女生提高自尊水平。而是否独生子女因素对能力评价的分数差异也显示出了家长对非独生子女的重视较少，社会和家庭要及时关怀非独生子女，尽量为其创造更有安全感和信任度的成长环境。

自我意识中多个维度都与心理弹性正相关，可见本研究假设基本成立，也预示了自我意识对青少年心理弹性的积极影响，学校应开展提高自我意识的心理健康课程，家庭和社会也应培养青少年自我意识，有助于提高青少年心理抗压能力，促进身心健康的发展。

第三节　学业自我概念与心理健康的关系

自我概念是自我意识的重要组成部分，它又不同于自我意识，自我概念是人格的核心成分之一，它是指个体对自我生理、心理与社会功能的知觉与主观评价。国内研究者发现，自我概念与主观幸福感、个体调适、心理健康等相关。但以往的研究多以心理健康为中心（徐海玲，2007；王燕、张雷，2006），对于青少年自我概念的影响作用关注较少，本节以自我概念为核心，以问卷调查、团体辅导等方式探讨自我概念对心理健康、心理弹性的影响。

一 研究概述

中学是人生的重要阶段，在此期间中学生的心理、人生观等还处于快速发展的阶段，这一时期也是自我出现一个新的分化阶段，他们开始把目光从外部世界转向自己，他们认为今天的自我跟以前的儿童的自我是不同的，开始重新认识自己，认为自己长大能够客观地评定自己。并且按照自己的想法塑造自己，完善自己，追求理想的自我。但是从以往的研究发现，对自我概念的研究的对象多是大学生、中学生和小学生这样的大群体，关注的是学生的学业成就自我概念或者是各个年龄阶段自我概念的特点。然而其他特殊群体、特定领域，如农村中学生的自我概念如何，就有它的特殊性，不能照抄以前的研究结果。现在农村的中学生面临着日益复杂的社会环境，留守儿童的问题，教育的问题，心理的问题，所以随着自我概念的变化，如果没有做好充足的心理准备，很容易产生心理问题，进而也影响生活与身体的生理健康。

积极、正面的自我概念不仅是青少年发展的基本动力，同时也与个体的心理健康密切相关。随着个体生理的不断发育，心理也在不断发展，中学生经常受到学业压力、考试焦虑等问题的困扰，这会影响他们对自己学业行为、学业问题的认知和体验，进而影响学业成绩的高低。以往关于自我概念、学业成绩和心理健康的相关研究大多针对大学生、中学生群体，而以农村中学生这一特殊群体所展开的研究比较缺乏，部分农村中学心理健康教育并没有普及，中学生由于心理问题而造成的学习适应不良，甚至学业成绩下降等现象普遍存在。

因此，本研究基于这样的理论和实践背景，探讨农村中学生学业自我概念、心理健康的发展现状和特点（包括人口变量学差异），以及学业自我概念与心理健康两者之间的关系，从而提出对应的教育策略，缓解农村中学生所存在的心理问题，提高学生对学业自我的积极认知，进而提高学业成绩。此外，通过本研究还有助于丰富和发展自我概念和心理健康的理论，具有非常重要的理论意义。

二 研究方法

(一) 研究对象

本研究以从化市2所农村中学的中学生（包括初中生和高中生）为研究对象，发放问卷1200份，获得有效数据1079份，有效率达89.9%；其中男生468人，占43.4%，女生611人，占56.6%；初一200人，占18.5%，初二203人，占18.8%，初三128人，占11.9%，高一162人，占15.9%，高二196人，占18.2%，高三190人，占17.6%；独生子女312人，占28.9%，非独生子女767人，占71.1%；城镇学生515人，占47.7%，农村学生564人，占52.3%。

表4-5　　　　　　　　研究对象的人口学分布状况

		人数（人）	比例（%）
性别	男	468	43.4
	女	611	56.6
年级	初一	200	18.5
	初二	203	18.8
	初三	128	11.9
	高一	162	15.9
	高二	196	18.2
	高三	190	17.6
是否独生	是	312	28.9
	否	767	71.1
生源地	城镇	515	47.7
	农村	564	52.3

(二) 研究工具

1. 一般学业自我量表（Subj - ASCS）

本研究选用郭成等（2006）编制的青少年学业自我概念量表中的一般

学业自我分量表,共包括22个条目,包含学业能力、学业体验、学业行为和学业成就4个维度,学业能力指学生从总体上对自己学业能力的认知和评价;学业体验指学生从总体上对自己学业的情感体验;学业行为指学生对自己在整个学业活动中的行为倾向;学业成就指学生对自己的学业成绩和学业价值的认知评价。各因素的内部一致性系数介于0.635—0.919之间,重测信度系数介于0.823—0.912之间,总量表的重测信度系数为0.919。且该量表具有良好的结构效度和内容效度,符合心理测量学指标。本研究中一般学业自我概念量表的一致性系数为0.896,分半信度为0.837;4个子量表的内部一致性系数分别为0.723、0.735、0.822、0.704;分半信度分别为0.703、0.744、0.779、0.726。符合心理测量学指标。

2. 具体学科自我概念量表

具体学科自我概念主要采用郭成(2006)编制的青少年学业自我量表中的关于语文、数学和英语三门学科的自我概念条目所组成的分量表。该量表共包括24个条目,分别是语文自我概念、数学自我概念和英语自我概念3个维度,本研究中具体学科自我概念量表的一致性系数为0.924,分半信度为0.909;三个子量表的内部一致性系数分别为0.873、0.924、0.916;分半信度分别为0.867、0.897、0.871。符合心理测量学指标。

3. 中学生心理健康量表

(1) 量表的构成

本研究选用王极盛等(1997)编制的中学生心理健康量表(MSSMHS),该量表共包括10个分量表,分别是:强迫症状(不能自控的想法和行为,并为此而烦恼)、敌对(易怒、不友好)、偏执(多疑、不信任他人)、人际关系敏感(人际交往中紧张、不自然)、焦虑(担心、焦虑)、抑郁(心情不佳、情绪低落)、学习压力感(由于学业所带来的心理压力)、情绪不稳定(情绪波动性)、适应不良(对学校和生活适应不良)、心理不平衡(忌妒、不服气)。

(2) 计分方法

该量表每个维度均由6个项目组成,总量表包括60个项目,采用5点计分法,即无为1分,轻度为2分,中度为3分,偏重为4分,严重为5分。由60个项目的得分除以60,得出受试者心理健康的总均分,表示心理健康的总体状况。每个维度的得分就是所对应的 6 个题目的均分。

（3）判断心理健康的分数标准

为了简便判断心理健康的程度，以 2 分为判断心理健康是否存在问题的标准分数线。具体表现为：

小于 2 分：表示心理健康总体上是良好的；

2—2.9 分：表示心理健康总体上存在轻度问题；

3—3.9 分：表示心理健康存在中等程度的问题；

4—4.9 分：表示心理健康在总体上存在较重的问题；

5 分：表示心理健康存在严重的问题。

三　研究结果

（一）中学生心理健康的状况

1. 中学生的心理问题统计情况

从表 4 - 6 可以看出，当代中学生心理状况不太乐观，有心理问题（包括轻度、中度和重度）的人数占 56.0%，其比例超过了一半。在每个心理因子上存在问题的比例都超过了 35%，然而存在的心理问题大都属于轻度和中度问题。具体来看：

强迫症状因子上，良好状态的共 458 人，占 42.5%，存在轻度问题的有 443 人，占 41.1%，存在中度问题的有 167 人，占 15.5%，存在重度问题的有 11 人，占 1.00%；

偏执因子上，良好状态的共 582 人，占 42.5%，存在轻度问题的有 356 人，占 33.0%，存在中度问题的有 167 人，占 11.6%，存在重度问题的有 16 人，占 1.5%；

敌对因子上，良好状态的共 671 人，占 65.0%，存在轻度问题的有 257 人，占 23.8%，存在中度问题的有 111 人，占 10.3%，存在重度问题的有 10 人，占 0.9%；

人际关系敏感因子上，良好状态的共 492 人，占 45.6%，存在轻度问题的有 386 人，占 35.8%，存在中度问题的有 183 人，占 17.0%，存在重度问题的有 18 人，占 1.7%；

抑郁因子上，良好状态的共 572 人，占 53.0%，存在轻度问题的有 337 人，占 31.2%，存在中度问题的有 149 人，占 13.8%，存在重度问题的有 21 人，占 2.0%；

焦虑因子上，良好状态的共 516 人，占 47.9%，存在轻度问题的有 343 人，占 31.8%，存在中度问题的有 194 人，占 18.0%，存在重度问题的有 26 人，占 2.5%；

学习压力感上，良好状态的共 558 人，占 51.7%，存在轻度问题的有 318 人，占 29.5%，存在中度问题的有 182 人，占 16.9%，存在重度问题的有 21 人，占 2.0%；

适应不良因子上，良好状态的共 477 人，占 44.2%，存在轻度问题的有 415 人，占 38.5%，存在中度问题的有 169 人，占 15.7%，存在重度问题的有 18 人，占 1.7%；

情绪不稳定因子上，良好状态的共 453 人，占 42.0%，存在轻度问题的有 387 人，占 35.9%，存在中度问题的有 214 人，占 19.8%，存在重度问题的有 25 人，占 2.3%；

心理不平衡因子上，良好状态的共 661 人，占 61.3%，存在轻度问题的有 298 人，占 27.6%，存在中度问题的有 113 人，占 10.5%，存在重度问题的有 7 人，占 0.7%。

表 4-6　　　　　　　　　　　中学生心理问题症状情况

心理因子	良好的人数（人）	百分比（%）	轻度问题的人数（人）	百分比（%）	中度问题的人数（人）	百分比（%）	重度问题的人数（人）	百分比（%）
强迫症状	458	42.5	443	41.1	167	15.5	11	1.0
偏执	582	54.0	356	33.0	125	11.6	16	1.5
敌对	671	65.0	257	23.8	111	10.3	10	0.9
人际关系敏感	492	45.6	386	35.8	183	17.0	18	1.7
抑郁	572	53.0	337	31.2	149	13.8	21	2.0
焦虑	516	47.9	343	31.8	194	18.0	26	2.5
学习压力感	558	51.7	318	29.5	182	16.9	21	2.0
适应不良	477	44.2	415	38.5	169	15.7	18	1.7
情绪不稳定	453	42.0	387	35.9	214	19.8	25	2.3
心理不平衡	661	61.3	298	27.6	113	10.5	7	0.7
心理健康总均分	474	44.0	499	46.2	99	9.2	7	0.7

2. 中学生心理健康在年级上的发展特点

由图4-2可以看出，所调查的1079名中学生的心理健康总均分低于2.4，说明中学生心理健康状况较好。从年级发展的角度来看，初一至高一学生的心理健康总均分呈上升趋势，高一至高二有所下降，高二至高三逐渐上升，但从总体上看，中学生心理健康症状得分呈上升趋势，说明随着年级的不断提升，学生的心理问题出现的频率有所增加，这应该引起教育者的关注。

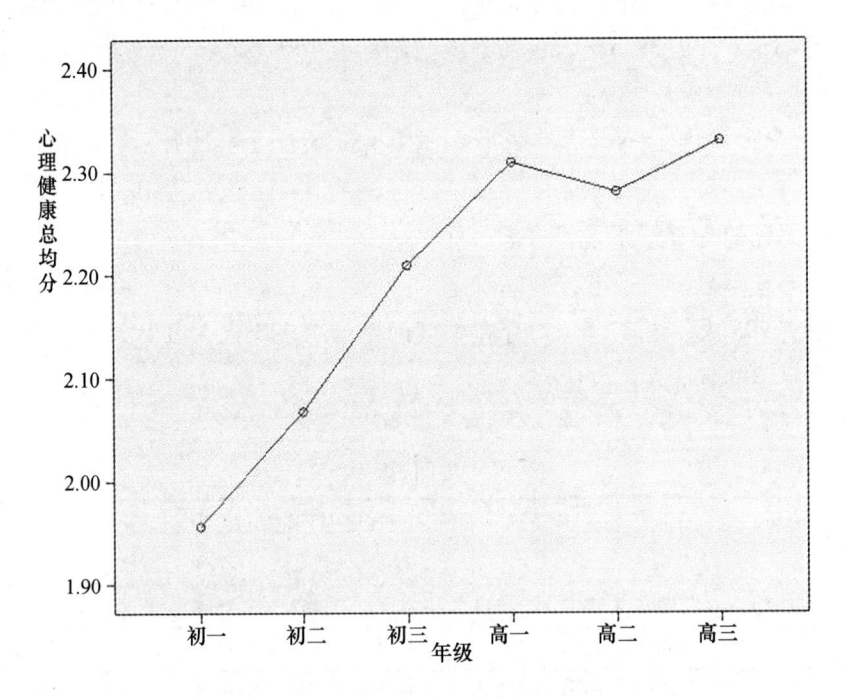

图4-2 中学生心理健康症状的年级发展特点

3. 中学生心理健康的性别差异

为考察不同性别的中学生心理健康状况是否存在差异，本研究以性别作为自变量，以心理健康总均分和各因子为因变量进行独立样本 t 检验，结果发现偏执（$t=2.616$，$p<0.01$）、情绪不稳定（$t=2.012$，$p<0.05$）和心理不平衡（$t=2.522$，$p<0.05$）三个因子存在显著的性别差异，而且男生得分显著高于女生，而其他因子的性别差异均不显著。

4. 中学生心理健康的年级差异

为考察中学生心理健康各因子在年级变量上的差异，本研究采用单因素方差法分析中学生（从初一到高三）共6个年级的差异情况，结果如表4-7所示。

表4-7　　　　　中学生心理健康各因子的年级差异分析

因变量	变异来源	自由度	均方	F
强迫症状	组间	5	2.949	5.839***
	组内	1076		
偏执	组间	5	2.838	5.493***
	组内	1076		
敌对	组间	5	3.274	6.464***
	组内	1076		
人际关系敏感	组间	5	3.433	6.625***
	组内	1076		
抑郁	组间	5	5.795	10.878***
	组内	1076		
焦虑	组间	5	4.896	7.079***
	组内	1076		
学习压力感	组间	5	6.561	10.967***
	组内	1076		
适应不良	组间	5	9.509	21.299***
	组内	1076		
情绪不稳定	组间	5	4.675	7.707***
	组内	1076		
心理不平衡	组间	5	3.327	7.043***
	组内	1076		
心理健康总均分	组间	5	4.317	12.198***
	组内	1076		

注：*$p<0.05$，**$p<0.01$，***$p<0.001$

由表4-7可以看出，当代中学生心理健康总均分存在非常显著的年级差异，进一步多种事后比较我们发现，初一学生的总均分显著低于初三和高中三个年级，初二学生显著低于初三和高中三个年级，高一与高二、高三的差异均不明显，高二与高三总均分的差异不明显。各因子的年级差异具体如下所述：

强迫症状因子存在非常显著的年级差异（$p < 0.001$），具体来看，初一学生在强迫症状上的得分显著低于初三和高中三个年级，初二显著低于高中三个年级，高一、高二和高三三个年级差异均不显著。

偏执因子存在非常显著的年级差异（$p < 0.001$），具体来看，初一学生在偏执因子上的得分显著低于初三和高中三个年级，初三与高中三个年级的差异不明显，高一、高二和高三三个年级差异均不显著。

敌对因子存在非常显著的年级差异（$p < 0.001$），具体来看，初一学生在敌对因子上的得分显著低于初三和高中三个年级，初二显著低于高三，初三显著低于高三，高一显著低于高三，高二显著低于高三。

人际关系敏感因子存在非常显著的年级差异（$p < 0.001$），具体来看，初一学生在该因子上的得分显著低于初三和高中三个年级，初二显著低于高中三个年级，初三与初二和高中三个年级差异不明显，高一、高二和高三差异不明显。

抑郁因子存在非常显著的年级差异（$p < 0.001$），具体来看，初一学生在抑郁因子上的得分显著低于初三和高中三个年级，初二显著低于高中三个年级，初三显著低于高一和高三两个年级，高一、高二和高三差异不明显。

焦虑因子存在非常显著的年级差异（$p < 0.001$），具体来看，初一学生在焦虑因子上的得分显著低于初三和高中三个年级，初二显著低于高中三个年级，初三与其他年级的差异不明显，高一、高二和高三差异不明显。

学习压力感因子存在非常显著的年级差异（$p < 0.001$），具体来看，初一学生在学习压力感因子上的得分显著低于初三和高中三个年级，初二显著低于初三和高中三个年级，初三与其他年级的差异不明显，高一、高二和高三差异不明显。

适应不良因子存在非常显著的年级差异（$p < 0.001$），具体来看，初一学生在适应不良因子上的得分显著低于初二、初三和高中三个年级，初二显著低于高中三个年级，初三显著低于高中三个年级，高一、高二和高三差异不明显。

情绪不稳定因子存在显著的年级差异（$p < 0.001$），具体来看，初一学生

在情绪不稳定因子上的得分显著低于初三和高中三个年级,初二显著低于高中三个年级,初三与其他年级的差异不明显,高一、高二和高三差异不明显。

心理不平衡因子存在非常显著的年级差异($p<0.001$),具体来看,初一学生在心理不平衡因子上的得分显著低于初三和高中三个年级,初二显著低于高二和高三,初三与其他年级的差异不明显,高一、高二和高三差异不明显。

5. 中学生心理健康在是否独生子女方面的差异

为考察独生子女与非独生子女中学生心理健康状况是否存在差异,本研究以是否独生作为自变量,以心理健康总均分和各因子为因变量进行独立样本 t 检验,结果如表4-8所示。可以发现,独生与非独生的中学生心理健康总均分存在显著差异($p<0.01$),在强迫症状、人际关系敏感、抑郁、焦虑、学习压力感、适应不良和情绪不稳定7个因子上的得分差异显著,且独生子女得分低于非独生子女。而在偏执、敌对和心理不平衡因子上的得分差异不显著。

表4-8 独生子女与非独生子女中学生心理健康各因子的差异分析

心理因子	是否独生	N	M	SD	t
强迫症状	独生	312	2.230	0.64816	-2.104*
	非独生	767	2.332	0.74357	
偏执	独生	312	2.060	0.74038	-1.610
	非独生	767	2.139	0.71979	
敌对	独生	312	1.898	0.780	-0.828
	非独生	767	1.939	0.695	
人际关系敏感	独生	312	2.165	0.773	-2.541*
	非独生	767	2.289	0.708	
抑郁	独生	312	2.048	0.765	-3.311**
	非独生	767	2.213	0.734	
焦虑	独生	312	2.159	0.971	-2.395*
	非独生	767	2.295	0.783	
学习压力感	独生	312	2.083	0.803	-3.338**
	非独生	767	2.260	0.781	

续表

心理因子	是否独生	N	M	SD	t
适应不良	独生	312	2.126	0.723	-4.009***
	非独生	767	2.313	0.682	
情绪不稳定	独生	312	2.266	0.859	-2.474*
	非独生	767	2.398	0.759	
心理不平衡	独生	312	1.940	0.721	-1.756
	非独生	767	2.022	0.686	
心理健康总均分	独生	312	2.097	0.644	-2.991**
	非独生	767	2.220	0.593	

注：$*p < 0.05$，$**p < 0.01$，$***p < 0.001$

(二) 中学生学业自我概念与心理健康的关系

1. 中学生学业自我概念与心理健康的相关分析

为考察中学生学业自我概念与心理健康的关系，本研究采用皮尔逊相关法，分别探究一般学业自我概念、具体学科自我概念与心理健康的关系，结果如表4-9和表4-10所示。

表4-9　中学生一般学业自我概念与心理健康的相关分析

心理因子	学业能力	学业体验	学业行为	学业成就	总均分
心理健康总均分	-0.259***	-0.360***	-0.351***	-0.278***	-0.371***
强迫症状	-0.137***	-0.176***	-0.180***	-0.150***	-0.187***
偏执	-0.199***	-0.301***	-0.284***	-0.244***	-0.302***
敌对	-0.182***	-0.285***	-0.319***	-0.240***	-0.302***
人际关系敏感	-0.199***	-0.264***	-0.256***	-0.210***	-0.276***
抑郁	-0.255***	-0.313***	-0.313***	-0.277***	-0.344***
焦虑	-0.273***	-0.297***	-0.283***	-0.226***	-0.325***
学习压力感	-0.231***	-0.361***	-0.348***	-0.240***	-0.353***
适应不良	-0.234***	-0.323***	-0.305***	-0.249***	-0.332***
情绪不稳定	-0.214***	-0.300***	-0.277***	-0.223***	-0.302***
心理不平衡	-0.178***	-0.317***	-0.300***	-0.214***	-0.299***

注：$*p < 0.05$，$**p < 0.01$，$***p < 0.001$

表 4-9 显示的是中学生一般学业自我概念各因子与心理健康各因子之间的关系，结果表明一般学业自我概念总均分及各因子与心理健康各因子都呈非常显著的负相关，表明如果中学生对自己学业能力的认知水平越高，对自己学业的情绪体验越愉悦，对自己学业行为的自控能力越强，对自己学业成就价值的积极意识就越高，那么他们出现心理问题的可能性就越小。

表 4-10 显示的是中学生具体学科自我概念各因子与心理健康各因子之间的关系，结果表明具体学科自我概念总均分及各维度与心理健康各因子均呈非常显著的负相关，表明如果中学生对自己语文、数学和英语学习的认知水平越高、价值评价越高、愉悦情绪体验越高，就越不会出现心理问题，或出现心理问题的可能性越小。

表 4-10　　中学生具体学科自我概念与心理健康的相关分析

心理因子	语文自我概念	数学自我概念	英语自我概念
心理健康总均分	-0.238***	-0.233***	-0.219**
强迫症状	-0.119***	-0.164***	-0.104***
偏执	-0.174***	-0.139***	-0.185***
敌对	-0.169***	-0.166***	-0.119***
人际关系敏感	-0.199***	-0.163***	-0.182***
抑郁	-0.213***	-0.216***	-0.181***
焦虑	-0.235***	-0.216***	-0.192***
学习压力感	-0.230***	-0.211***	-0.206***
适应不良	-0.236***	-0.239***	-0.229***
情绪不稳定	-0.202***	-0.217***	-0.189***
心理不平衡	-0.158***	-0.171***	-0.203***

注：$*p < 0.05$，$**p < 0.01$，$***p < 0.001$

2. 中学生学业自我概念对心理健康的回归分析

为进一步考察中学生学业自我概念对心理健康的影响，本研究以心理健康总均分为因变量，分别以一般学业自我概念和具体学科自我概念各因子为预测变量进行逐步回归分析，结果如表 4-11 和表 4-12 所示。

一般学业自我概念的 4 个预测变量预测心理健康时，只有学业体验和学业行为两个变量作为显著变量进入回归方程。其多元回归系数 R 为 0.387，联合解释变异量为 0.149，即学业体验和学业行为联合预测心理健康 14.9% 的变异量，回归方程达到非常显著的水平。其标准化回归方程为：心理健康 = 3.225 − 0.145 × 学业体验 − 0.162 × 学业行为。

具体学科自我概念的 3 个预测变量预测心理健康时，3 个变量均作为显著变量进入回归方程。其多元回归系数 R 为 0.298，联合解释变异量为 0.089，即语文自我概念、数学自我概念和英语自我概念联合预测心理健康 8.9% 的变异量，回归方程达到非常显著的水平。其标准回归方程为：心理健康 = 2.884 − 0.081 × 语文自我概念 − 0.090 × 数学自我概念 − 0.074 × 英语自我概念。

表4-11　中学生一般学业自我概念对心理健康的多元回归分析

预测变量	R	R^2	F	B	Beta	t
学业体验	0.387	0.149	92.591	−0.145	−0.216	−5.638***
学业行为				−0.162	−0.207	−5.393***

注：$*p < 0.05$，$**p < 0.01$，$***p < 0.001$

表4-12　中学生具体学科自我概念对心理健康的多元回归分析

预测变量	R	R^2	F	B	Beta	t
语文自我概念	0.298	0.089	34.639	−0.081	−0.113	−3.171**
数学自我概念				−0.090	−0.145	−4.382***
英语自我概念				−0.074	−0.126	−3.780***

注：$*p < 0.05$，$**p < 0.01$，$***p < 0.001$

四　讨论

（一）中学生心理健康发展特点

本研究采用《中学生心理健康问卷》对从化市 2 所农村中学进行调查，以探讨我国农村中学生的心理健康状况，在一定程度上为我们了解农村中学生心理问题的发生率及心理问题的严重程度提供依据。

1. 中学生心理健康总体状况

本研究表明农村中学生心理健康状况不容乐观，存在心理问题（包括轻度、中度和重度）的人数达到了50%以上，且每个心理因子上存在问题的比例都超过35%。这与国内一些研究的结果一致，尹霞云（2008）对中学生心理健康状况的研究发现，中学生的强迫症状是最严重的一个心理问题，其次是人际关系敏感，然后是偏执，其他几个心理因子均存在问题。还有一些研究也表明，有10%—30%的青少年呈现出各种不同程度的心理健康问题，主要表现为强迫、抑郁、人际关系敏感、敌对和偏执等状况。就具体的心理健康因子来看，本研究发现有57.5%的学生存在不同程度的强迫症状和偏执问题，有35%的学生存在不同程度的敌对问题，有54.4%的学生存在人际关系敏感问题，有47%的学生存在不同程度的抑郁问题，存在焦虑问题的学生占到了52.1%，受学习压力困扰的学生也占到了48.3%，有55.8%的学生表现出较为明显的适应不良问题，有58%的学生情绪具有不稳定性，易激怒，而在心理不平衡因子上存在问题的同学占到了58.7%。这些具体的数字都昭示着加快农村中学生心理健康教育的重要性，由心理健康问题导致的学业困扰、社会适应不良等现象也应该受到教育者的关注。

2. 不同年级中学生心理健康状况分析

本研究发现，从年级（年龄）发展的角度看，农村中学生随着年级的递增，心理问题的严重程度不断加重，尤其是到了高三达到了最高值，中学生心理问题的出现存在这样一种年级增长趋势，可能与学业任务的不断加重、高考的不断临近有关，因此，越是高年级学生，学校更应该加强心理健康教育，多开展一些情绪调节、舒缓压力的活动，这对缓解中学生心理问题的困扰具有很大的帮助。本研究还发现不同年级在心理健康总分及各因子得分上均存在非常显著的年级差异，初一和初二在各因子上的得分都显著低于高二和高三，这与尹霞云（2008）、丁烜红（2005）、国晓波（2011）等人的研究结果一致。导致这一结果的原因与各年级的学业和生活环境是分不开的，初一和初二学习比较轻松，压力不会很大，所以心理症状相对较轻，但是随着年龄的不断增长，面临着身体、认知和社会方面的巨大变化，容易出现各种心理问题，尤其是到了高二和高三，面临人生最重要的一次考试，来自各方面的压力都会很大，同时还要协调好学习、生活和人际等各种关系，难免会出现各种心理问题。

3. 不同性别中学生心理健康状况分析

本研究发现中学生心理健康总均分不存在显著的性别差异，但是在偏执、情绪不稳定和心理不平衡因子上存在显著的性别差异（$p < 0.05$），且男生得分显著高于女生，即男生比女生更容易在这些因子上出现心理问题。这一结果与尹霞云（2008）的研究有所不同，尹霞云发现男生和女生在抑郁和恐怖因子上存在显著差异，但是本研究并未发现显著差异。本研究的结果也得到了一些研究的支持，如刘彦楼（2009）发现男生在强迫症和偏执两个维度上得分显著高于女生。这说明男生在摆脱偏执想法、克服情绪波动、思想冲动以及猜疑、被动体验和夸大等方面受到的困扰要大于女生，这可能由于女生在面临消极情绪、学业压力或偏执想法时，会比男生拥有更多的宣泄途径，如找朋友倾诉、自我调节、购物等。

4. 独生与非独生子女心理健康状况分析

本研究发现除了偏执、敌对和心理不平衡因子上，独生子女和非独生子女在其他因子上均存在显著的差异，独生子女得分显著低于非独生子女，但是通过对独生子女和非独生子女的心理健康各因子平均分介于2.022—2.398之间均只是一般心理问题的范围。这说明本研究所调查的被试当中，非独生子女比独生子女更容易出现心理问题，这一结果似乎不符合社会上对独生子女的看法，然而本研究采样主要是针对农村中学，正如前文所述，非独生子女基本上都来自农村家庭，经济发展水平不高，父母的文化程度也不高，他们对子女心理健康教育方面存在许多不足，所以来自农村的非独生子女更容易出现心理问题。

（二）中学生学业自我概念与心理健康水平的关系

自我概念与心理健康的关系，一直是心理学和教育学的研究热点，前人的一些研究已经发现自我概念对心理健康有显著影响（王平，2001；刘彦楼，2009）。本研究基于前人的一些研究成果，系统探讨了农村中学生学业自我概念与心理健康之间的关系。研究发现农村中学生一般学业自我概念、具体学科自我概念都与心理健康总均分及各因子均分呈非常显著的负相关（$p < 0.001$）。这与国内外一些研究结果类似，Bandalos等（1995）研究发现学业自我与考试焦虑呈负相关，刘慧军等（2000）研究发现学业自我对中学生心理健康的影响非常显著，这说明学业自我与心理

健康存在一定的关联。进一步回归分析发现，一般学业自我概念中的学业体验和学业行为显著负向预测农村中学生的心理健康，这说明如果农村中学生在学习过程中较少地体验愉悦的情绪，对自己学业的看法比较消极，在学业行为中的自控能力较差，那么他们会体验到更多的心理困扰，甚至出现心理问题。张大均等（2000）也指出青少年的学业适应不良会引发心理问题，甚至影响他们心理素质的健康发展，因此，在对农村中学生进行心理健康教育的过程中，不仅要从情绪、适应等角度进行，更应该帮助他们解决生活、学习及人际交往中出现的心理问题（郭成，2006），要将学业自我概念的培养与心理健康教育相结合。具体到学科而言，本研究也发现语文自我概念、数学自我概念和英语自我概念都显著负向预测心理健康，这说明如果学生对自己所学科目的认知水平较低、体验负性情绪较多、控制水平也较弱，会在一定程度上影响心理的健康发展。本研究发现，农村中学生在一般学业自我概念和具体学科自我概念上的水平越低，其心理问题就会越严重，其实青少年在求学阶段，心理的健康发展与学业活动密切相关，因为无论是认知能力的提高、积极品质的培养，还是和谐的人际关系、丰富的情感体验都需要通过学习来获得，但是，由于当前农村学校教育存在的负面影响，中学生难以形成积极的学业自我，其中最突出的问题就是学业问题，由于学习方法不正确、学业能力认知水平低下、经常体验到考试焦虑，这些消极的学业心在理会一定程度上影响他们的人格发展，最终影响他们的心理健康发展。

综上所述，本研究主要得出以下结论：

1. 所调查的1079名中学生的心理健康症状总均分低于2.4，说明中学生心理健康状况较好。心理健康中的偏执、情绪不稳定、心理不平衡存在显著的性别差异；心理健康总量表及各维度均存在非常显著的年级差异；除偏执、敌对和情绪不平衡三个因子外，独生子女和非独生子女在心理健康方面与其他各因子存在显著差异。

2. 农村中学生一般学业自我概念、具体学科自我概念与心理健康总分及各因子均存在非常显著负相关，学业体验和学业行为联合负向预测心理健康14.9%的变异量；三个学科自我概念联合负向预测8.9%的变异量。

五 教学建议

（一）要加强农村中学生自我概念的教育，提升学生学习自我效能感

1. 让学生经常体验成功

学生亲身经历的成功和失败对他们自我效能感的影响最大。成功的经验会提高人们的自我效能感，多次失败会降低人们的自我效能感。比如教学要从学生的实际出发，建立适当的目标；要让学生充分参与教学活动的过程，有亲历成功的机会；给学生提供展示自己才能的机会。总之，既鼓励竞争，又给每个人提供充分展示自己才能的机会。

2. 组织交流、讨论，树立学习榜样

观察学习对于自我效能感的形成也有重要的影响。一个学生看到与自己水平差不多的同学解决了一道难题，会认为自己经过努力也可完成同样的任务，从而增强自我效能感。可以在教学中，组织学生进行交流与讨论，创造一种进行观察学习的环境。有意识地树立好的榜样，是促进观察学习的又一手段；还有一些具体做法可提高观察者完成学习任务的自我效能感。例如，听取其他同学表达自己完成学习任务的信心；倾听同学解释他们解决问题的方法；采用学习策略并作出肯定自我效能感的陈述。

3. 设立具体的目标

根据班杜拉的观点，成功经验是自我效能感最强大的信息来源，当学生看见自己能够有效地应付困难时，自我效能感就会提高。具体的、邻近的目标比抽象的、模糊的、遥远的未来目标提供更大的诱因和动机以及更多的效能感证据。具体的目标能使学生明确成功所需要的具体行为，知道自己什么时候获得了成功。

4. 创造宽松、和谐的教学环境

在教学中，教师要相信学生、关心爱护学生、平等地对待学生。当学生在学习中遇到困难时，教师不应当粗暴训斥，也不要包办代替，而要耐心启发、循循善诱。

5. 培养学生进行积极的自我强化

人不仅受到外部强化的影响，还受到自我强化的影响。自我强化是以自我奖赏的方式激励或维持自己达到某个标准行为的过程，它对调节人的行为很重要，是提高学生自我效能感的又一关键。

6. 将自我效能感的培养贯穿于教学的各环节

在学校的教学活动中,培养学生自我效能感的各环节有:上课、辅导、作业批改、考试、第二课堂等。

(二) 加强心理健康教育,提升学生心理健康水平

心理健康教育是学生全面发展的需要,全社会都应高度重视。政府要为孩子提供良好的社会环境,优雅、洁净、文明、舒适的校园环境能给学生"润物细无声"的良好心理影响和教育,社会也应给予学生美的熏陶和道德的感染,使学生在愉悦中受到教育,形成一种积极向上的心理状态。学校教育者要提高思想认识,转变教育观念,把心理健康教育作为工作的重点抓紧抓好。家长应改变只重智育,忽视德育、体育、心理健康教育的思想观念;要注意培养孩子的吃苦耐劳、战胜挫折的意志和能力,配合学校做好工作。只有社会各方面紧密配合,才能使少年儿童都具有健康的心理和良好的心理承受能力,为将来踏上社会打下坚实的心理基础。

第四节 自我概念与应对方式、心理压弹力的关系

一 研究背景

青少年处于生理、心理迅速发展的时期,他们的性格特征、智力(特别是思维能力)逐渐成熟,他们开始越来越独立地、全面地和深刻地分析问题。在自我概念形成和发展的过程中,出现自我意识的强烈变化,自我开始分化,自我评价逐渐成熟。然而在这一过程中,不可避免地会遇到挫折和压力,因此压力与青少年发展特别是与心理健康的关系问题一直是国内许多学者研究的焦点,而压力与自我概念的关系研究却是比较匮乏,自我概念与应对方式、心理压弹力的关系研究则更为少见。因此本研究既可扩展国内自我概念研究的对象,进一步丰富国内心理健康研究的内容,又可以为发展心理病理学、学校心理学、咨询心理学等学科提供更丰富的理论依据。

青少年经历着人生发展的关键阶段,自我概念的建立和发展备受关注,自我概念的水平不同,其应对方式也呈现出不同。另外,应对方式作为一个重要因素,调节着个体的心理平衡状态。积极的应对方式会促进心理压弹力的发展,而消极的应对方式则不利于心理压弹力的提高。针对不

同研究得出的结果不一致，以及研究中出现的问题，本研究力图探讨个体自我概念与其心理压弹力的关系。

心理学研究证明，团体对一个人的成长与发展有重要的影响。因为每个人的成长都离不开团体。团体辅导对帮助人们改变和成长有很大效能，其所得到的帮助是在个别辅导中不能获得的。在帮助那些有着共同成长课题和有类似问题及困扰的人时，团体心理辅导是一种经济而有效的方法。近年来，团体心理辅导已经在学校心理健康教育中受到重视并开始应用，成为学校心理健康教育的一种新的发展趋势。

自我概念对一个人的影响是巨大的，而青少年阶段是自我概念形成的关键时期，本书用团体辅导的方式实证研究自我概念，揭示影响自我概念、应对方式及心理压弹力的关系，丰富了自我概念的研究。这为心理工作者和教师对青少年的自我概念发展进行教育提供了新的理论依据。本研究在一定程度上弥补了国内关于青少年自我概念的影响因素研究的空白，且在研究自我概念与心理压弹力的关系中引入了应对方式，并通过团体辅导实证使得研究更为全面，具有一定的开创性的理论意义和实践意义。

二 研究方法

（一）研究对象

以广州市 1 所中学的初二 7 个班学生为被试，去除无效被试，获得有效被试 214 名。其中男生 119 名、女生 95 名，独生子女 111 名、非独生子女 103 名。

（二）研究方法

本项目是一个探索性的研究，主要采用的方法，利用测量量表进行团体施测，获得有关青少年自我概念、应对方式与心理压弹力的情况；以团体辅导作为实验研究方法干预各变量之间的关系。

（三）研究工具

1. 青少年自我意识量表

采用聂衍刚（2007）编制的《青少年自我意识量表》（第一版）测量青少年自我概念，量表包括 10 个分量表，分别测量体貌评价、能力评价、品德评价、自尊感、焦虑感、自信感、满意感、自觉性、自制力、监控性。其中体貌评价指对自己身体相貌的认识；能力（社交）评价指对自己交往能力的认识；品德评价指对自己品行、与社会规范要求契合程度的认识；自尊感指对自己价值感、重要性的感受和体验，是悦纳自我、接受自我的前提基础；焦虑感主要指社交焦虑，指出现在社交场合及人际交往时的退缩、紧张情绪体验；满足感指对自己目前在家庭、人际、学业等方面现状的满意感；自觉性指自己能够自主地、自动自发地去做某些事情而无须他人监督；自制力指对自己情绪的控制以及面对各种外在诱因时的坚持和自制；监控性主要指对自己内在思考过程的洞察和监控，以及对自己行为的反思过程。量表采用 liket 式 5 点量表法，5 个等级依次为 "1 = 完全不符合" "2 = 比较不符合" "3 = 有点符合" "4 = 比较符合" 和 "5 = 非常符合"，分数越高，表示该被试的自我概念发展水平越高。在本研究中该量表内在一致性系数为 0.898。

2. 简易应对方式问卷

简易应对方式问卷由积极应对和消极应对两个维度（分量表）组成，包括 20 个条目。积极应对维度由条目 1—12 组成，重点反映了积极应对的特点，如"尽量看到事物好的一面"和"找出几种不同的解决问题的方法"等；消极应对维度由条目 13—20 组成，重点反映了消极应对的特点，如"通过吸烟喝酒来解除烦恼"和"幻想可能会发生某种奇迹改变现状"。问卷为自评量表，采用 4 级评分，在每一应对方式项目后，列有不采用、偶尔采用、有时采用和经常采用 4 种选择（相应的评分为 0、1、2、3），由被试根据自己情况选择好一种作答。积极应对维度分数越高，表示该被试多倾向于采用积极应对方式；消极应对维度分数越高，表示该被试多倾向于采用消极应对方式。本研究中该问卷的内在一致性系数为 0.804。

3. 心理压弹力量表

采用由 Jack Block 编制的自我压弹力量表，该量表一共由 14 个自呈条目组成，每一条目分四级记分，"完全不符合"记 1 分，"不符合"记 2 分，"符合"记 3 分，"完全符合"记 4 分，分数越高，表示该被试的心理压弹力水平越高。本研究中该量表的内在一致性系数为 0.812。

（四）问卷的施测流程

本研究前测和后测均以问卷调查的方式进行，被试需要接受聂衍刚自我意识量表，简易应对方式问卷（SCSQ）自我压弹力量表（ER89）的施测。施测的主试由本人担任，在班主任的配合下，利用自习课时间，以班为单位集体施测。施测前，先由主试说明本次调查的目的和意义，以及填写过程中的注意事项，鼓励真实作答。当被试明白相关要求后开始填写，填写过程尽量在安静没有干扰的环境下进行，保证填写质量。

（1）前测：开展第一轮问卷调查，积累数据和素材。对调查问卷采用 SPSS 11.5 进行第一轮数据统计和分析。依据结果确定 30 位被试学生。

（2）团体辅导：将 30 名低自我概念被试学生分为 3 个团体，每个团体 10 人，接受为期 8 周的团体辅导。每周 1 次，每次 45—60 分钟。

（3）后测：辅导结束后对实验成员进行初中生自我概念与应对方式及心理压弹力的调查研究，开展第二轮问卷调查（对学生进行后测），积累数据和素材。对调查问卷进行第二轮数据统计和分析。

（五）中学生自我概念的团体辅导步骤

第一阶段：解冻期，协助成员相互认识，同时让成员了解团体的性质、目的，并建立团体规范，进而建立安全、信任、融洽的团体气氛，共一次。第一次活动尤为重要，也是顺利实施下一步活动的基础，因此激发成员兴趣，增进成员在团体里的安全感及信任感是不可忽视的。

第二阶段：探索期，协助成员正确地认识自我、评价自我为主要目的，共两次。首先，通过"自画像"这个活动形式，用非语言的方法将自己的内心投射出来，帮助成员发现以前可能未曾意识到的自我，引导小组成员认识自己，了解自己。其次，通过"心的方向"这个活动，发现自己的优点，接纳自己的不足，认识到每个人都是不同的，从而进一步了解自我。

第三阶段：工作期，目的是通过活动让团体成员正确认识自我从而提升自我概念，培养积极的应对方式，增强心理压弹力，共 3 次。每次团体活动都围绕一个主题，通过"价值大拍卖"重新认识自我从而提升自我概念，通过"穿越障碍"和"勇攀高峰"培养积极的应对方式，增强心理压弹力。

第四阶段：结束期，团体辅导活动的最后两次。目的是帮助团体成员通过"有故事的人"和最后的惜别活动理性地认识自我，回顾过去，展望未来，把在团体辅导中认识到的自我概念，和面对问题积极的应对方式延续到未来的生活与学习中，从而增强他们面对逆境的心理压弹力。

三 研究结果

(一) 青少年自我概念、应对方式与心理压弹力在人口统计学变量上的差异特点

1. 青少年自我概念在人口统计学变量上的差异

从表4-13可看出被试的体貌评价及自尊感的性别差异显著（$p < 0.05$）。女生比男生得分低。表明女生比男生更在乎自己的体貌，故自我评价较低；而女生的自尊感很大程度来自个体对体貌的肯定程度，故自尊感得分也较低。除能力评价外，自我概念各因子与是否独生差异均不显著（$p > 0.05$）。独生子女在能力评价的得分比非独生子女高。社会普遍认为，非独生子女在能力上一般比独生子女强，但独生子女对自我评价可能比实际能力偏高，所以在能力评价上显著高于非独生子女。这一结果和上一研究对自我概念的调查结果相似。

表4-13   性别、是否独生在自我概念上的差异比较

项目	体貌评价	能力评价	品德评价	自尊感	自信感	焦虑感	满意感	自觉性	自制力	监控性
男	3.08±0.54	3.47±0.51	3.35±0.54	3.12±0.50	3.15±0.56	2.85±0.75	3.34±0.59	3.15±0.50	3.00±0.58	3.27±0.56
女	2.90±0.48	3.40±0.52	3.24±0.43	2.96±0.46	3.16±0.47	2.78±0.67	3.22±0.52	3.18±0.55	2.93±0.46	3.25±0.56
独生	3.04±0.53	3.53±0.52	3.34±0.53	3.10±0.52	3.20±0.59	2.86±0.74	3.31±0.63	3.17±0.55	3.03±0.55	3.27±0.59
非独生	2.96±0.50	3.35±0.48	3.26±0.46	3.00±0.44	3.10±0.43	2.77±0.68	3.26±0.49	3.14±0.49	2.90±0.50	3.25±0.53
性别 t 检验	2.41*	1.06	1.60	2.50*	-0.06	0.73	1.55	-0.40	0.92	0.21
是否独生 t 检验	1.14	2.60*	1.13	1.43	1.52	0.84	0.57	0.47	1.78	020

注：$*p < 0.05$，$**p < 0.01$，$***p < 0.001$

2. 青少年应对方式在人口统计学变量上的差异

从表4-14可看出，积极应对与性别和是否独生的差异不显著（$p > 0.05$）；消极应对与性别差异显著（$p < 0.05$），男生比女生更倾向选择消

极应对，消极应对与是否独生差异不显著（$p > 0.05$）。

表4-14　性别、是否独生在应对方式上的差异比较

项目	男生	女生	t 检验	独生	非独生	t 检验
积极应对	1.72±0.50	1.72±0.49	$t = 0.01$	1.69±0.53	1.74±0.45	$t = -0.66$
消极应对	1.33±0.57	1.15±0.52	$t = 2.33*$	1.24±0.56	1.26±0.54	$t = -0.18$

注：$*p < 0.05$，$**p < 0.01$，$***p < 0.001$

（二）青少年自我概念、应对方式与心理压弹力的关系

采用 Pearson 相关分析考察青少年自我概念，应对方式与心理压弹力的关系，结果如表4-15所示。相关分析结果表明，除焦虑感外，青少年的自我概念与积极应对方式均存在显著的相关；除自觉性、监控性外，青少年的自我概念与消极应对方式均相关不显著。除了焦虑感与心理压弹力的相关不显著外，自我概念的其余因子都与心理压弹力存在显著的正相关。另外，青少年的积极应对方式与其心理压弹力也存在显著的正相关，而消极应对方式则与心理压弹力没有显著的相关。

表4-15　青少年自我概念、应对方式对心理压弹力相关分析

项目	1	2	3	4	5	6	7	8	9	10	11	12
1. 体貌评价												
2. 能力评价	0.42**											
3. 品德评价	0.33**	0.56**										
4. 自尊感	0.45**	0.61**	0.37**									
5. 自信感	0.43**	0.44**	0.43**	0.46**								
6. 焦虑感	0.27**	0.19**	0.22**	0.32**	0.35**							
7. 满意感	0.41**	0.53**	0.43**	0.47**	0.35**	0.20**						
8. 自觉性	0.35**	0.45**	0.39**	0.38**	0.43**	0.39**	0.35**					
9. 自制力	0.45**	0.46**	0.42**	0.46**	0.53**	0.39**	0.38**	0.49**				

续表

项目	1	2	3	4	5	6	7	8	9	10	11	12
10. 监控性	0.24**	0.48**	0.47**	0.39**	0.32**	0.09	0.34**	0.51**	0.45**			
11. 心理压弹力	0.22**	0.27**	0.25**	0.27**	0.21**	0.12	0.17*	0.22**	0.21**	0.17*		
12. 积极应对	0.32**	0.20**	0.16*	0.24**	0.19**	0.11	0.27**	0.24**	0.21**	0.32**	0.15*	
13. 消极应对	0.11	0.73	0.03	0.82	-0.12	0.06	0.08	0.14*	-0.01	0.19**	0.09	0.37**

注：$*p < 0.05$，$**p < 0.01$，$***p < 0.001$

（三）青少年自我概念、应对方式对心理压弹力的各因子回归分析

采用 Stepwise 回归分析考察青少年自我概念、应对方式对心理压弹力的影响。在回归分析中，首先控制人口统计学变量，然后第二层放入青少年自我概念的各个维度，第三层放入应对方式，结果如表 4 – 16 所示。结果说明：青少年的品德评价与自尊感对心理压弹力存在一定的预测作用。具体是，品德评价能够解释心理压弹力的 7.4 的方差变异，预测系数为 0.197；自尊感能够解释心理压弹力 3.1% 的方差变异，预测系数为 0.191。这表明，虽然青少年的应对方式对其心理压弹力没有显著的预测作用，但是其自我概念中的品德评价与自尊感对其心理压弹力存在显著的预测作用，证实了青少年的自我概念对心理压弹力存在实质性的影响。

表 4 – 16　青少年自我概念、应对方式对心理压弹力的回归分析

预测变量	R^2	ΔR^2	β	t
品德评价	0.074	0.074***	0.197	2.682**
自尊感	0.105	0.031**	0.191	2.598**

注：$*p < 0.05$，$**p < 0.01$，$***p < 0.001$

（四）团体辅导干预前后青少年的自我概念、应对方式以及心理压弹力的比较

经过 8 次团体辅导后，对实验组的青少年自我概念、应对方式以及心理压弹力进行对比，结果如表 4 – 17 所示。结果发现，团体辅导后的自我概念比辅导前的自我概念有显著的提升（$p < 0.001$），应对方式的提升不显著（$p > 0.05$），但达到边缘显著水平。更重要的是，本次团体辅导只是

通过对自我概念进行干预，但是心理压弹力同样得到显著的提升，说明青少年的自我概念得到提升后，其心理压弹力也随之得到提高，证实了青少年的自我概念的确影响着其心理压弹力水平。

表4-17 青少年自我概念干预前后的自我概念、应对方式以及压弹力的比较

	平均数	标准差	t
压弹（前测）	2.48	0.40	-7.130***
压弹（后测）	2.99	0.41	
体貌（前测）	2.77	0.47	-7.913***
体貌（后测）	3.45	0.60	
能力（前测）	3.05	0.36	-8.352***
能力（后测）	3.72	0.59	
品德（前测）	2.96	0.41	-10.885***
品德（后测）	3.87	0.51	
自尊（前测）	2.71	0.33	-9.887***
自尊（后测）	3.48	0.50	
自信（前测）	2.92	0.43	-6.436***
自信（后测）	3.45	0.50	
焦虑（前测）	2.47	0.50	-4.728***
焦虑（后测）	3.08	0.78	
满意（前测）	2.98	0.44	-7.319***
满意（后测）	3.51	0.51	
自觉（前测）	2.78	0.33	-9.081***
自觉（后测）	3.58	0.66	
自制（前测）	2.61	0.31	-7.987***
自制（后测）	3.30	0.64	
监控（前测）	2.90	0.37	-8.294***
监控（后测）	3.47	0.41	
积应（前测）	1.57	0.35	1.790
积应（后测）	1.53	0.40	
消应（前测）	1.19	0.54	-0.323
消应（后测）	1.19	0.52	

注：*$p < 0.05$，**$p < 0.01$，***$p < 0.001$

四 讨论

(一) 青少年自我概念、应对方式与心理压弹力总体状况

从本研究结果分析看出，自我概念与焦虑感和心理压弹力的相关不显著，与其余因子都存在显著的正相关。青少年的积极应对方式与其心理压弹力存在显著的正相关，而消极应对方式则与心理压弹力没有显著的相关。应对方式对青少年的心理压弹力没有显著的预测作用。青少年自我概念中的品德评价与自尊感对其心理压弹力存在显著的预测作用，这是值得重视的。

本研究采取了性别和是否独生为自变量研究青少年在自我概念、应对方式与心理压弹力上存在的差异，本研究发现青少年自我概念中的体貌评价及自尊感的性别差异显著（$p<0.05$），女生比男生得分低。表明女生比男生更在乎自己的体貌，社会对个体的评价标准对女生的体貌要求也比男生高，一般而言体貌良好的女生获得的社会支持也有所提高，所以女生对体貌的要求更高，对体貌的自我评价就较低；而女生的自尊感很大程度来自个体对体貌的肯定程度，自尊水平和体貌状况关系密切，容貌外表对自尊有很大影响，这和Harter的观点是相吻合的，和欧美以及中国香港的一些研究结果也是一致的（Davis和Kstrman，1997）。故女生自尊感得分也较低。

除能力评价外（$p<0.05$），自我概念各因子与是否独生差异均不显著（$p>0.05$）。独生子女在能力评价的得分比非独生子女高。社会普遍认为，非独生子女在社交、适应等能力上一般比独生子女强，独生子女在创造性能力上比非独生子女强。独生子女无兄弟姐妹，他们中的大多数不仅享有父母而且还有祖父母及外祖父母更多的照顾，这种照顾不仅单单是身体方面的或物质生活方面的，在精神生活方面相对于非独生子女也能获得更多家庭长辈的关注，能得到父母更多的积极的反应。在家庭资源有限的条件下，独生子女显然比非独生子女拥有更多的资源，这些资源不仅包括物质资源还包括父母对子女的成就期望，但父母对于独生子女期望过高，独生子女父母对子女的能力评价一般比非独生子女父母要高，故独生子女对自我评价可能比实际能力偏高，所以在能力评价上显著高于非独生子女。

青少年应对方式中积极应对与性别和是否独生的差异不显著（$p > 0.05$）；消极应对与性别差异显著（$p < 0.05$），男生比女生更倾向选择消极应对，消极应对与是否独生差异不显著（$p > 0.05$）。社会普遍认为，女生较男生更多地采取消极被动的应对方式，这只是一种社会刻板的看法。本研究发现，应对方式与性别的差异却表现为女生的得分显著高于男生，这与以往的研究结果是截然不同的（王振宏，2001）。女生得分高表明女生在危机面前体验到更多的威胁感，这种本性导致她们积极寻求解决办法。

青少年心理压弹力与性别、是否独生差异均不显著（$p > 0.05$）。影响心理压弹力的因素主要有个体因素和环境因素。其中个体因素包括自尊、内部控制源、积极的归因、良好的人格等。环境因素包括诸如家庭凝聚力、家庭和睦与重要其他成人的良好关系、安全的学校氛围、邻里关系、和谐的社会环境等，所以青少年心理压弹力与性别、是否独生差异均不显著。

（二）青少年自我概念与应对方式的关系

本研究发现，除焦虑感外，青少年的自我概念与积极应对方式均存在显著的相关，这表明，自我概念对应对方式有直接的影响。在困难和挫折面前，自我概念水平高的人因为相信自己的能力和品质，不会过于担心失败。而把注意力放在如何获得成功上，因此一般倾向于采取积极的应对方式。自我概念水平低的人因为缺乏自信，为了避免失败而更倾向消极的应对方式。也就是说，对自我认知越是积极、清晰、一致的个体在遇到危机或压力时越可能采用积极的方式来解决问题。这与以往的研究有一点不同，有研究认为焦虑的程度会影响个体对应对方式的选择，即应对方式与焦虑程度相关。焦虑的产生受多种应激源的影响，在应激因素与焦虑之间存在着起调节作用的中介因素，应对方式就是这样一个中介因素，成熟的应对方式有助于减轻焦虑的表现程度（徐西森，2003）。

除自觉性、监控性外，青少年的自我概念与消极应对方式均相关不显著。自觉性高的人，行动较为主动，一般会倾向采取积极的应对方式；监控性强的学生主观意向也较强，会努力争取社会中的地位和权利，所以倾向采取积极的应对方式，相反，则倾向采取消极的应对方式。

(三) 青少年心理压弹力与应对方式的关系

本研究发现，青少年的积极应对方式与其心理压弹力也存在显著的正相关，而消极应对方式则与心理压弹力没有显著的相关。这表明，心理压弹力水平高的青少年更倾向采用积极的应对方式。

青少年在面对种种压力时会采用不同的应对方式来处理应付，从而会产生不同的结果。有研究发现积极应对方式一般与适应良好相联系，而消极应对方式一般与适应不良相联系。Zeidner 和 Saklofske 的研究也发现任务定向的应对风格对良好的适应结果有积极作用，而情绪定向的应对方式对其有消极影响。有研究者通过回归分析发现任务定向的应对方式和情绪定向的应对方式能够显著预测心理压弹力（Friborg、Hjemdal、Rosenvinge、Martinussen、Aslaksen 和 Flaten，2006）。积极的应对方式能帮助青少年在遇到危机、压力时用更乐观的态度去面对、用更辩证的观点去思考，也就能更快地适应情况并解决问题，使心理挫折尽快复原，也就是形成更强的心理压弹力。

(四) 青少年自我概念、心理压弹力与应对方式的关系

从本研究中可以看出，除了焦虑感与心理压弹力的相关不显著外，青少年的自我概念的其余因子都与心理压弹力存在显著的正相关，说明青少年的自我概念越好，对自己的认识越高，其心理压弹力也越好。另外，青少年的积极应对方式与其心理压弹力也存在显著的正相关，而消极应对方式则与心理压弹力没有显著的相关，这表明心理压弹力水平高的青少年更倾向选择积极的应对方式。

为了进一步探讨应对方式在自我概念和心理压弹力之间的作用机制，对他们进行调节效应和中介效应研究。探讨调节效应或中介效应必须首先清楚调节变量和中介变量的定义。如果因变量 Y 与自变量 X 的关系是变量 M 的函数，即因变量 Y 与自变量 X 的关系受到第三个变量 M 的影响，则称变量 M 为调节变量，它影响因变量和自变量之间的关系的方向和强弱。如果自变量 X 通过影响变量 M 来影响因变量 Y，则称变量 M 为中介变量。回归分析揭示，只有自我概念中的品德评价和自尊感进入了回归方程。青少年的品德评价对心理压弹力存在显著的预测作用。这表明，青少年对自我品行和社会规范要求高，其普遍获得的社会支持就高，社会支持是一种外在性保护因子，外在对个体的帮助大就可增加其心理压弹性。青

少年的自尊感对心理压弹力也存在显著的预测作用。这表明，青少年对自我评价高、对自我情感积极，心理压弹力水平高、认同自己的能力，因此自我的心理资源就更加丰富，故表示青少年的应对方式对其心理压弹力没有显著的预测作用，应对方式不是心理压弹力的重要内容，可能对其心理压弹力起保护作用。这表明自我概念和应对方式都是人格的一个重要因子，但自我概念的改变不一定导致应对方式的改变，应对方式的改变也不一定导致心理压弹力的改变。这也许跟实验时间短有关系，研究指出，学生的应对方式会随着年龄的变化和社会生活的不同而发展变化，其形成和发展会受到各种因素的影响，如家庭教养方式、学校教育、社会环境以及个体内在因素等，应对方式是个体因素与情境交互作用的结果，被试为初二学生，在固定的情境及群体中生活已有一长段时间，固有的应对方式已经形成，只有8周的实验干预也许还未能大幅度地改变青少年在应对方式问卷中的选择，但是我们从被试青少年行为上的改变可预见到其应对方式积极的倾向。青少年自我概念中的品德评价与自尊感对其心理压弹力存在显著的预测作用，也证实了青少年的自我概念对心理压弹力存在实质性的影响。

（五）团体辅导在青少年自我概念、应对方式与心理压弹力关系中的作用

国内目前还未有关于团体辅导干预对自我概念、应对方式、心理压弹力的关系的研究。

本次团体辅导后，结果发现，实验组在团体辅导前后的测试成绩呈显著差异。在团体辅导中，被试学生从见面会的抗拒、迷惑到第一次团体辅导的被动、消极，到中期的主动、积极，到后期的依恋，团体辅导的整体效果基本令人满意，但在过程中也出现了多种典型的成员角色。如领导者、抗拒行为者、表达感受困难者、沉默者、爱说话者、依赖者、旁观者、不参与者、倾倒垃圾者、挑战权威者、缺乏自信者等。实验组中不少被试学生是平时令老师家长头痛不已的"差生"，却在活动中成为领导者，积极参与并勇于承担义务。但其中也不乏团体中典型的爱说话者，在早期团体活动中当其建议不被接受时会激动地争辩或一意孤行，转变为挑战权威者，这表明其倾向采取消极的应对方式，心理压弹力水平也显得较低。在团体辅导中，通过多种游戏形式及领导技巧引导组员信任与合作，

从而在活动中感受自我、认识自我。如通过"捉虫虫"等暖身游戏令抗拒行为者解冻。如小组导师通过示范自我开放，拉近与组员之间的距离，鼓励、引导表达感受困难者、沉默者表达内心感受。如通过"穿越障碍"的二人分组游戏，令不参与者参与活动。

三个小组导师的分享记录均显示大部分被试组员从开始的嬉笑打闹到逐渐愿意剖白内心真正的想法，能敢于面对自己表达自己。大部分的组员都在多次游戏与小组分享后，参与态度均有不同程度的进步。在团体辅导后，被试的自我概念有明显的提升，应对方式也更积极。

对青少年自我概念、应对方式以及压弹力进行对比，结果发现，团体辅导后的自我概念比辅导前的自我概念有显著的提升，但应对方式的提升不显著。更重要的是，本次团体辅导只是通过对自我概念进行干预，但是压弹力同样得到显著的提升，说明青少年的自我概念得到提升后，其心理压弹力也随之得到提高，证实了青少年的自我概念的确影响着其心理压弹力水平，这也表明团体辅导干预是有效的。

（六）团体辅导的作用

1. 团体辅导有助于学生提升自我概念

团体辅导为每个团体成员提供了观察他人的观念及情感反应的机会，可以使成员更清楚和客观地认识自我和他人，发现自己的优点，同时知道自己虽然有缺点，不完美，但是仍然接纳自我，敢于表达自我，从而提升自我概念。

2. 团体辅导可培养学生选择积极的应对方式

与个别辅导相比，团体辅导提供了更为典型的社会现实环境。成员可以相互学习，交换经验，获得直接或间接的引导，在讨论、实践、内省中得到体会，从而积极地应对问题。

3. 团体辅导对心理压弹力的改善

团体辅导为增强成员的心理压弹力提供了充分条件。自我概念水平较低的个体大部分对自我是持否定态度的，他们不接纳现实的自己。团体治疗理论认为，人的各种问题都是在特定的社会环境下产生、发展和维持的，这些问题也必须在团体中才能得以解决。同时，团体辅导在初期形成的接纳、包容的气氛，能使成员感受到安全和被接纳，从而降低了个体的危机脆弱性，逐步去尝试新的行为、积极的应对方式，重新接纳自己及他人，从而互相学习，利用团体的力量增强自己的心理压弹力。

（七）研究结论

本研究得出了以下结论：

（1）青少年自我概念、应对方式与心理压弹力在人口统计学变量上的差异特点：青少年的体貌评价及自尊感的性别差异显著，男生对自我体貌的评价比女生高，自尊感也比女生强。

（2）消极应对与性别差异显著，与是否独生差异不显著。男生比女生更普遍选择消极应对方式。除了焦虑感与心理压弹力的相关不显著外，自我概念的其余因子都与心理压弹力存在显著的正相关，自我概念中的品德评价与自尊感对其心理压弹力存在显著的预测作用。

（3）青少年的积极应对方式与其心理压弹力也存在显著的正相关，而消极应对方式则与心理压弹力没有显著的相关。

（4）团体辅导后的自我概念比辅导前的自我概念有显著的提升，但应对方式的提升不显著。证实了通过团体辅导可以提升自我概念，自我概念的提高也进一步导致了压弹力的提升。

五 教学建议

团体心理辅导活动在团体领导者的带领下，按照规定的一套训练程序有目的、有计划、有针对性地进行。一般来说，活动干预是一个持续的过程，本次辅导只持续 8 周，时间不足，可能使辅导无法深入，对学生的帮助也大大减少，从而影响了团体辅导的效果。

第五节 情绪调节自我效能感与心理健康的关系

一 研究背景

青春期是个体身心发展的巨变期，由于心理发育未成熟易受诸多内外因素的影响而出现心理健康问题。情绪调节自我效能感（Regulatory Emotional Self – Efficacy，RESE）是指个体对能否有效调节自身情绪状态的一种自信程度，在一定程度上能缓和情绪的紧张性和维护自我调节机制（Bandura、Caprara、Barbaranelli、Gerbino 和 Pastorelli，2003），并有助于调控情绪的冲动性，促进心理健康（Garnefski、Teerds、Kraaij、Legerstee

和 Kommer，2003）。Lightsey 等（2011）研究发现，管理生气/愤怒效能感和管理沮丧/痛苦效能感与负性情感呈显著负相关，而与生活满意度均呈显著正相关，且情绪调节自我效能感在负性情绪与生活满意度间起不同程度的调节作用（Collins、Glei 和 Goldman，2009；Lightsey、Mcghee、Ervin 等，2011）。有研究表明，情绪调节自我效能感的高低会间接影响个体的抑郁状况（Fredrickson、Cohn、Coffey、Pek 和 Finkel，2008），并影响个体对压力应对策略的选择（刘霞、陶沙，2005）。该研究旨在探讨青少年情绪调节自我效能感与心理健康的关系，为提高青少年心理健康水平提供依据。

二 研究方法

（一）研究对象

采用分层整群随机抽样的方法，在广州市城镇和农村各选取 2 所中学，每个年级随机抽取 2 个班级学生作为调查对象。共发放问卷 1140 份，获得有效问卷 1077 份，有效率为 94.5%。其中男生 467 名，占 43.4%；女生 610 名，占 56.6%。初一学生 199 名，占 18.5%；初二学生 203 名，占 18.8%；初三学生 127 名，占 11.8%；高一学生 162 名，占 15.0%；高二学生 196 名，占 18.2%；高三学生 190 名，占 17.6%。城镇学生 513 名，占 47.6%；农村学生 564 名，占 52.4%。独生子女 310 名，占 28.8%；非独生子女 767 名，占 71.2%。

（二）研究工具

1. 情绪调节自我效能感量表（修订版）

对 Caprara 等（2008）的"情绪调节自我效能感量表"进行修订，修订后的量表共由 17 个项目组成，是一个二阶 5 因素模型结构，5 因素分别是表达快乐/兴奋情绪效能感（HAP）、表达自豪情绪效能感（GLO）、管理生气/愤怒情绪效能感（ANG）、管理沮丧/痛苦情绪效能感（DES）和管理内疚/羞耻情绪效能感（COM），前 2 个因素构成低阶因子表达积极情绪效能感（POS），后 3 个因素构成高阶因子管理消极情绪效能感（NEG）。本研究中，五因素的 CFA 拟合参数为 $\chi^2 = 247.491$，$df = 111$，$\chi^2/df = 2.688$，$GFI = 0.982$，$AGFI = 0.972$，$NFI = 0.971$，$CFI = 0.982$，$IFI = 0.982$，$RMSEA = 0.032$。量表采用 5 点计分（"1—5"表示"非常不符合—非常符合"),得分越高,表明情绪调节的自信程度越高。本研究中,总量表的 Cronbach's α 系数为 0.896,分半信度为 0.769;各分量表 Cronbach's α 系数介于 0.702—0.813 之间,分半信度介于 0.611—0.784 之间。

2. 中国中学生心理健康量表

由王极盛等针对中学生心理健康问题所编制,由 60 个项目组成,共包括强迫症状、敌对、偏执、人际关系敏感、焦虑、抑郁、学习压力感、情绪不稳定、适应不良和心理不平衡 10 个分量表,每个分量表由 6 个项目组成。该量表采用 5 点计分("1—5"分别表示"从无""轻度""中度""偏重""严重"),总均分低于 2 分表示心理健康总体上是良好的,高于 2 分表示存在不同程度的心理问题。本研究中,总量表的 Cronbach's α 系数为 0.962,分半信度为 0.922;各分量表 Cronbach's α 系数介于 0.623—0.805 之间,分半信度介于 0.623—0.797 之间。

(三)统计分析

使用 SPSS 15.0 和 Amos 7.0 进行数据统计分析。

三 研究结果

(一)青少年情绪调节自我效能感与心理健康的发展特点

青少年心理健康量表总均分为 2.178,情绪调节自我效能感量表总均分为 3.570。2 个量表总均分及各因子分之间均呈显著负相关(p 值均 < 0.05)。见表 4-18。

表 4-18 青少年情绪调节自我效能感与心理健康的相关系数(r 值)

心理健康问题	HAP	CLO	ANG	DES	COM	RESE
强迫症状	-0.094**	-0.065*	-0.135**	-0.182**	-0.146**	-0.167**
偏执	-0.171**	-0.191**	-0.261**	-0.260**	-0.265**	-0.305**
敌对	-0.169**	-0.185**	-0.325**	-0.317**	-0.328**	-0.353**
人际关系敏感	-0.114**	-0.116**	-0.260**	-0.246**	-0.261**	-0.267**
抑郁	-0.152**	-0.155**	-0.263**	-0.310**	-0.317**	-0.318**
学习压力感	-0.114**	-0.141**	-0.300**	-0.309**	-0.300**	-0.305**
适应不良	-0.128**	-0.159**	-0.212**	-0.276**	-0.229**	-0.268**

续表

心理健康问题	HAP	CLO	ANG	DES	COM	RESE
情绪不稳定	-0.127**	-0.145**	-0.275**	-0.279**	-0.258**	-0.291**
心理不平衡	-0.134**	-0.200**	-0.292**	-0.275**	-0.297**	-0.319**
心理健康总分	-0.160**	-0.179**	-0.313**	-0.330**	-0.325**	-0.349**

注：$*p < 0.05$，$**p < 0.01$，$***p < 0.001$

（二）青少年情绪调节自我效能感对心理健康的回归分析

以 RESE 各因子作为预测变量，对心理健康问题总均分及各因子得分进行逐步回归分析。结果显示，ANG、DES 和 COM 联合负向预测心理问题总均分 13.8% 的变异量。就心理健康各因子来看，DES 负向预测强迫症状 3.3% 的变异量；HAP、ANG 和 COM 联合负向预测偏执 9.2% 的变异量；ANG 和 COM 联合负向预测人际关系敏感 8.6% 的变异量；DES 和 COM 联合负向预测抑郁 11.9% 的变异量，联合负向预测适应不良 8.0% 的变异量，ANG、DES 和 COM 联合负向预测敌对 14.0% 的变异量，联合负向预测焦虑 11.3% 的变异量，联合负向预测学习压力感 12.2% 的变异量，联合负向预测情绪不稳定 9.7% 的变异量；ANG、DES 和 COM 联合负向预测心理不平衡 11.4% 的变异量。在 10 个心理健康因子方程中，被引入次数最多的 RESE 因子是 COM（9 次），其次是 DES（8 次）和 ANG（7 次）。如表 4-19 所示。

表 4-19　青少年情绪调节自我效能感对心理健康总均分及各因子多元逐步回归分析

心理健康问题	β值 ANG	β值 DES	β值 COM	R^2 值	F 值
强迫症状		-0.182**		0.033	37.005**
偏执	-0.153**		-0.151**	0.092	36.455**
敌对	-0.162**	-0.096*	-0.172**	0.140	57.983**
人际关系敏感	-0.164**		-0.167**	0.086	50.729
抑郁		-0.179**	-0.201**	0.119	72.695**
焦虑	-0.109**	-0.112**	-0.165**	0.113	45.357

续表

心理健康问题	β值 ANG	β值 DES	β值 COM	R^2 值	F 值
学习压力感	-0.133**	-0.130**	-0.139**	0.122	49.539
适应不良		-0.221**	-0.086*	0.080	47.013
情绪不稳定	-0.135**	-0.124**	-0.099**	0.097	38.594
心理不平衡	-0.163**	-0.069*	-0.178**	0.114	46.028
总均分	-0.126**	-0.140**	-0.161**	0.138	57.30⁶**

注：$*p < 0.05$，$**p < 0.01$，$***p < 0.001$

（三）性别对管理消极情绪自我效能感和心理健康的调节效应

由逐步回归分析结果可知，NEG 对心理健康问题有显著的直接效应，符合调节检验的前提条件，故本研究按照 Baron 和 Kenny（1981）提出的调节效应检验步骤，以心理健康为因变量，NEG 为自变量，性别为调节变量进行层次回归分析。第一层进入 NEG 和性别 2 个变量，第二层进入 NEG 和性别的乘积项。结果如表 4-20 所示，乘积项系数显著，说明性别在 NEG 与心理健康的关系中起调节作用。为进一步考察 NEG 对不同性别青少年心理健康的影响，将 NEG 得分从高到低排列，前 27% 为高分组，称为"高 NEG 组"，后 27% 为低分组，称为"低 NEG 组"；然后进行独立样本 t 检验，结果显示，低 NEG 时，女生的心理健康得分（2.458 ± 0.375）高于男生（2.384 ± 0.052）；高 NEG 时，男性的心理健康得分（1.897 ± 0.628）高于女生（1.804 ± 0.039），但差异均无统计学意义（t 值分别为 -1.171、1.260，p 值均 >0.05）。

表 4-20　性别在 NEG 与心理健康之间的调节作用检验

步骤	回归方程	R^2	ΔR^2	F	ΔF
第一层	$Y = -0.297X - 0.031M$	0.139		86.919**	
第二层	$Y = -0.291X - 0.030M - 0.087XM$	0.151	0.012**	63.629**	-23.29**

注：$*p < 0.05$，$**p < 0.01$，$***p < 0.001$

四　讨论

随着社会经济的不断发展，心理健康问题已经引起人们的广泛关注，其中情绪体验和情绪调节是影响个体心理健康发展的重要因素（李娜，2010）。精神分析理论认为，情绪调节的主要任务是通过心理和行为控制来降低消极情绪体验（侯瑞鹤、俞国良，2006）。能否有效管理消极情绪、表达积极情绪在一定程度上取决于个体 RESE 水平的高低（Caprara、Alessandri 和 Barbaranelli，2010；唐冬玲、董妍、俞国良等，2010）。本研究结果显示，NEG 对青少年心理健康问题具有显著的负向预测作用，且性别在 NEG 与心理健康关系间起调节作用。相关分析结果表明，青少年 RESE 总均分及 5 个因子分与心理健康总均分及 10 个因子分之间均存在显著的负相关。彭以松等（2007）发现，自信感与心理健康水平呈显著负相关，表明个体对有效调节自身情绪状态的信心程度越高，出现心理问题的可能性越小。回归分析结果表明，除了 HAP 进入预测偏执的方程外，POS 其他 2 个因子均未显著预测心理健康问题；而 NEG 3 个因子均能负向预测心理健康问题。可见相对于积极情绪而言，青少年管理消极情绪的能力感对心理健康的影响更为重要，该结果证实了"管理消极情绪效能感能够有效缓解负性情绪不良影响"的观点（Bandura，1997），与 Caprara 等（2008）的结果一致。当青少年遭遇挫折或面临困境时，RESE 可在一定程度上缓解情绪的紧张性，维护自我调节机能，尤其是 NEG 有助于提高他们对未来的积极期望、维持积极的自我概念，进而有效控制情绪冲动，体验到更多的积极情绪，避免出现心理问题。在青少年时期，个体会经历比以往更丰富多彩的情绪体验，体验到更多的消极情绪（Stapley 和 Haviland，1989）。提高青少年管理消极情绪、控制情绪冲动的自信心，不但有助于促进他们更好地调节情绪，而且能有效地避免因情绪问题而出现的负面行为。

研究证实了性别在 NEG 对心理健康的影响中存在调节作用，当个体 NEG 水平较低时，女生比男生更易出现心理健康问题；当个体 NEG 水平较高时，女生的心理健康状况优于男生。首先，由于在整个青春期，个体都存在情绪多样性和多变性的倾向，在这些情绪体验中，女生更易体验到羞愧、内疚和抑郁等消极情绪，并因此导致她们更为内向（文书锋、汤冬玲、俞国良，2009）；而男生则更易体验到紧张、愤怒等消极情绪，并导致诸如藐视、攻击等外向行为反应。其次，文书锋等（2009）研究发现，男生的 NEG 水平显著高于女生；李琼（2011）也发现，RESE 通过学业效能感间接影响抑郁存在性别差异。可能因为男生在应对负性情绪时，能以一种客观的态度来看待事件本身，通过改变对负性刺激或事件的认知来减弱负性情绪的影响，而且男生往往会出于保护自尊和能力的考虑选择更恰当的情绪调节方式。从这种性别差异可以看出，导致个体出现心理健康问题的一般不是消极情绪或刺激本身，而取决于个体对待它们的态度与信念。因此，在青少年心理健康教育中，除了教会学生如何调节和表达自己的情绪外，还应注重情绪调节自我效能感的培养，尤其是提高女生管理消极情绪的信念。

五 研究建议

当前国内外学者对情绪调节自我效能感领域的研究刚刚起步，而对这一领域的探讨还有许多值得进一步扩展和深究的方向。

首先，更多的实证研究将致力于证实情绪调节自我效能感对心理健康的具体作用机制。情绪调节自我效能感作为一般效能感，其作用机制又有别于具体效能感，它和具体效能感一样可以直接作用于心理健康，它也可以通过影响具体效能感进而间接地影响心理活动，而且情绪调节自我效能感主要是通过这种间接调节方式发挥作用的。至今虽已有少量研究证实了这种作用机制，但由于这方面的实证研究还比较少，因此情绪调节自我效能感对心理健康的作用机制还有待于进一步证实。

其次，更多的实证研究将致力于探讨情绪调节自我效能感的影响因素，以及如何有效地提高个体的情绪调节自我效能感。情绪调节自我效能感对个体的情绪调节和心理健康都有重要影响，因此，了解情绪调节自我效能感的影响因素，进一步提高个体的情绪调节自我效能感就是一个非常重要的理论与实际问题。在此基础上，情绪调节自我效能感的干预研究也将是值得关注的一个方面。

最后，对于情绪调节自我效能感的研究将采用更加多元化的研究方法，比如对于一些发展结果，尤其是那些涉及社会评判的行为，不应该仅仅停留在采用自我报告测量方法上，而应该采用"多方法多途径"的研究思路，比如增加社会计量评级方法、行为观察法等自我报告以外的测量方法，对于亲近社会与攻击等行为的考察也可以从同伴、家长、教师、自我等多途径深入、全面地考察。

虽然，目前对情绪调节自我效能感的实证研究还比较少，研究者对情绪调节自我效能感的具体作用机制及影响因素还没有确定的模型，但是，情绪调节自我效能感对青少年的学业以及心理健康的影响性已被证实。相信随着研究的深入，研究者会明晰情绪调节自我效能感在心理活动中的作用，为青少年心理健康提供良好的理论依据。

第五章

青少年自我意识、人格与幸福感的关系

> 幸福是生命的意义和目的,是人类生存的终极目标。
>
> ——亚里士多德

本章主要从自我评价、自我和谐、情绪调节自我效能感等方面来探讨青少年的自我意识和人格与主观幸福感的关系。

幸福是一个古老而又常新的话题,自古以来人们在不断地探寻幸福的本质。然而,关于幸福到底是什么,千百年来,无论古圣先贤还是平民百姓都试图找到一个完美的答案,但最终只能仁者见仁,智者见智。西方哲人们在不同时期赋予幸福不同的含义:幸运、智慧和德行、天堂或及时享乐;中国的儒家将幸福总结为"五福":长寿、富足、健康平安、美德、寿终正寝,道家将幸福等同于顺应天道,佛家则寄托于超越世俗的极乐世界;当今的普通百姓也给出了自己的定义,有人将追求宁静祥和的状态誉为幸福,有人视超越自我为幸福,等等。总之,幸福是属于自我内心的一种感受,是一种品位与追求,是人类梦寐以求的一种状态。

追求幸福是生命的一种基本需要。人类的发展史就是一部对幸福的追求史,也是一部通过对幸福追求而不断探究人的存在意义、方式、内容的反思史。自古以来围绕幸福的争论可以归结为两类:快乐论与实现论,基于这两种哲学视角,现代心理学幸福感研究出现心理幸福感(PWB)和主观幸福感(SWB)两种不同的概念模型,在研究范式、概念体系、理论框架、测评技术、研究重心等方面都存在差别。

心理幸福感的哲学背景是实现论,强调人的潜能实现,是人的心理机能良好状态,是人的潜能的充分实现,重视积极自尊、社会服务、生活目的、友好关系的普遍意义等核心要素。主观幸福感的哲学背景是快乐论，是个人根据自己的标准对生活的整体性评估，是衡量个人和社会生活质量的综合性心理指标，是反映某一社会中个体生活质量的重要心理学参数，并由此产生情绪状态，强调快乐的主观性，其核心概念与操作指标是生活满意度、正性情感与负性情感，其中生活满意度是个体对生活的总体质量的认知评价，即在总体上对个体生活作出满意程度的判断；后两者均指个体生活中的情感体验，正性情感包括愉快、轻松、满足等；负性情感包括抑郁、焦虑、紧张等。对整体生活的满意程度越高，体验到的正性情感越多，负性情感越少，则个体的幸福感体验越强。因而 SWB 是一种主观的、整体的概念，同时也是一个相对稳定的值，它可评估相当长一段时期的情感反应和生活满意度，因而在心理学的相关研究中涉及广泛。

自我意识是个体对自身及其与周围世界关系的心理表征，表现为认知、情感、意志三种功能形式。从心理结构和功能的角度来看，个体的自我意识就是由自我认识（或概念）、自我体验和自我监控（或自我调控）三方面心理活动机能构成，是个体对自己及与周围环境的关系诸方面的认识、体验和调控的多层次心理功能系统。个体往往是基于自我评价而产生情绪调节；自我行为是自我意识的执行方面，自我意识的能动性最终体现在自我监控之上。

本章主要探究青少年自我评价与自我和谐、主观幸福感的关系（黎艳，2013）、情绪调节自我效能感与主观幸福感的关系（窦凯、聂衍刚、王玉洁、刘毅、黎建斌，2013），以及五大人格与主观幸福感的关系（谭贞晶、聂衍刚、罗朝霞，2010）等。

第一节 青少年自我评价、自我和谐与主观幸福感关系研究

本研究是从青少年自我评价及个体的内部是否协调的角度出发探究青少年自我意识与主观幸福感的关系。

一 研究概述

Gecas（1971）认为，自我评价是个体对自己的总体感觉，也就是个

体对自我具有的各种特征和品质的认知、理解。他从能量和价值两个方面来衡量个体的认知评价。所谓的能量是指个体对自己的能力、影响力的感知；价值指个体对自己的品德的感觉。Harter（1998）认为自我评价是个体对其能力及社会适应性的判断。另外，也有学者认为，自我评价是个体对自己的总体评价，以及以评价为基础的自我体验和自我接纳程度，包含的两个维度是自尊和自我效能感（张宜彬，2008）。Eisert（1982）认为，青少年对自我的评价主要以身体和社交这两个领域为关注点，通过对体貌变化和社会角色的评价，从而对个体的认知评价方式进行测量。虽然学界对自我的认知评价的界定没有达到统一，但都大同小异，综合起来看，对青少年学生而言，自我评价就是指个体对自己的外貌、思想、行为、个性特征、事件及压力觉察与评估。本研究所指的自我评价是个体对自己的一种认知方式，积极的自我认知评价是一个人取得成功，获得成就的重要精神力量，也是适应社会，保持心理健康、心理和谐的重要表现。

自我和谐是指个体自我的概念中没有心理冲突、矛盾的现象，是个体内部体验与外部经验之间的一种协调状态，表现为知、情、意、行的完整统一，没有矛盾冲突，能适应社会的一种良好心理状态。从自我和谐的发展研究来看，不同的心理学家也从不同的角度对自我和谐的概念作出了阐释。人本主义心理学家 C. Rogers 在其人格理论里指出，人格由"经验"和"自我概念"构成，当自我概念与知觉的、内藏的经验呈现协调一致的状态时，他便是整合的、真实而适应的人，反之他就会经历或体验到人格的不协调状态。精神分析学家弗洛伊德认为，自我和谐是本我、自我和超我三者之间的平衡发展，本我、自我和超我三种心理成分在发展中如果保持平衡，就能够实现人格的正常发展，三者一旦发展失调乃至破坏，就会导致心理疾病或神经症；新精神分析学家埃里克森认为，人的整个一生存在八个发展阶段，如果个体能够顺利完成八个发展阶段的相应任务，自我就会达到一种和谐状态，其人格就能够顺利地、健康地发展。

青少年正处于人生的关键时期，是埃里克森所说的自我同一性发展的时期。自我认知评价作为个体自我意识的重要内容，对主观幸福感有非常重要的影响。此时期内，如果个体自我内外协调一致，就会形成积极、健康的人格；如果个体自我内外出现矛盾、冲突，个体就很难适应社会，出现心理危机。个体内心是否达到和谐一致，决定着个体对幸福的主观体验。主观幸福感是个体对整体生活质量的一个评估和对自己情绪、情感的一种体验，个体通过对自我的外貌、性格、行为、情绪情感等的评价可以直接影响其主观幸福感。

二 研究方法

（一）被试

在广州市3所中学随机抽取高一、高二两个年级各三个班的学生，以班为单位进行团体施测，总发放问卷800份，回收有效问卷738份，有效问卷率为92.25%。其中男生337人，女生401人，重点学校443人，非重点学校295人，农村135人，城市603人，独生子女402人，非独生子女336人。

（二）研究工具

1. 个人评价问卷

采用Sidney Shrauger编制的个人评价问卷，主要对学生的自信方面进行认知评价，问卷包括6个分量表：学业表现、体育运动、外表、恋爱关系、社会相互作用以及同人们交谈，此外，除了这6个分量表外，还包括一些评定总体自信水平和可能影响自信判断的心境状态的条目。问卷共有54个条目，采用四级评分，总分范围在54—216之间，分值越高表示个体对自信的认知评价越高，该问卷的Cronbach'α系数男性为0.67—0.86，女性为0.74—0.89，间隔一个月重测相关系数：男性为0.93，女性为0.90。其中问卷2、3、7、8、9、13、15、18、21、22、23、25、28、29、30、32、34、35、40、44、45、49、52、53、54为反向计分题。在本次调查中，该问卷KMO检验为0.836，内部一致性系数为0.887。

2. 青少年自我和谐问卷

采用广州大学李婷、聂衍刚编制的青少年自我和谐问卷。问卷包括3个因子共22个题项，3个因子分别为：自我悦纳、自我一致性、自我困扰。各个因子及与总问卷的内部一致性系数分别为：0.849、0.746、0.675和0.871。问卷采用5点计分方法，让被试根据自己的主观感觉，判断自己对各个题项的赞同程度，其中1代表"完全不符合"、2代表"比较不符合"、3代表"不清楚"、4代表"比较符合"、5代表"完全符合"。在本次问卷调查中，该问卷的Cronbach'α系数为0.856。

3. 主观幸福感量表

采用 Diener 等人编制的主观幸福感问卷，包括 5 个题项的整体生活满意度量表、6 个题项的积极情感频率量表、8 个题项的消极情感频率量表，采用 7 点计分方式，最终主观幸福感计分为：先将消极情感总得分取为反向计分，之后 3 个分量表相加取均分。生活满意度分量表的 7 点计分为：1 代表"强烈反对"；2 代表"反对"；3 代表"有点反对"；4 代表"既不赞成也不反对"；5 代表"有点赞成"；6 代表"赞成"；7 代表"极力赞成"。在最近一周内所体验到的积极情感与消极情感频率词在 7 点量表上分别为：1 代表"根本没有体验到"；4 代表"一半时间体验到"；7 代表"所有时间体验到"（变化趋势：由无到有，由弱到强）。该量表在近十几年来被郑雪等人广泛地用于研究，具有较高的信度与效度。3 个分量表的内部一致性信度系数（Alpha）分别为 0.789、0.771、0.815。在本次调查中，3 个分量表的内部一致性系数分别为 0.767、0.816、0.833。

（三）施测及数据处理

在学校班主任的协助以及学生的配合下，以班为单位进行团体测试，测试时间为 20 分钟，问卷完成后当场收回。收集的数据采用 SPSS 17.0 统计软件进行分析，主要运用描述性统计、相关分析、多元回归分析、路径分析等统计方法。

三 研究结果

（一）青少年自我评价、自我和谐及主观幸福感的现状

青少年的自我评价均分为 2.54，总体上良好，从性别、生源地、学校类型、独生子女与否等人口学变量角度考察来看，男、女生的自我评价存在显著差异（$p<0.001$），男生的自我评价高于女生；城市和农村的学生自我评价不存在显著差异；非重点学校的学生自我评价比重点学校的学生高，但不存在显著差异；独生子女和非独生子女的自我评价也不存在显著差异。

青少年自我和谐均分为 74.22，总体上良好，从性别、生源地、学校类型、独生子女与否等人口学变量角度考察来看，男生的自我和谐均分高于女生；城市的学生高于农村的学生；非重点学校的学生高于重点学校的学生；非独生子女的自我和谐均分高于独生子女。但青少年自我和谐及其

各因子在性别、生源地、学校类型、独生子女与否上的差异均不显著。

青少年主观幸福感的均分为 4.43，处于中上水平，其中对生活的满意度和积极情感稍高于中等水平（$M>4$），消极情感略低于中等水平（$M<4$）。从性别、生源地、学校类型、独生子女与否等人口学变量角度来看，青少年主观幸福感在性别、生源地和独生与否变量上都不存在显著差异，但在学校类型上存在显著差异（$t=0.274$，$p<0.01$），重点学校的学生比非重点学校的学生的主观幸福感低。在积极情感上，重点学校与非重点学校的学生也存在显著差异（$t=-3.69$，$p<0.001$），非重点学校的学生比重点学校的学生积极情感更高。

(二) 不同自我和谐水平的青少年自我评价与主观幸福感的差异性分析

从高、中、低自我和谐三个水平考察青少年自我评价与主观幸福感各因子的差异，结果发现（如表 5-1 所示）：不同自我和谐水平的青少年自我评价和主观幸福感的得分差异显著。高自我和谐水平的青少年自我评价较积极，主观幸福感较高；低自我和谐水平的青少年自我评价较消极，主观幸福感也相对较低。

表 5-1　不同自我和谐水平的青少年自我评价与主观幸福感的差异检验

项目	高 $M\pm SD$	中 $M\pm SD$	低 $M\pm SD$	F
自我评价	151.37 ± 13.67	139.16 ± 11.82	123.77 ± 16.78	246.45***
整体生活满意度	4.76 ± 1.11	4.22 ± 0.95	3.40 ± 0.94	102.85***
积极情感	4.95 ± 1.04	4.23 ± 1.09	3.50 ± 1.03	101.75***
消极情感	2.56 ± 0.92	2.93 ± 1.03	3.56 ± 1.08	55.03***
主观幸福感	5.11 ± 0.68	4.58 ± 0.71	3.87 ± 0.71	169.96***

注：*$p<0.05$，**$p<0.01$，***$p<0.001$

(三) 青少年自我和谐、自我评价及主观幸福感的相关分析

由表 5-2 可以看出，自我和谐各维度与主观幸福感及整体生活满意度、积极情感呈显著正相关，自我和谐各维度与消极情感呈显著负相关。而自我评价与自我和谐以及主观幸福感、整体生活满意度、积极情感呈显著正相关，与消极情感呈显著负相关。

表5-2　青少年自我和谐、自我评价及主观幸福感的相关分析

项目	自我和谐总分	自我悦纳	自我一致性	自我困扰	自我评价	整体生活满意度	积极情感	消极情感
自我悦纳	0.89**							
自我一致性	0.82**	0.64**						
自我困扰	0.62**	0.30**	0.32**					
自我评价	0.70**	0.65**	0.51**	0.47**				
整体生活满意度	0.53**	0.49**	0.44**	0.30**	0.40**			
积极情感	0.50**	0.46**	0.44**	0.25**	0.47**	0.49**		
消极情感	-0.41**	-0.31**	-0.29**	-0.38**	-0.40**	-0.34**	-0.24**	
主观幸福感	0.63**	0.54**	0.50**	0.42**	0.57**	0.75**	0.74**	-0.76**

注：$*p < 0.05$，$**p < 0.01$，$***p < 0.001$

（四）青少年自我评价、自我和谐与主观幸福感的回归分析

从以上分析可以看出，青少年自我和谐、自我评价与主观幸福感两两相关显著，为了进一步探讨三者之间的关系，本研究以主观幸福感为因变量，自我评价与自我和谐及其各因子为自变量，作多元逐步回归分析，结果发现（如表5-3所示）：在自我和谐及其各因子与自我评价对主观幸福感的多元逐步回归分析中，自我和谐总分和自我评价都优先进入了回归方程，两者的联合解析率为42.2%。

表5-3　青少年自我和谐与自我评价对主观幸福感的多元逐步回归分析

因变量	预测变量	B	R^2	ΔR^2	t
主观幸福感	自我和谐总分	0.450	0.391	0.391	11.393***
	自我评价	0.248	0.422	0.031	6.280***

注：$*p < 0.05$，$**p < 0.01$，$***p < 0.001$

（五）自我评价对自我和谐与主观幸福感的调节效应分析

由自我和谐、自我评价对主观幸福感的多元逐步回归方程可知，自我和谐与自我评价对主观幸福感均有预测作用。为了进一步深入探讨三者之间的关系，根据温忠麟（2005）等人提出的调节效应检验的条件与方法

对三者的关系进行分析。James 和 Brett 对调节变量的定义是，如果变量 Y 与变量 X 是变量 M 的函数，称 M 为调节变量。调节变量反映的是自变量在何种条件下会影响因变量，也就是当自变量与因变量的相关大小或正负方向受其他因素影响时，这个因素就是两者的调节变量。

在该研究中，自我和谐（X）是自变量，主观幸福感（Y）是因变量。根据调节变量检验的方法，检验自我评价（M）在自我和谐与主观幸福感之间的调节效应。首先，将所有变量标准化；然后，分别作主观幸福感对自我和谐、自我评价的回归，主观幸福感对自我和谐、自我认知评价、自我和谐×自我评价的回归，结果如表 5-4 所示。由表 5-4 可知，乘积项的回归系数显著（$t = -2.225$，R^2 的变化为 0.003）。因此，自我评价在自我和谐与主观幸福感之间的调节效应显著。

表 5-4　自我评价对自我和谐与主观幸福感的调节效应检验

	预测变量	回归方程	R^2	R^2 的变化
第一步	自我和谐（X）	Y = 0.450X		
	自我评价（M）	+0.248M	0.422	
第二步	自我和谐（X）	Y = 0.032 + 0.441X		
	自我评价（M）	+0.249M		
	自我和谐（X）×自我评价（M）	-0.046XM	0.425	0.003*

注：$*p < 0.05$，$**p < 0.01$，$***p < 0.001$

四　讨论

自我评价的能力是在自我意识发展过程中逐步成熟与完善的，高中阶段的青少年由于逻辑抽象思维进一步发展，知识经验日渐丰富，对自我的认知评价逐渐趋于成熟和稳定，能够在客观地看待周围事物的同时，较为全面、辩证地评价和分析自己的思想、能力、性格和水平。因此，高中阶段的青少年在生源地、学校类型以及独生子女变量上差异不大。但受传统文化的影响以及社会期望对男生、女生的刻板要求，男生、女生对自我的认知评价存在差异。男生在个性特征上表现得更为独立、处事更为果断，意志力、自尊心等比女生高，对自我的认知评价相对较高。女生在个性特征上较情绪化，对自我的认知评价常常容易受到他人外在评价的影响，对自我的形象、体貌以及各种行为较为关注，对自我的评价也较为严格。此外，男生在对自我进行认知评价时，倾向于看到自己能够达到或即将做到的方面，表现为对任何事情都有自信；而女生在对自我进行认知评价时更多的是通过一种与他人比较的方式看到自己的不足，表现为对自我的反省，进而产生消极的自我评价。

青少年自我和谐状况总体上呈正态分布，平均分值达到74.22。少部分青少年的自我和谐分值较低（Min = 32），与自我和谐的平均水平有相当大的差距。高中阶段的青少年正处于青年中期，经过初中阶段（青年初期）生理和心理上的急剧动荡和迅猛发展，其生理和心理逐渐趋于成熟和稳定。这时期的青少年自我意识得到高度的发展，大部分青少年在要求独立自主的基础上能够与成人和睦相处，能够对成人保持一种肯定的尊重的态度，对自我的评价在一定程度上能达到主客观的辩证统一（林崇德，1995）。但是，青少年自我的发展受内外多方面因素的影响，从内在因素上看，现实自我与理想自我如果不能很好地分化，个体需要长期得不到满足，个体行为长期得不到肯定和赞赏，自我评价过高或过低等，就会导致青少年自我心理发展的不平衡、不和谐；外因方面，当今社会是一个科技、信息不断发展变化的社会，大量的互联网信息以及缤纷多彩的娱乐生活不断充斥着人们的生活，处于高中阶段的青少年一方面要承受着繁重的学业压力，另一方面要抵御外界环境的影响和干扰，如果家长、学校、社会不能适时给予支持和理解，青少年自我就会产生各种心理问题。

广州市青少年的主观幸福感总体上处于中上水平（$M > 4$），并在学校类型上存在显著差异（$t = 0.274$，$p < 0.01$）。非重点学校的学生主观幸福感比重点学校的学生高，这个研究结果与以往的研究不一致（马颖、刘电芝，2005）。究其原因，在广州这样的大城市里，重点学校与非重点学校的教学资源、软硬件设施差异不大，关键在于学生自己学习的努力程度。重点学校的学生比非重点学校的学生面临更大的学业压力、学业竞争，更高的家庭期望和社会期望，因而对内在自我的要求也更高；非重点学校的学生虽然也面临学业压力以及社会各界的期望，但相比而言，对自我的要求不会太严格，在紧张学习的同时，也会更多地与同学们一起参与到其他课余活动中去，轻松感受周围的美好，因而，其积极情感频率较

高，主观幸福感也较高。在性别方面，男、女青少年的主观幸福感不存在显著差异。这与何瑛（2000）、严标宾（2003）对大学生群体的研究一致，但也有些结果与此不同，有研究者认为女生的主观幸福感高于男生（杨海荣、石国兴，2004），也有一些学者对青少年的研究表明，男生的幸福感高于女生（徐维东、吴明证、邱扶东，2005）。不同性别对主观幸福感的影响以及影响程度如何，是否还受到其他因素如年龄、学历等的影响，仍是学术界需要进一步探讨的问题。

研究还表明，青少年主观幸福感在生源地和独生子女与否变量上都不存在显著差异。家庭经济收入是影响幸福感高低的一个重要因素，一般而言，城市的学生家庭经济收入高于农村的学生，因而城市的学生主观幸福感应该更高，然而家庭经济收入对人们的影响是相对的，个体的主观幸福感更多的是来源于社会比较，个体向上比较，则主观幸福感减少；个体向下比较，则主观幸福感增强。群体主观幸福感的差异跟群体所处的社会经济文化背景密切相关，如果两个群体的社会经济文化背景差异太大，则表现在主观幸福感上差异也会显著，反之，不存在显著差异。本研究中，农村的学生与城市的学生基本都生活于相同或相似的环境下，彼此的社会经济文化背景差异不大，因此，表现在主观幸福感上，生源地的差异不显著。

自我评价是个体对自己的总体评价，以及以评价为基础的自我体验和自我接纳程度，与生活满意度、正性情感和负性情感的相关十分显著，自我评价较高的人对生活的满意度也较高，体验到的正性情感较多，负性情感较少。积极的自我认知评价就像个体心理健康的免疫系统，能够对个体的主观幸福感起到提升的作用。研究表明，个体对自我的外表、能力、学业表现、社会关系认知评价较全面、积极，主观幸福感也会较高；反过来，主观幸福感越高，个体对自我和外界的认知评价也会更积极。自我认知评价较高的青少年的主观幸福感也越强。

不同自我和谐水平的青少年自我评价与主观幸福感存在显著差异。高自我和谐水平的青少年自我评价较积极，主观幸福感较高；低自我和谐水平的青少年对自我的认知评价较消极，主观幸福感也相对较低。在相关分析中，自我和谐各因子与主观幸福感及整体生活满意度、积极情感呈显著正相关，与消极情感呈显著负相关。而自我评价与自我和谐以及主观幸福感、整体生活满意度、积极情感呈显著正相关，与消极情感呈显著负相关。进一步的多元回归分析表明，自我和谐、自我评价都优先进入方程，并显著预测主观幸福感，两者能共同预测主观幸福感42.2%的变异量。

自我和谐作为一种积极、稳定的心理状态，是个体心理健康的一个内在反应，是健康心理的根本特征。自我和谐能有效预测个体的主观幸福感。一个人的内心是否达到和谐一致，决定着个体对幸福的主观体验。一个自我和谐的人，能够使自己融入环境，适应环境的变化，能够使现实我与理想我达到和谐统一，能够正确地认识自我、接纳自我，对自我做出客观、全面、辩证的评价。Sheldon等人提出自我和谐的因果模型中指出，目标自我和谐的产生促使目标的达成和幸福感的提升，并进而提出"自我和谐"是预测幸福感的重要变量。王登峰（2003）教授认为，心理健康是个体在良好的生活状态基础上，达到自我和谐与社会和谐时所表现出来的主观幸福感。可见，自我和谐对主观幸福感有重要作用。

自我和谐、主观幸福感与个体的认知发展有密切的关系。积极的自我认知评价就像个体心理健康的免疫系统，能够对个体的主观幸福感起到提升的作用。研究表明，个体对自我的外表、能力、学业表现、社会关系认知评价较全面、积极，其自我和谐程度、主观幸福感也会较高；反过来，个体达到自我和谐，其对自我和外界的认知评价也会更积极，主观幸福感也更高。同理，个体对自我以及外在环境的认知评价越消极，其自我的和谐程度、主观幸福感就会越低；而自我和谐程度越低，反过来又进一步地促使个体对自我与外界更消极的评价，从而降低主观幸福感。可见，自我认知评价在自我和谐与主观幸福感之间起调节作用。

五　教学建议

青少年自我评价在生源地、学校类型以及独生子女变量上不存在显著差异，但在性别上存在非常显著的差异，男生的自我评价比女生高；青少年的主观幸福感总体处于中上水平，在性别、生源地和独生子女与否变量上差异均不显著，但在学校类型上差异显著，非重点学校的学生主观幸福感比重点学校的学生高；青少年的自我认知评价能显著正向预测其主观幸福感水平，其预测力达到32.5%。

主观幸福感的缺口理论认为，主观幸福感反映了个体期望值与成就感之间的差距，期望值往往高于成就感。两者之间的差距越小，个体就越幸福，差距为零产生高水平的幸福感。个体在进行自我评价时总是与一定的标准相对比，其实这个标准就是个人的期望目标。期望值与实际成就之间的差距与主观幸福感相关，期望值、现实条件与个人外在资源（权力关系、社会关系、经济状况等）和内在资源（气质、外貌等）是否一致，决定着其主观幸福感水平。

  自我评价作为自我意识的一个重要组成部分，对个体的身心健康与个性发展具有重要的影响。根据认知理论，任何心理障碍都会伴有认知方面的问题。当个体在向外界展现自我的时候，如果能经常得到正面、积极的反馈，个体就会产生安全感和自尊感，并促使自己进一步地参与外界的互动，从而更加肯定自己，进而形成良好的自我认知评价。反之，则形成消极的自我认知评价。有积极自我评价的个体对将来的生活充满希望和期待，这种希望和期待可以鼓励个体为解决问题不断努力，因而也更有可能顺利解决各种问题，并得到更好的结果。相反，消极、悲观的认知评价倾向个体比积极、乐观的认知评价倾向个体更容易出现心理健康方面的问题，生活满意度也更低。青少年学生对自我在认识上、情感上、意志上不一致时，将导致自我概念难以形成，自我形象不能确立，从而给个体的内心带来冲突、不安、痛苦和焦虑，影响个体的身心健康。

  在家庭和学校教育中，引导青少年对自己进行积极健康的自我评价，有意识地培养青少年的自我和谐，提高心理适应能力，增强挫折容忍力，以促进青少年的全面发展，显得尤其重要。青少年学生对自我的评价主要从三大方面展开：（1）对身体外貌的感知和评价。青少年正处于青春期，身体的各个方面都在迅速发展，其身高、体重、身材、容貌等都有很大的差异。如果个体对生理自我不能正确认识和接纳，就会排斥、讨厌自己，尤其是性格内向的女生，易形成自卑的心理。（2）对于同伴、教师及其他群体、社会关系的感知和评价。青少年时期特有的闭锁性和开放性心理特点，决定了青少年既害怕表露自己的心声，又渴望拥有朋友、同伴的理解。如果个体长期不善于与他人沟通和交流，对自己在群体中的地位和作用不能形成正确、积极的评价，就会感到寂寞、失落，严重的还可能发展为人际交往障碍。可见，积极的自我认知评价对个体的社交适应和心理健康有重要的作用。（3）对学业成就的感知和评价。学习是青少年学生的重要任务，也是青少年学生日常生活的主要内容，对自己学业成绩高、低的看法，原因分析与结果预期等的认知评价，也会影响青少年对自我整体的认知评价。

青少年是一个承载着社会、家庭、学校期望的群体，随着经济和社会的发展，他们所面临的问题更加复杂多样，家长和教师要了解青少年的生理和心理发展特点，引导他们正确地进行认知评价，合理的组织他们地学习和生活，传授实用的心理调节方法，帮助他们找到合理的情绪宣泄途径，维持其自我和谐，从而提高青少年的主观幸福感。

第二节 情绪调节自我效能感与主观幸福感的关系研究

一 研究概述

情绪调节自我效能感（Regulatory Emotional Self–Efficacy，RESE）指个体对能否有效管理自身情绪状态的一种信心程度，它能缓和情绪紧张，维护情绪调节，帮助调节情绪冲动和促进心理健康（Bandura、Caprara、Barbaranelli、Gerbino 和 Pastorelli，2003；Caprara 等，2008；Garnefski、Teerdr、Kraaij、Legerstee 和 Van，2004；窦凯、聂衍刚、王玉洁、黎建斌，2012）。情绪调节自我效能感包括识别自身情绪状态的能力感、理解他人情绪体验的能力感及表达积极和管理消极情绪的能力感（Bandura 等，2003；Caprara 和 Gerbino，2001）。目前，关于青少年情绪调节自我效能感和主观幸福感的关系及其机制的研究是国内外研究的热点议题之一（Lightsey 等，2012；Lightsey、Maxwell、Nash、Rarey 和 McKinney，2011；Wang、Fredrickson 和 Taylor，2008；田学英、卢家楣，2012）。

主观幸福感（Subjective Well–Being，SWB）是指个体以内定的标准对其生活质量进行的整体评价，它是衡量个体生活品质和心理健康的一个重要指标（Pavot 和 Diener，2008；丁新华、王极盛，2004）。以往研究发现，管理积极和消极情绪的自我效能感有助于提高个体维持积极的自我概念、使个体体验到更多的积极情绪和幸福感；管理生气/愤怒效能感和管理沮丧/痛苦效能感与负性情感呈显著负相关，与生活满意度呈显著正相关（Caprara，2006；Lightsey 等，2011、2012）。情绪调节自我效能感除了直接作用于主观幸福感,还可以通过人际关系效能感、共情效能感等因素间接影响主观幸福感(Caprara,2005)。由此可见,情绪调节自我效能感是影响主观幸福感的重要因素。

我们认为,情绪调节自我效能感对主观幸福感产生影响的一个机制在于具有不同水平情绪调节自我效能感的个体采用不同的情绪调节方式,进而影响主观幸福感。首先,自我评价的获益机制认为高自我评价的个体较少采用回避的调节策略,他们能够通过持续对环境作出积极的响应来维持积极的认知与情感,知觉到更多的积极、正性的认知和情绪,较少体会到消极、负面的认知和情绪,从而维护积极的情绪体验(Kammeyer-Mueller、Judge和Scott,2009;黎建斌、聂衍刚,2010)。相关研究表明,相对于那些怀疑自己能力的人来说,相信自己有能力调节情绪的个体更倾向于选择有效的情绪调节策略,避免情绪所带来的困扰(Bandura和Wood,1989;Brown,2009)。

情绪调节方式包括减弱调节、增强调节和自然调节。增强调节包括评价重视和表情宣泄,减弱调节包括评价忽视和表情抑制(黄敏儿、郭德俊,2001)。不同的情绪调节方式对主观幸福感产生不同的影响。研究证实,主观幸福感与正性情绪的增强调节呈显著正相关,而与负性情绪的增强调节呈显著负相关,负性情绪的减弱调节与积极情感呈正相关(杨芳,2007)。这表明不同的情绪调节方式对主观幸福感产生不同的影响,个体选择正性情绪增强调节和负性情绪减弱调节将有助于提高主观幸福感(黄敏儿、郭德俊,2002;侯瑞鹤、俞国良,2006)。

如上所述,当个体相信自己有能力进行情绪调节时,他们更倾向于采用积极的调节策略,如采取持续扩大已有的快乐体验和减弱负性情绪体验等有效情绪调节方式来维持积极情绪和幸福感;而低情绪调节自我效能感的个体可能更倾向于采用压抑、否认等消极情绪调节方式来进行调节,因此他们难以体验到良好的主观幸福感。

为此,本书拟采用结构方程模型技术考察情绪调节自我效能感与主观幸福感的关系以及情绪调节方式在其中的中介作用,并假设:(1)情绪调节自我效能感对主观幸福感存在显著的正性影响;(2)情绪调节方式在情绪调节自我效能感与主观幸福感之间起中介作用。

二 研究方法

(一) 被试

采用随机整群抽样法,在广州市6所中学(城市3所,农村3所)共发放1200份问卷,收回有效问卷1128份。其中,男生389人,女生739人;初一174人,初二190人,初三178人,高一244人,高二156人,高三186人;城镇学生357人,农村学生771人。所有被试的年龄在12—18岁之间。

(二) 研究工具

1. 情绪调节自我效能感

本研究对Caprara等人(2008)的《情绪调节自我效能感量表》进行修订,修订后的量表共由17个项目组成,是一个二阶5因素模型结构,分别是表达快乐/兴奋情绪效能感(HAP)、表达自豪情绪效能感(GLO)、管理生气/愤怒情绪效能感(ANG)、管理沮丧/痛苦情绪效能感(DES)和管理内疚/羞耻情绪效能感(COM),前2个因素构成高阶因子"表达积极情绪效能感"(POS),后3个因素构成高阶因子"管理消极情绪效能感"(NEG)。量表采用Likert 5点计分(从"1=非常不符合"到"5=非常符合"),得分越高表明情绪调节自我效能感程度越高。本研究中,5因素的CFA拟合参数为$\chi^2 = 172.52$,$df = 94$,$\chi^2/df = 1.84$,$GFI = 0.98$,$AGFI = 0.97$,$NFI = 0.97$,$CFI = 0.99$,$IFI = 0.99$,$RMSEA = 0.03$。总量表的Cronbach'α系数为0.85,各分量表的Cronbach'α系数介于0.63—0.75之间。

2. 情绪调节方式

采用黄敏儿等人(2002)修订的情绪调节方式问卷,共50个项目,包括5个基本分量表:忽视调节分量表、抑制调节分量表、重视调节分量表、宣泄调节分量表和自然调节分量表。该问卷用于测量日常生活中对10种基本情绪(2种正性情绪、8种负性情绪)进行减弱调节(忽视、抑制)、增强调节(重视、宣泄)和自然调节的调节量。该量表采用Likert 5点计分(从"1=从没发生"到"5=总是发生"),得分越高说明个体采用某种情绪调节方式的频率越高。本研究中,该问卷的CFA拟合参数为$\chi^2 = 3913.51$,$df = 1139$,$\chi^2/df = 3$,$GFI = 0.82$,$AGFI = 0.84$,$NFI = 0.87$,$CFI = 0.82$,$IFI = 0.83$,$RMSEA = 0.05$。总量表的Cronbach'α系数为0.91,各分量表的 Cronbach'α 系数介于 0.77—0.87 之间。

3. 主观幸福感

(1) 青少年生活满意度量表

采用张兴贵（2004）编制的《青少年生活满意度量表》，共 36 个条目，包括学校满意、环境满意、学业满意、自由满意、家庭满意和友谊满意 6 个维度。采用 Likert 7 点计分（从 "1 = 完全不符合" 到 "7 = 完全符合"）。本研究中，该量表的 CFA 拟合参数为 χ^2 = 1762.07，df = 545，χ^2/df = 3.23，GFI = 0.92，$AGFI$ = 0.90，NFI = 0.89，CFI = 0.92，IFI = 0.92，$RMSEA$ = 0.04。总量表的 Cronbach'α 系数为 0.92，各分量表的 Cronbach'α 系数介于 0.62—0.88 之间。

(2) 快乐感量表

采用 Diener（2000）编制的快乐感量表，用于测量正性情感和负性情感的体验频率。该量表由 6 个描述正性情绪和 8 个描述负性情绪的形容词所构成，采用 Likert 7 点计分（从 "1 = 根本没有" 到 "7 = 所有时间"）。本研究中，总量表的 Cronbach'α 系数为 0.72，正性情感和负性情感分量表的 Cronbach'α 系数分别为 0.77 和 0.80。

(三) 统计工具

使用 SPSS 15.0 和 Amos 7.0 进行数据统计分析。

三 研究结果

(一) 共同方法偏差检验

由于采用问卷调查法，所有的项目均由中学生回答，因此测量中可能存在共同方法偏差（Common Method Bias）。在数据收集过程中采用班级统一施测的方法，强调匿名性、保密性以及数据仅限于学术研究等说明进行程序控制。在数据分析时，根据 Podsakoff 等人（2003）的建议，本研究进行了 Harman 单因子检验（Harman's One Factor Test），也就是同时对所有变量的项目进行未旋转的主成分因素分析。结果显示，共有 19 个因子的特征根值均大于 1，且第一个因子解释的变异量只有 11.99%，小于 40%，因此，本研究的共同方法变异问题并不严重。

(二) 主要变量的相关分析

通过相关分析表明（如表 5-5 所示），RESE 与减弱调节、生活满意度、积极情感呈显著正相关，与增强调节、消极情感呈显著负相关；POS 与增强调节、自然调节、生活满意度、积极情感呈显著正相关，而与消极情感呈显著负相关；NEG 与增强调节、自然调节、消极情感呈显著负相关，与减弱调节、生活满意度、积极情感呈显著正相关；增强调节与消极情绪呈显著正相关；减弱调节与生活满意度、消极情感呈显著正相关；自然调节与积极情感、消极情感呈显著正相关。

表5-5 青少年情绪调节自我效能感、情绪调节方式和主观幸福感的相关矩阵

	1	2	3	4	5	6	7	8	9
1. RESE									
2. POS	0.70***								
3. NEG	0.91***	0.34***							
4. 增强调节	-0.06*	0.18**	-0.19***						
5. 减弱调节	0.14***	0.06	0.14***	0.32***					
6. 自然调节	-0.04	0.15***	-0.13***	0.66***	0.24***				
7. 生活满意度	0.49***	0.28***	0.47***	-0.04	0.13***	-0.01			
8. 积极情感	0.26***	0.18***	0.24***	0.04	0.07*	0.09**	0.45***		
9. 消极情感	-0.23***	-0.11***	-0.24***	0.23***	-0.02	0.10**	-0.30***	-0.01	
M	60.37	23.97	36.40	56.51	22.81	26.76	166.73	20.41	20.81
SD	9.95	4.42	7.53	11.68	5.97	6.17	29.01	7.35	7.19

注：*$p<0.05$，**$p<0.01$，***$p<0.001$。
RESE = 情绪调节自我效能感，POS = 表达积极情绪效能感，NEG = 管理消极情绪效能感。

（三）情绪调节自我效能感、情绪调节方式对主观幸福感的回归分析

以生活满意度、积极情感和消极情感为因变量，以情绪调节自我效能感和情绪调节方式各维度为自变量，进行逐步回归分析。结果表明（如表5-6所示），在生活满意度中，DES、COM、HAP、ANG 和减弱调节逐层进入回归方程，显著正向预测生活满意度，其总预测力为24.5%，$F_{(5,1122)}=72.88$，（$p<0.001$）。在积极情感中，DES、HAP、自然调节和 ANG 逐层进入回归方程，显著正向预测积极情感，其总预测力为9.0%，$F_{(4,1123)}=27.61$，（$p<0.001$）。在消极情感中，增强调节显著正向预测消

极情感；DES、GLO、自然调节和 ANG 显著反向预测消极情感，其总预测力为 10.5%（$F_{(5,1122)} = 26.30$，$p < 0.001$）。

表 5-6　　青少年情绪调节自我效能感、情绪调节方式预测主观幸福感的回归分析

因变量	预测变量	R^2	F	β	t
生活满意度	DES	0.25	72.88	0.16	4.36***
	COM			0.18	5.48***
	HAP			0.15	5.45***
	ANG			0.16	4.74***
	减弱调节			0.07	2.63**
积极情感	DES	0.09	27.61	0.15	4.28***
	HAP			0.13	4.36***
	自然调节			0.10	3.22**
	ANG			0.09	2.61**
消极情感	增强调节	0.11	26.30	0.28	7.27***
	DES			-0.11	-2.99**
	GLO			-0.09	-3.00**
	自然调节			-0.10	-2.74**
	ANG			-0.09	-2.47*

注：$*p < 0.05$，$**p < 0.01$，$***p < 0.001$

HAP = 表达快乐/兴奋情绪效能感；GLO = 表达自豪情绪效能感；ANG = 管理生气/愤怒情绪效能感；DES = 管理沮丧/痛苦情绪效能感；COM = 管理内疚/羞耻情绪效能感。所有模型均取自最后一层。

（四）情绪调节方式的中介作用模型检验

为进一步探讨情绪调节自我效能感影响主观幸福感的作用机制，本研究假设情绪调节自我效能感通过情绪调节方式间接影响个体的主观幸福感。我们首先构建假设模型 A（完整模型），然后在此基础上，依据模型修正指标值分别构建修正模型 A_1—A_3。

由表 5-7 列出的假设模型及修正模型的拟合指数可以发现，模型 A 与数据的拟合效果不够好。考察模型修正指标后发现，"e11—e12"存在

共变关系，设定 e11 和 e12 有共变关系得到修正模型 A_1，拟合指数有了明显改进，其中 χ^2 降低了 50.695，χ^2/df 小了 1.093，$RMSEA$ 也小了 0.007，拟合指数 CFI、GFI、NFI、IFI 均有所提高。由修正模型 A_1 的修正指标值发现，增设"管理消极情绪自我效能感、减弱调节"这条路径将至少降低 44.80 的 χ^2 值。因此，在模型 A_1 的基础上增设这条路径得到修正模型 A_2，结果发现修正模型 A_2 与数据非常适配，与模型 A_1 相比，χ^2 降低了 46.06，其他拟合指标均有所改进。由修正模型 A_2 可以发现，减弱调节在情绪调节自我效能感与主观幸福感间所起的中介作用更加明显，于是直接选取减弱调节作为中介变量构建修正模型 A_3，结果发现 χ^2 再次降低了 10.373，χ^2/df 降至 3.749，$RMSEA<0.05$，CFI 和 GFI 等拟合指标均接近 1，说明修正模型 A_3 与数据非常拟合（如表 5-7 和图 5-1 所示）。

表 5-7　　　　　　　　各结构模型的拟合指数

Model	df	χ^2	χ^2/df	$RMSEA$	CFI	GFI	NFI	IFI
A	38	275.852	7.259	0.075	0.929	0.958	0.918	0.929
A_1	37	228.157	6.166	0.068	0.943	0.964	0.933	0.943
A_2	36	179.097	4.975	0.059	0.957	0.972	0.947	0.957
A_3	28	168.724	3.749	0.048	0.956	0.970	0.945	0.956

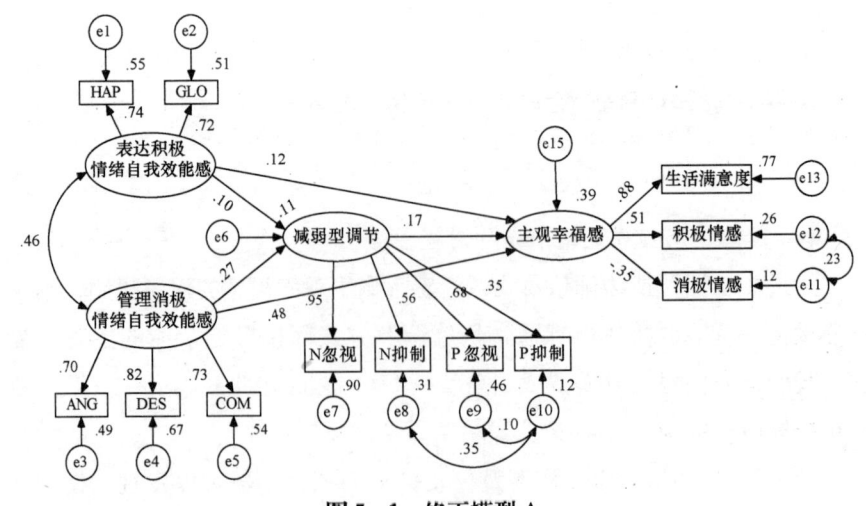

图 5-1　修正模型 A_3

综合结构方程建构的过程，可以发现情绪调节自我效能感显著影响主观幸福感，并通过情绪调节方式这一中介变量间接影响个体的主观幸福感，修正模型 A_3 进一步说明减弱调节方式所起的中介作用更加明显。根据模型图的标准系数，我们可以计算出减弱型调节在表达积极情绪自我效能感与主观幸福感之间的中介作用值为 $0.10 \times 0.17 = 0.017$，在管理消极情绪自我效能感与主观幸福感之间的中介作用为 $0.27 \times 0.17 = 0.046$。

四 讨论

本研究结果表明，情绪调节自我效能感显著正向预测生活满意度和积极情感体验，反向预测消极情感体验，与前人的研究结果是一致的（Collins、Glei、Goldman，2009；Lightsey 等，2011、2012）。但与以往研究结果不同的是，本研究中新增设的 COM 也对生活满意度有正向预测作用，对消极情感有负向预测作用；GLO 对积极情感体验有显著正向预测作用，可见个体对调节自我意识情绪的信心程度也会影响个体的主观幸福感（俞国良、赵军燕，2009），这是本研究的一个新发现。

情绪调节自我效能感直接影响主观幸福感的原因是，拥有高水平情绪调节自我效能感的青少年更相信自己能够有效地表达积极情绪和管理消极情绪，即使面临各种挫折和逆境，也会很快地进行自我情绪调节，降低自我伤害的可能，进而减少消极情感体验和获得更高的主观幸福感（Bandura，1997；Caprara、Steca、Zelli、Capanna，2005）。

本研究还发现减弱调节显著正向预测生活满意度，说明当青少年选择减弱调节方式（包括评价忽视和表情抑制）来管理和控制自身情绪时，能够有效地降低负性事件对自身的影响，体验到更高的生活满意度。这与杨芳（2007）以大学生为研究对象所得到的结果基本一致。另外，国内学者李中权、王力、张厚粲和柳恒超（2010）依据情绪调节过程模型分析了情绪调节与主观幸福感的关系，并发现重新评价策略的使用有助于降低自身对负性情绪的体验和反应，可以有效地预测个体主观幸福感的变异，这说明了情绪调节方式的选择影响着个体应对情绪变化的效果，进而影响主观幸福感。

本研究原来假设三种情绪调节方式在情绪调节自我效能感和主观幸福感之间均起到中介作用，但结果只发现减弱调节的中介作用成立，其余两种调节方式的中介作用不成立。而且，减弱调节在管理消极情绪效能感与主观幸福感之间的中介作用大于在表达积极情绪效能感与主观幸福感之间的中介作用。该发现为我们解读情绪调节自我效能感与主观幸福感的关系提供了新的视角。高水平情绪调节自我效能感的青少年会选择减弱调节方式（包括表情抑制和评价忽视）应对情绪的变化，这可能因为评价忽视可有效减弱负性情绪对心理活动的负面影响，表情抑制可有效地掩盖情绪，促进社会适应，保护人际关系（黄敏儿等，2002），而增强调节方式会使个体扩大对负性情绪的感受，从而出现抑郁和不良情绪症状，不利于心理健康发展。从另一个角度来看，我国的文化是一种崇尚人际和谐的集体主义文化，文化的规则要求人们谦让和克制，中国人的互依包容自我（interdependent self）对不良的情绪更倾向采取忍耐而非发泄和表达的处理策略，从而达到与他人和谐相处（陆洛，2009）。因此，当人们出现消极情绪时更倾向使用减弱调节方式，而非增强或自然（听之任之）的调节方式。可见，选择减弱调节会使青少年体验到更多的积极情感，进而提高主观幸福感水平。

五　教学建议

本研究结果对中小学心理健康教育有一定的启示。青少年生活在复杂的社会环境中，面临各种负性情境在所难免，而良好情绪调节策略的使用能显著降低负性情绪体验（赵海涛，2008），本研究发现对情绪调节越自信，就越能选择适合减少负性情绪、增强积极情绪的调节方式，进而提高主观幸福感。因此，在青少年心理健康教育过程中，老师可积极引导学生树立良好的情绪调节信念，提高表达积极情绪和管理消极情绪的能力，并开展各种活动传授负性情绪减弱调节的具体方法，进而提高青少年的主观幸福感。

第三节　青少年大五人格与主观幸福感的关系研究

一　研究背景

中学生的身心发展处于由儿童"心理场"向成人"心理场"过渡这一极其关键的阶段。研究中学生对幸福感的感知和获得及其健全人格的塑造是学校开展心理健康教育的重要课题。

Diener（1999）认为人格因素是预测 SWB 最可靠、最有力的指标之一。人格特质之所以能预测主观幸福感的原因在于，首先，幸福感是一个长期的体验而不是短暂的效应，在测量幸福感时，人们心境的瞬间变化被忽略。人格作为一种个体的长期稳定特征，更有可能对幸福感具有强烈的影响。其次，幸福感跨时间的稳定性和一致性更加依赖气质而不是外在行为。最后，人格通过影响与幸福感相关的其他因素进而影响幸福感（张兴贵，2005）。

大五人格模型是目前最重要的人格理论。它从外倾性、宜人性、严谨性、神经质和开放性五个方面来描述一个人的人格。大五人格与主观幸福感的关系，一直受到研究者的热切关注。以往对大五人格和主观幸福感的许多研究重复验证了外倾性、神经质与主观幸福感的关系，即外倾性与生活满意度和正性情感存在正相关，能够提高主观幸福感；神经质与生活满意度和正性情感存在负相关，与负性情感存在正相关，能够降低主观幸福感（张兴贵、郑雪，2005）。但经验的开放性、宜人性和严谨性与主观幸福感的关系的研究没有得到统一的结论。Costa 和 Mccrae（1998）和 McCrae（1991）的研究表明，5 个因素全部与主观幸福感存在显著相关。DeNeve 和 Coopel（1998）所做的一项元分析表明，正性情感既可由外倾性来预测，也同样可由宜人性来预测；严谨性与生活满意度具有最强的正相关，开放性与主观幸福感在很大程度上并不相关。

在国内，张兴贵（2003）针对青少年比较系统地进行了大五人格与主观幸福感关系的实证研究。研究发现，外倾性是正性情感和生活满意度稳定有力的预测指标，神经质是负性情绪稳定有力的预测指标，严谨性与生活满意度具有明显正相关。但张兴贵等人的研究对象不仅有中学生，也包括大学生，其研究结论不一定完全反映中学生大五人格与主观幸福感的关系。

目前国内对于青少年大五人格和主观幸福感的关系研究已经取得了一些成果，但相对于成人而言，该领域相对滞后，留下了许多未解的问题。如中学生大五人格维度中经验的开放性、宜人性和严谨性对主观幸福感究竟有无影响？影响程度有多大？本研究一方面旨在考察中学生的主观幸福感状况，另一方面拟进一步探讨中学生大五人格对主观幸福感的预测力，验证已有的研究结论，以便为了解和提高我国中学生的生活质量，增强其主观幸福感，促进其身心健康成长提供理论依据。

二　研究方法

（一）被试

从广州市 3 所中学的初一、初二、高一、高二 4 个年级随机抽取两个班共 782 人进行施测。有效样本 679 人，有效率达到 86.8%。其中男生 293 人（43.2%），女生 386 人（56.8%）；初一 180 人（26.5%），初二 183 人（27.0%），高一 180 人（26.5%），高二 136 人（20.0%）。

（二）研究工具

1. 青少年主观幸福感量表

采用张兴贵（2004）编制的《青少年生活满意度量表》，共 36 个条目，包括学校满意、环境满意、学业满意、自由满意、家庭满意和友谊满意 6 个维度。采用 Likert 7 点计分（从"1 = 完全不符合"到"7 = 完全符合"）。本研究中，该量表 Cronbach'α 系数为 0.88，各分量表的 Cronbach'α 系数介于 0.65—0.87 之间。

2. 大五人格问卷

以 Costa 等人（1992）的大五人格简式量表（NEO Five‐Factor Inventory, NEO‐FFI）为基础进行修订。NEO‐FFI 量表是 NEO‐PI 的简化版，由 NEO‐PI 中在各因子上负荷最大的 12 个题项构成，共有 60 个项目，每个项目有 5 个等级，从"强烈反对"到"非常赞成"。其神经质、严谨性、外倾性、宜人性和开放性 5 个因子的内部一致性信度分别为 0.86、0.81、0.77、0.68、0.73。

（三）施测及数据处理

以班为单位进行团体施测，当场收回问卷。施测前先由主试按指导语指导学生正确使用量表，帮助学生了解填写规则，在确认被试理解施测要求后开始施测。施测前让学生填好基本情况，包括性别、年级、是否独生子女等情况。采用 SPSS 12.0 统计软件包进行数据处理。

三 研究结果

(一) 广州中学生主观幸福感的总体状况及差异分析

广州中学生主观幸福感各维度得分的总体状况如表5-8所示。依据测量学标准,将分数分布前后27%的样本列为高分组和低分组,即126分以下为低分组,188分以上为高分组。而得分在中等水平(126—188分)以上的学生占到总人数的79.8%,可见大部分广州中学生在主观幸福感上的得分都较高,广州中学生总体上对生活比较满意。利用多因素方差分析考察人口统计学变量与主观幸福感各因子的关系,结果发现,广州中学生在主观幸福感总得分上的性别主效应、年级主效应以及两者的交互作用均不显著($p>0.05$);学校满意程度的年级主效应显著,$F_{(3,675)}=3.487$,($p<0.05$),初一、初二和高一学生的得分显著高于高二学生的得分。

表5-8 广州中学生主观幸福感各因子得分比较 ($M+SD$)

项目	初一	初二	高一	高二
友谊满意度	28.07±4.51	28.79±4.06	29.23±4.27	29.35±3.82
家庭满意度	21.16±5.36	21.52±4.97	21.61±5.02	19.38±5.00
学校满意度	21.15±5.36	21.52±4.97	21.61±5.02	19.38±5.00
环境满意度	17.27±4.15	17.92±3.85	17.41±3.80	17.41±3.66
自由满意度	16.7±64.25	18.89±3.31	17.30±3.94	18.55±3.69
学业满意度	16.97±4.61	17.26±4.24	16.52±4.61	16.76±4.80
总体生活满意度	125.31±21.57	130.81±18.34	128.10±20.28	128.53±18.81
正性情感	19.06±3.94	19.90±3.74	20.01±3.49	20.17±3.76
负性情感	21.19±5.00	20.30±4.37	20.84±4.83	20.05±4.16
主观幸福感总分	165.56±22.22	171.01±20.26	168.57±20.91	168.76±20.20

注:$*p<0.05$,$**p<0.01$,$***p<0.001$

(二) 广州中学生大五人格与主观幸福感各维度的相关分析

对广州中学生大五人格的各个维度和主观幸福感进行相关分析,结果发现(如表5-9所示):神经质与负性情感呈显著正相关,而与主观幸福感其他维度均呈显著的负相关。外倾性与负性情感呈显著负相关，而与主观幸福感其他维度均呈显著的正相关。开放性与正性情感、负性情感显著正相关，与主观幸福感其他维度相关不显著。除了与学业满意度相关不显著外，宜人性与主观幸福感其他维度呈显著正相关。严谨性与负性情感呈显著负相关，与主观幸福感其他维度均呈显著正相关。

表5-9 大五人格各因子与主观幸福感的相关

	N（神经质）	E（外倾性）	O（开放性）	A（宜人性）	C（严谨性）
正性情感	-0.282**	0.498**	0.092*	0.252**	0.352**
负性情感	0.575**	-0.251**	0.111**	-0.198**	-0.197**
友谊满意度	-0.316**	0.478**	0.008	0.204**	0.364**
家庭满意度	-0.322**	0.354**	-0.008	0.336**	0.391**
学校满意度	-0.275**	0.442**	0.017	0.278**	0.391**
环境满意度	-0.397**	0.379**	-0.025	0.266**	0.375
自由满意度	-0.342**	0.268**	-0.032	0.219**	0.281**
学业满意度	-0.263**	0.254**	0.009	0.058	0.450**
生活满意度	-0.442**	0.509**	-0.005	0.327**	0.530**
主观幸福感	-0.344**	0.519**	0.036	0.312**	0.524**

注：*$p < 0.05$，**$p < 0.01$，***$p < 0.001$

（三）广州中学生大五人格与主观幸福感各维度的多元回归分析

为了考察大五人格对广州中学生主观幸福感的预测作用，以大五人格5个维度作为自变量，以主观幸福感的各个维度作为因变量，采用逐步回归法进行分析，所得标准化回归系数如表5-10所示。

表5-10 广州中学生大五人格与总体主观幸福感的逐步回归分析

因变量	标准化回归系数β					R^2	F
	神经质	严谨性	外倾性	宜人性	开放性		
正性情感	-0.106	0.158	0.389	0.108	0.115	0.317	62.48***
负性情感	0.549		-0.091			0.338	172.8***
友谊满意度	-0.150	0.180	0.367			0.289	91.33***

续表

因变量	标准化回归系数 β					R^2	F
	神经质	严谨性	外倾性	宜人性	开放性		
家庭满意度	-0.141	0.238	0.179	0.219		0.276	64.11***
学校满意度	-0.077	0.224	0.305	0.152		0.286	67.49***
环境满意度	-0.243	0.194	0.210	0.127		0.282	66.30***
自由满意度	-0.234	0.137	0.126	0.111		0.176	36.10***
学业满意度	-0.115	0.383		0.079		0.223	64.46***
生活满意度	-0.215	0.322	0.296	0.152		0.466	147.02***
主观幸福感	-0.110	0.341	0.331	0.148	0.063	0.436	104.26***

注：$*p < 0.05$，$**p < 0.01$，$***p < 0.001$

结果发现：在广州中学生样本中，五种人格特质对主观幸福感各维度有不同程度的预测。入选正性情感回归方程的人格维度依次为外倾性、严谨性、宜人性、神经质和开放性，5个变量能联合预测正性情感31.7%的变异量，回归方程显著，$F_{(4,675)} = 62.485$（$p < 0.001$）。入选负性情感回归方程的人格维度依次为神经质和外倾性，两个变量能联合预测负性情感33.8%的变异量，回归方程显著，$F_{(2,677)} = 21.02$（$p < 0.001$）。

入选友谊满意度回归方程的人格维度依次为外倾性、严谨性和神经质，3个变量能联合预测友谊满意度28.9%的变异量，回归方程显著，$F_{(3,676)} = 21.02$（$p < 0.001$）。入选家庭满意度回归方程的人格维度依次为严谨性、宜人性、外倾性和神经质，4个变量能联合预测家庭满意度27.6%的变异量，回归方程显著，$F_{(4,675)} = 21.02$（$p < 0.001$）。入选学校满意度回归方程的人格维度依次为外倾性、严谨性、宜人性和神经质，4个变量能联合预测学校满意度28.6%的变异量，回归方程显著，$F_{(4,675)} = 21.02$（$p < 0.001$）。入选环境满意度回归方程的人格维度依次为神经质、外倾性、严谨性和宜人性，4个变量能联合预测环境满意度28.2%的变异量，回归方程显著，$F_{(4,675)} = 21.02$（$p < 0.001$）。入选自由满意度回归方程的人格维度依次为神经质、外倾性、严谨性和宜人性，4个变量能联合预测自由满意度17.6%的变异量，回归方程显著，$F_{(4,675)} = 36.1$（$p < 0.001$）。入选学业满意度回归方程的人格维度依次为严谨性、外倾性和

宜人性，3个变量能联合预测学业满意度22.3%的变异量，回归方程显著，$F_{(3,676)} = 64.5$（$p < 0.001$）。入选生活满意度回归方程的人格维度依次为严谨性、外倾性、神经质和宜人性，4个变量能联合预测生活满意度46.6%的变异量，回归方程显著，$F_{(4,675)} = 147.0$（$p < 0.001$）。入选主观幸福感回归方程的人格维度依次为严谨性、外倾性、宜人性、神经质和开放性，5个变量能联合预测主观幸福感43.6%的变异量，回归方程显著，$F_{(5,674)} = 104.26$（$p < 0.001$）。

从总体上看，大五人格可以解释主观幸福感各维度17.6%—46.6%的变异。在主观幸福感8个维度的预测中，神经质8次进入回归方程，严谨性、外倾性进入7次，宜人性进入6次，开放性进入1次。在总体生活满意度6个维度中，神经质起稳定的负向预测作用，严谨性起稳定的正向预测作用。而对于主观幸福感的情感因素（正性情感和负性情感）的预测，神经质和外倾性是稳定的指标，其中外倾性对正性情感的预测是正向的，且单独预测度为24.8%，神经质对负性情感的预测是正向的，单独预测度达33.1%。分析结果表明，大五人格对主观幸福感有较好的预测作用。

四 讨论

大多数中学生都报告了中等水平的主观幸福感，说明广州市大部分的中学生对其目前的生活质量比较满意，体验到的积极情感多于消极情感。国外Huebner（2000）、Gil-man（2000），国内王极盛等人（2003）的研究也均显示中学生的主观幸福感程度在中等以上，与本书结论一致。分析其原因可能是广州的经济水平比较高，父母对子女在物质生活方面的要求基本能给予满足，为中学生的健康发展提供了充裕的物质保障和心理支持。近年我国政府在中学生生活、教育方面出台了一系列重大政策，以各种方式切实保障青少年的合法权益，社会各界也致力于为中学生的发展创造良好的外部条件，中学生能体验到更多的幸福感。

前人对主观幸福感的性别差异研究结果不尽相同。王玲（2006）、王晖（2005）、王香美（2005）等人对高中生或初中生主观幸福感的研究结果显示不同性别中学生的总体主观幸福感没有显著差异。本研究的分析结果为男女生之间没有显著的幸福感水平差异，与上述研究对高中生或初中生所做的幸福感研究的结果一致。当今社会，家庭和社会对女生的歧视逐渐淡化，女生和男生得到的关爱、承受的期望基本相同，男女生的幸福感水平接近。而王极盛（2003）对初中生主观幸福感的研究发现女生在总体幸福感、家庭满意感、自我满意感、同伴交往满意感和生活条件满意感上均显著高于男生，杨海荣等人（2004，2005）的研究也认为女生幸福感要高于男生，与本研究结论不同。这可能是各研究使用的量表及所选取的研究对象不同而造成的。

岳颂华、张卫等人（2006）对中学生主观幸福感的研究发现不同年级中学生主观幸福感有显著性差异。本研究发现中学生的主观幸福感不存在年级的差异。但学校满意度各维度的年级效应显著，初一、初二和高一学生的得分显著高于高二学生的得分。高二是高中学习的关键时期。高二的学生即将升上高三，不仅课程任务重，而且很大程度上决定着学生今后的发展方向，以及能否考入理想的大学。学校可能过于注重高二学生的学习评价而忽视了其他方面，不能满足他们身心发展的需要，导致高二学生对学校满意度得分较低。

张兴贵等人（2004）、邱林（2006）关于主观幸福感的结构及其与人格特质的关系的研究显示，人格特质是主观幸福感的重要预测指标。本研究的结果也支持这一结论。相关分析结果表明，中学生大五人格维度中的外倾性、神经质、宜人性和严谨性与主观幸福感各维度均具有显著的相关。其中，神经质与负性情感呈显著正相关，而与主观幸福感其他维度均呈显著的负相关。外倾性、宜人性、严谨性与负性情感呈显著负相关，而与主观幸福感其他维度均呈显著的正相关。在神经质上得分高的人往往敏感易怒，情绪波动大，对消极的生活事件有更深刻和强烈的体会，因此更容易体验到负面的情感，对生活满意程度较低。这一点验证了国内外的相关研究结论（张兴贵、郑雪，2005；McCrae 等，1998）。外倾性、宜人性、严谨性上得分高的人比较容易获得社会支持，因而会体验到更多积极情感，对生活更满意。在本研究中，经验的开放性只与正性情感和负性情感显著相关，而与生活满意度各维度的相关不显著。

回归分析结果表明，大五人格可以解释主观幸福感各维度 17.6%—46.6% 的变异。严谨性、外倾性、宜人性、开放性对主观幸福感总分起正向预测作用，神经质起负向预测作用。5 个人格因素对主观幸福感的联合解释量达到 43.6%。这印证了 Diener 认为人格因素是预测 SWB 最可靠、最有力的指标之一的论断。

5个人格因素中，严谨性对主观幸福感的单独解释度最高，达到 27.5%。这一结论和 Costa 和 McCrae（1991）关于严谨性是生活满意度的有力预测因素的观点一致。这表明，生活有条理、处事谨慎的学生，更容易获得幸福感。严谨克制、遇事反应适度不仅是一种有涵养的表现，而且迎合了中国传统文化对个体审慎自律的要求，有助于个体避免因轻率的情绪或行为反应而有损自己的工作、名誉及重要的价值观，因此严谨性较高的学生较容易体验到幸福感。有研究认为（Emmons 和 Diener，1985）神经质和外倾性这两种人格特质解释了人格和主观幸福感之间主要的相关。本研究却发现严谨性、神经质和外倾性是生活满意度多个维度稳定而主要的预测因子，开放性对生活满意度各维度没有预测作用。

五 教学建议

根据本研究的结论，我们建议在青少年心理健康教育中，注重塑造青少年严谨、乐群、开朗的积极人格品质，有利于青少年在学习、校园活动和生活中提高其主观幸福感，为一生的幸福打下牢固的基础。

第六章

青少年自我意识与社会适应行为

正如前文所述,自我意识的重要功能是调节个体的社会行为,促进个体的社会适应。本章主要总结我们前期在青少年自我意识与社会适应行为关系方面的研究成果,主要包括青少年自我意识与社会适应行为关系初探(丁莉,2008;聂衍刚,2005)、学业自我在归因风格与学习适应间的中介作用(蒋洁,2011;曾燕玲、蒋洁、聂衍刚,2016)、人际自我效能感在青少年人际压力与社交适应行为间的中介作用(聂衍刚、曾敏霞、张萍萍、万华,2013)、道德自我与社会行为倾向的关系(刘莉,2013)。

第一节 青少年社会适应研究概述

一 社会适应的概念

Evans 和 Jonathan(1991)将适应行为界定为:"个体适应给定位置的能力及为适应环境要求而改变自己行为的能力。"我国心理学家认为,适应行为是指"个体对其日常社会生活的适应效率,它是否受损,通常要从成熟、学习、社会适应三个方面来衡量"。美国智力落后协会(American Association Mental Retardation,AAMR)认为适应行为是个体达到人们期望与其年龄和所处文化团体相适应的个体独立和社会责任标准的有效性和程度(Mahoney 和 Bergman,2002)。

个体的社会适应(social adaption)是个体的社会化与个性化的过程,是个体学习和掌握社会生活技能、应对社会环境变化、遵循社会规范的过程,也是个体的人格形成与发展的过程。因此,社会适应是个体在不断的学习、交往、发展与创造的过程中,逐渐成为独立的主体去承担社会责任、应对社会环境变化和挑战的心理和行为活动（聂衍刚，2005）。

个体的社会适应总是通过个体与社会环境相互作用的行为活动而实现的，其社会适应水平（社会适应性）也是通过其适应行为表现出来的。我们认为青少年社会适应行为包括两个方面：良好社会适应行为指个体为了生存和发展的需要而必须学会的行为，以及根据社会规范和环境的要求而必须做出的行为选择，如独立生活、学习适应、社会生活等；不良社会适应行为则是指个体依据自身发展和社会规范要求所必需回避的行为，亦即其在社会生活中不应该表现出来的行为，如品行不良行为、神经症行为等（聂衍刚、林崇德、彭以松、丁莉、甘秀英，2008）。同时，社会适应行为又是一个涉及智力、人格和自我意识等多种活动的整合系统，它与个体这些内在的稳定品质交织在一起，对个体的生存和发展有着重要的意义。

二 社会适应的结构

Greenspan 和 Granfield（1992）认为社会适应行为主要包括社会理解和交往技能两大类，其中社会理解包括对他人在社会情境中行为的理解和对自己的行为的理解；而交往技能是指在人际交往过程中所需要的各种技能。陈会昌（1994）在编制儿童社会性发展量表时，将社会适应能力作为儿童社会性发展的主要维度之一，通过大量的施测和因素分析，归纳出社会适应行为的三个部分：对新环境的适应能力、对陌生人的适应能力和对同伴交往的适应能力。而 Caldarella 和 Merrell（1997）认为社会适应行为包括 5 个方面：处理同伴关系的能力、自我管理的能力、服从技能、学习技能和表达自己意愿的能力。

我们认为，青少年社会适应行为结构包括良好适应行为和不良适应行为两大方面，其中良好适应行为（well-adaptive behavior）是指青少年在社会生活和社会适应过程中"必须学会的行为"和"必须选择的行为"，它可表现为外在适应行为与内在适应行为，包括 7 个因子：独立生活、自我定向、社会生活、学习适应、经济活动、社交适应和社会认知与性；不良适应行为（maladjustment）又称为问题行为（problem behaviors），是指个体的行为与社会规范和环境要求不一致的状况，包括 3 个因子：品行行为、社会性行为和神经症行为。青少年社会适应行为机制实际就是个体如何运用内部心理资源，适应自我发展与不断变化的外部社会环境的活动过程，是个体在外界环境的影响下，在自我的监控下，充分发挥智力（认知）、人格（非智力因素）、知识经验等多种因素的功能，以实现个体与社会环境协调的心理机制系统。

三　社会适应的自我调节模型

许多自我心理学家和临床心理学家把社会适应行为看作自我应激反应，强调了自我在应对环境压力和适应社会文化中的作用，并对社会适应的自我调节机制进行了探讨。他们多从解决适应不良问题的角度出发来研究社会适应问题，强调自我在社会适应中的调节作用和社会适应行为的解决问题功能。他们把自我的结构作为社会适应行为的结构，把个体的社会适应行为解释为自我对社会环境的应对。

精神分析学派强调防御机制在个体应对中的作用，在弗洛伊德的理论中，防御机制被理解为个体在潜意识中用非理性的方法曲解现实，以降低和解除焦虑的心理过程。Vaillaht（1980，1995）在前人研究的基础上，把防御机制分为四个层次：精神病性的心理防御机制、不成熟的心理防御机制、神经质性的心理防御机制、成熟的心理防御机制。他认为防御机制具有适应意义，随着人格的成长，个体适应水平会不断提高。成熟的心理防御机制有利于个体适应环境，保持心理健康。

Lazarus最早对压力应对问题进行了系统的研究，并逐渐将研究从压力和应对问题拓展到了情绪和适应问题上。Lazarus认为，应对是"当个体评估内在或外在的要求超过自身的资源后，所持续进行的控制内在或外在要求的认知或行为努力"。在他的应对过程理论中，应对是随着情境的变化而变化的，不同的应激事件会引发个体不同的应对方式，甚至在同一个应激事件发展的不同阶段，个体的应对反应也会有所不同，在这一过程中，个体的认知评估发挥着重要的作用。应对过程，即个体用来适应世界和调节情绪的各种不同的方式，对个体的身心健康有着非常明显的影响。

柏文（L. A. Pervin）等认为，自我调节是指自我具有一种执行的机能，它帮助控制、调节和组织心理，并且在这一过程中指导着我们的行为、情绪、思想和目标。Povinelli（1998）认为，自我调节能力是由自我察觉和高水平的自我表征系统促进形成的。

自我心理学家通过对自我控制、自我调节、自我监控等进行的研究，认为自我具有适应机能，是进化而来的。我们认为，自我心理学家关于自我与社会适应行为关系的研究，强调了个体的自主性和能动性，但是忽略了人格其他因素以及情境等方面的作用。

第二节　青少年自我意识与社会适应的关系

一　研究概述

青少年的自我意识和社会适应行为是当前青少年心理研究的重要课题。青少年阶段被形容为充满风雨与困顿的时期（Arnett，1999），在这一阶段，他们面临诸多社会适应任务和挑战，如学习任务和压力的增加，社会交往的扩大，性生理的成熟和性心理的觉醒，对友谊的渴求，对信息技术和网络世界的热衷，社会责任的承担，自我理想的追求，人格的发展，这要求他们用更好的行为方式去适应现代社会环境和个人身心发展的需要。自我意识是个体对自身及其与周围世界关系的心理表征，表现为认识、情感、意志三种形式，即包括自我认识、自我体验、自我控制三个部分，这些成分的积极发展是个体人格健全发展的基础。

个体的自我意识与社会适应行为关系密切。Sullivan（1953）认为自我系统是所有人格失调问题的中心，在那些适应不良行为之下潜藏着个体这样一种观点：他／她认为自己在与他人的关系中是没有价值的，无法胜任的。也有研究者认为，良好的自我意识是青少年心理和行为发展的一个保护因素，它能够阻止心理问题的出现并促进幸福感的产生（Steinhausen 和 Metzke，2001）。有关自尊的研究发现，低自尊的青少年会出现社会适应的困难（雷雳，2003），这些青少年在班级活动或社交活动中极少露面，很少受到别人的注意，因此往往形成了孤立感和孤独感。对自我控制与社会适应的研究则证明，自我控制对个体的心理健康和社会适应行为有着重要的影响，具有高自我控制的青少年拥有更健康的人际关系，更有效的压力应对技能，更出色的学业成绩等；相反，低自我控制的青少年更容易产生犯罪行为和适应不良行为，容易出现烟草或酒精成瘾行为（徐淑媛、周骏，2004）。也有大量的实证研究考察了消极自我概念与攻击行为、违规和违法行为、焦虑症和抑郁症等不良社会行为之间的关系

(Marsh、Parada 和 Ayotte，2004），青少年自我概念的发展与其学习适应之间的关系也受到研究者的关注（Fraine、Damme 和 Onghena，2007）。

二 研究方法

（一）被试

从广州市 3 所中学的初一、初二、高一、高二年级抽取 10 个班共 481 人进行施测，剔除不完整问卷后，得到有效问卷 439 份，问卷有效率达 91.20%，其中男生 183 人（41.70%），女生 256 人（58.30%）；初一 91 人（20.70%），初二 90 人（20.50%），高一 122 人（27.80%），高二 136 人（31%）。

（二）测量工具

1. 青少年社会适应行为量表

该量表包括良好社会适应行为和不良社会适应行为两部分，研究表明该量表具有良好的信度和效度。

良好社会适应行为由独立生活、自我定向、社会生活、学习适应、经济活动、社交适应、社会认知与性共 7 个因子 46 个项目构成。其中，独立生活主要涉及个体的独立生活意识、能力和独立性格，包括家庭生活、安全意识、时间观念、学习态度、个人责任、网络行为等方面。自我定向主要涉及个体社会行为的目的性、主动性和自控能力，包括在人际沟通、交往、休闲、社会活动等方面。社会生活主要涉及个体社会生活能力，包括利用公共设施、打电话、使用各种不同的交通工具、银行存取款、购物和简单劳动技能等方面。学习适应主要涉及个体的学习心理和行为，包括学习动机、学习习惯、学习方法、学习的满意感、对学习资源的利用等方面。经济活动主要涉及个体的经济观念和经济生活能力，包括使用金钱、预算、购物、财产管理等方面。社交适应主要涉及个体的各种社会交往活动的能力，包括与陌生人的交往、集体活动、网络交往和体育运动能力等方面。社会认知与性主要涉及个体的社会认知的能力和性知识水平，包括对特殊节日的认识，对他人的理解，对性知识和异性的了解，写作与阅读能力和网络技术水平等方面。得分越高，说明被试的良好适应行为能力或意识更好。在本研究中该量表内在一致性系数为 0.91，上述各个因子的内部一致性信度依次为 0.80、0.72、0.71、0.76、0.63、0.52、0.65。

不良社会适应行为由品行不良行为、社会性不良行为、神经症行为3个因子38个项目构成。其中品行不良行为主要涉及个体对社会行为规范和学校的纪律以及人际交往的一般准则等方面的违反行为及表现，包括盗窃、损害他人和集体财物，攻击他人、人际交往不当等方面。社会性不良行为主要是指个体在社会交往中表现出来的不良行为，包括使用粗鲁的、威胁性的语言，威胁或施加身体暴力，粗暴或发脾气，撒谎或骗人，指挥或操纵别人等方面。神经症行为主要指个体由于内在的情绪不良、认知不良、性格不良等内在心理原因导致的异常行为，包括退缩、自虐行为、刻板行为、多动行为、妄想、怪癖行为等方面的不良行为。得分越高，说明被试的不良适应行为越多。在本研究中该量表内在一致性系数为0.96，上述各个因子的内部一致性信度依次为0.91、0.91、0.92。

2. 青少年自我意识量表

在《青少年自我意识量表》（聂衍刚、张卫、彭以松等，2007）基础上进行修订，在保留原有项目的基础上，在自我体验维度中添加了焦虑感和满足感2个因子，将自我控制维度中的自觉性、情绪自控、自制力和坚持性重新设定为监控性、自制力、自觉性3个因子，通过新的因素分析得到自尊感、自制力、社交（能力）评价、监控性、体貌评价、自觉性、品德评价、焦虑感、满足感9个因素，新量表包括67个项目。其中体貌评价指对自己身体相貌的认识；社交（能力）评价指对自己交往能力的认识；品德评价指对自己品行、与社会规范要求契合程度的认识；自尊感指对自己价值感、重要性的感受和体验，是悦纳自我、接受自我的前提基础；焦虑感主要指社交焦虑，指出现在社交场合及人际交往时的退缩、紧张情绪体验；满足感指对自己目前在家庭、人际、学业等方面现状的满意感；自觉性指自己能够自主地、自动自发地去做某些事情而无须他人监督；自制力指对自己情绪的控制以及面对各种外在诱因时的坚持和自制；监控性主要指对自己内在思考过程的洞察和监控，以及对自己行为的反思过程。量表采用李克特式5点量表法，5个等级依次为：1＝完全不符合、2＝比较不符合、3＝有点符合、4＝比较符合和5＝非常符合。在本研究中该量表内在一致性系数为0.93，上述各个因子的内部一致性信度依次为0.84、0.73、0.80、0.73、0.76、0.81、0.65、0.63、0.63。

(三) 实测程序与数据处理

以班级为单位利用学生上课时间进行一次性集体施测,统一发放问卷并当场回收。数据全部采用 SPSS 13.0 统计软件包进行整理和统计分析。

三 研究结果

(一) 自我意识与社会适应的发展特点

从总体上看,青少年在自我意识上的得分普遍较高,得分在中等等级(3.00 分以上)以上的学生占到总人数的 88.90%,说明青少年自我意识发展的总体情况比较好。为方便认识青少年自我意识发展的基本特点,在 9 个自我意识维度上,4 个年级青少年在社交评价维度上的得分最高,说明他们对自己的交往能力评价都较高,在焦虑感维度上的得分最低,说明他们的焦虑体验水平相对偏低。

表 6-1 不同年级青少年的自我意识总分与各维度得分比较 ($M \pm SD$)

	初一	初二	高一	高二
自我意识总分	3.67 ± 0.57	3.53 ± 0.50	3.48 ± 0.42	3.49 ± 0.44
自尊感	3.84 ± 0.75	3.74 ± 0.71	3.66 ± 0.66	3.73 ± 0.66
自制力	3.47 ± 0.77	3.27 ± 0.68	3.21 ± 0.61	3.21 ± 0.62
社交评价	4.19 ± 0.73	4.06 ± 0.63	4.04 ± 0.62	3.93 ± 0.63
监控性	3.84 ± 0.70	3.77 ± 0.61	3.77 ± 0.58	3.75 ± 0.60
体貌评价	3.58 ± 0.82	3.38 ± 0.88	3.45 ± 0.75	3.62 ± 0.63
自觉性	3.49 ± 0.82	3.33 ± 0.78	3.11 ± 0.66	3.08 ± 0.75
品德评价	3.86 ± 0.71	3.76 ± 0.73	3.69 ± 0.65	3.62 ± 0.70
焦虑感	3.05 ± 0.79	2.84 ± 0.71	2.94 ± 0.74	2.90 ± 0.78
满足感	3.68 ± 0.75	3.56 ± 0.77	3.51 ± 0.64	3.61 ± 0.64

多因素方差分析发现,青少年自我意识总均分上的年级主效应显著 ($F_{(3,435)} = 6.25$,$p < 0.001$),初一学生得分显著高于其他三个年级学生得分,性别主效应和二者的交互作用不显著 ($p > 0.05$)。就具体维度来说,自尊感 ($F_{(3,435)} = 2.65$,$p < 0.05$),自制力 ($F_{(3,435)} = 7159$,$p < 0.001$)、社交评价 ($F_{(3,435)} = 3.91$,$p < 0.01$)、体貌评价 ($F_{(3,435)} =$

2.98，$p < 0.05$）、自觉性（$F_{(3,435)} = 8.79$，$p < 0.001$）、品德评价（$F_{(3,435)} = 3.39$，$p < 0.05$）上的年级主效应显著，自尊感（$F_{(1,437)} = 6.24$，$p < 0.05$）、监控性（$F_{(1,437)} = 16.89$，$p < 0.001$）、体貌评价（$F_{(1,437)} = 11.66$，$p < 0.001$）上的性别主效应显著，男生得分显著高于女生得分。

（二）自我意识与社会适应的相关

通过相关分析考察青少年社会适应行为与自我意识之间的关系，结果表明：青少年自我意识总分以及自尊感、社交评价、监控性、自觉性、品德评价与良好社会适应行为总分及各维度均存在显著的正相关。自制力与除社交适应和社会生活之外的其他维度呈显著正相关；体貌评价仅与良好社会适应行为总分、社会生活及学习适应呈显著正相关；焦虑感与经济活动之间的相关未达到显著水平，与其他维度均呈显著负相关；满足感与除经济活动、社交适应之外的其他维度呈显著正相关。

青少年自我意识总分以及自尊感、自制力、社交评价、监控性、自觉性、品德评价、满足感7个因子与不良社会适应行为总分及各维度之间存在显著的负相关。体貌评价与除品行性不良行为之外的其他维度呈显著负相关；焦虑感与不良社会适应行为各维度呈显著正相关。

表6-2　　青少年自我意识与社会适应行为各维度的相关矩阵

		自我意识总分	自尊感	自制力	社交评价	监控性	体貌评价	自觉性	品德评价	焦虑感	满足感
良好社会适应行为	独立生活	0.41**	0.25**	0.37**	0.30**	0.28**	0.05	0.39**	0.36**	-0.18*	0.25**
	自我定向	0.36**	0.34**	0.21**	0.27**	0.32**	0.05	0.34**	0.31**	-0.15*	0.18*
	社会生活	0.37**	0.35**	0.08	0.33**	0.41**	0.13*	0.33**	0.27**	-0.23**	0.13*
	学习适应	0.56**	0.43**	0.35**	0.44**	0.41**	0.13*	0.60**	0.48**	-0.21**	0.33**
	经济活动	0.30**	0.23**	0.26**	0.21**	0.29**	0.06	0.32**	0.23**	-0.05	0.04
	社交适应	0.20**	0.21**	-0.06	0.28**	0.23**	0.02	0.18*	0.21**	-0.17*	0.05
	社会认知与性	0.34**	0.32**	0.12*	0.34**	0.31**	0.06	0.30**	0.28**	-0.17*	0.17*
	良好行为总分	0.52**	0.42**	0.29**	0.43**	0.44**	0.11*	0.50**	0.43**	-0.24**	0.25**

续表

		自我意识总分	自尊感	自制力	社交评价	监控性	体貌评价	自觉性	品德评价	焦虑感	满足感
不良社会适应行为	品行性	-0.26**	-0.18*	-0.26**	-0.20**	-0.12*	-0.08	-0.11*	-0.22**	0.21**	-0.25**
	社会性	-0.36**	-0.18*	-0.39**	-0.21**	-0.24**	-0.12*	-0.29**	-0.34**	0.13*	-0.26**
	神经症	-0.36**	-0.26**	-0.28**	-0.28**	-0.17*	-0.17*	-0.22**	-0.28**	0.28**	-0.33**
	不良行为总分	-0.38**	-0.24*	-0.35**	-0.27**	-0.21**	-0.14*	-0.26**	-0.32**	0.23**	-0.32**

注：$*p < 0.05$，$**p < 0.01$，$***p < 0.001$

（三）青少年自我意识对良好社会适应行为的预测

以自我意识的9个因子为自变量，分别对7种良好社会适应行为和总分进行回归分析（stepwise），以考察自我意识对良好社会适应行为的影响。自我意识可以解释良好社会适应行为各维度13.50%—39.40%的变异，其中能够解释良好社会适应行为总分30.80%的变异，解释学习适应维度39.40%的变异，解释独立生活维度21.40%的变异。自觉性、品德评价对良好适应行为总分、独立生活、自我定向、学习适应、经济活动起显著的正向预测作用；社交评价对良好适应行为总分、学习适应、社交适应、社会认知与性起显著的正向预测作用；满足感对独立生活、学习适应、社会认知与性起显著的正向预测作用，对经济活动起显著的负向预测作用；自制力对独立生活、经济活动起显著的正向预测作用，对社交适应、社会认知与性起显著的负向预测作用；自尊感对自我定向和社会生活起显著的正向预测作用；监控性对社会生活和社交适应起显著的正向预测作用；焦虑感仅对社交适应起显著的负向预测作用；体貌评价没有进入任何一个方程。

对不同年级样本进行的回归分析发现，在初一年级样本中，对良好社会适应行为起显著预测作用的自我意识因子主要是自觉性（$\beta=0.34$）和品德评价（$\beta=0.25$）；在初二年级样本中，主要是社交评价（$\beta=0.34$）和自觉性（$\beta=0.32$）；在高一年级样本中，主要是自觉性（$\beta=0.20$）、品德评价（$\beta=0.29$）和焦虑感（$\beta=-0.21$）；在高二年级样本中，主要是自尊感（$\beta=0.23$）、品德评价（$\beta=0.21$）、自觉性（$\beta=0.32$）。随着年级的上升，能够预测良好社会适应行为的自我意识因子逐渐增多，自觉性和品德评价是良好社会适应行为和学习适应比较稳定的正向预测因素（如表6-3所示）。

表6-3　　　　青少年良好适应行为对自我意识的回归分析

因变量	β 自尊感	β 自制力	β 社交评价	β 监控性	β 自觉性	β 品德评价	β 焦虑感	β 满足感	ΔR^2	F
良好行为总分			0.17***		0.34***	0.18***			0.31	65.87***
独立生活		0.24***			0.12*	0.18***		0.11*	0.21	30.80***
自我定向	0.17**				0.16**	0.14**			0.14	25.33***
社会生活	0.19***			0.24***					0.14	36.02***
学习适应			0.10*		0.43***	0.19***		0.11*	0.39	58.05***
经济活动		0.16**			0.24***	0.15**		-0.17	0.14	18.52***
社交适应		-0.18**	0.24***	0.14**			-0.14**		0.15	18.52***
社会认知与性		-0.14**	0.17**		0.21***			0.15	0.14	18.08***

注：*p < 0.05, **p < 0.01, ***p < 0.001

在男生样本中，对良好社会适应行为起显著预测作用的自我意识因子主要是自觉性（β = 0.21）、品德评价（β = 0.18）、社交评价（β = 0.23）和自制力（β = 0.14），监控性和焦虑感没有一次进入方程。在女生样本中，对良好社会适应行为起显著预测作用的自我意识因子主要是自尊感（β = 0.29）、自觉性（β = 0.28）、品德评价（β = 0.19）和体貌评价（β = -0.13）。自觉性、品德评价是良好适应行为和学习适应的稳定正向预测因素，自制力是独立生活和经济活动的稳定正向预测因素。

（四）青少年自我意识对不良社会适应行为的预测

以自我意识的9个因子为自变量，分别对3种不良社会适应行为和总分进行回归分析（step-wise），以考察自我意识对不良社会适应行为的影响。自我意识能够解释不良社会适应行为5.90%—14.90%的变异，自制力对不良适应行为总分、品行性不良行为、社会性不良行为起显著的负向预测作用；监控性对不良适应行为总分、社会性不良行为起显著的负向预测作用；品德评价对不良适应行为总分、社会性不良行为、神经症行为起显著的负向预测作用；焦虑感对神经症行为起显著的正向预测作用；满足感对不良适应行为总分、品行性不良行为、神经症行为起显著的负向预测作用。

在不同的年级样本，焦虑感（β = 0.20、0.23、0.21、0.24）是神经症行为的稳定和强有力的正向预测因素，自制力（β = -0.21、-0.29、-0.27、-0.28）是社会性不良行为维度的稳定和强有力的负向预测因素。在初一年级段，对不良社会适应行为起主要预测作用的是品德评价（β = -0.36）和满足感（β = -0.24），在初二年级段，主要是自觉性（β = -0.29），在高一年级段主要是自制力（β = -0.28）和品德评价（β = -0.29），在高二年级段主要是满足感（β = -0.29）。在不同的性别样本中，进入不良社会适应行为维度的自我意识因子并不相同。在男生样本中，对不良社会适应行为起主要预测作用的是自制力（β = -0.26），自尊感、自觉性和焦虑感没有进入任何一个维度方程。在女生样本中，起主要预测作用的是自尊感（β = -0.14）、品德评价（β = -0.15）、自觉性（β = -0.13）和焦虑感（β = 0.13），社交评价、监控性、体貌评价、满足感没有进入任何一个维度方程（见表6-4）。

表6-4　　　　　青少年不良适应行为对自我意识的回归分析

因变量	自尊感	自制力	社交评价	监控性	自觉性	品德评价	焦虑感	满足感	ΔR^2	F
不良行为总分		-0.20***		-0.10*		-0.16**		-0.10*	0.14	19.44***
品行不良行为		-0.15**						-0.16***	0.06	14.74***
社会性不良行为		-0.26***		-0.10*		-0.17***			0.15	26.58***
神经症行为						-0.16***	0.19***	-0.15**	0.12	21.61***

注：$*p < 0.05$，$**p < 0.01$，$***p < 0.001$

四　讨论

（一）自我意识与社会适应基本发展状况

青少年自我意识的总体发展水平比较好，得分在中等等级（3.00分以上）以上的学生占到总人数的88.90%。自我意识的年级主效应显著，初一学生自我意识的总体水平显著高于其他三个年级，从得分上看，初一和初二学生得分高于高一和高二学生得分，研究者普遍认为，青少年阶段的心理发展具有动态、不稳定的特质（Larson、Csikszentmihalyi 和 Graef, 1980），15—16 岁青少年由于青春期等各种原因的影响，其自我发展处于低潮。本研究虽然是一个横断设计，但也从侧面揭示了青少年自我发展的这种特性。但这一结果与 Marsh 和 Freeman 等人研究的高中时自我出现上升趋势的结论并不一致，原因有待进一步考证。性别主效应在自尊感、监控性、体貌评价等因子上差异显著，男生得分显著高于女生得分，说明处于青春期阶段的女生往往比男生有更多的躯体抱怨、更低的自尊和更低的自我监控性。女生比男生有更低的体貌评价，与以往的一些研究结果相一致（Crain 和 Bracken, 1994），可能是因为进入青春期，男生在身体成长中由于肌肉的增加而趋向于正向的自我评价，女生受到传统的苗条身材观的影响，而对脂肪聚积的身体感到不满。女生比男生有更低的自尊，这与Brown（2004）的研究结果并不一致，我们认为，这可能跟自尊的定义有关，在我们所用的量表中，自尊感被定义为对自己价值感、重要性的感受和体验，女生在青少年阶段，其社会化要求更倾向于维持自己在人际关系中的协调和与他人的情感联系均衡，男生则沿着更加独立和自主的道路发展（Harter, 1983），这可能使得他们对自己价值感、重要性的感受有所不同。而女生比男生有着更低的自我监控性，也可能跟他们在这一阶段的社会化要求不同有关。

（二）自我意识与社会适应的关系

1. 自我意识对良好社会适应行为的影响

良好社会适应行为对自我意识的回归分析结果显示，青少年自我意识在良好社会适应行为的形成过程中发挥着重要的作用，对学习适应、独立生活的影响尤其大。大部分自我意识因子对良好社会适应行为起到显著的正向预测作用。而且随着年级的上升，进入良好社会适应行为方程的自我意识因子越来越多，影响也相对变大，符合我们的研究预期。自觉性和品德评价对学习适应的显著正向预测因素具有跨年级和跨性别的稳定性，那些认为自己能够自主地、自动自发地去做某些事情而无须他人监督的青少年以及那些对自己品行、与社会规范要求契合程度的评价较高的青少年具有更好的学习适应性；自制力对独立生活、经济活动的显著正向预测作用具有跨性别的稳定性，说明那些对自己情绪能够很好地控制以及面对各种外在诱因时能够坚持的青少年的独立生活能力很强。这跟自我控制与良好社会适应行为的相关研究结论一致。

一方面，自制力对社交适应、社会认知与性起显著的负向预测作用，这可能跟本研究中良好社会适应行为中的社交适应因子的信度较低（0.52）有关；另一方面，自制力强的青少年与自制力弱的青少年相比，可能会更偏向于内向、害羞。而在中国文化背景下，害羞的青少年儿童并不被认为是社交不成熟的，他们同样能够很好地被同伴接纳，也能正常地适应环境（曾琦、芦咏莉、邹泓、董奇、陈欣银，1997）。

在以往的很多研究中，自尊被看作经济收入、健康和个人实现的钥匙，对青少年来说，它与学业成绩、同伴交往等密切相关。本研究中，总体来看，自尊感仅对自我定向和社会生活因子起正向预测作用，到了高二年级，自尊感成为良好社会适应行为的一个重要的预测因素，自尊感和自制力、自觉性、品德评价能够解释良好社会适应行为35.10%的变异。这可能是因为初中阶段的高自尊可能是一种假高自尊，这种高自尊可能是因为个体没有对自己形成十分客观、全面的认识有关，但是随着青春期的到来，青少年开始结合他人对自己的评价来评价自己，随着对自己认识得更加全面和客观，他们的自尊感可能一度下降，但随后自尊感的上升则会是个体出于对自己价值感的真正认识，这种真评价和真认识对良好社会适应行为的形成起到比较重要的作用。

2. 自我意识对不良社会适应行为的影响

不良社会适应行为对自我意识的回归分析显示，品德评价、满足感、自制力和监控性对大多数不良社会适应行为起到显著的负向预测作用，焦虑感显著正向预测神经症行为。而自尊感、社交评价、体貌评价和自觉性对不良社会适应行为不起预测作用。而且，尽管之前的相关研究大都考察了自我意识与不良社会适应行为之间的关系（Erkolahti、Ilonen、Saarijärvi 和 Terho，2009），但是自我意识对良好社会适应行为的预测力要高于对不良社会适应行为的预测力。自制力对社会性不良行为起到显著的负向预测作用，焦虑感则主要对神经症行为起到显著的正向预测作用，而且具有跨年级的稳定性。说明那些能够很好地控制自己情绪的以及能够抵制各种外在诱因的青少年其社会性不良行为出现得较少，自制力的养成是抵制社会性不良行为形成的有效因素。而那些对人际交往和学业活动感到焦虑的青少年则更容易出现神经症行为。有研究认为自我具有三个功能：保持内在一致性、决定个体对经验的解释、决定人们的期望。因此，自我意识起着引导人们行为的作用，青少年的自我意识直接与他们的行为自律特征有关，当他们认为自己紧张、焦虑时，就会放松对自己行为的约束，从而出现更多的问题行为，而当他们克制、坚持、抵制诱惑时，他们的不良行为就会减少。满足感对初一和高二年级学生的品行性行为起到显著的负向预测作用。在初一和高一样本中品德评价是不良社会适应行为的主要预测因素，对其不良总分、社会性不良行为及品行性不良行为起到显著的负向预测作用。说明尽管自我意识对个体不良社会适应行为有重要的影响，但是这种影响并不是分布均匀的，在不同的年龄阶段，自我意识的不同成分分别发挥不同的作用，在教育的过程中，要注意这种发展的不均衡性，有针对性地对青少年的自我意识进行养成教育。

五 教学建议

本研究就青少年自我意识对其社会适应行为的预测关系进行了初步测查，结果十分富有教育价值和意义。青少年时期是一个发展的时期，其社会适应行为的形成和发展受到智力、人格和自我意识等多种内在因素的影响和制约，有侧重地培养青少年自我意识各个方面的发展，为有效培养青少年良好社会适应行为及回避不良社会适应行为提供了思路和具体可行的途径。从整体来看，自我意识对良好社会适应行为的影响要大于对不良社会适应行为的影响，在各个因子中，自觉性、品德评价、自制力在良好社会适应行为形成及不良社会适应行为的矫正和削减过程中发挥着重要的作用，而且对不同年级和性别样本的考察显示自我意识对社会适应行为的影响同样存在"关键年龄（年级）"，在教育过程中，要针对学生个体发展的不同特点，有侧重地培养其良好的个性品质，以达到发展的最好效果。

第三节 青少年归因风格与学习适应：学业自我的中介作用

一 研究概述

（一）基本概念

学业自我（academic self）是指个体在学业情境中形成的对自己在学业发展方面的比较稳定的认知、体验和评价，包括对自己在不同学业领域中的学业能力、成就、情感以及方法等的认知、体验和评价（蒋洁，2011）。

学习适应（learning adaptability）是学生适应性心理素质的核心成分，是个体根据环境及学习的需要，努力调整自我以达到与学习环境平衡的行为过程（冯廷勇、李红，2002）。如果这个调整过程进行得顺利良好，则学生能够很好地适应学习环境，完成学习任务，而如果这个过程调节得不好，学生就不能很好地适应学习环境和学习生活，出现适应不良现象，这不但影响学生的学业成绩，而且有害于其身心发展，影响其健康快乐的成长。目前，国内学者对学习适应的界定包括两种取向：第一种观点认为学习适应主要是指个体根据环境需要调整自我以达到与环境相平衡的一种过程；第二种观点认为学习适应是在学习的过程中，个体根据学习条件，如学习内容、学习环境和学习任务等的变化主动作出身心调整，以求达到内外环境相平衡并促进学习发展的能力。

归因风格（attributional style）又称为"归因方式""解释方式"等，是指个体在长期生活中对自己和他人行为结果归因过程中所形成的一种较为稳定的归因倾向，是个体个性特征的一个组成部分，对个体的情感、情绪和行为等因素有较大的影响。

（二）归因风格与学习适应的关系

归因风格是人格特征的重要表现形式之一，人格模式认为个体的学习适应与人格的形成、表现密切相关，人格是个体适应行为的内在依据，稳定的适应行为是人格特征的表现，甚至认为社会适应就是人格适应。

学习适应性作为青少年社会适应的主要内容，是指个体在学习过程中依据学习条件的变化，对自我的心理与行为进行调整（田澜、肖方明、陶文萍，2002）。研究表明归因风格与学习适应性关系密切，具体表现为内部归因与积极归因更有利于良好学习适应性的形成。研究表明，个体的内部控制方式能够促进对事物普遍意义的信心，而这种信心能够促进学业成就（Nowicki 和 Strickland，1973），而且学习不良个体倾向于把成功归因于外部因素（Yasutake 和 Others，1996）。此外，赵章留（1999）对用归因理论分析学生学业成绩进行的研究表明，在学业成绩不理想的情况下，多做"努力不够"的归因，有利于保持自信，增强努力强度；对于差生多做"努力不够"的归因比较合适，在成功时归因于"能力"比归因于"努力"更能激起自豪、愉快等积极情感，而且作用更持久。毛晋平、张素娴（2009）的研究表明，归因风格对学习适应性的回归达到显著水平。俞国良和王永丽（2004）的研究证明，在归因上学习不良儿童与一般儿童存在显著差异，学习不良儿童在归因总分上明显低于一般儿童。综上所述，归因方式对学习行为的动机与认知过程均具有显著的影响。

(三) 学业自我的中介作用

根据自我应对研究模式，学业自我在学生学习适应过程中起到很大的作用，学业自我与学习适应性存在着高相关。根据自我效能感理论的观点，个体对自己的前景持有乐观态度的看法，则有利于心理健康，其情感更加坚韧，较少焦虑和消沉，更能获得学术上的成功。

学习适应行为是一种个体在一定学习环境中对内外影响因素做出的行为反应。根据学习适应的整合模型，学习适应是个体在外界环境的影响下，在自我的监控下，充分发挥智力（认知）、人格（非智力因素）、知识经验等多方面的因素的功能，以实现个体与社会环境协调的心理机制系统。因此，影响这种行为的因素是多方面且多层次的，包括外在的环境因素与内在的认知情绪、自我以及其他人格特点等。而目前关于青少年学习适应性的研究，国内的研究多从教育心理学角度，偏重于对个体学业发展的外在客观要求的研究，缺乏从人格和自我心理学角度的研究，忽视对个体学业发展的内在需求和自我觉知的研究。

其实，无论外在要求多么必要和重要，多么客观和科学，最终都必须通过学生的自我这一内在因素来发生作用。也就是说，如果个体对这些所有看起来很重要的学习内容、很有效的学习方法没有意识到，缺乏对自己学业发展的自我反思、反省，那么外因最终会因为没有内因或内因不足而无法发生作用，我们现实的学校教育就是如此局面：学生不知道自己对学习的感受是什么，不知道自己的学习水平如何，不知道自己的某些解释风格影响到了学习，致使青少年学业发展受到了来自自身消极自我、消极归因的负面影响而不自知。

因此，本研究主要探究归因风格与学习适应的关系，并检验学业自我在二者间的中介作用。

二 研究方法

（一）被试

本研究在广州市南沙中学、东圃中学、番禺实验中学随机抽取初一、初二、高一、高二各两个班，1100人为被试进行施测，回收有效问卷984份，有效问卷率89.5%，其中初一249人（男生125人，女生124人）；初二269人（男生124人，女生145人）；高一229人（男生95人，女生134人）；高二234人（男生139人，女生95人）。

（二）测量工具

1. 学习适应性量表

采用聂衍刚等（2005）编制的《青少年社会适应行为量表》中的学习适应行为分量表测量青少年学习适应性。该量表包括5个问题，每个问题下设若干个子问题，每个子问题包括两个选项，其中，被试有该子问题所描述的行为，则勾选"是"，并记1分，无该子问题所描述的行为，则勾选"否"，并记0分。每个问题的得分为该题下所有子问题得分的平均分。得分越高，则越具有该种学习适应行为。整个学习适应行为分量表共计5个问题，30个子问题，其中包括1个反向计分题，量表内部一致性信度Cronbach'α系数为0.80。本研究对《青少年社会适应行为量表》中的学习适应行为分量表进行了修订，删掉了反射计分题"我喜欢死记硬背知识"及计算总分的要求，修订后的Cronbach'α系数为0.819。

2. 一般学业自我问卷

本研究采用郭成（2006）编制的青少年一般学业自我问卷（GASCS）。问卷包含22道题项，包含学业能力、学业行为、学业体验、学业成就4个因子，量表各维度的内部一致性系数介于0.63—0.95之间，总量表的信度系数为 0.90；重测信度系数为 0.90。在本研究中，该量表的 Cronbach'α 系数为 0.92。

3. 学业成就量表

采用多维度—多归因因果量表中的学业成就量表来测量个体的归因风格。该量表提出了四类可能的归因，即能力和努力属于内控性归因，运气和背景属于外控性归因，每类归因倾向又分为成功与失败两种情形。量表共有 24 题，成功和失败的结果归因各为 12 题，采用 Likert 5 点计分，从 0 "不同意"至 4 "同意"，最常用的指标为总分，即外控性得分与内控性得分之差，分数越高，说明外控性倾向越强。在本研究中，该量表的 Cronbach'α 系数为 0.76。

（三）实测程序与数据处理

调查者在班主任的帮助下以班级为单位进行团体施测，在规定的时间内（30 分钟）收回问卷。所有的数据均采用 SPSS 12.0 统计软件进行处理。

三 研究结果

（一）归因风格、学业自我与学习适应的相关分析

相关分析结果显示（如表 6-5 所示）：成功归因外控与学业自我总均分及各维度（$r = -0.45$——-0.32，$ps < 0.01$）、学习适应性（$r = -0.35$，$p < 0.01$）、学业成绩（$r = -0.09$，$p < 0.05$）呈显著负相关；学业自我与学习适应性（$r = 0.63$，$p < 0.01$）、学业成绩（$r = 0.16$，$p < 0.01$）呈显著正相关。这说明青少年的归因风格与学业自我、学习适应性三者关系密切。

表 6-5　　青少年归因风格、学业自我与学习适应的相关分析

项目	1	2	3	4	5	6	7	8
成功归因外控								
失败归因外控	0.26**							
学业体验	-0.36**	-0.18**						
学业行为	-0.42**	-0.16**	0.64**					
学业能力	-0.32**	-0.04	0.53**	0.56**				

续表

项目	1	2	3	4	5	6	7	8
学业成就	-0.43**	-0.26**	0.59**	0.63**	0.58**			
学业自我总均分	-0.45**	-0.18**	0.58**	0.55**	0.48**	0.46**		
学习适应性	-0.35**	-0.13**	0.58**	0.55**	0.48**	0.45**	0.63**	
成绩	-0.09*	-0.03	0.11**	0.14**	0.15**	0.14**	0.16**	0.16**

注：$*p < 0.05$，$**p < 0.01$，$***p < 0.001$

（二）青少年学习适应性对学业自我、归因风格的回归分析

以学习适应性及成绩为因变量，以归因风格、学业自我的总分及其各维度为预测变量，进行逐步回归分析，探讨归因风格、学业自我对学习适应性及学习成绩的预测作用。结果显示（如表6-6所示），在学习适应性方面，学业自我总分、学业体验、成功事件归因、学业行为进入了回归方程，4个因子共同解释学习适应性41.6%，其中学业自我对学习适应性的解释量最大，独自预测力为39.8%。在成绩方面，只有学业自我进入了回归方程，解释量为2.8%。

表6-6　青少年学习适应对归因风格、学业自我的多元回归分析

因变量	预测变量	β	R^2	ΔR^2	t
学习适应	学业自我	0.30	0.39	0.398	4.52***
	学业体验	0.21	0.41	0.008	4.43***
	成功事件归因	-0.08	0.41	0.006	-2.99**
	学业自我	0.13	0.42	0.004	2.76**
成绩	学业自我	0.17	0.03	0.028	5.28***

注：$*p < 0.05$，$**p < 0.01$，$***p < 0.001$

（三）学业自我的中介效应检验

为进一步探讨归因风格影响学习适应性的机制，采用中介效应的次序检验方法，以归因风格为自变量、学业自我为中介变量、学习适应性和成绩为因变量进行中介效应检验。综合上述分析的结果，构建了路径分析模型（图6-1所示）。结果表明：（1）归因风格会通过学业自我影响其学

习适应性，学业自我在归因风格与学习适应性之间起部分中介效应（$\beta = -0.06$, $t = 2.28$, $p < 0.001$），中介效应值为 -0.24，中介效应占总效应的比例为 79.7%；（2）归因风格会通过学业自我影响其学业成绩，学业自我在归因风格与学习成绩之间起完全中介效应（$\beta = -0.01$, $t = -0.27$, $p > 0.05$），中介效应值为 -0.07，中介效应占总效应的比例为 89.3%。

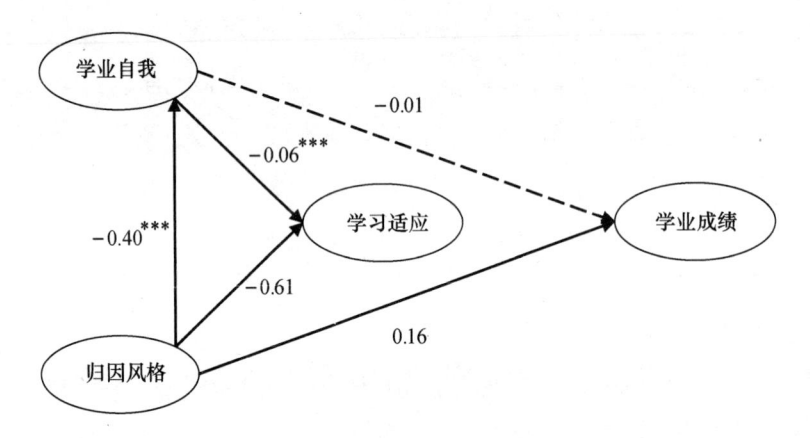

图 6-1 学业自我的中介效应

四 讨论

（一）青少年归因风格与学业自我、学习适应的关系

学习是一种普遍发生的现象，同时也是一个十分复杂的过程，是个体的认知、情感、意志和行为交互作用的过程。个体为了寻求学业上的发展，通过一定的途径与方法，在生理、心理、行为等各方面产生变化，使个体在外在环境和学习要求之间达成一致。身心的变化有两个含义，一个是短时的变化，即个体对学习信息进行加工的过程中，其感受性的变化；另一个是长期的变化，即个体在学习过程中，通过对学习环境、学习任务等更深层次的认识，形成一套在类似学习环境和学习任务条件下处理信息、调节自身状态的自我调节系统，从而使个体能在类似情况下进行迁移，对自我进行自动或非自动的调节，从而影响学习适应性。即时性的变化是为了建立长期的实质性的变化，而长期的变化则由许多即时性的变化构建而成。个体在应对具体的学习情境中，自身的人格影响学业情境的处

理，而学习情境的结果又对个体自身产生回馈，导致短时性的感受性的变化，随着相应类似学习情境的出现，个体形成了稳定的人格倾向，通过影响自我意识，主动地收集和分析信息，恰当有效地控制自己的行为，并根据个体与环境的关系进行调整，找到自己合适的位置，实现自己的目标。

相关分析结果发现，青少年归因方式与学习适应性及学业自我显著相关。首先，归因方式影响个体的情绪体验、成就期望和行为。在青少年学习过程中，归因方式影响其学习的动机和积极性，甚至影响其自我知觉和自我效能感等。一般而言，如果个体将成败归因于外部不可控因素，就会对自己的能力和努力产生怀疑，产生无助感，从而放弃尝试和努力，导致学习适应不良问题；相反，如果个体越倾向于内控归因，学习适应性越好（毛晋平、张素娴，2009）。其次，归因方式对学业自我的形成具有重要的作用。如果个体把学业结果归因于不可控制的因素，则更有可能形成消极自我意识；相反，如果归因于可控的因素，则更有可能形成积极的自我意识。

（二）青少年归因风格对学习适应的影响机制

本研究发现，学业自我在归因风格与学习适应性之间起到了部分中介效应，在归因风格与成绩之间充当了完全中介变量的作用。青少年对学习情况的归因是学业自我形成中重要的内部过程。自我具有适应机能，学业自我作为青少年自我意识的重要组成部分，它可以通过调节个体的认知、情感、动机和行为，帮助其解决适应问题（Sedekides 和 Skowronski，1997）。通过相关分析发现，青少年的学业自我及其各维度与学习适应性相关显著，其中学业体验和学业行为与学习适应性的相关最高。回归分析结果也表明学业自我对学习适应性具有显著影响，说明学业自我对学习适应性的预测作用。这可能是因为学业自我和学习活动密切相关，学业自我可以通过影响学习过程中的态度、方法、动机和同伴交往等来影响青少年的自我知觉，进而影响其学习适应性。

五 教学建议

根据本研究的结论，我们建议：（1）学校教育过程中要注重培养青少年良好的学业自我意识，使其在学习过程中感受到愉悦、自信等积极体验，通过改变青少年对自己学业情况的认知、评价与体验，提高其学习适应性；(2) 帮助青少年形成积极的归因方式，使其促进青少年的学习行为及学习适应性的发展。

第四节 青少年人际压力与社交适应行为：人际自我效能感的中介作用

社交适应行为（social interaction adaptation behaviors）是指个体在社会交往过程中，其人际关系、交往态度、交往方式、合作性、真诚性等一系列身心适应过程与行为特点。青少年渴望与他人交往，但同时又容易因情感上的两极性与敏感性而存在不同程度的人际交往压力。因此，研究青少年在人际压力下的社交适应行为有助于更好地认识压力对青少年社交适应行为的影响及其内在机制，为促进青少年良好的社交适应行为提供科学依据。

一 研究概述

（一）基本概念

1. 社交适应

社交适应是在主体与人或一定人组成的群体中，通过交流互动表现出来的外显适应能力，主体社交适应性的评价标准与其所处的社会文化环境、规范要求相联系，社会性是其本质属性；并且适应是一种长期性的纵向变化过程，在这个过程中，个体对社会行为规范、群体活动参与性、社会交往技巧、他人知觉、助人与合作等有着更深层次的认识，并逐步形成一套在类似社交情境下调节自身状态的自我调节系统，从而使个体在类似情况下能够对自己进行有意或无意的调节，提高社交效率。

社交适应行为是社交适应的外显表现，反映的是个体社会交往的过程、方式和状况，表现为人际关系、交往态度（开放与保守）、交往方式（主动与被动）、交往信心（自信与自卑）、参加集体活动、合作性、理解性、真诚性等一系列身心适应性行为（聂衍刚，2005）。

2. 人际压力

Bronferbrenner（1995）的生态系统论观点认为，个体行为的发展离不开其所处的环境及由环境带来的压力的影响。根据这个观点，复杂多变的交往环境容易给青少年带来人际紧张与人际压力，从而影响着他们的社交适应行为。人际压力的认知观点认为（王淑敏、李雪，2004），人际压力是个体在人际交往中自我内部或自我和环境之间失调的结果。当个体对人际环境要求的评价超过其自身能力和资源，或在人际交往中感到自身需要与价值受到威胁或无法实现，便产生了人际压力。研究指出（鲁可荣，2005；绳惠玲、韩玉稳、魏航英，1999；Brown、Clasen 和 Eicher，1986），青少年的人际压力是影响其社交行为的重要因素，体验到人际压力越大的青少年在社交过程中常常处于被动的位置，难以建立和维持与他人的交往，回避参加集体活动、更容易产生社交焦虑以及社交障碍。这些研究结果提示，青少年的人际压力很可能是影响其社交适应行为的重要因素之一。

3. 人际自我效能感

人际自我效能感（interpersonal communication self-efficacy）是个体内在的心理资源，是个体在与他人进行交往活动之前对自己能够在什么水平上完成该交往活动的判断（谢晶、张厚粲，2009）。刘逊（2004）指出具有较高人际自我效能感的个体认为自己能够更好地完成社交活动并且能够和他人建立更良好的人际关系，这种信念将激发个体更积极主动地产生能够有效完成社交活动的行为，如主动发起谈话等；而且与他人交往时持更良好的态度，并在交往中自我卷入更高以及表现出更好的沟通技巧。从这个角度来说，良好的人际交往自我效能对青少年的社交适应行为很可能存在积极的影响。

（二）人际压力、人际自我效能感与社交适应的关系概述

沈德立和梁宝勇（2006）认为，压力刺激对个体的心理感受和行为表现具有很大影响，然而这种影响在很大程度上是通过个体的人格特征而发生作用。陈建文和王滔（2004）的研究表明，个体能否顺利完成社会适应，一方面取决于他是否在客观上真正拥有控制环境和应对压力的有效的身心资源；另一方面取决于他是否从主观上相信自己具有控制环境和应对压力的能力，即是否具有足够的自我效能感。如上所述，人际压力是由于个体在社交活动中所需资源与个体自身掌控和完成社交活动所需资源的不一致所使然的。如果个体知觉到人际压力的存在，则说明他已有的自身资源难以有效控制和改善在社交活动中所遇到的问题。本研究认为如果青

少年长期体验到来自人际方面的压力，但能妥善处理，并控制了社交过程，就可能促进人际交往自我效能感，从而获得了良好的社交适应行为。相反，如果青少年体验到较高的人际压力，但却无力应对，则在一定程度上削弱了他们的人际自我效能感，从而可能习得不良的社交适应行为。

据此，本研究提出如下假设：（1）人际压力对青少年的社交适应行为造成负面影响；（2）人际自我效能感对社交适应行为存在正向预测作用；（3）人际自我效能感在人际压力与社交适应行为间发挥中介作用。

二　研究方法

（一）被试

本研究在广州市 2 所完全中学随机抽取初一、初二、高一、高二共 1000 名学生进行施测，共回收有效问卷为 916 份，有效问卷率 91.6%，其中初一 188 人（男生 98 人，女生 90 人）；初二 162 人（男生 82 人，女生 80 人）；高一 192 人（男生 94 人，女生 98 人）；高二 184 人（男生 126 人，女生 58 人）；高三 190 人（男生 106 人，女生 84 人）。

（二）测量工具

1. 社交适应行为量表

采用聂衍刚等（2008）编制的《青少年社会适应行为量表》中的社会交往适应行为分量表测量青少年社交适应行为。整个社交量表包括 7 个问题，每个问题下设若干个子问题，例如，某题"为他人考虑"，下设"对别人的事情感兴趣""会照顾别人的财物""在别人需要时，负责或管理别人的事务"、"考虑别人的感情"等子问题。每个子问题包括 2 个选项，其中，被试有该子问题所描述的行为，则勾选"是"，并记 1 分，无该子问题所描述的行为，则勾选"否"，并记 0 分。每个问题的得分为该题下所有子问题得分的平均分。得分越高，则越具有该种学习适应行为。整个学习适应行为分量表共计 8 个问题，27 个子问题。量表内部一致性信度 Cronbach'α 系数为 0.80，本研究中 Cronbach'α 系数为 0.78。

2. 人际自我效能问卷

采用刘逊（2004）编制的《青少年人际交往自我效能感问卷（AISCE）》测量青少年人际自我效能感。该问卷共有 36 道题，其中有理解能测谎题 4 题，引导题 3 道，采用李可特（Likert）式 5 点计分，

1、2、3、4、5分别代表从"完全不符合""有点不符合""说不定""比较符合"到"完全符合",得分越高则表示个体人际自我效能越好。量表内部一致性信度Cronbach'α系数为0.86,本研究中Cronbach'α系数为0.874。

3. 人际压力量表

采用郑全全和陈树林(1999)编制的《青少年应激源量表》中与人际压力有关的4个因子组成《青少年人际压力量表》,分别是教师压力、同伴朋友压力、家庭环境压力、父母管教压力。量表共计23道题目,采用0—4级评分,得分越高表明压力越大,4个因子的总分合成一个人际压力总分。总量表的Cronbach'α系数为0.93,教师压力、同伴朋友压力、家庭环境压力与父母管教压力4个分量表的Cronbach'α系数分别为0.93、0.90、0.90、0.84。

(三) 实测程序与数据处理

由经过专门培训的心理系硕士研究生充当主试,在班主任老师的配合下,以班为单位对被试进行集体施测,时间为15—20分钟。全部问卷现场收回。所有的数据均采用SPSS 12.0统计软件进行处理。

三 研究结果

(一) 人际压力与人际自我效能感、社交适应的相关分析

相关分析结果显示(如表6-7所示),除了教师压力与人际自我效能感、社交适应行为的相关不显著外,青少年的人际压力及其他各维度得分均与人际自我效能感($r = -0.16$——-0.08, $ps < 0.05$)、社交适应行为呈显著负相关($r = -0.19$——-0.10, $ps < 0.01$),而人际自我效能感与社交适应行为呈显著正相关($r = 0.41$, $ps < 0.001$)。

表6-7 青少年人际压力、人际自我效能感与社交适应行为的相关分析

	1	2	3	4	5	6	7
人际压力总均分							
教师压力	0.94***						

续表

	1	2	3	4	5	6	7
同伴朋友压力	0.95***	0.84***					
家庭环境压力	0.93***	0.80***	0.84***				
父母管教压力	0.91***	0.79***	0.83***	0.86***			
人际自我效能感	-0.11**	-0.06	-0.16**	-0.10**	-0.08*		
社交适应行为总均分	-0.13**	-0.06	-0.19**	-0.14**	-0.10**	0.41***	
$M \pm SD$	1.35±1.08	1.46±1.26	1.35±1.06	1.33±1.25	1.17±1.06	3.37±0.52	22.85±4.32

注：$*p < 0.05$，$**p < 0.01$，$***p < 0.001$

（二）社交适应对人际压力、人际自我效能感的回归分析

采用分层逐步回归分析考察青少年人际压力、人际自我效能感对社交适应行为的影响。第一层控制性别和年级，第二层把人际压力以及人际自我效能同时放入回归方程，如表6-8所示。

结果显示，青少年的人际自我效能感是预测社交适应行为的重要变量，能够解释社交适应行为17%的方差变异。同伴压力和家庭环境压力是影响青少年社交适应行为的主要压力，均解释社交适应行为20%的方差变异。

表6-8 青少年社交适应行为对人际压力、人际自我效能感的回归分析

因变量	预测变量	β	R^2	ΔR^2	t
社交适应行为	人际自我效能感	0.38	0.17		12.44***
	同伴朋友压力	-0.34	0.19	0.02	-6.07***
	家庭环境压力	-0.24	0.20	0.01	-4.47**

注：$*p < 0.05$，$**p < 0.01$，$***p < 0.001$

（三）人际自我效能感的中介效应检验

为检验人际自我效能感在人际压力与社交适应行为中的中介作用，本研究以人际自我效能感为中介变量 m，人际压力为自变量 x，社交适应行为为因变量 y。在控制人口统计学变量后，把人际压力各因子作为自变

量，分别进行中介效应检验。

结果表明，教师压力对社交适应行为的预测作用不显著，不符合中介效应检验的前提条件。另外，青少年的人际自我效能感在同伴朋友压力、家庭环境压力、总体人际压力与社交适应行为间存在部分中介作用，在父母压力与社交适应行为间的中介作用不显著（Sobel 检验：$Z = -1.508$，$p > 0.05$）。从中介效应大小来看，人际自我效能感在同伴朋友压力与社交适应行为中的解释力度最大（63.5%），而在其余两个中的解释力度相对较小（稍大于20%）。

表6-9　　　　　　　青少年人际自我效能感的中介效应检验

步骤	影响路径	中介效应检验	步骤	影响路径	中介效应检验
	同伴朋友压力			父母压力	
第一步	$y = -0.19x_1$	SE = 0.13；$t = -5.70^{***}$	第一步	$y = -0.10x_3$	SE = 0.13；$t = -2.98^{**}$
第二步	$m = -0.13x_1$	SE = 0.02；$t = -3.94^{***}$	第二步	$m = -0.06x_3$	SE = 0.07；$t = -1.66$
第三步	$y = -0.14x_1$	SE = 0.12；$t = -4.45^{***}$	第三步	$y = -0.08x_3$	SE = 0.12；$t = -2.51^{*}$
	$+ 0.41m$	SE = 0.25；$t = 13.37^{***}$		$+ 0.41m$	SE = 0.25；$t = 13.81^{***}$
	家庭环境压力			总体压力	
第一步	$y = -0.14x_2$	SE = 0.11；$t = -4.06^{***}$	第一步	$y = -0.13x_4$	SE = 0.13；$t = -3.77^{***}$
第二步	$m = -0.07x_2$	SE = 0.01；$t = -2.15^{*}$	第二步	$m = -0.08x_4$	SE = 0.02；$t = -2..27^{*}$
第三步	$y = -0.11x_2$	SE = 0.10；$t = -3.48^{***}$	第三步	$y = -0.10x_4$	SE = 0.12；$t = -3.10^{**}$
	$+ 0.41m$	SE = 0.25；$t = 13.73^{***}$		$+ 0.41m$	SE = 0.25；$t = 13.72^{***}$

注：$^{*}p < 0.05$，$^{**}p < 0.01$，$^{***}p < 0.001$

(1) 表中的 t 检验是对标准化回归系数的 t 检验；(2) 影响路径一列中的系数均为标准化回归系数；(3) 表中的 y 表示因变量（社交适应行为），x 表示自变量（各种人际压力），m 表示中介变量（人际自我效能感）。

四 讨论

（一）青少年人际压力、人际自我效能感与社交适应行为的关系

研究结果表明，除了教师压力与人际自我效能感、社交适应行为的相关性不显著外，青少年的人际压力各因子与社交适应行为都存在显著的负相关。回归分析表明，同伴朋友压力、家庭环境压力对青少年的社交适应行为存在显著的预测作用。压力与心理健康存在密切的联系。根据 Selye（1975）提出的"压力反应的一般模式"，压力是造成不适应的重要成因。感受到压力的个体在情绪上容易出现紧张、焦虑、沮丧、生气，感到挫折等，在行为上容易冲动，与人挑衅、顶撞，在生理上则是头痛、肠胃不适等。在这些情况下，容易造成人际距离加大，难以与人建立良好的信任关系，社交适应性低。

本研究表明，高、低人际自我效能感的青少年，其社交适应行为存在非常显著的差异。一般认为，高人际自我效能感的个体，他们在人际交往中具有更高的主动性、自信心、信任感，情绪调节能力更好，即使面对突发的人际情境压力也不会感受到较大的压力，并能较好地处理压力，具有良好的社交适应性。相反，低人际自我效能感的个体，由于其自信心、信任感低，主动性缺乏，因而更容易知觉到压力，面对压力无所适从，社交适应性水平较低。相关分析也表明，青少年人际自我效能感与社交适应行为呈显著正相关，这说明人际自我效能感作为一种内在的心理资源，与青少年的社交适应行为的发展水平有着密切关系。个体的社交适应行为存在"必须学会的行为""必须选择的行为"以及"必须回避的行为"三种行为表现（聂衍刚，2005）。一些社交适应不良行为，即必须回避的问题如社交焦虑、孤独症、社交退缩等与低自我效能感密切相关（郭晓薇，2000；Higa 和 Daleiden，2008），低自我效能感在压力情境中会激发个体负性图式，引发社交不适应行为；而那些适应不良行为之下潜藏着个体的这样一种观点，他/她认为自己在与他人的关系中是没有价值的，无法胜任活动（Steinhausen 和 Metzke，2001）。而当个体对自己与他人交往能力或交往智慧呈积极评价，并且能够克服压力情境时，自我优越感随之产生，继而激发个体调动心理自我的潜在能力，致使积极情绪体验和良好社交行为的产生并不断强化，形成良性社交行为倾向。由此可见，提高个体自我效能感，可以影响个体对潜在压力源的认知评价，从而激发更高的社交适应行为。

（二）人际自我效能感的中介作用

本研究中，青少年的人际自我效能感在同伴朋友压力、家庭环境压力及总体人际压力在社交适应行为中存在显著的部分中介效应，在教师压力和父母压力中的中介作用不显著。研究结果初步验证了聂衍刚（2005）提出的社会适应整合模型中关于在情境压力与适应行为之间，自我评价的不完全中介设想。从中介效应大小来看，人际自我效能感在同伴朋友压力与社交适应中的解释力度最大（63.5%），而在其余两个中的解释力度相当（稍大于 20%）。

这表明，青少年的人际自我效能感并非在所有人际压力与社交适应中都存在中介作用。因为并非所有人际压力对青少年的人际自我效能感都产生显著的负面影响，有一些压力，如教师压力对人际自我效能感没有产生显著的影响；但也有一些压力，如同伴朋友压力对他们的人际自我效能感则产生较大的影响。根据自我价值感的领域权变性模型（Crocker 和 Wolfe，2001），个体在自认为重要的方面受到挫折会较大程度上削弱自我价值感。出现这个结果与压力的种类和压力对个体的效价影响不无关系，当青少年在比较重要的情境中感到压力或受挫的时候，其人际自我效能感水平就可能受到影响而降低。从更深层的关系来说，青少年人际自我效能感在人际压力与社交适应间存在部分中介效应，这种中介效应可能受到压力源重要性（或者叫压力效价）的调节，即这种模型可能是一种有调节作用的中介模型（Moderated Mediating）（温忠麟、张雷、侯杰泰，2006），但这个推测还有待日后的研究进一步探讨。

适应行为是人格与社会环境交互作用的产物，是人格在特定社会适应环境中的具体表现，具有适应性与非适应性。陈建文和王滔（2008）认为人格可能影响着个体对压力的评价，也可能影响着个体评价之后的应对行为选择，还可能影响个体的身心症状反应程度。而自我效能感作为一种自我认知评价，就是其中一个核心人格因素，在压力与适应行为间发挥中介作用。人际自我效能感是个体的认知评估因素，也受到其他人格因素的调节和监控，对个体的环境适应行为有激活作用，但这种激活作用并不是一种完全的中介作用。即外部的环境刺激并不是百分百地通过自我效能感对个体的社交适应行为产生影响，还可能通过其他人格特征起作用，如控制感、乐观倾向等。

五 教学建议

人们生活在错综复杂的社会网络中，每个人都是在与他人及环境的交往互动中发展和成熟起来的，家长、老师要多激励，积极引导学生树立正确的交往观念，这不仅在一定程度上减轻了青少年学生的人际压力，而且能够在交往过程中有目的地培养学生的人际自我认知调节能力，提高其社交能力及信心，这对于青少年健全人格培养和社会性发展起到重要的启示作用。

第五节 青少年道德自我与社会行为倾向的关系

一 研究概述

（一）道德自我

道德自我（moral Self）是自我意识的重要组成部分，许多研究者在这一框架下阐述道德自我的含义。James（1890）最早对道德自我进行论述，他认为道德自我处于精神自我的体系中，是个体对自己道德的认识、评价和体验。Kochanska等（1997）认为儿童的道德自我包括忏悔、道歉、补偿、对缺陷的敏感性、规则内化、共情、关注他人错误、消极情感和关注父母态度共9个方面的内容。Walker和Pitts（1998）通过聚类分析，将道德成熟者的道德自我归纳为依赖—忠诚、关怀—信任、原则—理想化、完善、公平和自信几个维度。朱智贤（1989）认为道德自我是自我意识的道德方面，包括了自我道德评价、自我道德形象、理想自我和自我道德调控能力等；林彬和岑国桢（2000）提出道德自我是个体对自身道德品质的认识或一种意识状态；聂衍刚和丁莉（2009）认为道德自我是指个体对自己的品行及其与社会规范要求契合程度的认识。总结以往研究，本研究认为，道德自我概念是个体对自身道德状况的认识评价、体验和监控，以及与之相伴的情感体验和意志力。

（二）道德自我概念影响社会行为倾向的注意偏向：自我图式的视角

许多研究关注认知的高级阶段如道德推理、道德判断等方面对道德决策和道德行为的影响（Greene 等，2001；Schnall 等，2008；Li，Zhu 和 Gummerum，2014），但也有研究将注意力从道德推理转向道德自我，从稳定的道德人格转向受情境影响的道德自我价值感，以一种新视角来解释道德行为。许多研究表明，道德自我促进道德行为的发生（Stets 和 Carter，2012），例如合作行为（Sachdeva、Iliev 和 Medin，2009）、捐赠行为（Conway 和 Peetz，2012）以及志愿服务（Aquino 和 Reed，2002）。同时，道德自我还能抑制非道德行为的产生（Stets 和 Carter，2011），如反社会行为（Johnston 和 Krettenauer，2011）。随着研究的深入，研究者提出了道德同一性的概念来解释道德自我对个体行为的作用。道德同一性是通过具体的道德特征组织起来的、涉及个体自我中有关道德方面的一种特别的同一性（Aquino 和 Reed，2002）。随后，Blasi（2004）在此基础上提出了道德同一性理论，认为道德同一性产生于个体道德观念和道德行为相一致的心理需要，它主要关注个体如何积累道德知识，产生内化的认知结构或图式，进而成为道德行为的一种向导。

相关研究也表明了自我图式会对个体的信息选择以及加工产生影响。对于不同自尊水平的个体，低自尊个体存在对拒绝信息的注意偏向，低自尊个体更容易知觉到外部的拒绝性信息，也更倾向于将别人的行为知觉为拒绝，而高自尊个体没有表现出该种偏向（Dandeneau 和 Baldwin，2009），而且低自尊个体的这种注意偏向是对拒绝信息的注意解脱困难（李海江、杨娟、贾磊、张庆林，2011）；高笑等（高笑、王泉川、陈红、王宝英、赵光，2012）通过眼动研究，发现胖负面身体自我图式个体对胖的图片存在注意警觉——注意维持模式的注意偏向模式，对瘦的图片仅为注意警觉。因此，我们认为道德图式作为自我图式的一部分，有可能会导致个体对符合自我道德图式的刺激具有高度敏感性，而不符合道德自我的信息出现时，个体需要更多的注意资源进行加工，也就是说，道德自我概念水平不同的个体可能会参照自身的道德图式，对道德信息进行筛选和过滤并对特定信息产生注意偏向，从而使得个体在道德行为上表现出显著的倾向性分离。

（三）问题提出

基于此，我们将利他行为看作积极道德行为，注重行为本身以及行为对他人和社会造成的影响，不对亲社会行为、助人行为进行严格的区分，通过点探测任务考察高低道德自我水平个体在利己和利他词汇中加工速度的差异，以探明道德自我对道德行为是否存在注意偏向，并提出以下假设：不同道德自我水平个体对利他和利己词语的加工时存在注意偏向；高道德自我水平个体对利他词语存在注意偏向，而对利己词汇没有表现出偏向；低道德自我水平个体对利己词语存在注意偏向，而对利他词汇没有表现出偏向。

二 研究方法

（一）被试

采用整群便利取样的方式，以班级为单位先进行问卷调查，后挑选被试进行分组实验。调查前先签订实验知情书，实验完成后给予被试费。由任课老师负责组织被试，以班级为单位集体施测，受过训练的心理学研究生为主试统一宣读指导语，被试填写完毕由研究生主试当场回收问卷。

对广州市4所高校的800名大学生施测，共发放问卷800份，回收有效问卷756份，其中男生387人，女生369人，一年级学生245人，二年级学生272人，三年级学生239人。被试平均年龄19.97±0.87岁，按照《大学生道德自我概念》得分，将排在前27%的被试作为高道德自我水平组（得分高于110分）；排在后27%的被试作为低道德自我水平组（得分低于95分）。再从高低道德自我水平组中各随机抽取40人，共80人为被试，其中高道德自我水平组男生20人，女生20人，平均年龄19.91±0.85岁；低道德自我水平组男生20人，女生20人，平均年龄19.92±0.91岁。

（二）实验材料与工具

1. 实验材料

从《现代汉语常用词词频词典》中选择具有利他、利己含义及中性含义的双字词语。词语的筛选步骤：(1)根据日常出现频率较高的描述挑选出助人和合作等利他词汇110个、自私和贪婪的利己词汇110个、中性词100个，共320个词语。(2)让10名心理学研究生分别对所有词汇的意义度进行等级评定，共分为完全利己、比较利己、中性、比较利他、完全利他5个等级，分别对应1分到5分。(3)根据统计结果，利己词语从低分往上取50个词（平均得分小于1.5）；利他词语从高分往下取50

个词（平均得分大于4.5）；中性词语以3分为中点往上往下各取22个词，共144个词组成本实验的刺激材料。

2. 工具

采用《大学生道德自我概念问卷》（刘莉，2013）筛选被试。量表采用5点评分法（"1→5"分别对应"完全不符合→完全符合"），包括个体道德自我、社会道德自我、人际道德自我3个维度，共26道题目。整个问卷的一致性Cronbach'α系数为0.856，分半信度系数为0.814，信度良好。各维度的内部一致性Cronbach'α系数在0.69—0.79之间。

3. 实验设计

实验采用2×6两因素混合设计，其中，自变量为道德自我概念和刺激类型，因变量为被试对探测点位置进行正确按键反应的反应时。道德自我概念为组间变量，有高和低两个水平；刺激类型为组内变量，有6种情况，即利他词汇与利己词汇同组时，探测点位置与利他词汇或利己词汇同位或异位；利他词汇与中性词汇同组时，探测点位置与利他词汇或中性词汇同位或异位；利己词汇与中性词汇同组时，探测点位置与利己词汇或中性词汇同位或异位。

4. 实验程序

实验采用点探测任务范式，参照MacLeod（1986）的实验方法进行设计，采用E-prime 2.0软件进行编程。首先，在屏幕中央会呈现一个高和宽均为1厘米的注视点"+"500ms。接着，在屏幕的左右两个位置同时出现一对词汇，即利他、利己和中性词语的随机配对，呈现500ms后消失，随后在刚刚呈现刺激词语的左右两个位置中的任一位置出现一个探测点"●"，被试需要对探测点所在位置做相应的按键反应。被试按键反应之后，探测点消失，进入下一轮实验。为了平衡实验中的位置和顺序效应，所有的词语配对、呈现顺序、呈现位置以及探测点的位置均采用随机呈现，实验流程如图6-2所示。

进入实验程序后，屏幕上会出现实验指导语："欢迎参加本次实验！实验开始后，请您注视屏幕上的'+'，接着屏幕左右两个位置会同时出现一对词汇，请注意观察词汇，500ms后词语消失，其中一个词语所在位置上会出现一个'●'。如果'●'出现在左边，按'F'键，如果'●'出现在右边，则按'J'键。请您快速且准确地按键反应。"

确认被试理解操作方法之后，按键进入练习阶段，练习阶段呈现的词语均为中性词语材料，共 8 个 trails 的练习。之后进入正式实验，共 72 个 trails，其中利他词汇与利己词汇同组时，探测点位置与利他词汇、利己词汇同位或异位各 12 个；利他词汇与中性词汇同组时，探测点位置与利他词汇、中性词汇同位或异位各 12 个；利己词汇与中性词汇同组时，探测点位置与利己词汇、中性词汇同位或异位各 12 个。

所有主试均为心理学专业的硕士研究生，经专业培训，熟悉实验程序及操作方法，但是对实验目的不了解。

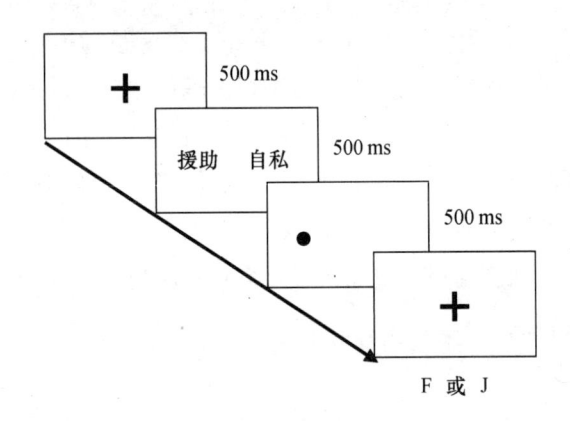

图 6-2　注意偏向实验流程

5. 实验仪器

实验仪器为 14.1 寸液晶显示屏的笔记本电脑，分辨率为 1042×768，用 F 键和 J 键进行左右按键判断反应。

6. 数据处理

（1）数据整理：首先，剔除被试按键错误的数据；其次，参考以往研究做法，小于 100ms 表明被试过早按键，即实验操作失误，大于 1200ms 则表明被试可能对词语刺激过度关注而对探测点产生注意转移或丧失，或其他无关因素导致数据偏差较大，因而剔除反应时小于 100ms、大于 1200ms 的数据。两组被试中各有 1 人因操作有误或其他原因导致反应时记录无效，因而将其数据删除，最后共保留 78 名被试的数据。

（2）数据处理：采用 SPSS 17.0 对实验数据进行处理。

三 研究结果

(一) 操纵性检验

使用独立样本 t 检验对两组被试在大学生道德自我概念量表的得分差异进行分析,以检验分组是否有效。结果如表 6-10 所示:两组被试在大学生道德自我概念量表的得分差异显著($t=-8.147$,$p<0.001$),说明被试分组有效。

表 6-10　　　　两组被试道德自我得分情况

	低道德自我水平组 ($n=39$,男生 19 人,女生 20 人)	高道德自我水平组 ($n=39$,男生 20 人,女生 19 人)	t
得分	93.26 ± 1.11	107.47 ± 1.34	-8.147***

注:*$p<0.05$,**$p<0.01$,***$p<0.001$

(二) 高、低道德自我水平被试在不同词语刺激类型下的反应时特点

高低道德自我水平组被试在不同刺激条件下反应时的描述性结果如表 6-11 所示。

表 6-11　　　　高低道德自我水平被试在不同词语刺激

类型下的反应时($M±SD$,单位 ms)

	利他词语—利己词语		利他词语—中性词语		利己词语—中性词语	
	利他 同位	利己 同位	利他 同位	中性 同位	利己 同位	中性 同位
低道德自我 水平组($n=39$)	399.20 ± 35.34	410.04 ± 33.58	391.30 ± 41.62	381.16 ± 43.86	390.17 ± 51.74	395.19 ± 45.35
高道德自我 水平组($n=39$)	372.46 ± 39.41	384.09 ± 40.22	375.65 ± 35.26	388.29 ± 35.65	395.69 ± 47.67	386.91 ± 49.51

注:配对词语同时呈现,前一词语同位相当于后一词语异位,如利他词语—利己词语中,利他同位相当于利己异位。

以道德自我水平(高、低道德自我水平)为组间变量,以刺激类型

目标词汇与探测点位置相同或不同6种实验处理为组内变量进行重复测量方差分析，结果发现，刺激条件主效应显著（$F=6.14$，$p=<0.001$），刺激条件和道德自我水平的交互作用显著（$F=11.78$，$p=<0.001$），但是道德自我水平的主效应不显著（$F=1.45$，$p>0.05$）。

进一步简单效应分析发现，在利他—中性词语配对中，中性词语同位时，低道德自我水平组的反应时要显著低于高道德自我水平组（$p<0.01$）；利己—中性词汇配对中，低道德自我水平组对利己词语与探测点同位的反应时显著低于高道德自我水平组（$p<0.01$）。在利他—利己配对出现时，高道德自我水平组对利他词汇同位时的反应时显著低于低道德自我水平组（$p<0.001$）。

（三）高、低道德自我水平被试在不同词语刺激类型上注意偏向的差异检验

通过不同刺激的反应时之差来计算注意偏向值（ABS），即利他注意偏向值等于探测刺激与利他词语处于不同位置时的反应时减去探测刺激与利他词语处于同一位置的反应时；利己注意偏向值等于探测刺激与利己词语在不同位置时的反应时减去探测刺激与利己词语处于同一位置时的反应时。正值表示注意指向，负值表示注意回避。各个方向上的绝对值越大，表明注意指向或注意回避的倾向越明显。

通过对两组被试在利他注意偏向值和利己注意偏向值得分进行独立样本t检验，结果发现（如图6-3所示）：高道德自我水平个体注意指向利

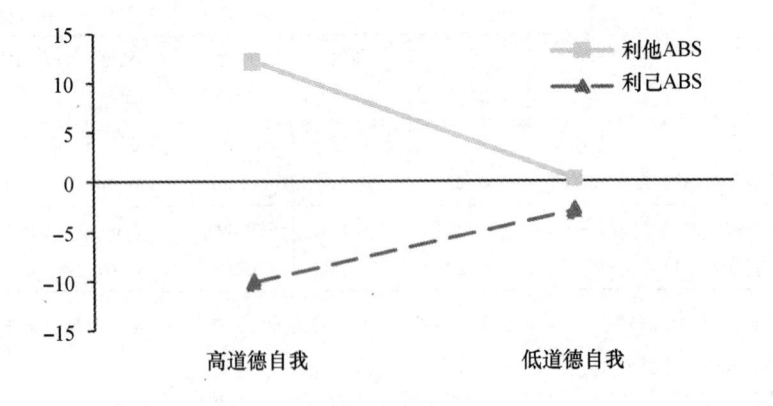

图6-3 高、低道德自我水平被试的注意偏向值

他词语，两组被试在利他词语注意偏向值上存在显著差异（$t = -3.342$，$p < 0.001$）；高、低道德自我水平的个体均对利己词汇表现出注意回避，但是二者在利己词汇上的注意偏向值差异不显著。

四 讨论

高道德自我水平个体在利他—利己词语、利他—中性词语配对出现时，若探测点与利他词语位置一致，被试的反应时比较短，而当探测点与利他词语位置不一致时，被试的反应时会延长，表现出对利他词汇的注意偏向；低道德自我水平个体在探测点与利己词语同位时的反应时较短，当探测点同利他词语或中性词语位置一致时反应时增加，表现出对利他词汇的注意偏向。不同道德自我水平个体对利他和利己词语的加工时存在注意偏向，证明了本研究假设。自我图式形成以后会影响到个体整个的知觉过程（Dandeneau 和 Baldwin，2009）。不同道德自我水平个体由于存在不同的道德自我图式，他们对相关道德信息会表现出注意偏向，而信息加工偏好会在信息加工的早期过程中，也就是注意加工过程表现出来，通常表现为注意偏向现象（黄雨晴，2012）。

Cisler 和 Koster（2010）将注意偏向分为注意增强、注意脱离困难和注意回避3种成分，其中注意增强是指注意力更容易或更快被某些信息吸引，注意脱离困难指的是注意力被某些刺激吸引后难以从该类刺激中转移，注意回避指的是将注意力从某种刺激上转移。在研究中注意增强和注意脱离困难很难拆分，因而我们对其组成注意警觉过程进行分析。在本研究中，高道德自我水平个体对利他词汇表现出注意警觉，而低道德自我水平个体没有表现出此偏向。注意警觉更多是一个自动化过程，通常不需要专注、控制和意识参与（Cisler 和 Koster，2010），对于高道德自我水平的个体而言，利他词语是与道德自我图式一致，对利他词语的关注可以帮助高道德自我水平个体更好地建立和保持较高的道德自我水平，保持道德自我的同一性，而对于低道德自我水平的个体，利他词语与其道德自我图式不一致，需要投入更多的注意，因而不存在注意警觉。此外，人有自我增强的需求，这种需求驱动个体为了提升自身的积极品质以及个人价值感，从而通过关注别人的利益和做出亲社会行为以实现自我和社会的整合（张庆鹏，寇彧，2012）。我们认为，高道德自我水平的个体受到自我增强取向的影响,也会对利他信息给予更多的关注。

在利己词汇上,高、低道德自我水平被试均表现出注意回避。高、低道德自我概念的注意偏向不存在显著差异,这可能有以下几个原因。第一,刺激呈现时间有可能会导致注意偏差,有研究显示高神经质个体在刺激呈现500ms时存在对负性图片的注意偏向,而这种偏向在1250ms时消失(吴小琴,2010),其他研究者也发现了由于刺激呈现时间的差异导致注意偏向发生变化。第二,由于注意偏向的三种成分具有时间进程,当与道德有关的威胁信息出现时,个体先对利己词汇表现出警觉,然后注意力难以从中转移,在注意过程的最后阶段又表现出回避利己词汇。第三,也有研究者认为,个体在外显上回避威胁信息的同时又隐性地保持对威胁信息的注意(Weierich、Treat和Hollingworth,2008),即尽管个体道德自我水平存在差异,但是可能都会回避利己词汇(显性回避),同时认知资源还是会分配给威胁信息(隐性固着)。第四,在社会文化及社会赞许下,高低道德自我水平的个体可能受到自我矫饰和印象整饰的影响。

此外,高道德自我水平个体注意回避倾向得分比低道德自我水平高,有可能是因为在人类的认知加工系统中存在威胁性评估系统,该系统在评估信息的威胁性时会有一个阈限,如果威胁性在这个阈限以内,系统就会让个体忽略这个信息;如果超过阈限,系统就会让个体优先加工这个信息(Mathews和Macleod,2002)。高道德自我水平个体可能有更低的阈限值,从而使得高道德自我水平个体比低道德自我水平个体更容易注意那些与威胁性有关的信息。

第七章

青少年自我意识与认知加工

前面几个章节已经详细地阐述了自我意识与个体的心理健康、幸福感以及社会适应之间的关系，本章将深入介绍自我意识与认知加工（主要包括前瞻记忆、决策加工）之间的关系。自我意识是一个多维度的心理结构，它包括了自我认知、自我体验和自我控制三个成分。良好的自我意识不仅体现于个体对自我具备积极的认知和体验，而且还体现于个体具有良好的自我控制水平来使当前的思想和行为符合社会环境和价值观。在这一章中，我们主要从基于事件前瞻记忆（Li、Nie、Zeng、Huntoon 和 Smith，2013）、行为决策（窦凯、聂衍刚、王玉洁、黎建斌、沈汪兵，2014）两个方面介绍自我控制与认知加工的关系。

第一节 认知加工研究概述

一 前瞻记忆

（一）前瞻记忆的内涵

记忆是心理学的一个重要议题，前瞻记忆（Prospective Memory，PM）就是日常记忆研究的一部分。前瞻记忆包括两种成分，一项为回溯成分，即记住以往形成的行为意向，如记住晚饭后要吃药。另一项为前瞻成分，即在预定的时间或某个事件线索出现时成功执行的行为，如晚饭过后吃了药。为此，前瞻记忆可以定义为记住已形成的意向并在达到预定条件时成功执行意向行为的记忆。从形成意向到执行意向行为之间存在一定的时间差异，当满足执行条件时，个体的意识并不一定能够保持先前形成的行为意向，或即使保持了行为意向但是忘了执行行为，这就出现了前瞻记忆的失败。成功的前瞻记忆不仅要求个体记住之前定下的意向，而且在恰当的时间和地点成功地执行。

（二）前瞻记忆的分类

1. 长时性的前瞻记忆和短时性的前瞻记忆

这是根据回溯性记忆中的长时记忆和短时记忆的划分方法对前瞻记忆进行划分。长时性的前瞻记忆是指满足执行时间或地点的条件距现在有较长的时间，如明年的中秋节回家和爸妈团聚、正在读小学的孩子大学毕业后要去一趟环球旅行等。而短时性的前瞻记忆则指满足执行时间或地点的条件距现在的时间较接近，如实验结束后去商店买文具、晚饭后开课题会等。有研究者认为，短时性的前瞻记忆任务与警戒任务和注意任务相似，因此在实验过程中应该控制好短时性前瞻任务之间的时间间隔不应太短，以免造成混淆（Meacham 和 Singer, 1977）。

2. 独特化的前瞻记忆和习惯化的前瞻记忆

独特化的前瞻记忆是指在日常生活中较少出现的，与日常生活习惯相比较为独特的行为，如下课后要去玩蹦极跳。这种记忆一般是新颖独特的，随着任务的完成，执行目标行为的意向也随之消失。另一种是习惯化的前瞻记忆，如每天早上起床都要刷牙、吃饭前要洗手等行为。这种习惯化的前瞻记忆是在日常生活中建立起来的习惯，这种类型的记忆几乎从不会忘记（Berg, 2002；转引自王丽娟，2006）。有研究者认为，尽管在实验室中难以模仿习惯化的前瞻记忆，但是通过更严格的实验程序研究习惯化的前瞻记忆以及独特化与习惯化前瞻记忆两者的关系对了解前瞻记忆的内在作用机制是十分必要的（王丽娟，2006）。

3. 基于事件的前瞻记忆和基于时间的前瞻记忆

根据提取线索的不同，前瞻记忆还可分为基于事件的前瞻记忆（event - based prospective memory）和基于时间的前瞻记忆（time - based prospective memory）。这种划分方法得到学界的认可，并且被广泛研究。这两种类型的前瞻记忆的内涵和设计都有不同之处。在基于事件的前瞻记忆中，特定的事件激活了个体意向行为的执行，如当见到屏幕上出现动物时，要大声报告"动物"；经过杂货店时要打酱油等。在这里，"动物""杂货店"就成为了目标线索，从而激发个体报告"动物""打酱油"等行为，从而完成前瞻记忆任务。基于事件的前瞻记忆的提取一般由线索所启动（cue initiated）。相比之下，基于时间的前瞻记忆则更多需要由自我所启动（self-initiated），例如在实验任务开始 3 分钟后按空格键、明天 10 点钟给客户发电子邮件等。在这里，"3 分钟""明天 10 点"就成为了目标线索，而"按空格键""发电子邮件"就成为了意向行为，当到了预定的时间后，个体需要作出相应的行为以完成前瞻记忆任务。赵晋全（2002）认为，基于事件和基于时间的前瞻记忆的不同之处在于前者通常是需要中断正在进行的任务，转向前瞻记忆任务，而后者则不需要这样做。本研究关注的是基于事件的前瞻记忆。

（三）前瞻记忆的研究方法

按照控制手段严格程度进行划分，可以将前瞻记忆的研究方法划分为简单的自然情景实验法和实验室实验法。

1. 自然情景实验法

早期研究者对前瞻记忆的研究主要是以日常生活为背景而展开的，例如要求被试完成问卷，并在问卷上写明日期和时间（Dobbs 和 Rule，1987）；让被试在某个特定的时间给实验者邮寄明信片或打电话（Meacham，1982）；让被试带一个装有计时装置的小盒子回去，并且每天定时按盒上的按钮（Wilkings 和 Baddeley，1978）等。

2. 实验室实验法

最早被公认的实验室实验法是 Einstein 和 McDaniel（1990）提出的双任务范式（dual-task paradigm）方法。该任务范式的理论基础假设为，前瞻记忆是镶嵌于正在进行的任务（on-going task）之中的，正如自然实验法里面的把取出蛋糕的任务（前瞻任务）镶嵌于正在进行的任务（玩电子游戏）一样，因此应该人为营造一种正在进行的任务，然后把前瞻记忆镶嵌在内，因而能够在严格控制其他无关变量的实验室情景中考察被试的前瞻记忆表现。

（四）前瞻记忆的影响因素

到目前为止，前瞻记忆的研究结果表明，人类的前瞻记忆受到个体内在因素以及外在因素的影响。其中，以下一些因素对前瞻记忆的影响尤为重要。

1. 认知资源

认知资源的多少是影响前瞻记忆成功与否的一个重要因素。Smith

(2003)的研究表明,被试在进行镶有前瞻记忆任务的进行性任务时,他们在词语判定任务(非前瞻记忆任务)上的反应时显著长于未镶前瞻记忆任务组的被试;而且在非前瞻记忆任务上所花费的时间与前瞻任务的成功率呈正相关。这个实验表明,当个体正在进行任务上的反应越快(投入的认知资源越多),其用于投入前瞻记忆任务的认知资源就会越少,因此前瞻记忆的成功率越低,证实了成功的前瞻记忆需要足够的认知资源。

2. 时间间隔

虽然目前尚没有系统研究时间间隔对基于事件前瞻记忆的影响,但是有研究认为时间间隔是影响基于时间前瞻记忆的一个重要因素(冻素芳、黄希庭,2010)。时间间隔是指主试告诉被试前瞻记忆指导语后,直到执行前瞻记忆任务的时间。Nigro、Senese、Natullo和Sergi(2002)的研究表明,当要求被试立即执行时间性前瞻记忆任务时,其任务成绩比延迟一段较长时间才执行时间性前瞻记忆任务的表现要好。而且在时间间隔的不同阶段,被试会采用不同的时间监控策略,例如,当规定的时间越来越临近,被试会加大对时间监控的频率,尤其是在时间间隔的最后阶段,对时间的监控最多(Kvavilashvili和Fisher,2007)。国内一项以小学生为被试的研究表明,当间隔在0—1分钟时,前瞻记忆对进行中任务稍有影响,但这种影响不显著;时间间隔降低前瞻记忆任务成绩;前瞻记忆任务成绩在0—1分钟呈快速遗忘趋势,3分钟后出现平台期(贺莉、杨治良、郭纬,2005)。

3. 个体差异

目前关于个体差异与前瞻记忆的研究多集中在A/B型人格、认知方式、人格特质与前瞻记忆的关系的研究。袁宏和黄希庭(2011)认为,由于A型人格特质的人有强烈的时间紧迫感,对完成任务有强烈需求;而B型人格特质的人较少考虑任务的时间限制,因此假设A型人格特质的人在时间性前瞻记忆任务上的表现优于B型人格特质的人。然而,他们的研究结果却没有发现两者的时间性前瞻记忆成绩存在显著的差异,但却发现两者的背景任务成绩和时间监控模式有明显的差异。另外,还有研究表明,场独立个体的前瞻记忆成绩明显优于场依存个体的前瞻记忆成绩(李寿欣、丁兆叶、张利增,2005)。人格特质与前瞻记忆关系的研究则发现,大五人格特质中的认真性(conscientiousness)有利于提高前瞻记忆的表现（Arana、Meilan 和 Perez, 2008；Cuttler 和 Graf, 2007），但有的研究却发现只有宜人性（agreeableness）与前瞻记忆表现相关（Salthouse、Berish 和 Siedlecki, 2004）。

4. 年龄

谈到前瞻记忆的影响因素，不得不涉及年龄因素。前瞻记忆的年龄效应是个体认知老化的一个主要表现。关于前瞻记忆年龄效应的经典研究指出，年龄效应只出现在时间性前瞻记忆任务中，而不存在于事件性前瞻记忆任务中，表明年龄效应对涉及高自我启动提取的前瞻记忆任务有更大的影响（Einstein 和 McDaniel, 1995）。然而，也有研究指出不论是事件性前瞻记忆还是时间性前瞻记忆都显现出显著的年龄效应，但年龄效应在基于时间前瞻记忆中的表现更为明显（Park、Hertzog、Kidder、Morrell 和 Mayhorn, 1997）。该研究还表明，基于事件前瞻记忆对注意有较大的需求，而老年人在基于时间前瞻记忆上的表现较差是由于对时间监控的失败。陈思佚和周仁来（2010a）的研究进一步表明，前瞻记忆年老化主要存在于前瞻记忆的前瞻成分；前瞻成分较高的注意资源需求导致前瞻记忆的年龄差异主要受任务的认知需求水平所影响，当前瞻记忆是相对自动加工时，年龄差异小；当任务需要较多的控制加工时，年龄差异相对较大。

5. 线索特征

线索特征对前瞻记忆的影响局限于基于事件前瞻记忆，因为主试通常要求被试每当看到目标物（线索）时则进行某些特定反应。基于时间前瞻记忆并不具备外部的线索特征，因此线索特征对该类型的前瞻记忆并不适用。McDaniel 和 Einstein（1993）的初步研究澄清了人们对前瞻记忆的一种偏见，即当线索是为人们所熟悉时，被试的前瞻记忆表现更好；当线索是人们不熟悉时，前瞻记忆表现较差。事实上，他们得出了相反的结论，即当线索不熟悉，或线索与背景有较大的差异性时，被试的前瞻记忆表现较好。这是因为不熟悉的背景或线索能够让被试特别关注，因此他们会进行更多的复述和监控，因此表现也更好。

二 选择与决策

跨期选择（intertemporal choices）和风险决策（decision making under uncertainty and risk）是决策领域研究的两大传统问题，是人类决策行为中

最常见的两种类型。

(一) 跨期选择

1. 跨期选择的内涵

当你做完一项兼职工作，老板告诉你结算工资的方式有三种：一种是按日结，每天100元，无额外利息；第二种是按季度结，在100元/天工资的基础上会有5%的利息；第三种是按年结，在100元/天工资的基础上会有10%的利息。你需要在这三种可能的方式中作出选择：当你思考将每日的工资投资于日后的额外收益时，你将会面临小风险或不确定性，老板是否值得信任且随着经济的发展人民币是否会贬值？你的决策涉及计算和权衡在不同时间点作出选择所带来的折扣利润是否符合自己的期望，而如何作出选择主要在于你是否愿意为了投资更长远的收益而放弃短期的即时利益。

日常生活中，类似于上述在现在和未来某个时间点之间作出选择的例子不胜枚举，大至组织乃至国家公共政策的制定，小到个体选择当前消费还是未来消费，人类的决策行为大多基于时间维度上对成本与收益进行计算和权衡而作出的。像这种对出现在不同时间点上的收益或损失进行衡量，进而作出各种选择和判断，称为跨期选择（Frederick、Loewenstein 和O'Donoghue，2002；何贵兵、陈海贤、林静，2009）。

2. 跨期选择的研究方法

总结前人研究跨期选择所使用的范式，大致包括匹配任务、选择任务、定价任务和评估任务四种，其中匹配任务和选择任务是最为常用的研究方式。

(1) 匹配任务。匹配任务最早应用于 Thaler（1981）的研究，实验中要求被试回答诸如"当前1000元相当于一年后的____元?"其中时间与金额会发生变化，进而得到被试不同时间点和对不同金额的贴现率。该任务是一种主观效用等价匹配范式，是让被试确定某一延迟时间点结果在另一延迟时间点上的主观效用等价结果。该任务之所以被广泛应用，主要是因为被试所填金额即是其所认为的无差异点，理论上不会受到"锚定效应"的影响。

之后，Benzion 等（1989）在此基础上设计了更为详细的实验任务，采用4（场景：推迟得到一项收益、推迟获得一项损失、加速得到一项收益、加速获得一项损失）×4（延迟时间：半年、一年、两年、四年）×4（延迟金额：$50、$200、$1000、$5000）组内实验设计，要求被试回答64个问题。结果发现：贴现率随时间而推移，且存在明显的"大小效应"，小金额的贴现率显著高于大金额。但这种实验方法最大的缺陷是被试没有足够的动机和激励去真实地考虑问题，而是很容易依据一些简单的规则填写，且在不同的实验中的折扣率不稳定，甚至出现一些令人无法解释的结果。

尽管匹配任务存在上述缺陷，但该方法得出贴现率随时间的推移而递减的结论，得到后续多项研究的支持（徐丽娟、梁竹苑、王坤、李纾、蒋田仔，2009；马文娟等，2012）。

（2）选择任务。选择任务（choice tasks）是跨期决策研究中使用最为广泛的一种研究方法，该任务让被试在两个时间点上不同数量的选项中（通常是金钱）作出选择，并采用"无差异点"（indifference point）作为衡量时间折扣率的指标。

选择任务的具体过程是：被试面临两种奖赏选项，一个是即刻获得但奖赏数额较少，另一个是过段时间才可获得但数额较大的奖赏，且随着选择的进行数额和延迟时间不断发生变化，以一种类似于心理物理学中极限法的方式获得被试偏好发生变化时的临界金额（即被试的无差异点），进而计算延迟折扣率（Mazur，1987）。实际研究中，研究者可根据不同的研究目的修改实验程序，既可固定时间而变换选项的数额，也可固定两个选项的数额而变换延迟时间。该任务的最大优势在于不需要对选项价值和行为结果间的关系作出任何假设，唯一需要假设的是当被试在两个选项间表现出无差异时即是其主观价值。

选择任务的呈现方式既可以是纸笔形式，也可通过计算机操控。其中前者称为选择滴定程序，实验中呈现多个跨期选择项目（通常为15—20个），除某个特定结果参数做有规律的递增或递减调整外，这些项目在其他所有的时间和结果参数上均保持恒定，研究者可根据被试发生选择偏转的项目来估计无差异点，如此反复进行找出多个无差异点进而推断该参数下的时间折扣率。后者称为智能迭代程序，通过计算机可实现变换参数的自动化，即实验中呈现给被试的刺激可根据前一组选择结果来有规律地变换，这样便能很快找出某一时间点上的无差异点，通过变换时间参数可以获得多组时间点上的无差异点，然后将不同时间点上的无差异点数据来拟合双曲线模型，所得折扣率便是时间折扣率。但是该方法最大的缺陷便是难以避免"锚定效应"（anchoring effect）。

3. 跨期选择的影响因素

综合以往的研究，不难发现影响跨期选择的因素主要来自个体自身方面的原因（决策主体因素）、个体所面对的决策内容（决策对象）和个体所处的环境特征（决策背景），下面我们主要从决策主体、决策对象和决策背景3个因素阐述跨期选择的影响因素。

（1）决策主体。一是特质性因素，分为自我控制和智力水平；二是状态因素，分为情绪状态和成瘾状态。

特质因素中首先是自我控制，成功地执行一项有远见的计划，如戒除烟瘾，至少需要具备两个条件：第一，抵制近期诱惑；第二，作出一个有远见的决策。任何成功的跨期决策模型都应包含描述短期诱惑和长期意图间此消彼长的特征，而自我控制在其中起着非常重要的作用。一些实验研究表明自我控制在跨期决策中发挥着非常重要的调节作用（Hare、Camerer和Rangel，2009；Casey等，2011），冲动的个体比非冲动的个体在跨期决策中的延迟折扣率更高（Myerson、Green、Hanson、Holt和Estle，2003），而高折扣率意味着个体缺乏抵制诱惑的自我控制能力，表现出冲动性、非理性的决策。

其次，特质因素中的智力水平，跨期选择中的时间折扣率与个体的智力水平存在一定的关系，研究表明时间折扣率与认知能力、一般智力呈负相关（Shamosh和Gray，2007；de Wit等，2007），个体的智力水平越高，折扣率就越低，表现出长远利益取向。此外，Frederick（2005）研究指出，在"认知反应"问题解决中，表现好的个体同样在跨期决策中表现出更高的耐心。但已有研究仅限于金钱奖赏领域的时间折扣率。

最后，还有研究指出时间洞察力（索涛，2012）、遗传因素（Anokhin、Golosheykin、Grant和Heath，2011）、时间感知能力（Wittmann和Paulus，2008）、未来情境预期能力（Benoit等，2011）、风险偏好水平（刘耀中、李长华，2012）等特质性因素在跨期选择中起着非常重要的作用。

状态性因素中首先是情绪状态，研究发现不同情绪启动状态下的个体在跨期选择中的表现有显著差异,具体来说,与无情绪启动组相比,消极情绪启动组在跨期选择中的时间折扣率更高,而愉悦情绪启动组的时间折扣率更低,这表明情绪可通过影响未来结果的建构水平而间接影响个体对时间距离的敏感度(王鹏、刘永芳,2009)。王钰(2012)也指出个体的情绪因素与公平性因素、人机互动情况共同影响着个体的决策加工过程。

最后,状态性因素中成瘾状态,目前已有大量研究探讨了成瘾者的决策特点,包括酒精成瘾、网络成瘾、毒品成瘾、赌博成瘾等。结果表明,与非毒品成瘾者相比,毒品成瘾者延迟折扣率较高,决策更冲动(Leland和Paulus,2005);赌博成瘾者比正常被试延迟折扣率更高(Holt、Green和Myerson,2003)。

(2)决策对象。第一是奖赏属性的设置,综合以往跨期选择的研究,不同研究中所设置的奖赏属性有所差异,如金钱、兑换券、礼品等刺激奖赏,或如香烟、食品、毒品等初级奖赏,不同属性奖赏对象的设置是否会对个体决策倾向产生影响,Estle等(2007)的研究给出了答案。该研究对比了决策者对直接的消费奖赏(啤酒、糖果和饮料)和非消费奖赏(金钱)的时间折扣率,结果发现决策者在对三种直接的消费奖赏选择时的时间折扣率差异不显著,与之相比,对金钱奖赏的延迟折扣率较小。

第二是奖赏和延迟时间的表征方式,对于相同的情景个体能够以不同的方式进行心理表征(Loewenstein,1988),面对决策个体可以选择多种启发式权衡决策选项,其中决策情境、方式或认知解释等表征都会影响个体对决策选项的权衡。Mischel、Underwood(1974)认为孩子延迟满足的能力主要取决于教他进行心理表征收益的方式,例如,当孩子在一袋饼干(可以立即获得)和两袋饼干(延迟一段时间后才可获得)间作出选择时,相比于教他们以无吸引力的词表征饼干,吸引词表征饼干会使他们更愿意等待。此外,奖赏兑现时间的表征方式也会影响决策者在即时选项与延迟选项间的权衡(Read、Frederick、Orsel、Rahman,2005),如延迟时间以"延迟间隔(即刻 VS. 半年后)"和"日期1月1日(今天)VS. 6月1日"。国内学者马文娟等人(2012)采用不同表征方式(得框架和失框架),设置收益和损失的跨期选择情境,考察了两种情境下跨期选择是否受到得失框架的影响,结果发现决策者只有在任务容易时存在得失框架效应:与失框架相比,决策者在得框架下更倾向于选择即时满足。

（3）决策背景。个体所处的社会、文化、政治背景不同，决策所考虑的背景因素自然所有差异，从经济学的角度看，经济危机的爆发、银行利率的降低等经济现象都会影响个体的跨期决策，研究发现通货膨胀会导致决策者在跨期决策中的延迟折扣率增加。一项跨文化研究当中，相比于西方人（如美国人）而言，东方人（如新加坡人）在跨期决策中表现更具忍耐性，西方人更偏向于近期收益，对未来的回报折扣较大；相反，东方人更倾向于长远收益，对未来的回报折扣较小（Chen 等，2005）。此外，非常规突发事件的爆发会影响个体的决策倾向，一项考察中国"5·12"汶川大地震后个体在跨期选择中决策倾向的研究中发现，震后人们更倾向于选择即时获得的小奖赏，这表明灾难后的个体在跨期选择中时间折扣效应显著增强（Li 等，2011）。

（二）风险决策

1. 风险决策的内涵

除了跨期选择，现实生活中我们还会遇到另外一种决策方式：风险决策（risk decision making）。一般而言，决策情境可分为确定性情境和不确定情境，前者是指决策情境中的方案是固定不变的；而后者是指决策者所面临的决策方案是不确定的，即每个方案的客观价值或可获得概率是变化的。风险决策是指在不确定情境或模糊情境下对决策结果的成本收益进行权衡的过程（吴燕、周晓林、罗跃嘉，2010）。有研究者认为风险决策是在损失或收益、损失或收益的重要性、损失和收益关联的不确定性三个要素中进行最优化的选择（Yates 和 Stones，1992）。李连奇（2011）认为风险决策必须满足四个条件：（1）决策者目标明确；（2）决策者有能力相对准确地预知各种环境下出现的概率，但决策者难以控制环境；（3）决策中存在 2 个以上不同类型的环境条件；（4）存在 2 个以上的备选方案。简言之，风险决策中风险的产生是由于决策者难以控制环境，而不可避免地面对多种不确定的负面结果。

2. 风险决策的研究方法

综合风险决策的历史研究进程，学者们一致认为风险决策的研究范式主要包括标准化范式、描述性范式与进化论范式三种。

（1）标准化范式。标准化范式（normative paradigm）是一种以数学建模的方法来研究决策的经济学范式。该范式需要遵循两大假设：第一，决策者的偏好水平稳定；第二，决策者具有强大的计算能力。

目前，该范式的代表理论主要包括主观期望理论（subjectively expected utility theory）和最大期望效用理论（expected utility theory）。（1）主观期望理论是由萨维奇提出的，该理论认为决策者在决策时是以主观概率来计算期望值，而不是以客观概率为准则；（2）最大期望效用理论是由冯·诺依曼和摩根斯顿提出，该理论假设决策者按自己的偏好对选项进行排序，且偏好遵循少数几个原则，决策者按最大预期效用进行选择，这里所说的效用并不是一种主观的心理状态，而成为可测量的客观指标。标准化范式支持"理性认识假设"，认为人是完全理性的决策者，指个体的选择满足效用最大化的假设，个体总在追求个人利益最大化，以便在有限资源的基础上作出最优决策。

（2）描述性范式。为了理解和解释系统性违背规范性范式的行为偏差，许多学者从心理学的角度检验标准化理论在行为中的真实性，旨在描述决策者是如何实际思考并作出决策的。西蒙（Simon，1995）提出"有限理论"的概念，他认为标准化范式并未考虑到人的认知系统的局限性，而人的认知资源是有限的，其所作出的决策必然也是"有限理性"（bounded rationality），决策者很难或者说几乎不可能获得所有与决策有关的信息，当然也无法对已知信息进行充分的加工处理，换言之，在决策过程中，决策者不可能知悉所有的决策方案，很难作出最优化决策。

基于此，要想真正了解并指导决策者的真实行为，研究者就不能以标准化范式展开研究，应该采用一种更符合实际情况的范式来取代原有范式，因此，描述性范式（descriptive paradigm）应运而生，该范式是以西蒙的"有限理性理论"为指导思想，以实验和过程跟踪技术为主要研究方法，运用认知心理学研究方法及相关的研究成果来研究决策中的真实行为。在"有限理性理论"的基础上，研究者们提出了很多描述性决策理论，其中由卡尼曼和特沃斯基（Kahneman 和 Tversky）所提出的"前景理论"（prospect theory）影响力最大。该理论认为风险决策的过程包括编辑与评价两个阶段，在编辑阶段，决策者的主要任务是对所获得的信息进行编码、简化和合并等加工；在评价阶段，决策者的主要任务是根据权重函数和价值函数赋予各个选项或方案以不同的效用值，接着选择那个具有最大期望效用值的选项（Kahneman 和 Tversky，1979）。

（3）进化论范式。随着"生态理性"研究的不断深入，风险决策的研究范式逐渐进入进化论范式，该范式将客观世界看成是复杂的、不确定的，生物能在复杂多变的环境下生存下来，对身边的事物进行准确的判断，这表明它们在进化过程中已发展出一种快速而准确地判断周围事物的能力。进化论范式从生物进化的角度强调环境的作用，强调人类生存的环境对决策行为的影响，同时也关注人对环境的适应性作用。

进化论范式倡导"生态理论"，强调风险决策制定的机制实质上是充分利用环境中的各种信息以获得具有适应价值结果的过程（Gigerenzer, 1999），决策者在适应环境的过程中获得了识别环境信息结果的功能。进化论范式将决策者所使用的策略与周围的环境结合起来进行综合评价，着重于考察决策的准确性和速度。

3. 风险决策的影响因素

（1）风险偏好。风险偏好（risk prefence）是一种稳定的人格特质，是决策者对风险事件或结果反应的倾向性程度，它反映了个体对风险的态度。风险偏好对风险决策具有非常重要的影响，关于风险偏好的理论主要分为组合理论和效用值理论。风险偏好的组合理论（portfolio theory）是由库姆斯等人提出，该理论认为决策者在风险条件下对备选方案进行选择并不是一味地追求效用值最大化，而是在风险水平和效用值两方面均可接受的条件下得到妥协。风险偏好的效用值理论则认为个体进行风险决策之目的在于获取效用值的最大化（即收益最大化），效用值是影响决策行为的直接因素，依此不难推出在效用值恒定的条件下，个体对决策中备选方案的偏好应当是无差异的。

风险偏好影响风险决策除了上述理论上的推论外，还得到了大量实证研究的支持。杨长华（2011）考察了不同风险偏好的被试在风险决策过程中的脑电差异，结果发现相对于保守型个体而言，冒险型个体的 P200 波幅更大；保守型个体较冒险型个体在决策时所诱发的 FRN 波幅更大；保守型个体比冒险型个体所诱发的 P300 波幅更大。由此，本研究探讨自我损耗影响风险决策行为时需要将个体的风险偏好水平纳为额外变量加以控制。

（2）情绪。自从心理学介入风险决策领域的研究以来，研究者们开始重视情绪在风险决策中的作用。情绪影响决策的典型理论包括失望理论、后悔理论、主观预期愉悦理论等。失望理论认为当实际的决策结果未能达到决策者预期水平时便会产生"失望情绪"（Bell，1982）；后悔理论则认为在决策过程中，当决策者认为自己当下的决策结果差于另外几个决策结果时便会产生"后悔情绪"（饶丽琳、梁竹苑、李纾，2008）；主观预期愉悦理论认为决策者更倾向于选择能够带来最大主观愉悦感的行为（Mellers 等，1999）。

除了上述理论研究外，大量实证研究均证实了情绪对风险决策具有非常重要的影响，周琴（2009）通过影片诱发被试不同的情绪，来探讨情绪对风险决策的影响，结果表明相比于控制组（无情绪诱发），积极情绪组和消极情绪组在决策中更加冒险。严霞（2008）考察了愤怒和恐惧情绪对风险决策的影响，结果发现在赌博风险决策任务中，相比于恐惧情绪，愤怒情绪更容易激发个体的风险寻求倾向。除了情绪自身因素外，情绪调节策略的使用也会影响个体的决策倾向，积极情绪状态下，决策者更多采用自动加工策略，低估感知到的风险，倾向于风险寻求，相反，负性情绪状态下的个体更多采用控制加工策略，更倾向于风险规避（毕玉芳，2006；李娜，2012）。

第二节　自我控制与基于事件前瞻记忆的关系

一　文献回顾

（一）自我控制资源模型理论

自我控制（self - control）被认为是精细的、有意识的、需要个体施加努力的自我调节（self - regulation），指改变个体自主反应，使其行为与理想的、有价值的、有道德的和与社会期望的标准相符，从而推动和支持个体追求和达到目标的资源（Baumeister 等，2007）。近期，研究者基于自我控制的资源模型提出了自我损耗理论（ego - depletion）来解释自我控制失败（Baumeister、Bratslavsky、Muraven 和 Tice，1998；Muraven 和 Baumeister，2000；Muraven、Tice 和 Baumeister，1998）。

自我控制资源模型认为，个体在进行自我控制时需要损耗一定的资源，但这种资源是有限的，个体在前一阶段任务上进行了自我控制后会消耗一定的资源，这时候个体处于自我损耗状态，在接下来的即使毫不相关的自我控制任务表现较差（Baumeister 等，1998；Muraven 等，1998）。例如，Muraven 等（1998）在第一阶段任务中先让被试看一段诱发消极情绪的短片，在任务中指定实验组尽量不要过分投入短片的内容并且尽力控制自己的情绪，而对控制组则没有任何情绪表达的限制。这时，实验组需要运用一定的自我控制才能完成实验要求，而控制组被试则不需要进行自我控制。然后，主试在第二阶段让被试进行一个握力坚持性测试，这项测试只与个体的自我控制有关，与个人的肌肉力量无关。结果发现，在第一阶段进行了短短几分钟自我控制的被试，在随后的握力测试中的坚持时间显著小于第一阶段没有进行自我控制的被试，而两组被试的心境、自我效能、习得性无助、挫折、唤醒程度均没有显著差异。这表明，即使前后两个自我控制任务并不属于同一范畴，但却占用同一种资源；虽然被试在第一阶段的任务中只进行了几分钟的自我控制，但是却能够显著地影响接下来的自我控制任务的表现。据此，他们认为自我控制的资源是十分有限的。Muraven 和 Baumeister（2000）还认为虽然进行自我控制会损耗资源，但这种资源的损耗是暂时性的，就像人体的肌肉能量一样，自我控制资源在一段时间后就会得到恢复。继时性双任务是研究自我控制资源损耗研究的经典范式（如图 7-1 所示）。

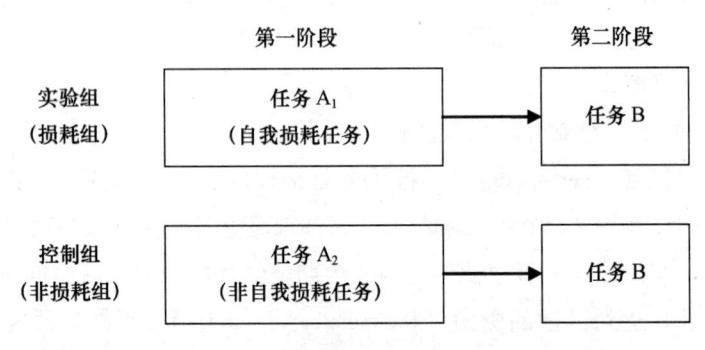

图 7-1　自我控制资源损耗的研究范式

（二）自我控制资源与认知资源相互影响的整合模型

国内研究者在综合了执行控制、前额叶皮层、认知加工以及自我控制资源损耗的调节变量等因素后，尝试提出了"自我控制资源与认知资源相互影响的整合模型"来解释自我控制资源与认知加工的关系（如图 7-

2 所示，黎建斌，2013）。

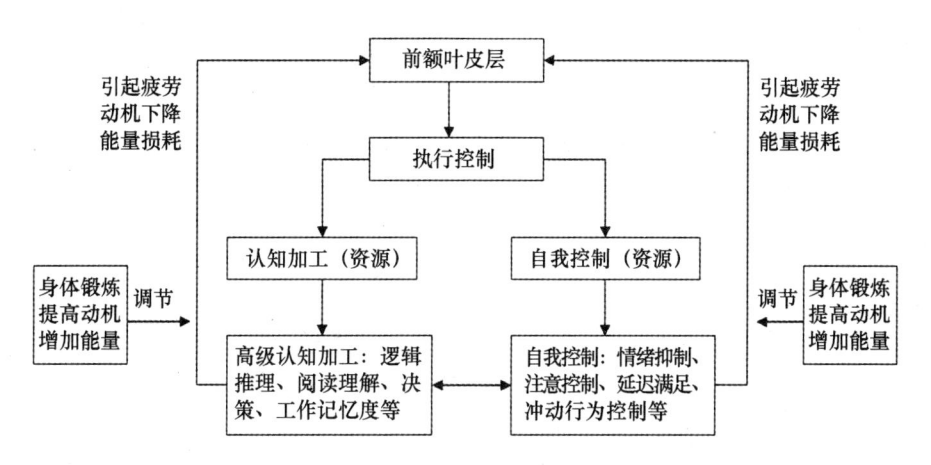

图 7-2 自我控制资源与认知资源相互影响的整合模型

该模型认为：(1) 前额叶皮层的激活是影响执行控制功能的重要影响因素，如果前额叶皮层正常激活，那么执行控制能够正常发挥作用；否则，执行控制的功能就受到限制。(2) 前额叶皮层受到激活后促使执行控制分析任务的性质以决定调用认知资源还是自我控制资源，或决定把资源投入到认知加工任务还是自我控制任务，并且在进行自我控制任务或认知加工任务时负责计划和监控的功能。(3) 当个体运用认知资源进行各种高级认知加工任务或运用自我控制资源进行各种自我控制任务时，这些高强度的心理行为会消耗血糖，使个体产生（心理）疲劳并伴随任务动机的下降。(4) 血糖的损耗、疲劳以及动机不足共同反应于前额叶皮层，使前额叶皮层激活受限，继而进一步限制执行控制功能在后续任务上的正常发挥。执行控制功能受阻致使个体不能对后续任务进行有效的分析和监控，从而使自我控制和认知加工受损。(5) 通过提高外在动机、补充能量以及进行身体锻炼等方法，减弱由自我控制或认知加工任务所产生的疲劳以及能量消耗对前额叶皮层激活的负性影响，并提供有助于前额叶皮层激活的因素确保前额叶皮层在之后的任务中能够正常激活，从而达到调节自我损耗效应。

（三）自我控制资源与基于事件前瞻记忆的联系

多重加工模型认为个体成功执行前瞻记忆的可能性受到不同因素的影响，例如线索与意向的联结程度，正在进行任务的特征等（McDanieal 和 Einstein，2000）。我们认为，个体成功执行基于事件前瞻记忆的可能性不仅如多重加工模型认为的受到自下而上的因素的影响，而且还受到自上而下的因素的影响，如个体执行功能的差异等（Schmeichel，2007；Schmeichel、Vohs 和 Baumeister，2003）。正如自我控制资源与认知资源相互影响的整合模型所言，当个体的自我控制资源受到损耗后，个体的执行功能会出现暂时性的受损，从而不能很好地完成随后的认知加工任务。由于执行功能是保持线索与意向之间联系的重要心理变量，因此，我们认为当执行功能由于自我控制资源受损而无法保持其功能的时候，个体就难以成功地执行基于事件前瞻记忆。

（四）问题提出

本研究主要探讨以下两个问题：

（1）自我控制资源损耗是否削弱之后的基于事件前瞻记忆？目前并没有研究直接探讨自我损耗对前瞻记忆究竟是否存在影响。对这个问题的回答是后续问题研究的基础。基于自我控制资源损耗是一种暂时的资源损耗状态，而且这种状态的恢复是十分缓慢的，因此处于这种状态下的个体的执行功能受到限制。而个体在执行基于事件前瞻记忆任务时又需要一定程度的发挥执行功能的作用才能主动地监控靶刺激的出现，主动把自己的注意从正在进行的任务转换到前瞻记忆任务，搜索与靶线索相联系的行为意向，才能成功完成前瞻记忆任务。这种主动监控、主动转换和主动搜索的过程需要足够的自我控制资源参与。那么我们可以推测，处于自我控制资源损耗状态下的个体因为资源的暂时性损耗致使执行功能受限，从而降低之后的基于事件前瞻记忆成绩。

假设1：自我控制资源损耗削弱之后的基于事件前瞻记忆。

（2）自我控制资源损耗对基于事件前瞻记忆的前瞻成分和回溯成分分别存在怎样的影响？基于事件前瞻记忆包括两个部分：前瞻成分（retrospective component）和回溯成分（prospective component）。如果自我控制资源损耗对前瞻记忆存在负性影响，那么我们不禁要问自我控制资源影响哪个成分？已有研究发现，基于事件前瞻记忆受到不同的因素影响，如线索特征（E. G. McDaniel 和 Einstein，1993）和人格特质（E. G. Smith 等，2011）等。已有研究表明，老年化过程中出现的认知资源退化主要影响基于事件前瞻记忆的前瞻成分（Cohen、West 和 Craik，2001；Cohen、Dixon、Lindsay 和 Masson，2003；陈思侠、周仁来，2010a）。前瞻成分对应执行某种行动线索的觉察，即辨别线索；回溯成分则对应意向行为的回忆和提取（Einstein、Holland、McDaniel 和 Guynn，1992）。例如，上学的路上到文具店买笔记本。那么，文具店就是一种外部线索，在上学路上识别到文具店就是前瞻成分的作用，而看到文具店后想起要进去买笔记本这个事件就是回溯成分。陈思侠和周仁来（2010a）的研究表明，由于老年人的认知资源较少，因此他们难以有效监视靶线索，表现为前瞻成分成绩较差。那么，在自我控制资源损耗后，个体的执行功能也有不同程度的下降，自我控制资源损耗效应也很可能体现在前瞻成分上，而非回溯成分上。然而，Einstein 和 McDaniel（1996）的研究却表明，前瞻成分的加工是相对自动化的，而回溯成分的加工是相对控制化的，即前者不需要占用资源而后者则需要。如果是这样，那么自我控制资源的损耗可能对回溯成分的影响较大。由于该问题具有一定的矛盾性，本研究把这个问题作为探索性问题进行验证。

假设2：自我控制资源可能影响基于事件前瞻记忆的前瞻成分或回溯成分。

二 实验一：注意控制对基于事件前瞻记忆的影响

（一）实验目的

本实验采用一种耗时较短的自我控制资源损耗任务和相对简单的正在进行任务，并控制了时间间隔和反应时间，以期自我控制资源损耗对之后的基于事件前瞻记忆影响的效应。

（二）研究方法

1. 研究对象

在广州某大学挑选40名大一学生，男生有20名，女生20名。年龄范围在18—23岁，平均年龄为19.05 ± 1.26岁。所有被试随机分配到自我损耗组（$N=21$）和非自我损耗组（$N=19$）。所有被试之前均没有相关的测试经历，并且均没有色盲或色弱，视力或矫正视力正常。所有被试完成实验后都获得一份精美的小礼物。

2. 实验任务

(1) 自我控制资源损耗任务。在本实验中，我们采用注意控制任务作为自我控制资源损耗任务。该任务参考 Schmeichel（2007）采用的实验程序。在实验中，被试看一段 6min 的无声录像，内容是一个正在接受采访的女子在表达自己的意见。主试告诉被试该实验是关于"表情知觉与人格判断"的研究。他们要认真观察女子的表情以及微表情，然后对女子的人格特质进行评定。录像放映 30s 后，在屏幕的下方出现一系列黑字白框的双字词语，如"鼠标""音箱"等，每个词语呈现 15s。每呈现完一个词语后，间隔 5s 呈现下一个词语。所有词语与后面词语属性归类任务中的词语没有任何重复。我们要求高自我损耗组被试"你要认真观看该影片。在影片播放过程中，屏幕下方会出现一些词语，但你一定不能看这些词语，而应该把注意力集中在被访女子的面部。如果发现自己看到下面的词语，则敲一下桌面以告诉给主试，并马上把注意继续集中在女子的面部"，而低自我损耗组被试则没有任何注意限制，他们可以随意观察画面。该任务的原理是，个体在执行任务的过程中如果遇到新异的刺激（如词语的出现），他们就会自动地产生无意注意的偏向，从而把注意力集中在新异刺激上。如果限制其对新异刺激的注意偏向，则需要个体作出主动的注意控制，因而会损耗一定的自我控制资源。

(2) 正在进行任务。本实验的正在进行任务是名词属性归类任务。所有词语均选自卢家楣、孙俊才和刘伟（2008）的研究。在实验中，电脑屏幕中央会呈现一些用不同颜色标注的名词，屏幕下方呈现类别属性。例如，用红色标注的"父亲"、用黄色标注的"大象"或用紫色标注的"菊花""台灯"等。类别属性共有 4 种，分别是动物、植物、日用品和人物，每个类别共有 24 个词语。这些词语能够归入任何一种属性。被试的任务是根据名词的属性进行又快又准确的归类，并按相应的数字键进行反应（1——动物、2——植物、3——日用品、4——人物）。当被试作出反应后，词语消失，电脑自动呈现下一个词语。

(3) 基于事件前瞻记忆任务。本实验的基于事件前瞻记忆任务也是靶词识别任务。我们要求当被试看到的名词是红色，而且属于日用品或人物时，则按数字键"0"进行分类。实验 2 共设置了 6 个靶词，分别是手机、电脑、水杯、姐姐、乞丐、哥哥。实验采用 E - prime 2.0 编制。在编制过程中，词语的呈现顺序采用伪随机处理。具体的做法是，先在 Excel 里产生随机号，然后按随机号对所有刺激进行排序，得出靶刺激名词位于第 18、28、38、57、72 和第 96 号位置。接着把所有刺激放入 E - prime 2.0 的刺激表中，呈现方式为序列呈现（sequential）。伪随机处理的目的是为了防止采用完全随机呈现时，靶词出现顺序的不统一以及时间间隔不同，从而可能对实验效应存在影响。正在进行任务和基于事件前瞻记忆任务的所有词语都由计算机呈现，两种任务的正确率为本实验的指标，均由电脑记录。

3. 实验程序

当被试到达环境安静、整洁的实验室后，主试安排被试就座并欢迎他参加本次实验。被试签署《心理学实验知情同意书》后进入实验程序。

本实验的测量模式为个体单独施测。本实验主要参考卢家楣、孙俊才和刘伟（2008）的前瞻记忆实验范式。首先，主试给被试说明词语属性归类任务的指导语："在正式实验中，屏幕会呈现一些用不同颜色标注的名词。你的任务是又快又准地对这些名词进行归类。如果所呈现的名词是代表动物，则按数字键'1'，植物按'2'，日用品按'3'，人物按'4'。另外，如果出现的名词是红色，而且属于人物或者日用品的，那么按数字键 0 进行反应。"

被试明白实验操作后进入练习阶段。练习阶段包括 12 个词语，练习中的词语不会出现在正式实验中。被试作答后电脑呈现被试反应时和正确率，但正式实验不提供反馈。被试在进行练习前，主试佯装到办公室拿资料，留下助手和被试在实验室内。此时由被试主持练习。待被试练习完毕后，助手告诉被试"由于主试还没有回来，现在请你先帮我进行另外一个关于微表情观察与人格判断的小实验"。这里，被试按上述的步骤进行自我控制资源损耗任务。

被试完成自我控制资源损耗任务后，完成 PANAS 以及 3 条实验回溯问题，包括"在看录像时，你投入了多少努力才能抑制自己不去看屏幕下方的词语？"（"1——一点努力也没有投入"到"7——投入了所有努力"），"抑制对词语的注意，你感到疲累吗？"（"1——一点也不疲累"到"7——非常疲累"），"现在，你感到自身的意志能量受到损耗吗?"("1——一点损耗也没有"到"7——损耗非常大")。自我控制资源损耗任务控制时长大约为9分钟。主试在门外观察自我损耗任务的进行情况,并在被试差不多填写完问卷后悄悄回到实验室,然后重新主持基于事件前瞻记忆测试。在测试完毕后,被试在7点量表上评定正在进行任务的难度("1——非常简单"到"7——非常困难")。被试完成实验后获得一份小礼物并离开实验室。

(三)研究结果

1. 操纵性检验

结果表明(如表7-1所示):高自我损耗组被试比低自我损耗组被试报告投入更多的努力才能抑制自己不看字幕,以及高自我损耗组被试比低自我损耗组被试报告在观看录像后感到更疲累,而且感到自身的能量损耗更大。同时,高自我损耗组的敲桌子次数显著少于低自我损耗组。这表明,采用注意抑制任务能够有效地区别出高低自我损耗。而且,两组被试都把正在进行任务的难度评定为较易的水平,而且不存在统计学差异,说明可以排除正在进行任务难度对实验效应的影响。

表7-1　　　　　　　　　实验一的操纵性检验

项目	高自我损耗组	低自我损耗组	t
投入努力程度	$M=3.67, SD=1.59$	$M=2.68, SD=1.29$	-2.13^*
感到疲累程度	$M=3.33, SD=1.01$	$M=2.63, SD=1.12$	-2.08^*
感到意志能量损耗的程度	$M=3.38, SD=1.53$	$M=2.00, SD=1.05$	-3.29^{**}
敲桌子次数	$M=2.00, SD=3.44$	$M=13.42, SD=6.55$	7.00^{***}
词语属性判断难度	$M=2.00, SD=1.18$	$M=2.37, SD=1.16$	$0.99, ns$

2. 心境检验

为了排除心境的作用,我们采用了独立样本t检验对被试在观看录像后的心境差异进行检验。表7-2的结果表明,高自我损耗组与低自我损耗组被试的积极情绪不存在显著差异。同样地,高自我损耗组被试与低自我损耗组被试的消极情绪也不存在显著差异,排除了心境对之后基于事件前瞻记忆成绩的影响。

表7-2　　　　　　　　　实验一的心境检验

项目	高自我损耗组	低自我损耗组	t
正性情感	$M=2.03$, $SD=0.70$	$M=2.31$, $SD=0.67$	$t_{(38)}=1.27$, ns
负性情感	$M=1.46$, $SD=0.59$	$M=1.36$, $SD=0.37$	$t_{(38)}=-0.63$, ns

3. 性别差异检验

为了排除性别差异在实验处理中可能存在的干扰效应，我们采用独立样本 t 检验考察正在进行任务以及基于事件前瞻记忆任务上的性别差异。结果显示，男性被试和女性被试对正在进行任务正确率和基于事件前瞻记忆任务的正确率上均不存在差异，排除了性别对实验指标的影响。

表7-3　　　　　　正在进行任务和前瞻记忆的性别差异

变量	男性	女性	t
正在进行任务准确率	$M=0.61$, $SD=0.42$	$M=0.65$, $SD=0.41$	-0.25
前瞻记忆准确率	$M=0.93$, $SD=0.05$	$M=0.95$, $SD=0.03$	1.27

4. 正在进行任务和基于事件前瞻记忆任务成绩

我们首先采用独立样本 t 检验考察高低损耗组对正在进行任务上的成绩差异。结果表明，高自我损耗组被试在词语属性归类任务上的正确率稍低于低自我损耗组的正确率（$t_{(38)}=1.81$, $p<0.10$），这表明自我控制资源损耗在一定程度上降低了之后的正在进行任务的成绩。

另外，我们采用独立样本 t 检验考察高自我损耗组与低自我损耗组在基于事件前瞻记忆任务上的差异。结果表明（如图7-3所示），高自我损耗组被试在对靶词进行特定按键归类时的正确率显著低于低自我损耗组被试（$t_{(38)}=3.28$, $p<0.001$）。

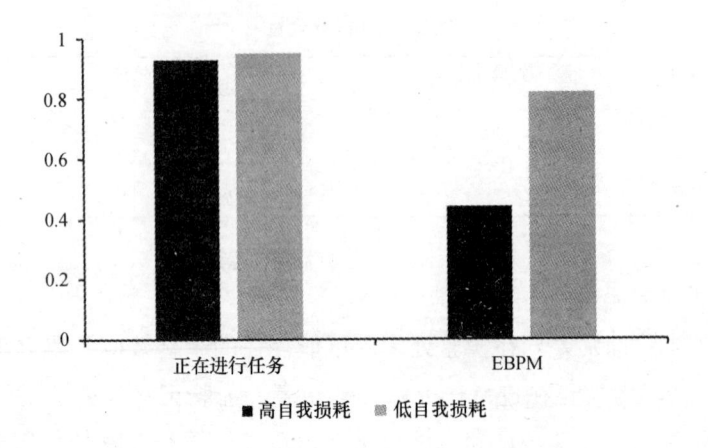

图7-3 自我控制资源损耗对正在进行任务和基于事件前瞻记忆准确率的影响

（四）小结

该实验的结果表明，高自我损耗组被试对正在进行任务上的正确率与低自我损耗组被试组的正确率存在边缘显著的差异，而且高自我损耗组被试在基于事件前瞻记忆上的正确率显著低于低自我损耗组被试。本实验的结果排除了心境、反应时间限制、正在进行任务难度、自我控制资源损耗任务的时间间隔以及被试群体的影响。

在本实验中，被试在进行词语属性归类任务时如果见到特定条件的词语则需要按数字键"0"进行反应，这需要被试在进行归类任务时留意靶词，并且当识别到靶词的时候主动回忆起与靶词形成的意向行为联结，并成功执行，这个过程是一个需要意识加工和主动切换注意的过程。当个体处于自我损耗状态时，自我的指引功能和执行功能都受到限制（Baumeister等，2000；Schemeichel，2007），因而难以更好地监控靶词的出现或难以提取已形成的执行意向。

本实验的结果初步发现，自我控制资源损耗会削弱之后的基于事件前瞻记忆成绩。然而，由于基于事件前瞻记忆包括前瞻成分和回溯成分，我们还希望进一步探索自我控制资源损耗究竟对哪个成分存在更大的影响。为此，我们进行了实验2来探索这个问题。

三 实验二：优势加工控制对基于事件前瞻记忆的影响

（一）实验目的

实验二通过操纵自我控制资源损耗以及语义关联程度，以词语识别为基于事件前瞻记忆任务，考察自我控制资源损耗对基于事件前瞻记忆及其前瞻成分和回溯成分的影响，以期验证实验一的结论。

（二）研究方法

1. 研究对象

在广州某大学挑选 90 名大学一年级非心理学专业学生参加本实验。其中，男生 48 名，女生 42 名，年龄范围在 17—22 岁，平均年龄为 19.14 ± 0.84 岁。所有被试随机分配到任意一个实验组，其中，"高自我损耗+低语义关联"组有 22 名被试，"高自我损耗+高语义关联"组有 23 名被试，"低自我损耗+低语义关联"组有 24 名被试，"低自我损耗+高语义关联"组有 21 名被试。所有有效被试之前均没有参加过 Stroop 任务和词语属性判断测试，且均没有色盲或色弱，视力或矫正视力均正常。被试完成实验后都获得一份精美的礼物。

2. 实验任务

（1）自我控制资源损耗任务。在本实验中，我们采用 Stroop 任务作为自我控制资源损耗任务。Stroop 任务已被证实是一种能够有效地区分高低自我控制资源损耗的任务（Gailliot 等，2007；Mead 等，2009）。在本实验中，电脑会自动呈现一些用不同颜色标注的颜色字，如"红""黄""蓝""绿""紫"，这些词语又分别用红、黄、蓝、绿、紫 5 种颜色进行标注。被试的任务就是大声报告他们看到的字的颜色，而非词义。例如，当屏幕显示一个用紫色标注的"蓝"字时，被试要大声报告的是"紫"，而非"蓝"。我们采用"字—色"失配和"字—色"匹配来操纵高自我损耗和低自我损耗。在高自我损耗组的 Stroop 任务中，每个刺激都是"字—色"失配，如用紫色标注"蓝"；而在低自我损耗组的 Stroop 任务中，每个刺激都是"字—色"匹配，如用紫色标注"紫"。两个词语之间有一个 100ms 的"+"作为掩蔽。高自我损耗组和低自我损耗组都完成 160 个 trial。该任务的原理是，相比对颜色字的颜色命名，对字义的命名是一种优势加工。对优势加工和习惯化加工进行控制是一个需要自我投入努力，主动抑制优势加工的自我控制过程，因此需要消耗自我控制资源。

（2）正在进行任务。本实验的正在进行任务是不同于实验一的词语属性判断测验。本实验的正在进行任务是判断词语属于自然物还是人工物。从已有材料中挑选了50个人工物（自然界本来不存在的，需要经过人力加工才能形成的物体）和50个自然物（自然界本来就存在的，不需要经过人力加工而成的物体）。如果屏幕中央出现的词语属于人工物，被试按"F"键反应；如果是自然物，则按"J"键进行反应。实验三所用的词语均摘自国内同类研究。

（3）基于事件前瞻记忆任务。本实验的基于事件前瞻记忆任务包括识别靶词和报告靶词对应的词语两个部分。我们选取了"书籍""花盆""大海"和"空气"4个词作为靶词。被试在执行"自然物—人工物判断"任务的过程中，如果遇到这些词语的任意一个，就向主试指出这是需要进一步反应的词语。当被试识别出靶词后，需要马上报告靶词相应的词语。在高语义关联组中，当被试看见"书籍"时，则报告"学习"，看见"花盆"报告"浇花"，看见"大海"报告"冲浪"，看见"空气"报告"呼吸"。在低语义关联组中，看见"花盆"报告"学习"，看见"大海"报告"呼吸"，看见"空气"报告"浇花"，看见"书籍"报告"冲浪"。如果被试能够识别出词语，但是忘记了应该报告什么内容时，需要向主试报告"忘记了"。主试和助手仔细监察实验的进行，并记录被试识别靶词和报告相应词语的正确率。该任务参考Cohen等（2001）的研究而改编。

3. 实验程序

本实验是一个2（高自我损耗组 vs. 低自我损耗组）×2（高语义关联性 vs. 低语义关联性）的组间设计。实验为个体单独施测。被试到达安静、整洁的实验室后，主试欢迎被试参加实验并请他就座。被试签署《心理学实验知情同意书》后，主试告诉被试："本实验是一个'词语颜色命名与词语属性归类关系'的实验。实验开始时，电脑屏幕中央会自动呈现一些名词，一些是自然物，即不需要经过人工加工，自然界本来就存在的物体，如岩石、大山等；一些是人工物，即需要经过人工加工，人工制造的物体，如桌子、牙刷等。如果词语属于人工物，请按'F'键反应；如果词语属于自然物，请按'J'键反应。但是，如果看见屏幕上呈现'书籍''花盆''大海'和'空气'这四个词语的任意一个，除了进行判断外，还需要向实验员指出这些词语是需要进一步反应的词语。当向实验员指认出这些词语后，你们要马上报告与之相应的词语。"

在这里，主试对不同语义关联程度的被试给予不同的指导语，对高语义关联组被试的指导语为："当你在判断词语属性时，如果看见'书籍'报告'学习'，看见'花盆'报告'浇花'，看见'大海'报告'冲浪'，看见'空气'报告'呼吸'。如果你忘记了报告的内容时，需要向主试报告'忘记了'。"对低语义关联组被试的指导语为："当你在判断词语属性时，看见'书籍'报告'冲浪'，看见'花盆'报告'学习'，看见'大海'报告'呼吸'，看见'空气'报告'浇花'。如果你忘记了报告的内容时，需要向主试报告'忘记了'。"

当被试明白了实验程序后，可进行10个词语的练习，所有练习词语与正式实验所用词语没有重复，而且不需要被试进行前瞻记忆反应。当被试完成练习后，主试让被试进行Stroop任务。完成Stroop任务后，被试需要根据自己当时的心境状态回答PANAS以及3条回溯问题。回溯性问题包括"在颜色命名任务时，你投入了多少努力才能克服词语意义对颜色命名的干扰？"（"1——一点努力也没有投入"到"7——投入了所有努力"）、"完成颜色命名任务后，你感到疲累吗？"（"1——一点都不疲累"到"7——非常疲累"）以及"完成颜色命名任务后，你感到自身的意志能量有多大的损耗？"（"1——一点损耗也没有"到"7——损耗非常大"）。被试完成Stroop测验后继续执行基于事件前瞻记忆的正式实验。在正式实验时，主试和助手仔细记录被试是否指出靶线索词和报告内容的准确性。完成正式实验后，被试在7点量表上评定正在进行任务的难度。所有被试完成实验后获得一份精美的礼物。

（三）研究结果

1. 实验操纵检验

首先采用独立样本 t 检验考察Stroop任务是否能够引起高自我损耗组和低自我损耗组的自我控制资源损耗差异。从表7-4的结果可以看到，相比起完成"字—词"匹配的低自我损耗组被试而言，完成"字—词"失配的高自我损耗组被试报告投入更多的努力才能抑制词义对颜色命名的影响，以及感到更疲累和感到自身的意志能量损耗更大。这表明，采用"字—颜色"匹配和"字—颜色"失配的 Stroop 任务能够有效地区分出高低自我控制资源损耗。另外，两组对正在进行任务的难度评定不存在显著差异，表明正在进行任务难度对实验效应不存在影响。

表7-4　　　　　　　　　实验二的操纵性检验

项目	高自我损耗组	低自我损耗组	t
感到疲累程度	$M = 3.00, SD = 1.04$	$M = 1.26, SD = 0.50$	10.06***
投入努力程度	$M = 4.44, SD = 1.39$	$M = 2.91, SD = 1.33$	5.35***
感到意志能量损耗的程度	$M = 4.58, SD = 1.44$	$M = 1.93, SD = 0.62$	11.34***
词语属性判定难度	$M = 3.11, SD = 1.48$	$M = 2.82, SD = 1.56$	0.90, ns

2. 心境检验

为排除心境的作用，我们对被试在完成 Stroop 任务后的心境差异进行检验。独立样本 t 检验的结果表明，高自我损耗组被试的积极情绪与低自我损耗组不存在显著差异。同样地，高自我损耗组被试的消极情绪与低自我损耗组被试也不存在显著差异，排除了心境状态对实验效应的影响，如表7-5所示。

表7-5　　　　　　　　　　心境检验

项目	高自我损耗组	低自我损耗组	t
正性情感	$M = 2.26, SD = 0.78$	$M = 2.41, SD = 0.76$	-0.90, ns
负性情感	$M = 1.44, SD = 0.45$	$M = 1.41, SD = 0.35$	0.31, ns

3. 性别差异检验

为检验性别对正在进行任务、基于事件前瞻记忆的总体成绩以及各成分成绩是否存在影响，我们采用独立样本 t 检验进行性别差异分析。从表7-6可以看出，男性被试基于事件前瞻记忆的总成绩显著差于女性被试。但性别差异对正在进行任务、前瞻成分以及回溯成分上均不存在显著差异。

表7-6　　　正在进行任务和前瞻记忆及其成分的性别差异

变量	男性	女性	t
正在进行任务准确率	$M=0.90$, $SD=0.04$	$M=0.91$, $SD=0.03$	-1.19, ns
前瞻记忆准确率	$M=0.34$, $SD=0.31$	$M=0.40$, $SD=0.37$	-0.88, ns
前瞻成分准确率	$M=0.55$, $SD=0.35$	$M=0.57$, $SD=0.35$	-0.19, ns
回溯成分准确率	$M=0.47$, $SD=0.41$	$M=0.54$, $SD=0.42$	-0.83, ns

4. 正在进行任务成绩

以正在进行任务准确率为因变量，采用2×2方差分析检验自我控制资源损耗程度与语义关联性对正在进行任务的影响。方差分析结果显示（如表7-7所示），高自我损耗组被试（$M=0.89$，$SD=0.04$）在词语属性归类任务上的正确率显著低于低自我损耗组的被试（$M=0.91$，$SD=0.03$），$F_{(1,86)}=6.50$，$p<0.05$，$\eta^2=0.07$。另外，语义关联性的主效应显著，高语义关联组被试在词语归类任务上的正确率（$M=0.91$，$SD=0.03$）比低语义关联组被试的正确率（$M=0.89$，$SD=0.04$）更高，$F_{(1,86)}=5.44$，$p<0.05$，$\eta^2=0.06$。但两者的交互作用不显著，$F_{(1,86)}=1.17$，ns，$\eta^2=0.013$。

表7-7　自我控制资源损耗与语义关联性对正在进行任务影响的方差分析

变异来源	df	MS	F	p	η^2
损耗组别	1	0.008	6.504	0.013	0.070
语义关联性	1	0.007	5.441	0.022	0.060
损耗组别×语义关联性	1	0.002	1.169	0.013	0.013
误差	86	0.001			

注：df为自由度；MS为均方；η^2为效应值（effect size），下同。

5. 前瞻记忆及前瞻成分和回溯成分成绩

在本实验中，前瞻记忆的成绩为正确识别出靶词并正确报告的百分比，采用2×2方差分析检验自我控制资源损耗程度与语义联系对前瞻记忆的影响。结果表明（如表7-8所示），自我损耗主效应显著，高自我损耗组被试（$M=0.30$，$SD=0.29$）的基于事件前瞻记忆成绩显著差于低自我损耗组被试（$M=0.43$，$SD=0.34$）的基于事件前瞻记忆成绩，$F(1,86)=5.06$，$p<0.05$，$\eta^2=0.056$。另外，语义关联性的主效应也显著，高语义关联组被试的前瞻记忆成绩（$M=0.46$，$SD=0.36$）显著优于低语义关联组被试的前瞻记忆成绩（$F_{(1,86)}=8.80$，$p<0.01$，$\eta^2=0.093$）。但两者的交互作用不显著（$F_{(1,86)}=2.06$，ns，$\eta^2=0.023$）。

表7-8　自我控制资源损耗与语义关联性对基于事件前瞻记忆影响的方差分析

变异来源	df	MS	F	p	η^2
损耗组别	1	0.464	5.064	0.027	0.056
语义关联性	1	0.806	8.798	0.004	0.093
损耗组别×语义关联性	1	0.189	2.060	0.155	0.023
误差	86	0.092			

根据Cohen等（2001）提出的计算前瞻成分和回溯成分的方法，被试从4个靶词中正确识别出的靶词比例为前瞻成分成绩；在正确识别的基础上，能够准确报告特定内容为回溯成分的成绩。采用2×2方差分析分别检验损耗程度与语义联系对前瞻成分和回溯成分的影响，结果发现（如表7-9所示），在前瞻成分上，高自我损耗组被试的前瞻成分成绩显著低于低自我损耗组被试（$F_{(1,86)}=11.17$，$p<0.01$，$\eta^2=0.115$）。另外，低语义关联组被试的前瞻成分成绩与高语义关联组被试的成绩的差异不显著（$F_{(1,86)}=1.14$，ns，$\eta^2=0.013$）。两者交互作用效应不显著（$F_{(1,86)}=1.43$，ns，$\eta^2=0.016$）。

表7-9　自我控制资源损耗与语义关联性对基于事件前瞻记忆影响的方差分析

变异来源	df	MS	F	p	η^2
损耗组别	1	1.218	11.174	0.001	0.115
语义关联性	1	0.124	1.141	0.289	0.013
损耗组别×语义关联性	1	0.156	1.429	0.235	0.016
误差	86	0.109			

如表7-10所示，在回溯成分上，高自我损耗组被试的回溯成分成绩

与低自我损耗组被试成绩的差异不显著（$F_{(1,86)} = 2.51$，ns，$\eta^2 = 0.028$）。高语义关联组被试的回溯成分成绩显著优于低语义关联组被试的成绩（$F_{(1,86)} = 4.99$，$p < 0.05$，$\eta^2 = 0.055$）。两者的交互作用不显著（$F_{(1,86)} = 0.79$，ns，$\eta^2 = 0.009$）。

表 7-10　　自我控制资源损耗与语义关联性对基于事件前瞻记忆影响的方差分析

变异来源	df	MS	F	p	η^2
损耗组别	1	0.404	2.506	0.117	0.028
语义关联性	1	0.805	4.994	0.028	0.055
损耗组别×语义关联性	1	0.128	0.793	0.376	0.009
误差	86	0.161			

（四）小结

本实验再次证实了自我控制资源损耗会削弱之后的基于事件前瞻记忆，表现为高自我损耗组被试比低自我损耗组被试更难以成功地辨认靶词和进行报告，该结果排除了心境、性别和正在进行任务难度的影响。更重要的是，综合方差分析的结果，我们发现自我控制资源损耗主要影响前瞻记忆中的前瞻成分，对回溯成分影响不显著。具体来说，高自我损耗组被试难以从众多词语中识别出靶线索词，而低自我损耗组被试则能够更好地识别出靶线索词，两者的差异十分显著。语义关联性主要影响基于事件前瞻记忆的回溯成分，对前瞻成分的影响不显著。

本实验的结果表明，自我控制资源的不足主要影响基于事件前瞻记忆中的前瞻成分，该结果主要支持 MPT 模型。Smith 和 Bayen（2004，2006）提出的 MPT 模型认为，前瞻成分主要受到注意资源的影响，而回溯成分主要受记忆能力的影响。个体在形成联结意向后，会预留一定的工作记忆用于识别靶线索。当自我控制资源受到损耗后，执行功能受到限制，个体难以从众多的"噪声"线索中识别出靶线索，并更难以进行自我启动转换（self-initiated shift），从而不能有效地执行基于事件前瞻记忆任务。在本实验中，被试在完成"字—颜色"失配的 Stroop 任务后，损耗了大量的自我控制资源，从而使自我的执行功能难以正常发挥作用，因此在之后的基于事件前瞻记忆任务中难以从"噪声"线索中识别出靶线索。以往关于前瞻成分老年化的研究结果表明，老年人因为认知资源的不足和执行功能的下降而使前瞻成分表现较差，但这种老年化效果并没有体现在回溯成分上，与以往研究结果比较一致（Logie 等，2004）。

另外，本实验还加入了语义关联性这个因素。加入这个因素的一个主要原因是本实验采用词语报告法考察两种成分，而语义关联性是影响报告准确性的一个重要因素。我们发现，语义关联性对基于事件前瞻记忆存在显著的影响，这是由于高语义关联有助于被试更准确地回忆所需要报告的内容，从而更好地完成前瞻记忆任务。与 Cohen 等（2001）和国内学者（周仁来、陈思佚，2010a）的研究一致的是，本研究也发现语义联系主要影响基于事件前瞻记忆中的回溯成分。

需要注意的一点是，自我控制资源损耗与语义关联性对基于事件前瞻记忆及其成分并不存在交互作用。我们认为这可能与整个实验任务的复杂性和难度有关。被试在进行人工物—自然物词语分类任务的时候也要记住多个前瞻记忆的词语，这个过程需要大量的工作记忆。因此，不论被试的自我控制资源是否受到损耗或词语之间的关联性高低，他们的工作记忆负荷都十分大，因此致使他们的前瞻记忆成绩及各成分都仅处于中等偏下的水平，限制了交互作用效应的出现。

四 综合讨论

本书以"自我控制资源和认知资源相互影响的整合模型"为理论框架，认为自我控制资源的损耗在一定程度上产生了心理疲劳及伴随动机的下降，并反映于前额叶皮层上，进而影响着执行功能作用在后续任务上的发挥，从而影响之后的认知加工。本研究的三个实验共同证实了，高自我损耗组被试投入了较多的努力完成习惯改变控制任务、注意控制任务以及"字—色"干扰控制任务后，他们感到自己产生了疲劳以及意志能量损耗，从而影响了之后基于事件前瞻记忆；而且本书还进一步发现自我控制资源损耗主要影响基于事件前瞻记忆中的前瞻成分。虽然本书没有直接考察前额叶皮层以及自我损耗调节变量的作用，但本研究在一定程度上证实了这个整合模型：自我控制资源的损耗影响之后的认知加工（基于事件前瞻记忆）。该模型除了能够解释自我控制资源和认知资源的相互影响机制，还能够解释自我控制资源损耗如何影响之后的自我控制表现以及认知资源损耗如何影响之后的认知加工成绩。

具体来说，自我在认知加工过程中处于积极的状态，是执行功能的主导者，指引和监控整个控制性的认知加工过程。当个体处于自我控制资源损耗状态时，自我的执行功能由于资源的不足而不能正常发挥作用，因此在之后的认知加工过程中不能很好地发挥监控和指引作用（Baumeister等，2000；Schmeichel，2007）。根据这个基本框架，当个体在自我控制资源不足的情况下，个体可用于加工后续认知加工任务的资源总量就会下降并限制了执行功能的作用，因此被试对正在进行任务和基于事件前瞻记忆任务上的表现出现下降。

尽管本研究一致地证实了自我控制资源损耗削弱之后的基于事件前瞻记忆成绩，但本研究有一些不容忽视的局限。首先，当初展开前瞻记忆研究的一个重要原因在于使记忆的研究更贴近日常生活，但本研究两个实验都在实验室进行并且都采用词语识别任务，这在一定程度上局限了研究结论的推广程度。其次，我们主要以大学生为被试，没有选择其他群体作为研究对象。众所周知，基于事件前瞻记忆的老年化研究是一个重要课题，老年人由于认知资源的缺失，会表现出较差的前瞻记忆。如果纳入其他群体作为研究对象，则有望更好地探索自我控制资源与基于事件前瞻记忆的关系。

针对已有研究的不足，未来的研究可从以下方面作进一步的拓展：

（1）进行生态研究，提高本研究结论的生态效度。本研究的实验都以实验室实验法为主，而且主要以大学生为被试，这些不足之处限制了本研究结论的生态效度。为此，未来的研究可以以不同人群为被试，以实际生活为实验背景展开具有良好生态效度的自然实验研究（field study）。

（2）开展干预研究。已有研究表明，自我控制资源损耗可以通过外部的奖励（Muraven和Slessareva，2003）、身体锻炼（Oaten和Cheng，2006b）、补充葡萄糖（Galliot等，2007）等手段进行干预。我们为此可以尝试通过干预个体的自我控制资源，从而达到恢复和优化认知加工成绩。

（3）未来的研究还可以采用神经认知科学方法，从神经生理层面探讨两者的关系。个体的自我控制资源损耗对由ACC负责的监控系统和由

PFC 负责的调节系统都有影响（Heatherton 和 Wagner，2011；Inzlicht 和 Gutsell，2007）。根据前瞻记忆神经机制研究的结果，个体在执行前瞻记忆的过程中，更多激活了前额叶皮层（Burgess、Quayle 和 Firth，2001；陈幼贞、任国防、袁宏等，2007）。结合这些研究结果来看，我们可以假定自我控制资源的损耗使前额叶皮层激活下降，从而影响之后的基于事件前瞻记忆的成绩。未来可以对此进行更深入的研究。

（4）前瞻记忆包括基于事件前瞻记忆和基于时间前瞻记忆，本研究主要考察自我控制资源损耗对基于事件前瞻记忆的影响。基于时间前瞻记忆由于缺乏外部线索的提示，因此可能更需要自我启动，未来的研究还可以进一步考察自我控制资源损耗对基于时间前瞻记忆的影响。

（5）采用不同的任务，进一步探索自我控制资源对前瞻成分和回溯成分的影响。本研究虽然发现自我控制资源损耗主要影响前瞻成分，但我们不能仅依据一个实验得出这个结果，未来的研究还应该对此进行重复验证。

第三节 自我损耗与冲动决策的关系

一 文献回顾

（一）自我损耗影响决策行为的认知机制

自我损耗对决策行为影响的研究主要体现在两个方面：决策风格和决策倾向。

在决策风格上，Slovic、Fincane、Peters 和 MacGregor（2004）区分了两种决策系统：慎思决策系统（the analytic system）和直觉决策系统（the experiential system）。已有研究发现自我损耗会抑制个体的慎思决策系统，但不会影响直觉决策系统，进而导致自我损耗后的个体易受外部因素的干扰，在决策与选择任务上的准确率有所下降（Pocheptsova、Amir、Dhar 和 Baumeister，2009）。这类研究中，有学者提出了激活个体快速直觉系统的相关技术，如门脸技术（Door–in–the–Face，DITF）、登门槛技术（Foot–in–the–Door）等，这类技术作用于自我损耗时的个体效果较好（Burkley，2008；Fennis 和 Janssen，2010）。

在决策倾向上，目前存在两个不同的结论：一种认为自我损耗导致个体在决策时更依赖启发式，加剧冒险行为（Baumeister 等, 2000; Freeman 等, 2010），另一种是自我损耗可能会使人们更加关注决策后所带来的消极后果，进而引发风险规避（De Langhe 等, 2008; Unger 和 Stahlberg, 2011）。导致这种分歧的原因可能是实验任务的设置影响了个体的选择与决策。一方面，得出冒险行为结论的实验中主要设置赌博情境下的风险任务（如彩票、轮盘），且不强调个体需要承担责任（Bruyneel, 2009），而得出风险规避结论的实验中大多设置在一种能够激发责任意识的决策情境中（如投资行为）。另一方面，实验任务的呈现方式也会影响个体对决策任务的判断。如果决策任务的选项较少，且选项间的差异较为明显，则个体对选项的判断主要依赖直觉系统，不需要消耗更多的自控资源（Moller 等, 2006）；而实验任务中的选择较多且差异并不明显，那么被试的决策主要依赖于慎思系统，需要消耗更多的自控资源，从而导致冒险行为（Pocheptsova、Amir、Dhar 和 Baumeister, 2009）。

小结：这种分歧的研究结果不利于人们对决策行为的理解，因此，厘清自我损耗对决策行为的影响机制，需要更严密的实验设计方案、选用操作简易的实验材料、尽可能控制无关变量（如个体的决策倾向、特质自我控制、心境、性别差异等）的干扰，进而探明决策中自我控制失败的心理机制。

（二）自我损耗影响决策行为的神经机制

综合文献综述来看，目前从自我控制资源的角度出发，探讨自我损耗影响决策行为的神经机制研究几乎没有，但已有研究证实决策中的自我控制与风险决策存在脑部区域的关联，且自我控制失败神经机制的研究成果为这类研究奠定了坚实的理论基础。

1. 自我控制与风险决策在脑部区域的关联

自我控制中所伴随的选择、决策都与其他的加工过程有关，如工作记忆、认知资源的分配、选择性注意的保持与转换、优势反应的抑制倾向，已有研究表明这些不同的加工过程在前额皮质（PFC）上有明确的区域划分（Stuss 和 Alexander, 2007; Tsuchida 和 Fellows, 2009; Ran 等, 2010），PFC 上的不同区域是通过皮质下回路（cortico - subcortical circuits）直接联系的。研究表明，被试在执行 Stroop 任务时（"颜色—意义"匹配/失配任务，认知信息加工过程中的一种自我控制任务），其大脑的背外侧额叶皮层（Dorso Lateral Frontal Cortex，DLFC）和前扣带回皮层（ACC）受到激活（D'Esposito、Detre、Alsop、Shin、Atlas 和 Grossman，1995）。

研究表明风险决策与腹内侧前额皮层和框额皮层有直接关联，Bechara（1997，2000）等人发现前额叶腹内侧受损患者在爱荷华赌博任务中坚持选择高风险卡片，他们还发现框额皮层受损患者与正常被试相比在选择任务时，会花更多的时间考虑，更少冒险，倾向于保守决策（吴燕等，2010）。

这些研究表明大脑中负责自我控制和风险决策有着各自的功能脑区，近期一项研究采用了脑电图（EGG）方法探讨了自我控制失败的神经信号，结果表明完成情绪自控损耗的实验组被试 Stroop 任务成绩较差，且 ERN 信号较弱。研究者认为自我控制包括监控和调节两个过程，当个体在前一阶段进行自我控制任务后，自控资源会受到损耗，从而影响着错误监控系统的功能，表现为 ACC 激活不足而发出更弱的 ERN 信号，进而对随后的风险决策任务失去理性的评估。

2. 决策中自我控制失败的神经模型

研究还表明，被试在社会性以及风险性决策过程中进行自我控制时，其大脑的右侧前额叶受到激活（Knoch、Pascual-Leone、Meyer、Treyer 和 Fehr，2006）；而在跨期选择过程中的自我控制则更多激活左侧前额叶，如果左侧前额叶激活不足，那么被试则忽视之后的较大的获益，而倾向于获取即时性满足（Finger 等，2010），加剧了冒险行为。

Heatherton 和 Wagner（2011）综合了情绪控制、决策中的自我控制、对药物成瘾行为的控制和 Stroop 任务中的自我控制几项研究成果，提出了"前额叶—皮层下组织结构"平衡模型（prefrontal-subcortical balance model），该模型认为，个体的自我控制存在自上而下和自下而上两条路径。其中，自上而下的控制路径与执行功能（执行功能是一种应用于多种任务的心理机能，与计划、监控和调节等有关；执行功能与自我控制密切相关，详细可见 Baumeister 等，1998）相关，由 PFC 负责；自下而上的控制路径与特定的心理功能平衡有关，由特定皮层下的组织结构负责，如杏仁核、NAcc 等。该模型进一步认为，两条路径中的任何一方失去平衡，如 PFC 由于器质性损害或自我控制资源不足而不能正常激活，或杏仁核和 NAcc 等皮层下组织结构受到过分激活,都会影响随后的自控任务表现。

小结:已有关于自我损耗影响决策行为的神经机制研究存在一些需要完善的地方:(1)目前国外关于自我损耗对决策行为影响的神经机制研究还处于起步阶段,国内也少有采用神经科学方法对决策中自我控制失败的神经机制展开研究;(2)自我损耗致使不同决策倾向的研究仅停留于行为层面的实证研究,国内缺乏神经层面的实证研究。

(三)问题提出

本研究主要探讨以下两个问题:

(1)从行为层面探讨自我损耗是否会促进冲动性决策。首先,在决策过程中个体需要运用自我控制来抑制情绪对决策冲动性的影响,研究指出,当个体处于消极的情绪状态时更容易产生冲动的决策行为(Heatherton 和 Wagner,2011)。另外,决策双系统模型也表明当备选项诱发了决策者的情绪时,其"热系统"会被迅速地激活并抑制了"冷系统"在决策过程中的重要作用,从而使个体作出的决策更具冲动性。为了能够在深思熟虑后作出决策,个体在这个过程中需要运用自我控制资源来调控决策过程中的情绪状态。因此,处于自我损耗状态的个体则因为缺乏足够的资源进行情绪调控,从而进一步产生冲动决策。

其次,在决策过程中个体需要运用自我控制来抑制诱惑对决策冲动性的影响。有一些决策伴随着明显的诱惑,例如"选择接受大金额的贿赂还是选择继续廉洁的作风""醉酒后选择美色的引诱还是选择对婚姻的忠诚"等。当面临诱惑时,人们会提高对奖赏的敏感度、降低对消极结果的敏感度(Ainslie,1975)。克制决策过程中的本能冲动需要自我控制的参与(Baumeister 和 Tierney,2011),因此当自我控制资源不足时,个体就没有足够的能量来抑制本能冲动而容易作出冲动的行为。据此,我们认为自我损耗会导致个体难以抵制决策过程中即时满足的冲动,从而提高决策的冲动性。

最后,自我损耗对冲动决策的影响还与执行控制的功能下降有关。为了能够作出正确的决策,个体需要运用逻辑思维对多个选项进行概率计算和风险评估,这些在决策过程中的认知活动需要执行控制(executive control)的参与(Kahneman,2012)。然而,处于自我损耗状态的个体,其执行功能在后续的高级认知加工中难以发挥正常的作用（Schmeichel，2007）。最近有研究认为，自我控制与高级认知加工相互影响的一个主要原因在于两者都需要执行控制的参与，个体完成了高级认知加工任务或自我控制任务后，执行控制功能受到影响从而降低后续高级认知加工或自我控制任务的表现（黎建斌，2013）。为此，我们认为当个体的自我控制资源受到损耗后，其执行控制的功能下降，从而使个体在后续的决策中难以维持正常的注意分配、任务转换、概率计算、风险评估等认知活动，因此导致个体在没有对各个选项进行反复比较的情况下就冲动地作出决策。

假设1：相比于低损耗者，高损耗者在延迟折扣任务中可能更易作出冲动决策。

（2）从神经层面寻找自我损耗影响冲动决策的证据。Heatherton与Wagner（2011）提出了"前额叶皮层—皮层下组织结构"平衡模型来解释自我控制失败的认知神经机制。该模型认为，自我控制包括了从上而下的控制路径和从下而上的控制路径，前者由前额叶皮层（PFC）支配，后者由皮层下的组织结构（如杏仁核等）支配。在一般情况下，这两条路径都处于平衡的状态，但如果前额叶皮层受到物理损害或受到自我损耗的影响（上而下路径失衡），或者皮层下组织结构过度激活（下而上路径失衡），那么个体就会产生自我控制失败。大量研究也证实前额叶皮层是决策中自我控制的神经基础（Figner等，2010）。这些研究表明，自我损耗对决策的影响可能在于自我损耗会造成前额叶激活水平下降，从而使个体在之后难以维持高级的认知加工并导致冲动决策的产生。

近期，有研究者从阶段加工的视角将成功的自我控制看成是两阶段模型：识别矛盾和实施自我控制策略（Myrseth和Fishbach，2009）。这就是说，避免冲动决策不仅要在决策早期监控和识别冲突的发生，还要在意识到冲突后实施有效的自控策略。有研究表明，N1和P200这两种特异性的脑电成分可以表征决策阶段性加工的认知机制。其中，N1是通常出现于额叶区域的一个负成分，其潜伏期约为100ms，受注意影响较大，表现为波幅增大（赵仑，2010）。N1成分受到关注更多的是表征决策早期的注意过程，决策者对刺激投入的注意资源越多，N1波幅就越大（赵璇，2012）。但也有研究指出N1效应还体现在决策冲突情境的识别，如冲突情境比互利情境诱发的N1波幅更大（Boudreau、McCubbins和Seana，

2009）。P200 是继 N1 之后在前额区域出现的一个显著正成分，潜伏期约为 200ms，它与快速的情绪编码有关（Paulmann 和 Kotz，2008），反映了情感信息的早期处理（Spreckelmeyer、Kutas、Urbach、Altenmüller 和 Münte，2006），表征决策者对决策问题的熟悉程度和决策信息的识别速度，进而引导决策者采取相应的决策加工策略（Rugg 和 Nagy，1987）。Paynter 等（2009）指出 P200 可作为一种"调控开关"来分配决策资源，进而引导决策者采取相应的决策加工策略。决策者对刺激材料越熟悉，P2 波幅就越大，而 P200 波幅的增大会引导个体采取更流畅的快速直觉加工策略（直觉启发式策略）。

由此可见，N1 和 P2 两种脑电信号反映了自我损耗影响前额叶皮层的激活状态，表征个体在决策中的自我控制表现。相比于低损耗者，高损耗者由于自我控制资源严重不足以致在决策早期加工阶段无法投入充足的心理资源，表现出更低的 N1 波幅。同时，高损耗者难以对决策内容和风险信息进行慎思性的分析，更倾向于选择直觉启发式策略进行决策，表现出更高的 P2 波幅。

假设 2：相比于低损耗者，高损耗者在决策过程中可能前额叶激活明显不足导致自我控制功能受限，脑电成分上表现为 N1 波幅减小，P2 波幅增大。

二 实验一：自我损耗影响冲动决策的行为研究

（一）实验目的

本实验通过行为实验的方法初步探讨自我损耗影响风险决策的机制，并为后续的 ERP 实验提供一定的研究基础。

（二）实验方法

1. 实验对象

53 名（男生 25 名）本科生参加了本实验，随机分配到高损耗组（$N=25$）和低损耗组（$N=28$），年龄范围 18—21 岁，平均年龄 19.5 岁。因 2 人有过此类实验经历，1 人未理解实验过程，最终获得有效被试 50 名（男生 23 名），其中高损耗组 25 人，低损耗组 25 人；年龄范围 18—21 岁，平均年龄 19.1 岁。所有被试均没有色盲或色弱，视力或矫正视力均正常。

2. 实验任务

(1) 自我损耗任务。本实验采用"字—色"失配和"字—色"匹配的 Stroop 任务来操控自我损耗水平。在高自我损耗组的 Stroop 任务中，包括 140 个"字—色"失配刺激（如用黄色标注"红"）和 20 个中性刺激（其中红色的"HHH"和绿色的"HHH"各 10 个）；而在低自我损耗组的 Stroop 任务中，140 个"字—色"匹配刺激（如用红色标注"红"）和 20 个中性刺激（其中红色的"HHH"和绿色的"HHH"各 10 个），两个词语之间有一个 200ms 的"+"作为掩蔽，随后呈现刺激，每个刺激呈现 3000ms（被试在此期间通过口语报告反应），随机呈现空屏 200ms，进入下一个 trial。所有刺激以 14.1 英寸显示器呈现，被试与显示器的距离为 80cm，被试注视时视线与汉字刺激的夹角为 4.50°×4.50°；与中性刺激的夹角为 6.75°×4.50°。各类刺激设置为随机呈现，避免被试连续多次进行同样的反应。

(2) 延迟折扣任务。基于 Perty 和 Casarella（1999）的延迟折扣实验范式（DDT），使用 Eprime 2.0 软件自编实验程序，由 14.1 寸显示器呈现。实验材料为 RMB 200 元和 RMB 5000 元两种虚拟的金钱延迟强化物。对于 RMB 200 元的强化条件，可获得的即时强化金额分别是：RMB 180 元，RMB 160 元，RMB 140 元，RMB 120 元，RMB 100 元，RMB 80 元，RMB 60 元，RMB 40 元，RMB 20 元；对于 RMB 5000 元的强化条件，可获得的即时强化金额分别是：RMB 4500 元，RMB 4000 元，RMB 3500 元，RMB 3000 元，RMB 2500 元，RMB 2000 元，RMB 1500 元，RMB 1000 元，RMB 500 元。屏幕上会呈现两种虚拟奖赏，左侧是现在可获得但金额较小的即时奖赏，右侧是等待一段时间后才可获得但金额较大的延迟奖赏，被试需要在两种选项间作出选择。被试与显示器的距离为 80cm，被试注视时视线与目标刺激的夹角为 8.98°×4.50°。随后实验中的即时奖赏金额与延迟奖赏金额、延迟时间都会按照预先设定的规则发生变化。本实验中的 RMB 200 元和 RMB 5000 元延迟强化条件，以及同一延迟强化条件下延迟时间的呈现顺序均设置为随机化处理，以消除顺序效应对实验结果的干扰。

本研究采用 Myerson 等（2001）提出的曲线下面积（Area Under the Curve，AUC）作为因变量来解释个体的延迟折扣行为。AUC 计算前，首先将延迟时间（D）和主观价值（V）的各个数据正态化，即计算各延迟时间占最大延迟时间量的比重（即 $x = D/60$），主观价值占延迟金额的比重（即 $y = V/200$ 或 $y = V/5000$）；然后做延迟时间—主观价值的曲线，并利用梯形公式计算 AUC。x 坐标和 y 坐标将曲线分割为多个梯形，每个梯形的计算方法见公式 1，在计算第一个梯形时，取 $x_1 = 0$，$y_1 = 1$，将所有梯形面积相加获得总面积，见公式 2。因为 x 轴和 y 轴的数据均为正态，总面积为 1，所以 AUC 的范围是 [0，1]。当 AUC = 1 时，说明未发生折扣。曲线越陡，AUC 越小，说明折扣程度越大，决策越冲动（佟月华、韩颖，2011）。

$$S_{梯形} = (x_2 - x_1)[(y_1 + y_2)]/2 \qquad 公式1$$

$$AUC = \sum_{i=2}^{10}(x_i - x_{i-1})[(y_{i-1} + y_i)/2] \qquad 公式2$$

3. 无关变量控制

（1）特质自我控制量表。采用 Tangney 等（2004）编制，谭树华和郭永玉（2008）修订的《特质自我控制量表（简版）》测量被试的特质自我控制水平。该量表包括 13 个题目，采用 Likert 5 点计分，总分越高表示个体特质自我控制水平越高。本实验中，该量表的 Cronbach'α 系数为 0.91。

（2）风险偏好问卷。采用 Hsee 等（1999）编制的《风险偏好问卷》评估被试的风险偏好指数（Risk Preference Index，RPI）。该问卷共包括 14 个题目（收益和损失情境各 7 题）。计分方法是：在收益条件下，若被试在 7 种情景中都选择肯定方案，其 RPI 记为 1；若只在情景 1 中选择风险方案（B），在其他情景中选择肯定方案（A），其 RPI 记为 2；以此类推，若在 7 个情景中都选择风险方案，则 RPI 记为 8。如果被试的反应不合逻辑（比如，在情景 2 中选择肯定方案而在情景 3 中选择冒险方案），则该问卷视为无效问卷。在损失条件下，若被试在 7 个情景中都选择肯定方案，其 RPI 记为 1；若被试仅仅在情景 7 中选择风险方案（B）而在其他情景中选择肯定损失方案（A），就将其 RPI 记为 2，以此类推。若被试在所有情景中都选择风险方案，RPI 值记为 8。因此 RPI 值介于 1—8 之间，RPI 值越大说明越倾向于冒险。最后将被试收益情景的 RPI 与损失情景的 RPI 相加，得到被试总的 RPI 值，作为衡量被试风险偏好水平的指标。本实验中，两个情境的分问卷 Cronbach'α 系数分别为 0.78 和 0.79。

（3）积极和消极情绪量表。采用《积极和消极情绪量表》（PANAS）评定被试在完成自我损耗任务后的心境状态，量表采用 Likert 5 点计分，分数越高表示心境状态越明显。本实验中，该量表的 Cronbach'α 系数为 0.71。

4. 实验设计

本实验采用 2（损耗组别：高、低）×2（延迟金额：RMB 200 元、RMB 5000 元）×9（延迟时间：2 天、1 周、2 周、1 月、2 月、6 月、12 月、24 月、60 月）混合设计，其中损耗组别为被试间变量，延迟金额和延迟时间为被试内变量。

5. 实验程序

该实验采用单独施测的形式进行。当被试到达整洁的实验室后，主试先向被试介绍本实验的基本情况，被试在知情并同意的前提下签署《实验知情同意书》。被试在实验前需填写《特质自我控制量表》和《风险偏好问卷》。之后，被试进行 Stroop 任务，完成后填写 PANAS，并回答 3 条回溯问题，题目包括"您完成颜色命名实验后，现在感觉到疲累吗？"（"1——一点都不疲累"到"7——非常疲累"）、"您投入了多少精力才能抑制文字意义对颜色命名的影响？"（"1——一点精力都不用投入"到"7——投入了全部精力"）以及"完成颜色命名实验后，您现在感到自身的能量资源受到多少损耗？"（"1——无损耗"到"7——高损耗"）。被试完成 Stroop 任务并填写完问卷后立即进行延迟折扣任务。实验后被试获得一定报酬。

（三）实验结果

1. 预分析

（1）自我损耗效应检验。独立样本 t 检验结果显示：高损耗者比低损耗者报告在完成 Stroop 任务后，体验到的疲劳程度更高（$t_{(48)} = 4.17$，$p < 0.001$，$d = 1.18$）[①]，需要付出更多的努力（$t_{(48)} = 5.98$，$p < 0.001$，$d = 1.69$），且感到自身能量损耗更多（$t_{(48)} = 3.04$，$p < 0.01$，$d = 0.86$）。这说明采用"字—色"失配和"字—色"匹配的 Stroop 任务能够有效操

[①] 1d 值计算方法请参考：http://www.uccs.edu/lbecker/index.html。

纵被试的自我控制资源。

（2）心境检验。独立样本 t 检验结果显示：高损耗者（$M = 2.73 \pm 0.96$）与低损耗者（$M = 2.75 \pm 0.72$）在积极情绪体验上差异不显著，$t_{(48)} = -0.10$，ns，$d = 0.02$；同样，高损耗者（$M = 1.38 \pm 0.46$）与低损耗者（$M = 1.39 \pm 0.30$）在消极情绪体验上差异也不显著，$t_{(48)} = -0.07$，ns，$d = 0.02$。该结果排除了心境状态对自我损耗效应的影响。

（3）AUC 值的计算及与额外变量的关系。基于被试在 DDT 任务中的选择结果，按照 AUC 值的计算方法（公式 1 和公式 2）找出被试随着延迟时间的变化分别在两种延迟金额条件下的 AUC 值（时间以"月"为单位），并绘制出 AUC 趋势图（如图 7-4 所示），可以发现随着时间的增长，AUC_{200} 和 AUC_{5000} 呈现出下降的趋势，这说明被试在 DDT 任务中存在延迟折扣效应（$M_{AUC200} = 0.36 \pm 0.24$；$M_{AUC5000} = 0.48 \pm 0.26$）。

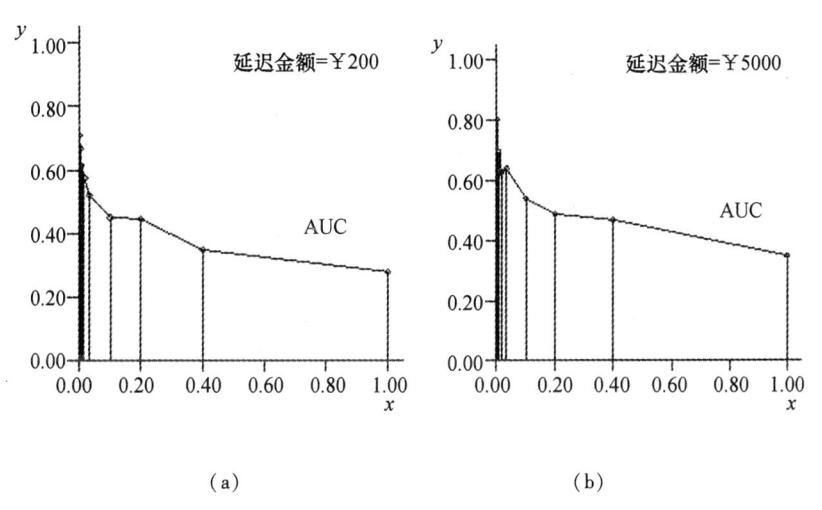

图 7-4 不同延迟金额下的 AUC 趋势

注：x 表示延迟时间（D）占最大延迟时间量的比重（即 $x = D/60$）；y 表示主观价值（V）占延迟金额的比重（即 $y = V/200$ 或 $y = V/5000$）

采用独立样本 t 检验检查 AUC_{200} 和 AUC_{5000} 的性别效应，结果发现不同性别的被试在 AUC_{200}（$t_{(48)} = 0.28$，ns，$d = 0.08$）和 AUC_{5000}（$t_{(48)} = 0.59$，ns，$d = 1.39$）上的差异均不显著。此外，对心境、特质自我控制、风险偏

好与 AUC 值进行相关分析，结果发现，消极情绪体验与 AUC_{200} 呈显著负相关（$r = -0.36$, $p < 0.05$），特质自我控制与 AUC_{200}（$r = 0.45$, $p < 0.01$）和 AUC_{5000}（$r = 0.62$, $p < 0.001$）均呈显著正相关，风险偏好值与 AUC_{200} 呈显著正相关（$r = 0.32$, $p < 0.05$）。基于上述数据预分析结果，可排除积极情绪体验对实验效果的干扰，但在自我损耗对决策冲动性影响的分析中，需考虑消极情绪体验、特质自我控制和风险偏好等因素对实验效果的干扰。

2. 自我损耗对决策冲动性的影响

对被试的 AUC 值进行 2（组别：高损耗组、低损耗组）×2（延迟金额：RMB 200 元、RMB 5000 元）两因素重复测量方差分析，并将消极情绪、特质自我控制和风险偏好作为协变量处理，结果发现：组别的主效应显著（$F_{(1,45)} = 9.18$, $p < 0.01$, $\eta^2 = 0.17$）；延迟金额的主效应不显著（$F_{(1,45)} = 0.13$, ns, $\eta^2 = 0.003$）；延迟金额与组别的交互作用显著（$F_{(1,45)} = 9.45$, $p < 0.01$, $\eta^2 = 0.17$），进一步简单效应分析发现（如图 7-5 所示），在延迟金额为 RMB 5000 元的条件下，高损耗者的 AUC 值显著小于低损耗者的 AUC 值（$F_{(1,48)} = 22.96$, $p < 0.001$, $\eta^2 = 0.97$）。这说明相比于低奖赏，高损耗者比低损耗者更不能等待对高奖赏的延迟，时间折扣程度更大，决策更冲动。

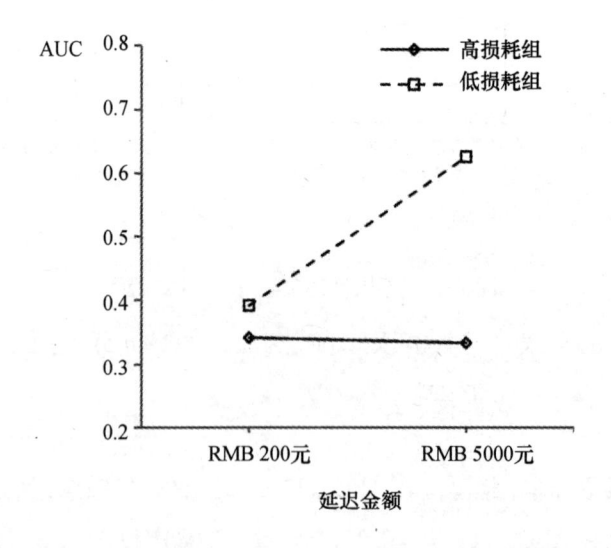

图 7-5 高、低损耗者在两种延迟金额条件下 AUC 值的比较

(四) 小结

在控制了消极情绪、特质自我控制和风险偏好等无关变量后，实验一的结果发现高损耗者比低损耗者在延迟折扣任务中的 AUC_{5000} 值更低，说明高损耗者的折扣程度更大，决策冲动性更强，该结果支持假设1。虽然实验一证实了自我损耗会促进个体在延迟折扣任务中作出冲动决策，但却无法解释其中的内在机制。已有研究证实个体在跨期决策任务中进行自我控制时，其大脑左侧前额叶皮层被激活（Figner 等，2010），且左侧前额叶在参与执行控制任务时具有相对的半球效应（王益文、林崇德，2005），那么自我损耗是否会抑制左侧额区的神经激活，进而影响个体在决策任务中的自我控制表现？实验二将运用 ERPs 技术进一步寻找自我损耗促进冲动决策的电生理证据。

三 实验二：自我损耗影响冲动决策的 ERPs 研究

（一）实验目的

为进一步探讨自我损耗影响决策行为的神经机制，本研究在实验一的基础上，借助 ERP 技术进一步寻找自我损耗促进冲动决策的电生理证据。

（二）实验方法

1. 实验对象

34 名（男生 16 名）本科生参加了本实验，随机分配到高损耗组（$N=17$）和低损耗组（$N=17$），年龄范围 18—21 岁，平均年龄 19.2 岁。因高、低损耗组中各有 1 人脑电数据波动异常被剔除，最终获得有效被试 32 名（男生 14 名），其中高损耗组 16 人，低损耗组 16 人；年龄范围 18—21 岁，平均年龄 19.6 岁。所有被试身心健康，均为右利手，均没有色盲或色弱，视力或矫正视力均正常，无神经疾病史。

2. 实验任务

（1）自我损耗任务。Stroop 材料内容和视角同实验一，即采用"字—色"失配和"字—色"匹配来操控高自我损耗和低自我损耗。但与其不同之处在于：（1）采用按键反应方式完成；（2）字体颜色改为红色和绿色 2 种，被试只需按照指示既快又准地对字体的颜色进行判断并按键回答（"F"键表示红色，"J"键表示绿色），例如，当屏幕（21 吋）显示一个用红色标注的"绿""红"或"H"时，被试需要按"F"键；当屏幕显示一个用绿色标注的"绿""红"或"H"时,被试需要按"J"键。

(2)延迟折扣任务。参照 Martin 和 Potts(2009)的 ERPs 实验,对实验一的延迟折扣任务进行改编,以使该程序符合 ERPs 实验的要求。采用 Eprime 2.0 软件编写实验程序,由 21 英寸的显示器呈现。

研究中所使用的两个备择选项分别是即时金额和延迟金额,延迟金额分别是 RMB 200 元和 RMB 5000 元,均属于虚拟强化物。相对于 RMB 200 元的强化条件,可获得的即时强化额分别是:RMB 200 元,RMB 190 元,RMB 180 元,RMB 170 元,RMB 160 元,RMB 150 元,RMB 140 元,RMB 130 元,RMB 120 元,RMB 110 元,RMB 100 元,RMB 90 元,RMB 80 元,RMB 70 元,RMB 60 元,RMB 50 元,RMB 40 元,RMB 30 元,RMB 20 元,RMB 10 元;相对于 RMB 5000 元的强化条件,可获得的即时强化金额分别是:RMB 5000 元,RMB 4750 元,RMB 4500 元,RMB 4250 元,RMB 4000 元,RMB 3750 元,RMB 3500 元,RMB 3250 元,RMB 3000 元,RMB 2750 元,RMB 2500 元,RMB 2250 元,RMB 2000 元,RMB 1750 元,RMB 1500 元,RMB 1250 元,RMB 1000 元,RMB 750 元,RMB 500 元,RMB 250 元。屏幕上会呈现两种奖赏金额,其中左侧是现在可获得但金额较小的即时奖赏,而右侧是等待一段时间后才可获得但金额较大的延迟奖赏,被试需要在两种选项间作出选择。

实验流程如图 7-6 所示,被试舒服地坐在一张椅子上,双眼平视电脑显示器,与显示器距离为 80cm,被试注视时视线与目标刺激的夹角为 $6.75° × 4.50°$。每个 trial 中,电脑屏幕首先呈现一个黑色的注视点"+",随机持续 400—600ms 提醒被试实验即将开始,随后屏幕中出现两个选项,左侧是今天可获得的金额(即时奖赏),右侧是过段时间才可获得的、但数量较大的金额(延迟奖赏),要求被试根据自己的真实感受尽快作出选择,若被试超过 2500ms 没有作出选择,则两个选项自动消失,该 trail 无效,直接进入下一个 trail。如果选择左边则按"F"键,选择右边则按"J"键。按键后,被选中的选项下面所对应的三角形立即由黄色变为红色,并持续 1000ms,以示确认选中的选项,然后进入下一个 trail。

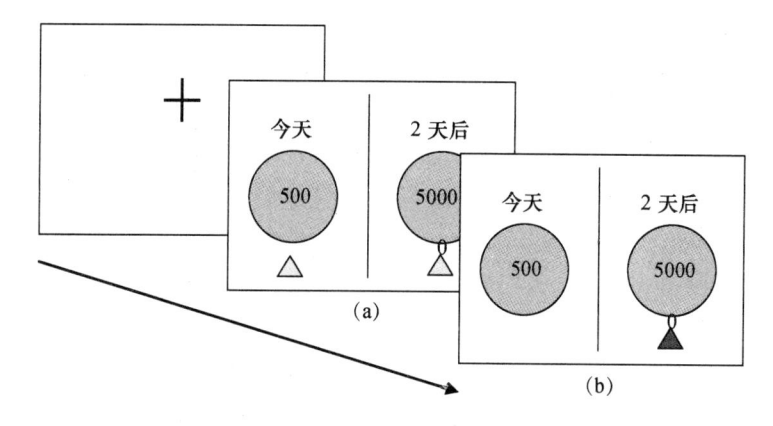

图7-6 延迟折扣任务的实验流程

3. 无关变量控制

采用和实验一相同的《特质自我控制量表》（α=0.87）、《风险偏好问卷》（α=0.87和0.84）和PANAS（α=0.71）分别测查被试的特质自我控制、风险偏好和心境水平，以控制这些无关变量对实验效应的影响。

4. 实验设计

采用2（损耗组别：高、低）×2（延迟金额：RMB 200元、RMB 5000元）混合设计，其中损耗组别为被试间变量，延迟金额为被试内变量，每种延迟金额对应3个短期延迟时间（2天、1周、1月）和20个即时金额；因变量为被试的选择偏好，测量指标为反应时、反应概率和脑电数据。

5. 实验程序

被试到达环境舒适安静的ERPs实验室后，主试先向被试介绍本实验的基本情况，在知情并同意的前提下签署实验知情同意书。被试在实验前需填写《特质自我控制量表》和《风险偏好问卷》，然后告知被试实验流程和操作要领。随后，被试在隔音的ERPs数据采集室里进行Stroop任务，紧接着完成延迟折扣任务并同时记录脑电。为检查心境和自我损耗效应，被试完成实验后需要填写PANAS并回答3条回溯问题（同实验一）。所有被试完成正式实验后均可获得一定报酬。

6. 数据采集与分析

记录电极固定于32导电极帽，电极位置采用10—20扩展电极系统，同时记录左水平眼电和垂直眼电。左侧乳突参考，AC 采集 1000Hz，滤波宽带为 0.01—100Hz，脑电和眼电均采用 500Hz 采样频率连续采样，自动校正 50Hz 陷波（市电频率）。所有电极的头皮电阻均降为 5kΩ 以下。EEG 进行离线处理时分析时程设置为 700ms，即刺激呈现前 100ms 至刺激呈现后 600ms。

采用 Brain Products 公司的 Analyzer 2.0 软件对 EEG 数据进行离线处理，步骤包括变更双侧乳突为参考电极，采用 ICA 半自动模式去除眼电，滤除异常波，按照刺激类型（延迟金额 = RMB 200 元和延迟金额 = RMB 5000 元）进行分段，对分段后的 EEG 数据再次检查并去除伪迹，进行滤波处理，进行基线校正（-100—0ms），最后进行叠加获得总平均图。

基于文献、总波形图（如图 7-7 所示）和脑地形图（如图 7-8 所示），

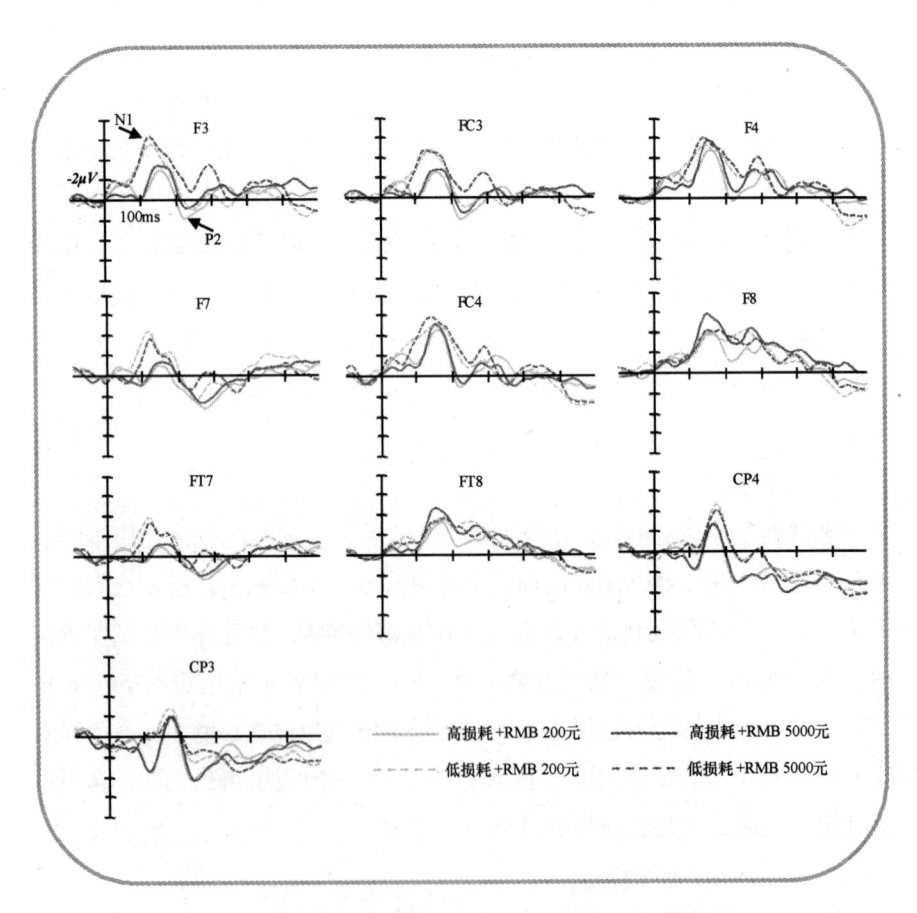

图 7-7　高、低损耗者在不同延迟金额条件下的总波形图

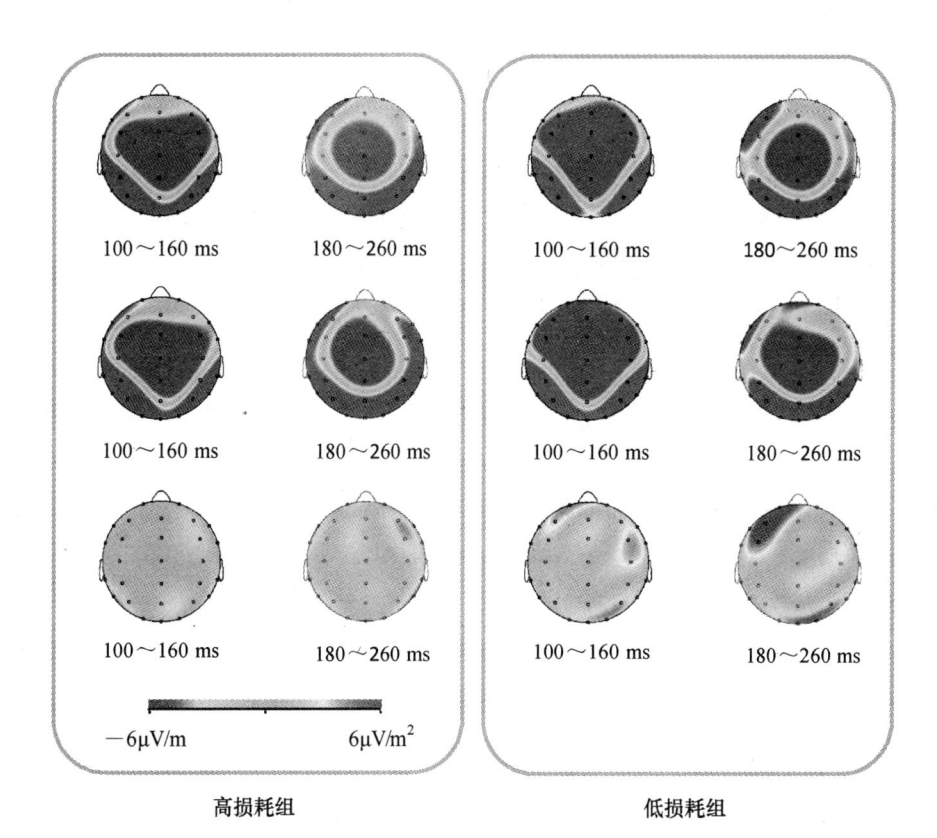

图7-8 自上而下三排分别是延迟金额为 RMB 200 元、RMB 5000 元及二者差异成分的脑地形图

所选电极位置包括 F3、FC3、F4、F7、FC4、F8、FT7、FT8、CP3、CP4 点，并结合总波形图中的峰值探测结果，选定的测量窗口分别为：N1（100—160ms）和 P2（180—260ms），各窗口的统计指标均为 ERP 波形的峰值。对 N1 成分进行 2（损耗组别：高、低）× 2（延迟金额：RMB 200 元、RMB 5000 元）× 2（半球：左半球、右半球）× 4（电极点：F3/F4、F7/F8、FC3/FC4、FT7/FT8）的四因素重复测量方差分析，对 P2 成分进行 2（损耗组别：高、低）× 2（延迟金额：RMB 200 元、RMB 5000 元）× 3（半球：F3/CP3、Fz/CPz、F4/CP4）× 2（脑区：F3/F4/Fz、CP3/CP4/CPz）的四因素重复测量方差分析。采用 SPSS 15.0 统计软件进行统计处理。

(三) 实验结果

1. 预分析

(1) 自我损耗后效检验。与实验一结果一致,实验二中的高损耗者报告比低损耗者在完成 Stroop 任务后,体验到的疲劳程度更高($t_{(30)} = 2.97$, $p < 0.01$, $d = 1.02$),需要付出更多的努力($t_{(30)} = 5.18$, $p < 0.001$, $d = 1.58$),且感到自身能量损耗更多($t_{(30)} = 2.29$, $p < 0.05$, $d = 0.77$)。这说明采用"字—色"失配和"字—色"匹配的 Stroop 任务能够有效操纵被试自我损耗的高低。

(2) 心境检验。独立样本 t 检验结果表明:无论是积极情绪体验($t_{(30)} = -0.01$, ns, $d = 0.01$),还是消极情绪体验($t_{(30)} = -0.73$, ns, $d = 0.27$),高损耗者与低损耗者的差异均不显著。结果排除了心境状态对自我损耗效应的影响。

(3) 额外变量与反应时、反应概率的相关分析。结果显示:$RPI_{损失}$ 除与反应概率($r_{200} = 0.36$, $p < 0.05$;$r_{5000} = 0.37$, $p < 0.05$)呈显著正相关外,与其他额外变量均不存在显著相关($r = -0.24$—0.10, ns),故后续分析中需将 $RPI_{损失}$ 作为协变量纳入方程进行分析,以控制其对实验效果的干扰。

2. 行为结果

对被试的反应时和反应概率分别进行 2(组别:高损耗组、低损耗组)×2(延迟金额:RMB 200 元、RMB 5000 元)两因素重复测量方差分析,并将 $RPI_{损失}$ 作为协变量处理。

(1) 反应时。结果显示:组别主效应显著($F_{(1,29)} = 8.22$, $p < 0.01$, $\eta^2 = 0.20$),延迟金额主效应显著($F_{(1,29)} = 4.31$, $p < 0.05$, $\eta^2 = 0.12$),组别与延迟金额的交互作用($F_{(1,29)} = 9.17$, $p < 0.01$, $\eta^2 = 0.22$)均达到显著水平。进一步简单效应分析发现(如图 7 - 9a 所示),与延迟金额为 RMB 5000 元相比,当延迟金额为 RMB 200 元时,低损耗者反应时明显延迟($F_{(1,29)} = 649.19$, $p < 0.001$, $\eta^2 = 0.33$),这说明当即时金额与延迟金额差异较小(即困难任务)时,低损耗者会对两种选项反复权衡,谨慎决策。高损耗者跨期选择的反应时未受到延迟金额大小的影响($F_{(1,29)} = 2.26$, ns, $\eta^2 = 0.06$),这说明无论延迟金额大小,

高损耗者都倾向于快速作出选择,很少对两个选项进行反复权衡。

(2) 反应概率。结果显示:组别主效应($F_{(1,29)} = 9.69$,$p < 0.01$,$\eta^2 = 0.23$)显著,延迟金额主效应($F_{(1,29)} = 80.82$,$p < 0.001$,$\eta^2 = 0.71$)显著,但组别与延迟金额的交互作用不显著($F_{(1,29)} = 0.23$,ns,$\eta^2 = 0.01$)。进一步事后比较分析发现(如图7-9b所示),延迟金额无论是RMB 200元($t_{(30)} = 3.28$,$p < 0.01$,$d = 1.10$)还是RMB 5000元($t_{(30)} = 2.53$,$p < 0.05$,$d = 0.87$),高损耗者的反应概率均显著高于低损耗者,这说明相比于低损耗者,高损耗者在决策中更倾向于选择立即获得的奖励。

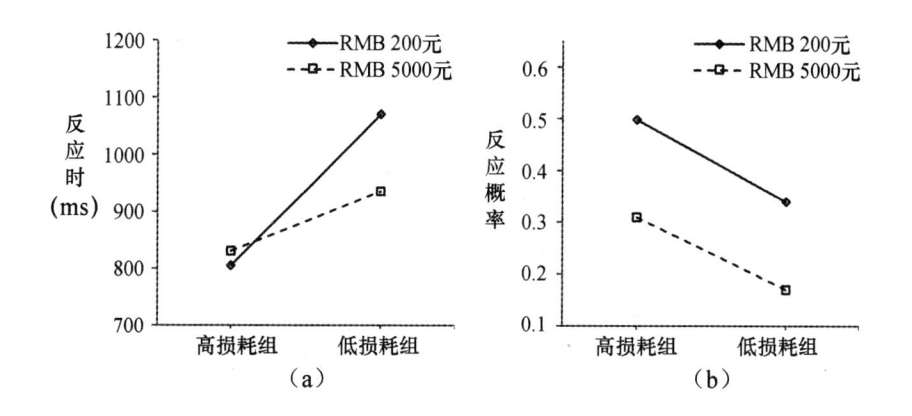

图7-9 高、低损耗者在不同延迟金额条件下的选择反应时(a)和反应概率(b)比较

3. ERPs结果

延迟金额为RMB 200元条件下的平均叠加试次为(47±4),延迟金额为RMB 5000元条件下的平均叠加试次为(46±7),下面主要对N_1和P_2两个成分的波幅大小进行统计分析,方差分析时均将$RPI_{损失}$作为协变量加以控制。

(1) N_1。四因素重复测量方差分析发现,延迟金额的主效应显著($F_{(1,29)} = 11.92$,$p < 0.01$,$\eta^2 = 0.28$),即延迟金额为RMB 5000元条件下所诱发的N_1波幅显著大于延迟金额为RMB 200元的条件($M_{200} = -4.75 \pm 0.44\mu V$;$M_{5000} = -5.33 \pm 0.46\mu V$);损耗组别主效应显著

($F_{(1,29)} = 4.28$，$p < 0.05$，$\eta^2 = 0.12$），即低损耗者的 N_1 波幅显著大于高损耗者（$M_{高损耗} = -4.12 \pm 0.63\mu V$；$M_{低损耗} = -5.96 \pm 0.63\mu V$）；损耗组别与半球的交互作用显著（$F_{(1,29)} = 6.94$，$p < 0.05$，$\eta^2 = 0.19$），进一步简单效应分析（如图 7-10 所示），在左侧额区，损耗组别的主效应显著（$F_{(1,29)} = 7.13$，$p < 0.05$，$\eta^2 = 0.19$），低损耗者的 N_1 波幅显著大于高损耗者的 N_1 波幅。此外，在 N_1 波幅上未发现其他的主效应和交互效应。这些结果表明在 100—160ms 时，低损耗者比高损耗者在左侧额区激活得更为明显。

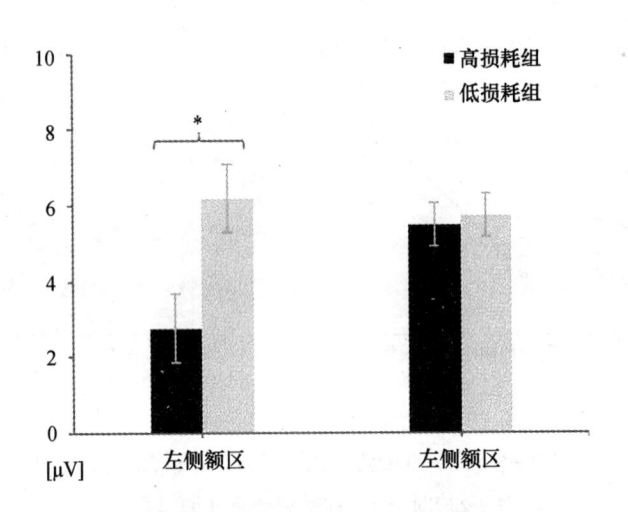

图 7-10 在 N_1 成分上损耗组别与半球的交互效应

注：(1) 各电极点 N_1 的波幅值均为负值；(2) 为作图需要，纵坐标取波幅值的绝对值。

（2）P_2。四因素重复测量方差分析发现，延迟金额的主效应显著（$F_{(1,29)} = 8.72$，$p < 0.01$，$\eta^2 = 0.23$），即在延迟金额为 RMB 200 元的条件下所诱发的 P_2 波幅显著大于延迟金额为 RMB 5000 元的条件（$M_{200} = 2.48 \pm 0.38\mu V$；$M_{5000} = 1.71 \pm 0.44\mu V$）；半球的主效应显著（$F_{(1,29)} = 19.10$，$p < 0.001$，$\eta^2 = 0.39$），即左半球所诱发的 P_2 波幅显著大于右半球（$M_{左半球} = 2.78 \pm 0.45\mu V$；$M_{右半球} = 1.41 \pm 0.39\mu V$）；脑区的主效应显著（$F_{(1,29)} = 38.02$，$p < 0.001$，$\eta^2 = 0.56$），即前额区域所诱发的 P_2

波幅显著小于中央区域（$M_{前额区域}=0.70 \pm 0.46\mu V$；$M_{中央区域}=3.49 \pm 0.44\mu V$）；损耗组别的主效应显著（$F_{(1,29)}=6.19$，$p<0.05$，$\eta^2=0.17$），即高损耗者的 P_2 波幅（$M_{高损耗}=3.06 \pm 0.55\mu V$）显著大于低损耗者的 P_2 波幅（$M_{低损耗}=1.13 \pm 0.55\mu V$）。没发现损耗组别与延迟金额（$F_{(1,29)}=0.04$，$ns$，$\eta^2=0.00$）、半球（$F_{(1,29)}=0.13$，$ns$，$\eta^2=0.00$）、脑区（$F_{(1,29)}=0.94$，$ns$，$\eta^2=0.03$）的交互作用。但延迟金额与半球（$F_{(1,29)}=10.56$，$p<0.001$，$\eta^2=0.26$）、脑区（$F_{(1,29)}=24.34$，$p<0.001$，$\eta^2=0.45$）的交互作用显著，更重要的是损耗组别与延迟金额、半球三者的交互作用显著（$F_{(1,29)}=3.64$，$p<0.05$，$\eta^2=0.11$），进一步简单效应分析（如图7-11所示），延迟金额为 RMB 200元时，高损耗者在右半球上诱发的 P_2 波幅显著大于低损耗者（$F_{(1,29)}=9.00$，$p<0.01$，$\eta^2=0.23$）；延迟金额为 RMB 5000元时，高损耗者在右半球上诱发的 P_2 波幅显著大于低损耗者（$F_{(1,29)}=24.34$，$p<0.05$，$\eta^2=0.12$）。这些结果表明在180—260ms 时，高损耗者比低损耗者在右半球激活得更为明显。

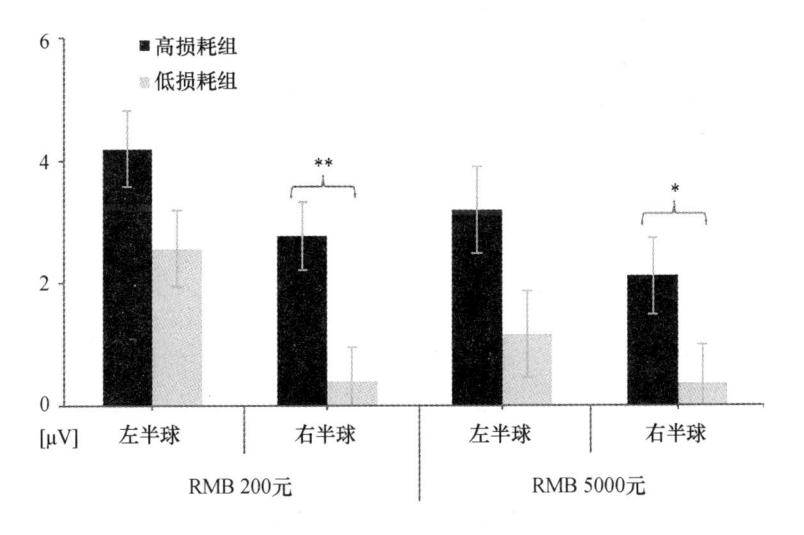

图7-11　在 P_2 成分上损耗组别与延迟金额、半球的交互作用

注：纵坐标所列波幅值均为 P_2 成分的原始值。

（四）小结

实验二中，在排除无关变量的干扰后，行为结果发现高损耗者不论延迟金额大小都倾向于快速作出决策并希望立即获得奖赏，而低损耗者更倾向于投入更多的时间权衡两个选项，以期获得最佳收益，这与实验一的结果相同。ERPs 结果发现，在决策刺激出现后 100—160ms 出现了 N_1 成分，在 180—260ms 出现了 P_2 成分，且 N_1 和 P_2 波幅的损耗组别主效应显著，高损耗者所诱发的 N_1 波幅显著小于低损耗者，P_2 波幅显著大于低损耗者，该结果支持假设2。

四 综合讨论

本研究从自我控制资源模型的角度出发，用两个实验探索了自我损耗对冲动决策的影响。两个实验的行为数据均表明，在控制了心境、风险偏好等无关变量后，高损耗者比低损耗者更容易在延迟折扣任务中作出冲动的决策。而且 ERPs 实验结果也证实了先前的假设，即高损耗者在 100—160ms 阶段所诱发的 N_1 波幅显著小于低损耗者，而在 180—260ms 阶段所诱发的 P_2 波幅显著高于低损耗者。

实验一和实验二分别从行为和神经两条路径证实了自我损耗是冲动决策产生的内在机制，支持了 Unger 和 Stahlberg（2011）等结果。从认知的角度看，自我损耗致使个体在决策阶段缺乏足够的自控资源来抵制外界诱惑和本能冲动，从而放弃管理目标、放大即时收益好处及其所带来的愉悦感并忽视长远目标所带来的收益，最终导致冲动决策的产生。正如前言所述，个体在决策中无论是运用慎思决策系统进行高级加工，还是抑制外界诱惑、本能冲动，都离不开自我控制资源，而自我控制资源的生理基础被证实为葡萄糖，血液中缺乏葡萄糖容易导致自我损耗的产生，而补充葡萄糖可在短时间内消除自我损耗效应，这从另一个视角说明自我控制资源的缺乏是导致冲动决策产生的重要原因。

近期一项研究从行为与神经交互作用的角度提出了"自我控制资源与认知资源相互影响的整合模型"（黎建斌，2013）。该模型主要认为自我损耗通过影响前额叶皮层的活动水平（主要是降低前额叶皮层的激活程度）从而暂时性减弱执行控制在随后认知加工中的作用，进而削弱后面的高级认知加工成绩，即遵循"自我损耗→前额叶皮层激活程度降低→执行控制功能下降→高级认知加工成绩受到削弱"这样一条影响路径。本研究的结果证实了自我损耗的确对随后的高级认知加工任务表现（即决策行为）产生不良的影响（实验一和实验二），而且我们还发现自我损耗对随后高级认知加工的效应的确通过降低前额叶皮层的激活水平和改变相关的脑电成分而产生的（实验二）。不同损耗水平下的个体，在执行随后的决策任务时，前额叶均参与决策中的自我控制，但低损耗者的左侧额区在决策早期具有相对的半球优势，而右侧额区的激活水平未表现出显著的损耗组别差异，由此可推断左侧前额的激活水平反映了个体在决策过程中实施自我控制的能力。

ERPs结果显示，不管自我损耗水平的高低，个体在决策过程中都出现了N_1和P_2成分。正如前言部分所述，N_1成分与决策中信息加工过程（尤其是对决策刺激的注意过程）有关，当个体投入的注意资源越多，其N_1波幅就越大（Martin和Potts，2009；赵璇，2012）。这说明N_1是决策过程中早期注意的脑电指标，它可以表征决策中的早期注意过程。P_2成分可表征个体对决策问题的熟悉程度，P_2波幅越大，表明个体可快速识别典型问题，促使其采用基于直觉的启发式策略（Paynter等，2009）。本研究中，低损耗者比高损耗者所诱发的N_1波幅更大，且在左侧额区差异更为明显，这说明低损耗者在决策初期已经对决策选项投入更多的注意资源，表现为更明显的左侧额区激活，因此他们能够在决策加工早期更好地对决策选项进行监控和识别。在P_2波幅上，高损耗者比低损耗者所诱发的P_2波幅更大，且高损耗者的右半球激活更为明显，这可能与无意识参与决策有关，以往研究显示个体进行无意识加工时右侧脑区表现出优势效应，而缺乏意识参与通常难以作出正确的决策。因此，高损耗者的慎思决策系统受限，无法在决策过程中启用意识加工，更倾向于采用直觉启发式进行决策，表现出高冲动性的决策结果。

此外，从脑地形图得知自我损耗促进冲动决策主要在于早期左侧额区的激活程度下降。Heatherton和Wagner（2011）提出的自我控制失败的神经机制模型认为个体自我控制失败的神经机制主要在于前额叶皮层无法对皮层下组织结构（如杏仁核、伏隔核）实施"自上而下"的控制而造成的。当个体面临诱惑时，大脑负责奖励寻求伏隔核产生过度的激活，这时如果大脑负责理性加工的前额叶皮层能够对伏隔核的过度激活进行有效控制，那么个体发生冲动决策的可能性就会较低，否则就很可能发生冲动决策。已有研究表明，当个体产生攻击的冲动时，大脑中负责负性情绪信息加工的大脑区域（如杏仁核、脑岛等）出现明显的激活，此时如果个体的前额叶皮层（如背侧前额叶）的激活程度不足而无法完成对皮层下组织结构过度激活的控制，那么个体就容易表现出冲动性的攻击行为；相反，如果前额叶皮层能够有效对皮层下组织结构进行控制，那么个体发生冲动攻击的可能性就会较低。从这个角度来看，当个体面临即时满足的诱惑时，大脑负责奖励加工的脑区会受到激活，而自我损耗则降低了前额叶皮层的激活程度致使他们无法完成对皮层下组织结构（如伏隔核）的自上而下的控制，从而使被试更倾向于将获得即时满足的冲动转变成实际的决策行为。

本研究还可能存在一些其他解释。首先，心境可能是影响认知加工和决策过程的一个因素。已有研究指出相比于无情绪启动，消极情绪启动组被试在跨期决策中的时间折扣率更高，决策更冲动，但该因素并不影响本研究的结果。在实验一与实验二中，被试完成自我损耗任务后的心境并不存在差异，另外我们在对因变量进行统计前将心境和 AUC 值进行了相关分析，并将与 AUC 值相关显著的心境作为协变量处理。结果表明，在控制了心境因素后，自我损耗效应依然存在，因此我们能够排除这个可能的解释。其次，人格特质（如特质自我控制、特质冲动性）是另一个可能影响本研究的因素。研究表明，特质自我控制与感觉寻求呈显著正相关（Crescioni 等，2011），因此特质自我控制越低的个体越倾向于获得即时满足。然而，我们认为该因素并不影响本研究的结果。在实验一中，我们发现特质自我控制与延迟折扣任务成绩存在显著正相关，因此在进行正式统计分析时我们把特质自我控制作为协变量进行处理。在此基础上，自我损耗效应依然显著，因此可以排除特质自我控制对本研究结果的影响。另外，尽管本研究没有考虑特质冲动性的影响，但已有研究一致表明特质自我控制与特质冲动性呈显著负相关（Friese 等，2009），因此我们认为这可以从一定程度上排除了特质冲动性对本研究结果的影响。最后，风险偏好可能也是另一个额外的影响因素。研究表明风险寻求型个体较风险规避型个体作出更多的非理性和冲动的决策（Lejuez、Simmons、Aklin、Daughters 和 Dvir，2004）。然而，我们认为这个因素不会对本研究的结果产生影响。实验一和实验二均发现风险偏好值与延迟折扣任务成绩呈显著相关,因此我们在两个实验结果分析中均将其作为协变量加以控制,并且依旧发现自我损耗效应显著。综上所述,本研究在排除上述干扰因素的影响后,发现自我损耗确实对个体的冲动决策产生实质性的影响。

第八章

青少年自我意识与心理和谐

自我意识是个体对自身及其与周围世界关系的心理表征，表现为认识、情感、意志三种功能形式。从心理功能的角度看，个体的自我意识就是由自我认识（自我评价、自我概念）、自我体验和自我监控（或自我调节）三方面心理活动机能构成，是个体对自己及与周围环境的关系诸方面的认识、体验和调节的多层次心理功能系统。自我认识属于自我意识的认知成分，包括对体貌、能力、行为、道德、社会角色、社会关系等方面的自我评价、感觉、分析等；自我体验属于自我意识的情感成分，是在自我认识的基础上产生的，反映个体对自己所持的态度，包括自尊感、自信感、自卑感、内疚感等；自我监控属于自我意识的意志成分，包括自觉性、自我控制、自我监督等。心理和谐是由自我和谐、人际和谐、人事和谐、人与自然和谐四部分心理活动机能构成的，是一个多层次、多维度的动态平衡的心理系统，是知、情、意、行的内在统一，是个体心理健康的重要特征。本章主要总结我们对自我评价与自我和谐（黎艳、聂衍刚，2013）、自我和谐与认知加工（李婷、聂衍刚，2012）、自尊与自我妨碍（涂巍、聂衍刚，2012）等方面的研究，旨在揭示青少年自我意识的发展对其心理和谐的影响机制。

第一节 心理和谐的研究概述

一 心理和谐的内涵

"和谐"一词最早出现在《管子·兵法》里，原文是："畜之以道则民和。养之以德则民合。和合故而能谐，谐故能辑，谐辑以悉，莫之能伤。"从这句话我们可以知道，古代的和谐指的是一种和睦完好的内部状态。把"和"与"谐"连在一起，即"和谐"，它本身就带有两层含义，一是强调外在状态的同一性，二是强调组成整体的各个部分之间存在着差异，且差异明显，但存在差异的各个部分之间又可以非常协调地整合在一起。"和谐"的英文为"harmony"，有两种解释：(1)"A pleasing combination of elements in a whole"（协调，整体上令人愉快的要素组合）；(2)"Agreement in feeling or opinion; accord"（感情或意见上一致；调和）。

在西方，和谐理念也是源远流长。和谐是古希腊哲学用语，其用来解释天体运动规律和灵魂机制。柏拉图阐述了"公正即和谐"的观点，提出了"理想国"的构想。毕达哥拉斯学派认为"和谐"是美的重要特征，提出了"美是和谐"著名命题。德国莱布尼茨认为世界每一部分都安排妥帖，具有一种先定和谐。总之，中国古代哲人注重社会人际关系的和谐及人的内在情性的和谐，大多认为和谐理念是探索生存方式和人生价值目标相统一的一种选择。西方思想家更注重自然界的和谐和外在比例、对称等形式的和谐，将和谐建立在人对客观世界的认识上，偏重于外部世界的协调一致。

受社会文化差异的影响，现代意义上对心理和谐的研究，国外几乎很少涉及，多数只是从自我和谐角度进行探讨。国内最早对心理和谐进行界定的是周彬（2002），他认为心理和谐包含主体心理和谐、心理状态和谐以及心理价值取向和谐三个层面；而魏荣、吴丽兵（2003）在此基础上从认知、情感、意志等心理活动过程的协调来界定心理和谐；俞国良（2007）又从心理过程和内容彼此之间的和谐以及人格的完整与协调性来进行界定；林崇德（2007）又从个体的角度来界定心理和谐，认为个人心理和谐是以自我和谐为基础的，心理和谐的人应该要做到了解自我、信任自我、悦纳自我、控制自我、调节自我、完善自我、发展自我以及满足自我。

以上界定均是从单一的内在心理角度进行界定，都没有涉及外在交互时的心理和谐。最早从内外在三个方面来界定心理和谐的是石国兴和高志文（2005），他们认为"心理和谐首先为个体内部心理和谐，即个体内部心理成分（认知、情感、意志、个性等）的协调统一；其次为人事心理和谐，即人在处理事情时的冷静、适度和乐观，善于'息事'；最后为人际心理和谐，即人与人交流上的默契和融洽，善于'宁人'"。王登峰和黄希庭（2007）也提出了类似的界定，指出心理和谐是指个体对自己各个方面表现与自己的期望之间的和谐，主要包括自我和谐、人际和谐以及人与自然和谐三个方面。冯泽永（2007）认为心理和谐是指人的认知、情感、意志等内心活动处于平衡自然、协调统一的状态，并对外界事物抱有平静适度、热情友善的态度，是主体善于协调自己与环境、自己与集体、自己与他人及其他各种矛盾和利益的冲突，始终保持平静、和谐、友善心态的一种境界。卢莉丽（2010）也从个体内部心理成分（认知、情感、意志）的协调统一、人际心理和谐以及人格心理和谐的交互角度进行界定。刘婷等（2010）在自我和谐、人际和谐的基础上又加入了与社会的和谐、与自然的和谐，从多维度、多层次的角度来对心理和谐进行界定。

综合以往的研究发现，心理和谐的界定由最初的只关注个体心理和谐的状态，逐步演化到关注外在交互层面上的人际和谐、人事和谐、人格和谐、人与自然的和谐多个层面，并认为心理和谐是一个动态平衡的心理系统。本研究认为青少年的心理和谐是以自我和谐为基础的，包括学习心理、人际心理、社会态度等多维度多层次的心理整体协调和均衡，是知情意行的内在统一，是一种积极的心理状态。

二 青少年心理和谐的结构

关于心理和谐结构的探讨，研究者的观点还未达成一致。具有实证研究支撑的主流观点主要是石国兴和高志文（2007）和中国科学院心理所的心理和谐课题组（2008）。

石国兴和高志文（2007）认为，心理和谐由个体内部心理和谐、人—事心理和谐和人际心理和谐三个子系统组成。中国科学院心理研究所心理和谐研究项目组（2008）通过质化和量化的研究发现，心理和谐是指个体在处理自我、家庭、人际和社会问题过程中的主观体验和总体感受，其结构包含4个成分：自我状态、家庭氛围、人际关系、社会态度等。以上对于心理和谐结构的研究均是从内外在相结合，多维度、多层次的角度来考察的。人具有自然属性和社会属性，在研究人的心理和谐结构时，必不可少的要关注人的社会属性。因此，人的心理和谐结构从宏观上可以分为内在的心理和谐（自我和谐）和外在（人际、人事、人与社会、人与自然）交互过程中的和谐。

目前，关于心理和谐的测量主要包括间接测量和直接测量两种方式。

（1）心理和谐的间接测量主要采用《心理健康量表》《主观幸福感指数量表》《自我和谐量表》间接说明心理和谐的发展水平，如王登峰根据 C. Rogers 的自我和谐人格理论编制了由自我与经验的不和谐、自我的灵活性和自我的刻板性三个分量表组成的《自我和谐量表》，量表共有 35 个项目，采用李克特 5 点计分，三个分量表的同质性信度分别为 0.85、0.81、0.64。由国家科技部主导的和谐社区心理和谐指数模型构建研究，采用了心理健康指数、压力指数、焦虑和抑郁指数、生活满意度指数、家庭幸福指数等指标来测量民众的心理和谐状况，等等。

（2）心理和谐的直接测量主要包括：2007 年中国科学院心理所的心理和谐课题组自编了《国民心理和谐状态问卷》评价工具，该量表包括 4 个一级维度和 10 个二级维度，且心理和谐与所有效标的相关均显著。刘婷、秦琴、张进辅（2010）通过文献综述、开放式调查、专家咨询等方法编制了《大学生心理和谐问卷》，包括四个一阶因素和八个二阶因素，探索性因素分析和验证性因素分析均验证了该量表具有良好的信效度。

我们认为，青少年的心理和谐主要由自我和谐、人际和谐、人事和谐、人与自然的和谐四部分心理活动机能构成，是一个多层次、多维度的心理整体协调与均衡，是知情意行的内在统一，是一种积极的心理状态（如图 8-1 所示）。

自我和谐是心理和谐的核心成分，包括知情统一、内外协调一致和积极的自我意识。其中知情统一是指个体的认知与情绪反应一致；内外协调一致是指自我统领和调控个体心理，使个体能够与外部环境协调统一，以便更好地生活与工作；积极的自我意识是指个体要做到了解自我、信任自我、悦纳自我、控制自我、调节自我、完善自我、发展自我等。

人际和谐是心理和谐的前提条件，指人与人之间能够保持适当和良好的人际关系，能够在集体允许的前提下，有限度地发挥自己的个性，能在社会规范的范围内适度地满足个体的基本需要。主要包括人与社会和谐、人与家庭和谐、人与学校和谐、人与同伴和谐，人与社会和谐是指个体社会化过程中与整个社会要求一致；人与家庭和谐是指个体与家庭成员和睦相处；人与学校和谐是指个体在求学过程中能够遵守校纪校规，符合学校的基本要求；人与同伴和谐是指个体掌握较好的人际交往技巧，具有高尚的品德，和同伴和谐相处。

人事和谐是指个体处理事情时的冷静、适度和乐观的态度，青少年阶段的主要任务是学业和自身的发展，因此青少年的心理和谐主要表现为对待学业以及个人发展的积极乐观的态度等方面。

人与自然和谐是指个体能够热爱与人类共同存在的生物和人类赖以生存的环境，尊重和认同其他生物乃至环境的价值，欣赏大自然的美丽，愿意亲近自然。包括亲近—疏远、热爱—破坏两个维度，当个体愿意亲近、热爱自然时，便能促使人与自然的和谐，达成"天人合一"的状态。

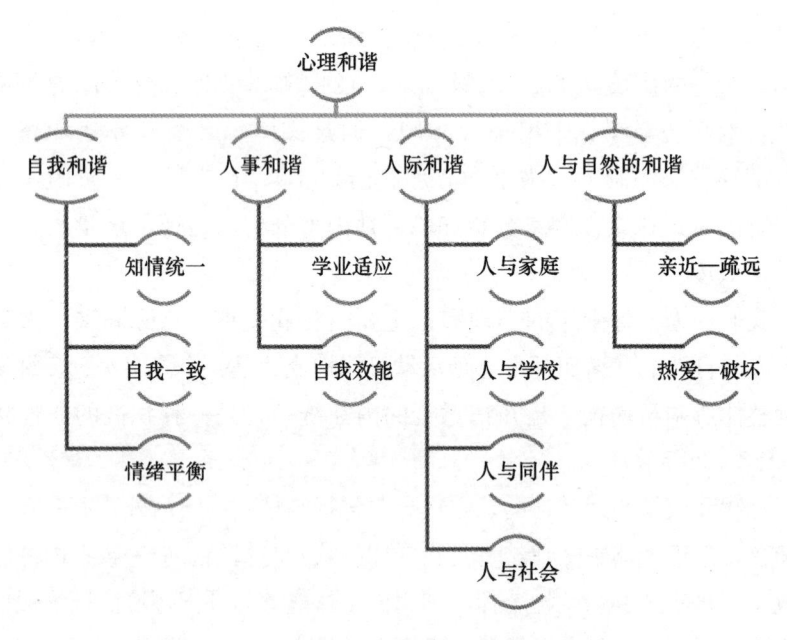

图 8-1 青少年心理和谐的功能结构模型

三 青少年心理和谐的功能

个体在适应社会过程当中不是被动消极，而是具有其主观能动性，是一个自由选择的过程。其中，心理和谐在这一过程中发挥着非常重要的作用，主要体现在以下四个方面。

(1) 维护个体人格完整独立的功能

自我是人格的核心，它在维护个体行为一致性上起着非常重要的作用，而自我和谐是心理和谐的核心成分。在个体蒙发思想并产生行动过程中，自我认识、自我调节、自我监控、自我预期等不断地调节着个体的行为，使个体的知情意行协调一致，从而维护人格的完整。

(2) 促进心理健康的功能

我们认为心理和谐是心理健康的重要标志，青少年和谐的心理状态使个体更具有心理弹性，在处理生活事件、应对危机的过程中，可以有效地维护心理健康、预防心理危机。青少年的自我和谐是心理健康的基础，个体只有做到认识自我、信任自我、悦纳自我、控制自我、调节自我、完善自我、发展自我，才能客观地平衡理想自我和现实自我，实现自我统一，进而促进心理健康。

(3) 促进社会适应的功能

从进化论的角度看，个体社会化就是不断认同和排斥社会规范的过程，人际和谐使个体掌握人际交往技巧，具有高尚的道德情操，不断与社会整体要求达成一致，遵守学校规章制度，与家庭成员、同伴和睦相处，在复杂的社会交互作用中调节社会行为，促进社会适应。

(4) 影响信息加工和自我认知

自我具有一种执行的功能，它帮助控制、调节和组织心理，并且在这一过程中指导着我们的行为、情绪、思想和目标。处于心理和谐状态的个体在处理信息的时候，能够客观、理性地对所有的信息进行处理，并调节个体内部的认知方式、情绪反应等心理活动，使个体更加适应环境的变化，更好地理解生活，热爱生活，悦纳自己，关爱他人。

我们认为个体对信息的加工不仅受环境因素的影响，也会受到个体心理因素的影响，比如，自我评价、自我监控、自我调节、情绪、动机等方面的影响。心理和谐的个体能够合理客观地进行自我评价，调节情绪，选择性地加工信息，以便个体处于更加平衡的心理状态。

第二节 自我和谐与自我评价

一 研究概述

(一) 自我和谐的内涵

自我和谐 (Self Consistency and Congruence, SCC) 是指个体自我的概念中没有心理冲突、矛盾的现象,它是指个体内部体验与外部经验之间的一种协调状态 (桑青松、葛明贵、姚琼, 2007)。从自我和谐的发展研究来看,不同的心理学家也从不同的角度对自我和谐的概念进行了阐述。

1. 人本主义的观点

人本主义心理学家 C. Rogers 在其人格理论里指出,人格由"经验"和"自我概念"构成,当自我概念与知觉的、内藏的经验呈现协调一致的状态时,他便是一个整合的人,反之,他就会体验到人格的不协调状态。自我概念包括两种:一种是真实的自我,也称为现实的自我;另一种是理想的自我,是一个人期望实现的自我形象。理想的自我与现实的自我是否和谐,直接影响个体心理健康的质量。Rogers 用"无条件积极关注"来解析自我发展的机制,提出自我与现实知觉之间达到协调一致,个体在自我实现的人生道路上就能自由地发展所有潜能,达到终极目标,成为一个"机能健全的人"。与 Rogers 同属人本主义心理学阵营的另一位心理学家是马斯洛,他提出了需要层次理论,把需要分成缺失性需要和成长性需要两大类。其中缺失性需要,也可以称为基本需要,包括生理的需要、安全的需要、爱与归属的需要和尊重的需要;成长性需要,也可以称为超越性需要,主要是指自我实现。马斯洛认为,个体需要的满足与否会直接影响心理健康水平。人只有满足了基本的需要之后,才有机会满足较高层次的需要,内心才会达到一种动态的和谐。

2. 机能主义的观点

机能主义心理学家 W. James 把自我划分成经验的自我和纯粹的自我。经验的自我包括了物质我、社会我和精神我,它是最广义的自我,一切可以称为"我"或"我的"的一切东西,它是被动的我;而纯粹的自我,是一个知晓的主体,是主动的我,自我和谐是经验的自我和纯粹的自我两者的和谐统一。

3. 精神分析学的观点

著名精神分析学家弗洛伊德认为，自我和谐是本我、自我和超我三者之间的平衡发展，本我、自我和超我三种心理成分在发展中如果相互制约，如果保持平衡，就能够促进人格正常发展，三者一旦发展失调乃至破坏，就会导致心理问题；新精神分析学家埃里克森认为，人的整个一生存在8个发展阶段，如果个体能够顺利完成8个发展阶段的相应任务，自我就会达到一种和谐状态，其人格就能够顺利地、健康地发展。

国内对自我和谐的研究，涉及哲学、政治学、教育学、心理学、经济学等不同的学科领域，各个学科从不同的角度进行研究，并取得了一定的成果。从研究的现状来看，国内心理学界最早对自我和谐编制问卷展开研究的是王登峰教授。王登峰和崔红（2006）认为个体的现实自我与其终极目标之间存在一个差距，自我和谐的人能够看到这种差距，并在这种状况下，保持良好的心理状态。概括地讲，自我和谐就是个体能够看到自己与他人存在的差距，并能保持心理和谐。进而，王登峰和黄希庭（2007）提出了自我和谐是心理健康的重要标志，并提出自我和谐应包括6个方面的特点：①动机、需要与过去历史、对现实的认识以及对未来的期望密切相关；②妥善处理冲突和选择；③了解与接受自我；④接受他人，善待他人；⑤正视现实，接受现实；⑥人格完整和谐。

综上所述，本研究认为，自我和谐是个体内在体验和外在表现之间的协调一致，表现为知、情、意、行的完整统一，没有矛盾冲突，能适应社会的一种良好心理状态。

（二）自我评价与自我和谐的关系

认知方式是影响自我和谐的一个重要因素。高群（2009）对高中生自我和谐与归因方式进行研究，发现自我和谐与归因方式有不同程度的相关，积极正确的归因方式对提高高中生自我和谐水平有重要的作用。朱桂萍和姚本先（2010）的研究也表明，内控性、有势力的他人和机遇负向预测自我和谐，内控性的人相信命运由自己主宰，幸福靠自己争取，而不是依靠外界的帮助。外控性的人相信机遇与命运，生活遇到挫折则悲观失望，因而其自我和谐程度也相对较低。自我概念作为认知方式的一种，是个体对自己整体状况的一个认识与评估，其正确与否，偏高或偏低，积极或消极，对保持个体内在一致性具有重要的意义。有学者认为，大学生自我评价的偏差与其心理健康状态有着密切的关联（罗小兰，2005）。任艳（2006）的研究也表明，中学生的自我评价与心理健康状况有显著的正相关，高自我概念的中学生其心理健康状况最好，低自我概念的中学生心理健康状况最差，存在的心理问题也较多。Lazarus（1984）等人指出，在许多方面人们对自我、事件的认知评价会影响他们对事件的反应，而且个体选择不同的认知评价策略将导致不同的心理生理反应。据此，不难推测：不同的自我认知评价对个体的自我和谐具有重要的影响。

综上，本研究主要探究青少年自我评价对其自我和谐的影响，进而为提升青少年自我和谐水平，开展心理健康教育提供参考。

二 研究方法

（一）被试

本研究在广州市协和中学、石化中学和广州市第六中学随机抽取高一、高二两个年级各3个班的学生，以班为单位进行团体施测，总发放问卷800份，回收有效问卷738份，有效问卷率为92.25%。其中男生337人，女生401人，重点学校443人，非重点学校295人，农村135人，城市603人，独生子女402人，非独生子女336人。

（二）测量工具

1. 自我和谐

采用李婷（2012）编制的《青少年自我和谐问卷》来测查青少年群体的自我和谐水平。该问卷主要包括3个维度：自我悦纳、自我一致性、自我困扰，共包括22个项目。采用Likert 5点计分法，让被试根据自己的主观感觉，判断自己对各个题项的赞同程度，其中1代表"完全不符合"、2代表"比较不符合"、3代表"不清楚"、4代表"比较符合"、5代表"完全符合"。本研究中，该问卷的Cronbach'α系数为0.86。

2. 自我评价

采用Shrauger（1974）编制的个人评价问卷来测查青少年的自我认知状况，主要对学生的自信方面进行认知评价。该问卷共包括6个维度：学业表现、体育运动、外表、恋爱关系、社会相互作用以及同人们交谈，此外，除了这6个分量表外，还包括一些评定总体自信水平和可能影响自信判断的心境状态的条目。共由54个条目构成。采用Likert 4点计分法，总分范围在 54—216 之间，分值越高表示个体对自信的认知评价越高。本研究中，该问卷的 Cronbach'α 系数为 0.89。

(三) 施测流程

在学校班主任的协助以及学生的配合下，以班为单位进行团体测试，测试时间为 20 分钟，问卷完成后当场收回。收集的数据采用 SPSS 17.0 统计软件进行分析，主要运用描述性统计、相关分析等统计方法。

三 研究结果

(一) 青少年自我和谐的发展特点

1. 青少年自我和谐的总体情况

为了了解青少年自我和谐的总体状况，对自我和谐及其各因子做描述性统计，如表 8-1 所示。进一步对青少年自我和谐总体状况的分布情况进行分析，结果发现（如图 8-2 所示）：青少年自我和谐状况总体上呈正态分布。

表 8-1　　　　　　　　青少年自我和谐的总体状况

	自我和谐总分	自我悦纳	自我一致性	自我困扰
M	74.22	33.74	26.16	14.33
SD	10.86	6.17	3.77	3.67

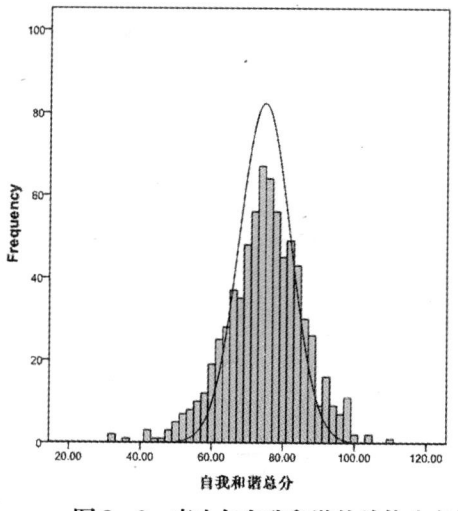

图 8-2　青少年自我和谐的总体分布状况

2. 青少年自我和谐在人口学变量上的差异

分别以性别、生源地、学校类型、独生子女与否等人口学变量为自变量，以自我和谐总分、自我悦纳、自我一致性和自我困扰为因变量进行独立样本 t 检验，结果发现（如表 8-2 所示）：男生的自我和谐均分高于女生；城市的学生高于农村的学生；非重点学校的学生高于重点学校的学生；非独生子女的自我和谐均分高于独生子女。虽然均分有差异但青少年自我和谐及其各因子在性别、生源地、学校类型、独生子女与否上的统计学差异均不显著。

表 8-2　　青少年自我和谐状况的人口学变量差异分析

变量	自我和谐总分 $M \pm SD$	t	自我悦纳 $M \pm SD$	t	自我一致性 $M \pm SD$	t	自我困扰 $M \pm SD$	t
性别								
男	74.46 ± 11.44	0.54	34.08 ± 6.65	1.40	26.17 ± 3.96	0.06	14.20 ± 3.78	-0.82
女	74.02 ± 10.35		33.45 ± 5.73		26.15 ± 3.60		14.43 ± 3.57	
生源地								
农村	73.67 ± 11.15	-0.63	33.32 ± 5.99	-0.88	26.05 ± 3.87	-0.36	14.30 ± 4.11	-0.08
城市	74.34 ± 10.79		33.83 ± 6.21		26.18 ± 3.75		14.33 ± 3.57	
学校类型								
重点	74.01 ± 10.82	-0.64	33.66 ± 6.18	-0.43	26.09 ± 3.76	-0.63	14.27 ± 3.73	-0.51
非重点	74.53 ± 10.91		33.86 ± 6.16		26.26 ± 3.78		14.41 ± 3.58	
独生与否								
是	74.02 ± 11.11	-0.56	33.58 ± 6.31	-0.74	26.19 ±.73	0.29	14.24 ± 3.76	-0.70
否	74.46 ± 10.56		33.92 ± 6.00		26.11 ± 3.81		14.43 ± 3.56	

（二）青少年自我评价的发展特点

分别以性别、生源地、学校类型、独生子女与否等人口学变量为自变量，以青少年自我认知评价总分为因变量进行独立样本 t 检验，结果发现（如图 8-3 所示）：自我评价的性别差异达到了显著水平（$t = 3.56$，$p < 0.001$），即男生的自我评价显著高于女生；城市和农村的学生自我评价不存在显著差异；非重点学校的学生自我评价比重点学校的学生高，但不存在显著差异；独生子女和非独生子女的自我评价也不存在显著差异。

表8-3　　　　　　青少年自我评价在人口学变量上的差异分析

变量		M	SD	t
性别	男	140.19	18.25	3.56***
	女	135.74	15.17	
生源地	农村	138.50	15.95	0.56
	城市	137.61	16.97	
学校类型	重点	136.86	17.19	-1.82
	非重点	139.15	16.08	
独生与否	是	137.03	17.02	-1.32
	否	138.67	16.43	

注：*$p<0.05$，**$p<0.01$，***$p<0.001$

（三）不同水平自我和谐个体在自我评价上的差异分析

按照27%的标准将自我和谐水平分为高、中、低三个水平，以青少年自我评价总分为因变量进行单因素方差分析，结果发现（如表8-4所示）：青少年自我评价在自我和谐水平上的差异显著（$F=246.45$，$p<0.001$）。具体而言，高水平自我和谐的青少年自我评价较积极；而低自我和谐水平的青少年自我评价较消极。

表8-4　　　　不同自我和谐水平的青少年自我评价的差异检验

	高	中	低	F
	$M\pm SD$	$M\pm SD$	$M\pm SD$	
自我评价	151.37±13.67	139.16±11.82	123.77±16.78	246.45***

注：*$p<0.05$，**$p<0.01$，***$p<0.001$

（四）自我评价与自我和谐的相关分析

相关分析结果发现（如表8-5所示）：青少年自我和谐总分及各维度得分均与自我评价呈显著正相关（$r=0.30—0.89$，$p<0.01$），这说明青少年自我和谐水平越高，其自我评价越积极。

表 8-5　　　　　　青少年自我和谐与自我评价的相关分析

项目	1	2	3	4
自我和谐总分				
自我悦纳	0.89**			
自我一致性	0.82**	0.64**		
自我困扰	0.62**	0.30**	0.32**	
自我评价	0.70**	0.65**	0.51**	0.47**

注：*$p < 0.05$，**$p < 0.01$，***$p < 0.001$

四　讨论分析

（一）青少年自我和谐的发展特点

研究结果显示，青少年自我和谐状况总体上呈正态分布，平均分值达到74.22。少部分青少年的自我和谐分值较低，与自我和谐的平均水平有相当大的差距。高中阶段的青少年正处于青年中期，经过初中阶段（青年初期）生理和心理上的急剧动荡和迅猛发展，其生理和心理逐渐趋于成熟和稳定。这时期的青少年自我意识得到高度的发展，大部分青少年在要求独立自主的基础上能够与成人和睦相处，能够对成人保持一种肯定的尊重的态度，对自我的评价在一定程度上能达到主客观的辩证统一（林崇德，1995）。但是，青少年自我的发展受内外多方面因素的影响，从内在因素上看，现实自我与理想自我如果不能很好地分化，个体需要长期得不到满足，个体行为长期得不到肯定和赞赏，自我评价过高或过低等，就会导致青少年自我心理发展的不平衡、不和谐；外因方面，当今社会是一个科技、信息不断发展变化的社会，大量的互联网信息以及缤纷多彩的娱乐生活不断充斥着人们的生活，处于高中阶段的青少年一方面要承受着繁重的学业压力，一方面要抵御外界环境的影响和干扰，如果家长、学校、社会不能适时给予支持和理解，青少年自我就会产生各种心理问题。因此，关注青少年自我的发展，关注青少年心理和谐、心理健康，应该成为全社会人们的共识。

研究发现，在性别上，男生的自我和谐均分高于女生；城市的学生高于农村的学生；非重点学校的学生高于重点学校的学生；非独生子女的自我和谐均分高于独生子女。但青少年自我和谐及其各因子在性别、生源地、学校类型、独生子女与否变量上的差异均不显著。这与以往的研究结果基本一致（顾瑛奇，2009；李婷，2012）。随着现代社会的发展，独生子女越来越多，优生优育的观念越来越受到人们的重视，无论男、女都接受同样的教育，享受基本相同或相似的成长资源。虽然从个性上看，男、女生存在本质上的差异，男生相对较独立、情绪较稳定、意志力和处事能力较强，女生情感较细腻、情绪相对容易波动、做事较为谨慎，这些不同的个性差异对男、女生的心理产生一定的影响，但是他（她）们能根据自身的特点进行相应的调节。因此，无论从社会环境还是从个体自身的个性特点来看，男女高中生的自我和谐差异不显著是可以理解的。

城市的青少年自我和谐状况比农村的青少年高，但差异不显著。我们知道，社会环境以及经济状况都是影响青少年心理发展的重要因素。现代社会是一个多元的、包容的社会，城市与农村的差距正在逐步缩小，许多农村正在向城镇化发展，大部分农村的学生都能适应城市的生活与学习，能够很好地调节自我的发展，与城市的学生、与周围环境融为一体，达到和谐的状态。

青少年在学校类型与独生子女与否变量上也不存在显著差异。本研究是在广州这样的大城市取样的，重点学校与非重点学校的学生都经常接受各种各样教育机构的辅导，加之学校的严格要求，虽然所处的学校不同，但学业的压力却同样存在。因而，青少年自我的和谐状况不会因为学校的不同而产生较大的差异。在独生子女与否维度上，高中阶段的青少年大部分是在全日制寄宿学校，封闭式管理，班级内学生与学生的互动，宿舍内学生与学生的交流都相对较多，兄弟姐妹般的友谊以及环境要求的独立生活，减少了独生子女依赖、娇惯的心理，使得他（她）们也与其他非独生子女一样积极、主动地适应学校生活，促进自我和谐。

（二）青少年自我评价的发展特点

研究发现，青少年的自我评价在生源地、学校类型以及独生子女与否变量上不存在显著差异，但在性别上存在非常显著的差异，男生的自我认知评价比女生高。

我们知道，自我评价的能力是在自我意识发展过程中逐步成熟与完善的，高中阶段的青少年由于逻辑抽象思维进一步发展，知识经验日渐丰富，对自我的认知评价逐渐趋于成熟和稳定，能够在客观地看待周围事物的同时，较为全面、辩证地评价和分析自己的思想、能力、性格和水平。因此，高中阶段的青少年在生源地、学校类型以及独生子女变量上差异不大。

但受传统文化的影响以及社会期望对男、女生的刻板要求，男、女生对自我的认知评价存在差异。男生在个性特征上表现得更为独立、处事更为果断，意志力、自尊心等比女生高，对自我的认知评价相对较高。女生在个性特征上较情绪化，对自我的认知评价常常容易受到他人外在评价的影响，对自我的形象、体貌以及各种行为较为关注，对自我的评价也较为严格。此外，男生在对自我进行认知评价时，倾向于看到自己能够达到或即将做到的方面，表现为对任何事情都有自信；而女生在对自我进行认知评价时更多的是通过一种与她人比较的方式看到自己的不足，表现为对自我的反省，进而产生消极的自我评价。

（三）自我和谐对自我评价的影响

研究发现，不同自我和谐水平的青少年自我评价存在显著差异。高自我和谐水平的青少年自我评价较积极；低自我和谐水平的青少年对自我的认知评价较消极。在相关分析中，自我评价与自我和谐及其各因子呈显著正相关。

自我和谐作为一种积极、稳定的心理状态，是个体心理健康的一个内在反应，是健康心理的根本特征。一个自我和谐的人，能够使自己融入环境，适应环境的变化，能够使现实我与理想我达到和谐统一，能够正确地认识自我、接纳自我，对自我作出客观、全面、辩证的评价。

自我和谐与个体的认知发展有密切的关系。研究表明，个体对自我的外表、能力、学业表现、社会关系认知评价较全面、积极，其自我和谐程度也会较高；反过来，个体达到自我和谐，其对自我和外界的认知评价也会更积极。同理，个体对自我以及外在环境的认知评价越消极，其自我的和谐程度就会越低；而自我和谐程度越低，反过来又进一步地促使个体对自我与外界更消极的评价。可见，自我认知评价对自我和谐起着重要的作用。

五　教学建议

本研究表明，青少年自我和谐状况总体上呈正态分布，在性别、生源地、学校类型、独生子女与否变量上的差异均不显著。青少年自我评价在生源地、学校类型以及独生子女与否变量上不存在显著差异,但在性别上存在非常显著的差异,男生的自我评价比女生高。自我和谐作为一种积极、稳定的心理状态,是个体心理健康的一个内在反应,是健康心理的根本特征。学校应重视学生的个体差异,对于不同的学生采取不同的方式,使他们更有自信,促进学生健全人格发展,预防和减少心理问题的出现。这项工作不仅是心理辅导员的职责,还是学校所有教职员工在教学和管理过程中都应该注意的问题,只有这样才能提高青少年的自我意识水平,促进身心健康发展。

另外,本研究还发现,不同自我和谐水平的青少年自我评价存在显著差异。高自我和谐水平的青少年自我认知评价较积极;低自我和谐水平的青少年对自我的认知评价较消极。其中提高青少年自我悦纳、自我一致性,减少青少年的自我困扰,有助于学生对自己进行积极评价,从而提高心理健康水平。因此,在教育中我们应该重点培养学生的自我接受能力,从而使学生能对自己进行积极评价,更好地接纳自己,进而促进心理健康发展和心理和谐。

第三节　自我和谐与认知加工偏向

一　问题提出

自我和谐是一种较稳定的心理状态,它与个体的认知、情绪具有密不可分的关系。因此,从认知、情绪两个方面研究不同自我和谐水平青少年的认知加工方式具有重要的意义。

Beck 的抑郁认知理论认为,抑郁可看作是三种不同认知模式被激活的结果:消极地看待自我、消极地看待环境、消极地看待未来。Beck 认为认知模式的产生与个体早期的生活经历形成消极自我概念有关,这种消极自我概念模式经时间的沉淀,可能会潜伏下来,在日后生活中被相似的情景或经历所激活,进而产生负性自动想法。负性自动想法会导致消极情绪,而消极情绪又反过来导致更多的负性自动想法,如此循环反复导致抑郁。Beck 还提出了自我图式的概念,认为知觉与评价的知识体系会在过去反应和体验形成后在大脑中形成自我的认知结构,这种对自我的认知概括，能够指导对自我的信息加工。图式加工能使个体对涉及自我的相关刺激具有高度的敏感，并且印象极其深刻，加工速度很快，这是认知加工偏向研究的理论基础。

认知加工偏向的研究最早出现于临床焦虑个体为被试的实验（Martin，1992）中，近年来，关于认知加工偏向的研究被越来越多地用于人格的研究，形成人格与认知相结合的一个重要契合点。一般而言，研究个体自我方面的认知加工偏向大多围绕两个主要的认知环节——注意和记忆。目前，大多数的研究只是通过研究个体注意或记忆某个单一的认知过程，得出其相应的认知加工特点，缺乏联系性和系统性。需要指出的是，注意和记忆不仅是两个相对独立的认知阶段，还存在双向交互的作用。以往研究证实：注意对大脑空间记忆的所有信息保存都有非常重要的作用，注意的分心抑制机制对记忆的存储与加工，以及注意焦点对记忆的表征、记忆容量、提取和更新都具有重要的影响。与此同时，记忆的内容、记忆负荷与记忆容量等也会对注意的过程产生作用（张丽华、张旭，2009）。因此，从注意、记忆两个阶段系统研究不同自我和谐水平青少年的认知加工特点更具说服力。

注意偏向的经典研究范式有情绪 Stroop 范式和点探测范式，记忆偏向的实验范式有回忆、再认研究。从研究的现状看，国内使用不同研究范式从认知加工角度研究自我的问题越来越多，如关于自尊、自我意识的认知加工偏向研究（张丽华、张旭，2009；孟繁兴，2009；田录梅，2007），抑郁、神经症个体的认知加工偏向研究（魏曙光、张月娟，2010）等。自我和谐作为自我研究领域的重要概念，是自我意识功能的重要体现，关于不同自我和谐水平的个体是否同样具有认知加工偏向，存在特质一致性效应，高、低自我和谐的个体是否具有相应的正、负自我图式……这方面的研究鲜有文献涉及。

综上所述，本研究拟通过2个实验探究高、低自我和谐水平青少年的认知加工偏向，其中实验一主要探讨高、低自我和谐水平的青少年对人格评价词的认知加工偏向；实验二主要探究高、低自我和谐水平的青少年对情绪效价词的认知加工偏向。

二 实验一：高、低自我和谐水平的青少年对人格评价词的认知加工偏向

（一）研究目的

实验一主要探讨高、低自我和谐水平的青少年对人格评价词的认知加工（注意、记忆）偏向，进一步为有关自我图式、自我信息加工等方面的研究提供依据。

（二）研究方法

1. 研究对象

本研究在广州市协和中学、石化中学和广州市第六中学随机抽取高一和高二两个年级各3个班的学生，以班为单位，用《青少年自我和谐问卷》对其进行团体施测，总发放问卷800份，回收有效问卷738份，有效问卷率为92.25%。按照自我和谐总分从高到低的顺序进行排序，筛选出高、低自我和谐的青少年共44名（高、低自我和谐者各22名），性别比率进行了分组平衡。

本研究对高、低自我和谐两组被试的总分进行独立样本 t 检验，结果发现：两组被试在自我和谐水平的得分差异非常显著（$M_{高}$ = 85.48 ± 5.46，$M_{低}$ = 63.33 ± 6.09；$t_{(40)}$ = 12.41，$p < 0.001$），这说明实验对象的选择符合实验要求。

2. 实验任务

本实验使用中文双字词作为实验材料，因研究设计包括两个阶段，因此实验材料分为两部分构成：① 点探测阶段使用的人格评价词（积极、消极）；② 中性词；③ 再认实验中添加的人格评价词（积极、消极）。

词语的筛选程序如下：① 从龚燕（2007）、陈少华等人的文献以及《现代汉语频率词典》之中收集具有积极、消极含义的人格形容词（词频范围为5—100次/百万）、中性词作为实验材料。根据词语的原含义以及使用习惯，初步挑选出合适的形容词120个，中性词80个。② 将这200个词汇发给20名研究生进行积极、消极或中性的判断，经过频率分析，得出判断率高于85%的词汇118个，其中积极、消极词语各32个，中性词54个。③ 按照词频、匹配词对照无较强关联的原则，选择积极、消极词语各22个，中性词44个，将其组成44对（积极—中性，消极—中性），积极、消极词语出现在左右两边的频率平衡，其中4对用于练习阶

段，40对用于正式实验。

再认任务中新添加的积极词、消极词、中性词各10个，与在点探测任务中用于正式实验的积极词、消极词（50%）和中性词（25%）混合，按照平衡设计分配，随机出现。

3. 实验程序

实验采用1（主试）对1（被试）的方式进行，分为两个阶段，第一阶段是点探测任务，第二阶段是词语再认任务。

点探测实验：用E-prime软件在电脑屏幕上向被试呈现刺激，背景色为白色，刺激为黑色。实验中每对词语呈现之前，屏幕中央都会有蓝色"+"字的图形出现作为凝视点，字体为72号黑体格式，呈现时间为500ms。之后屏幕左右出现一个词对，词对字体、为48号黑体，左右词对水平之间的距离为3cm，呈现时间为1000ms。探测点"＊"出现在积极评价词和消极评价词的呈现位置随机，为48号黑体，被试看到靶刺激呈现的位置，相应地按键反应。整个实验共有40个trail，要求被试对靶刺激出现的位置尽快做出按键反应，被试将经过4组练习之后进入正式实验。实验指导语如下：

欢迎参加本次实验！

在实验中，首先会在屏幕中央出现一个蓝色"+"字的注视点，呈现500ms；接着在屏幕中央的左右两边同时出现两个词语，呈现时间为1000ms；之后会在其中一个消失的词的位置上出现一个黑色"＊"探测点，被试需尽快对探测点的位置做出反应，如果点出现在左方，请按"F"键，点出现在右方，则按"J"键。按键反应后，屏幕中央又会出现蓝色"+"字，表示下一个类似的序列开始。实验呈现的时间很短，请您集中注意力，尽快做出反应。如果准备好了，请按"Q"进入练习阶段。

词语再认实验：用E-prime软件在电脑屏幕上向被试呈现刺激，背景色为白色，刺激为黑色，已出现积极词、消极词、中性词各10个，新添加的积极词、消极词、中性词各10个，共60个词语。实验中，词语出

现之前，首先屏幕中央会呈现黑色"+"字的图形作为凝视点，字体为72号黑体格式，呈现时间为500ms。之后屏幕中央出现一个词语，词语为48号黑体，要求被试对屏幕上呈现的词语做出反应，在之前实验中出现过的词呈现时按"F"键，新出现的词呈现则按"J"键。实验指导语如下：

> **欢迎参加本次实验！**
>
> 这是一个关于反应时和准确率的实验，在实验中，首先会在屏幕中央出现一个黑色"+"字的注视点，呈现500ms；接着在屏幕中央会出现一个词语，如果这个词语在刚才的实验中出现过，按"F"，如果在刚才的实验中没有出现过，则按"J"，词语呈现后，请您以最快的速度做出按键反应，之后屏幕中央会再次呈现黑色"+"字的注视点……如此重复进行。如果您明白了，请按"Q"键进入正式实验。

4. 数据处理

本实验的数据采用SPSS 17.0进行处理。

（三）研究结果

1. 点探测实验结果

高、低自我和谐水平的被试在所有刺激条件下反应时的描述性统计结果如表8-6所示。不难发现：当探测点与积极词、消极词同位时，高分组的被试对积极词的反应时短于对消极词的反应时；低分组的被试对消极词的反应时短于对积极词、中性词的反应时。

为进一步探究高、低自我和谐水平的被试对不同刺激的反应时是否具有差异，本研究对数据进行两因素重复测量方差分析，结果发现：被试间因素自我和谐高低组与被试内因素刺激类型（目标词与探测点的相对位置）主效应均不显著，$F_{(1, 40)} = 0.005$，$p > 0.05$，$F_{(3, 38)} = 0.142$，$p > 0.05$。自我和谐高低组与刺激类型交互作用不显著，$F_{(3, 38)} = 0.644$，$p > 0.05$。

表8-6　自我和谐高低组在不同刺激下的反应时情况（$M \pm SD$）

组别	目标词与探测点的相对位置			
	积极词同位	中性词同位	消极词同位	中性词同位
高分组	440.59 ± 235.53	437.83 ± 224.28	445.76 ± 224.54	451.52 ± 226.21
低分组	438.67 ± 107.40	453.56 ± 151.47	431.47 ± 106.22	436.35 ± 103.89

注：在积极词—中性词，消极词—中性词的配对中，中性词的同位分别等同于积极词、消极词的异位。

2. 高、低自我和谐个体注意偏向的差异分析

根据注意偏向的原理，被试对语词的注意偏向等于探测点与语词处于异位时的反应时减去探测点与语词处于同位时的反应时。因此，对不同自我和谐水平被试的注意偏向进行差异检验，结果发现（如表8-7所示）：高自我和谐组被试对积极评价词的加工，平均注意偏向值为4.09，对消极评价词的加工，平均注意偏向为-1.09；低自我和谐组被试对积极评价词的加工，平均注意偏向值为6.28，对消极评价词的加工，平均注意偏向值为13.49，经过两者的差异检验，高、低自我和谐组被试对积极、消极评价词的注意偏向都不存在显著的差异。

表8-7　高、低自我和谐个体对不同语词刺激类型注意偏向的差异分析

组别	语词刺激类型	M	SD	t
高分组	积极词	4.09	35.91	0.28
	消极词	-1.09	61.63	
低分组	积极词	6.28	87.79	-0.42
	消极词	13.49	54.71	

3. 高、低自我和谐个体对人格评价词再认的差异分析

以自我和谐分组和词语类型为自变量，以词语再认成绩的反应时为因变量进行方差分析，结果发现（如表8-8所示）：自我和谐分组的主效应不显著；词语类型的主效应显著（$F = 7.373, p < 0.01$）；自我和谐高低分组与词语类型的交互作用非常显著（$F = 8.574, p < 0.001$）。

表 8-8　　不同自我和谐水平个体对语词刺激的再认
成绩方差分析（反应时，单位：ms）

	自由度	均方	F
自我和谐高低组（A）	1	495261.03	2.69
词语类型（B）	2	179006.84	7.37**
A×B	2	208155.25	8.57***
总平方和			

注：$*p < 0.05$，$**p < 0.01$，$***p < 0.001$

进一步对自我和谐分组与词语类型的交互作用进行简单效应分析，结果发现（如表 8-9 所示）：自我和谐分组对消极人格评价词与中性词再认的反应时不存在显著差异（$t_{消} = -0.47$，$p > 0.05$；$t_{中} = -0.66$，$p > 0.05$）；自我和谐高低组对积极人格评价词再认的反应时存在显著差异（$t_{积} = -0.47$，$p < 0.01$），高自我和谐水平的被试对积极人格评价词的反应时显著短于低自我和谐水平的被试。由此可见，高自我和谐水平的被试对积极人格评价词表现出了记忆偏向。由表 8-9 和表 8-10 可以看出：低自我和谐组被试对消极词（$t_{积-消} = 3.09$，$p < 0.01$）、中性词（$t_{积-中} = 4.84$，$p < 0.001$）的反应时显著短于对积极人格评价词的反应时。因此，低自我和谐水平的被试对消极词、中性词表现出了记忆偏向。

表 8-9　　自我和谐高、低组对不同人格评价词再认的
差异检验（反应时，单位：ms）

语词刺激类型	组别	M	SD	t
积极词	高分组	966.01	246.12	-2.906**
	低分组	1253.72	381.06	
消极词	高分组	1017.25	298.80	-0.468
	低分组	1053.62	193.99	
中性词	高分组	953.70	264.97	-0.657
	低分组	1005.79	248.72	

注：$*p < 0.05$，$**p < 0.01$，$***p < 0.001$

表 8-10　自我和谐高、低组对人格评价词再认的
差异检验（反应时，单位：ms）

组别	语词刺激类型	t
高分组	积极词—消极词	-1.145
	积极词—中性词	0.297
	消极词—中性词	1.438
低分组	积极词—消极词	3.093**
	积极词—中性词	4.838***
	消极词—中性词	1.284

注：$*p < 0.05$，$**p < 0.01$，$***p < 0.001$

（四）讨论

1. 高、低自我和谐水平的青少年对人格评价词的注意偏向特点

在点探测实验中，我们可以发现，当探测点与积极词、消极词同位时，高分组的被试对积极词的反应时间短于对消极词的反应时间；低分组的被试对消极词的反应时短于对积极词、中性词的反应时。进一步地重复测量方差分析结果表明，自我和谐高低组与刺激类型（目标词与探测点的相对位置）主效应均不显著，自我和谐高低组与刺激类型交互作用不显著。高、低自我和谐组被试对积极、消极评价词的注意偏向都不存在显著的差异。这说明，自我和谐高低组被试对不同特质刺激信息的注意偏向没有什么不同，其基本的趋向是一致的。两组被试对不同刺激类型没有表现出特别的偏好。

根据情绪评价模型，刺激能否捕获注意决定于其是否符合个体的需要、目标等多种因素（Ellsworth 和 Scherer，2003）。通常来说，高自我和谐水平者对自己与外界的认知较积极，更倾向于选择有利于自己的方式或方法进行认知加工，如自我增强、自我验证、自我归因偏向等，这种认知方式反过来又会促使高自我和谐者即使在消极的环境中也会表现出对积极信息的注意选择，进而达到维持和谐的目的；而低自我和谐水平者由于对消极的信息有着固有的认知存储，因而对积极的信息不会轻易接受，甚至会表现出一种回避的态度，与高自我和谐者相比，更倾向于指向消极的人格评价信息。但本研究结果未能证实预期的假设，可能的原因是，不同自

我和谐水平的青少年在认知加工的初期阶段，具有相同的认知过程。认知心理学把认知过程看成是由信息的获取、编码、存储、提取和使用等一系列连续的认知操作所组成的按相关程序进行信息加工的系统，而个体的注意偏向就处于对信息的获取阶段。另外，被试在进行实验任务过程中，可能发生注意疏漏，从而耗用了部分注意资源。也有学者认为随机呈现刺激材料的阈上水平的实验，不能使不同特质水平的个体处于精细加工过程中，因而较难发现他们的注意偏向（Mogg 和 Bradley，1993）。本实验属于阈上水平的实验，不能使不同自我和谐水平的个体处于精细加工的过程中，因而较难发现它们对不同语词刺激的注意偏向。虽然高、低自我和谐者的注意偏向并没有显著性的差异，但是也在一定程度上支持了特质一致性模型。

2. 高、低自我和谐水平的青少年对人格评价词的记忆偏向特点

再认实验结果显示，在反应时上，自我和谐高低组的主效应不显著；但词语类型的主效应显著；自我和谐高低组与词语类型的交互作用非常显著。进一步的差异检验发现，高自我和谐水平的被试对积极人格评价词的反应时显著短于低自我和谐水平的被试；低自我和谐组被试对消极词、中性词的反应时显著短于对积极人格评价词的反应时。由此可见，高自我和谐水平的被试对积极人格评价词表现出了记忆偏向，低自我和谐水平的被试对消极词、中性词表现出了记忆偏向。

个体之所以在认知加工的初始阶段对人格评价词没有表现出注意偏向的明显差异，而在记忆阶段却表现出了对词语的记忆偏好，其原因可能是，记忆的第一个阶段是对输入的信息进行编码，高、低自我和谐水平的被试在认知加工的注意阶段对不同的信息都进行了注意，由于高、低自我和谐水平的被试内在认知资源（图式）的不同，因而对不同信息的编码不同。在这个编码的过程中，有的信息被摒弃、被弱化了，有的信息得到了进一步的加工，这种不同的编码导致了不同的信息表征。低自我和谐的被试虽然在注意阶段对积极、消极人格评价词、中性词的反应时间没有显著差异，但是这些信息在经过编码、存储、提取的过程中，由于受到内在认知资源（图式）的启动影响，对消极词、中性词的表征再认反应显著变快，致使记忆偏向的出现。

高自我和谐的被试对积极人格评价词的再认反应时比低自我和谐的被

试短，也从另一个方面带给我们思考，即高、低自我和谐水平的被试在注意阶段的加工机制可能在某种程度上是一致的，但在记忆阶段可能存在差异。

三 实验二：高、低自我和谐水平的青少年对情绪效价词的认知加工偏向

（一）研究目的

实验二从情绪认知加工角度，探讨高、低自我和谐水平的青少年对情绪效价词的认知加工偏向。

（二）研究方法

1. 研究对象

同实验一。

2. 实验设计

该实验采用2（自我和谐水平：高、低）×3（情绪效价词：积极、消极、中性）两因素混合实验设计。其中，自我和谐水平为组间变量，情绪效价词为组内变量，因变量为反应时和自由回忆成绩。

3. 实验材料与程序

本研究的实验材料来自《现代汉语频率词典》中收集的具有积极、消极含义的情绪效价词（词频范围为5—100次/百万）、中性词以及陈少华老师编写的《人格与认知》一书中所筛选使用的语词。通过问卷形式发给20名心理学专业的研究生进行词性判断，选出判断率高于90%的66个词汇作为实验材料。其中积极、消极情绪效价词、中性词各22个（其中6个用于练习）。

实验分两个部分，第一部分是词性辨别任务，第二部分是自由回忆阶段。

词性辨别任务：用E-prime软件在电脑屏幕上向被试呈现刺激，背景色为白色，刺激为黑色。实验开始之前，主试告诉被试这是一个测试反应时与正确率的实验，首先，电脑屏幕中央将出现一个"+"字图形，呈现时间为500ms，之后屏幕中央会出现一个情绪刺激词，刺激词为48号黑体，要求被试迅速对呈现的词作出积极、消极或中性的判断。直到被试做出反应，实验才会进行下一个序列。被试进入正式实验之前，屏幕会

出现以下指导语：

> **欢迎参加本次实验！**
>
> 在实验中，首先会在屏幕中央出现一个黑色"+"字的注视点，呈现500ms；接着在屏幕中央的位置上出现一个词语，请您判断该呈现的词语的词性为积极、消极或是中性，如果是积极就按"F"键，消极则按"J"键，中性则按"B"键。按键反应后，屏幕又会出现黑色"+"字，表示下一个类似的序列开始。实验呈现的时间很短，请集中注意力尽快做出反应。
>
> 如果你准备好了，请按"Q"键进入练习阶段。

实验要求被试尽快对刺激词做出反应，为了避免出现较大的误差，实验安排了6组词语（积极、消极和中性各2组）作为练习的材料，让被试熟悉实验操作过程。60个正式实验使用的刺激词呈现的顺序将按照随机分配与平衡的原则安排。词性辨别任务完成之后，被试有3分钟的休息时间，在这个休息时间段里对被试进行一个干扰程序，要求被试完成一份英文阅读材料，圈出材料中的"e"字母。干扰任务（3分钟）之后，拿出一张白纸，让被试作自由回忆任务，要求他们尽可能多地回忆出刚才在词性辨别任务中见到过的刺激词，并将词语写在白纸上，时间为5分钟。

4. 数据处理

收集到的实验数据采用SPSS 17.0进行处理，词语辨别任务计算被试的反应时时间以及辨别的正确率。自由回忆成绩的计算方法：被试每正确回忆一个实验用词，记1分；积极词、消极词、中性词各自计分。被试在哪种类型词上的回忆成绩较高，表明被试对该类词语具有记忆偏向。

（三）研究结果

1. 词性辨别实验

以自我和谐水平和词性类型为自变量，以被试在情绪效价词辨别任务中的反应时为因变量进行重复测量方差分析，结果发现（如表8-11所示）：词性类型的主效应显著（$F=4.12$，$p<0.05$），进一步事后比较发现：被试对积极情绪效价词的反应时短于消极情绪效价词、中性词。自我

和谐高低组被试在积极情绪效价词和消极情绪效价词上的反应时差异显著（$t = -3.14, p < 0.01$）；在积极情绪效价词与中性词上的反应时差异显著（$t = -2.11, p < 0.05$）；在消极情绪效价词与中性词上的反应时差异不显著。

表8-11　不同自我和谐水平个体对词性辨别反应时的方差分析（反应时，单位：ms）

	自由度（df）	均方（MS）	F
自我和谐高低组（A）	1	76506.22	0.35
效价词类型（B）	2	117732.78	4.12*
A×B	2	16417.05	0.58
总平方和 T			

注：*$p < 0.05$，**$p < 0.01$，***$p < 0.001$

2. 自由回忆任务

高、低自我和谐水平的青少年对积极、消极和中性情绪词回忆量的描述性统计如表8-12所示，不难看出，高、低自我和谐者对情绪效价词的回忆量呈现出如下特征：积极词＞中性词＞消极词。

表8-12　高、低自我和谐者对情绪效价词回忆量的描述性统计

	积极词（$M \pm SD$）	消极词（$M \pm SD$）	中性词（$M \pm SD$）
高分组	4.19±1.81	1.81±1.29	2.00±1.48
低分组	3.38±1.50	2.00±1.00	2.71±1.79
总共	3.79±1.69	1.90±1.14	2.36±1.67

为探究被试在情绪效价词自由回忆任务中是否存在自我和谐水平的差异，本研究以自我和谐水平为自变量，以情绪效价词的自由回忆量为因变量进行独立样本t检验，结果发现（如表8-13所示）：自我和谐高低分组的主效应不显著；效价词类型的主效应非常显著（$F = 21.53, p < 0.001$）；而且自我和谐水平与效价词类型的交互效应也很显著（$F = 3.35, p < 0.05$）。

表8-13　高、低自我和谐者对情绪效价词自由回忆量的方差分析

	自由度（df）	均方（MS）	F
自我和谐高低组（A）	1	906.698	0.01
效价词类型（B）	2	40.484	21.53***
A×B	2	6.294	3.35*

注：$*p < 0.05$，$**p < 0.01$，$***p < 0.001$

进一步简单效应分析发现，自我和谐高分组的被试在积极词—消极词、积极词—中性词条件下，对积极情绪效价词的回忆量高于对消极情绪效价词、中性词的回忆量，且差异显著（$t_{积-消} = 5.49$，$p < 0.001$；$t_{积-消} = 4.70$，$p < 0.001$）；在消极词—中性词条件下，对消极情绪效价词与中性词的回忆量不存在显著差异；自我和谐低分组被试在积极词—消极词条件下，对积极情绪效价词的回忆量高于对消极情绪效价词的回忆量，且差异显著（$t_{积-消} = 4.79$，$p < 0.001$）；在积极词—中性词、消极词—中性词两种条件下，差异均不显著（如表8-14所示）。

表8-14　高、低自我和谐者对情绪效价词自由回忆的差异检验

组别	语词刺激类型	t
高分组	积极词—消极词	5.49***
	积极词—中性词	4.70***
	消极词—中性词	-0.46
低分组	积极词—消极词	4.79***
	积极词—中性词	1.32
	消极词—中性词	-1.77

注：$*p < 0.05$，$**p < 0.01$，$***p < 0.001$

（四）讨论

1. 高、低自我和谐水平的青少年对情绪效价词的注意偏向特点

实验表明，不同自我和谐水平的个体对不同情绪效价词辨别的正确率没有显著差异。在反应时上，自我和谐高低分组的主效应不显著；自我和

谐高低分组与词语类型的交互作用不显著；词性类型的主效应显著（$F = 4.12, p < 0.05$）；进一步研究发现，自我和谐高低分组的被试对积极情绪效价词的反应时短于消极情绪效价词、中性词。自我和谐高低分组被试在积极、消极情绪效价词上的反应时差异显著（$F = -3.14, p < 0.01$）；在积极情绪效价词与中性词上的反应时差异显著（$F = -2.11, p < 0.05$）；在消极情绪效价词与中性词上的反应时差异不显著。可见，自我和谐高、低分组被试都对积极情绪效价词表现出了注意偏向。

对于不同自我和谐水平的青少年对人格评价词、情绪效价词的注意偏向结果为什么不一致，我们可以用双编码理论来解析。双编码理论认为，对相同的内容，以两种形式编码的效果要优于以一种形式编码的效果。譬如，对英文单词"smile"的记忆，单纯、机械地重复，进行的只是言语层面的编码，记忆效果并不好，如果在读单词的同时，再辅以笑的联想（意象编码）则记忆的效果会更好。实验中被试对人格评价词进行的编码主要是语义编码，而对情绪词的编码可能是语义 + 意象。因而，高、低自我和谐水平的被试对积极、消极人格评价词不存在注意偏向，而对积极情绪效价词表现出了注意偏向。

2. 高、低自我和谐水平的青少年对情绪效价词的记忆偏向特点

研究发现，自我和谐高低组被试对积极情绪效价词的回忆量最大，其次是消极的情绪效价词、中性词。进一步的方差分析发现，自我和谐高低分组的主效应不显著；效价词类型的主效应非常显著（$F = 21.53, p < 0.001$）；自我和谐高低分组与效价词类型的交互作用显著（$F = 3.35, p < 0.05$）。自我和谐高分组的被试在积极词—消极词、积极词—中性词条件下，对积极情绪效价词的回忆量显著高于对消极情绪效价词、中性词的回忆量；自我和谐低分组被试在积极词—消极词条件下，对积极情绪效价词的回忆量显著高于对消极情绪效价词的回忆量；在积极词—中性词、消极词—中性词两种条件下，差异均不显著。

自由回忆结果表明，高、低自我和谐水平的青少年对积极情绪效价词产生了记忆偏向，而对消极情绪信息呈现一种回避现象。说明两组被试都试图在意识层面将消极的情绪信息删除，以起到保护自我的作用。这一结果也进一步验证了对情绪信息的自动加工存在"积极倾向"的假说。

四 教学建议

本研究表明，高、低自我和谐水平的青少年对积极、消极评价词的注意偏向不存在显著的差异。但是在记忆偏向方面，高自我和谐水平的青少年对积极人格评价词的再认反应时显著短于低自我和谐水平的青少年，对积极人格评价词表现出了记忆偏向；低自我和谐水平的青少年对消极人格评价词、中性词的再认反应时显著短于对积极人格评价词的反应时，对消极词、中性词表现出了记忆偏向。这可以说明，个体都是自我保护动机的信息加工者，当他们积极的自我概念受到怀疑、否认、打击或嘲笑、挑战时，他们会忽视这些威胁性的信息，从而维持其自我概念的稳定与和谐，因而对不一致的消极信息的再认差于一致的积极信息。所以在教学中，教育者们要更多地对我们的青少年学生使用更多地较积极的人格评价词，给他们更多的正面评价，使他们对自己更加认可，自我更加和谐。

另外，本研究还发现，高、低自我和谐水平的青少年对积极情绪效价词的反应时短于消极情绪效价词、中性词的反应时，对积极情绪效价词表现出了注意偏向。高、低自我和谐水平的青少年对情绪效价词的回忆量是：积极词＞中性词＞消极词，对积极情绪效价词的回忆量显著高于对消极情绪效价词，表现出对积极情绪效价词的记忆偏向。因为高、低自我和谐水平的青少年都是非临床的个体，他们都有对积极的、正向的力量的需求，因而表现出对积极情绪效价词的优先加工。那么我们在教学教育中，就应该让青少年学生接收到更多的积极的、正面的东西，这样会增加学生们自身的正能量，从而使他们能更加的健康。

第四节 自尊与自我妨碍

一 研究概述

（一）自尊

1. 自尊的概念

国外学者詹姆斯（1890）最早提出，自尊即个体实际成就与潜在能力之比。库利（1902）进一步提出"镜中自我"的概念，即自尊是个体与社会互动中内化的自我价值。罗森伯格（1965）认为自尊就是个体对自我积极或消极态度,有高低水平之分。高自尊者能对自己的价值有正确的认知并尊重。但高自尊水平并不一定具有较高的优越感,并不一定在实际行为中表现出较高的能力感。库柏史密斯(1967)将自尊界定为个体对整体自我价值感肯定或否定的态度。布兰登(2001)也认为自尊是个体在生活体验中的意志,它能在本质上促进个体的生活质量,对于发展个体积极的心理健康密不可分,并能体现个体感知自己存在的价值。

国内学者朱智贤(1989)将自尊定义为:"社会评价与个人自尊需要的关系的反映。"荆其诚(1990)认为自尊是个体胜任愉快和受人敬重的自我感觉。林崇德(2002)认为自尊是自我意识中具有评价意义的成分,是与自尊需要相联系的、对自我的态度体验,也是心理健康的重要指标之一。日常生活中好的或者差的结果所引发的情绪即自我体验或者自我价值感。魏运华(1997)认为自尊是人们在社会比较过程中所获得的有关自我价值的积极的评价和体验。

以往学者从不同的角度出发对自尊进行了界定,虽然存在差异,但也体现出自尊的共同点:(1)认知层面:自尊即个体的自我价值、能力;(2)情感层面:自尊能促进个体积极心理状态,高水平自尊个体更多地体验积极情感;(3)结构层面:自尊是多维度、多层面的系统。由此可见,自尊的主要性质是评价性(自我价值)和情感性(评价结果),能力和价值是其基本维度。

2. 自尊的结构

自尊的概念自提出以来,经过100多年的研究,研究者认为自尊是由不同要素组成的有层次的结构,并提出了多种自尊结构模型(张灵、郑雪、温娟娟,2007),具体如下:

单维结构:詹姆斯(1890)认为目标实现的成败体验影响自尊,也据此提出了自尊公式,自尊 = 成功/抱负水平。

两维结构:波普和麦克黑尔(1988)认为自尊由知觉自我(技能、特征和品质)和理想自我构成。两者差异较小时产生积极自尊,差异较大时产生消极自尊。

多维结构:库帕史密斯(1967)认为自尊由重要性、能力、品德以及权力四因素模型构成。魏运华(1997)综合专家调查和儿童调查的结果提出,儿童的自尊结构主要由外表、体育运动、能力、成就感、纪律和公德与助人 6 个因素组成。

多层结构：沙文森（1976）等人提出的多层次结构自尊包含学业自尊（语文、数学等具体学科上的自尊）和非学业自尊（社会、情感、身体）。模型中的方向是单向的，箭头方向表示具体领域和整体自尊之间的作用方向。

3. 自尊的理论

(1) 自尊的动力理论

该理论的观点主要来自精神分析领域，阿德勒将"自卑"看作自我的核心理论，提出个体有超越自卑，缓解焦虑的动机。Robert 和 White（1963）也认为自尊与动机密切相关，自尊的动机是一种"能力感"或"效能感"的需求。

(2) 自尊的认知体验理论

Epstein（1994）从无意识与认知心理学结合的角度提出认知体验理论。个体对自我的评价是基于信息（经验）、组织（概念形成）、表征（层级组织的概念体系）及其发展过程等观念之上的。系统能平衡个体的痛苦和欢乐，是一种意识或无意识的动机性力量。自尊驱使个体不断地改变自己的现实理论，个体自尊水平的改变会对整个自我系统造成广泛的影响，从而导致一系列的情绪、行为反应。

(3) 自尊的社会比较理论

费斯廷格（1954）提出社会比较理论，个体对自我价值是通过与他人比较而感知的，这种比较有上行比较（比自己强或好）和下行比较（比自己弱或差），比较的结果会产生积极或消极的效果并受具体情境影响（黎琳、徐光兴、迟毓凯、王庭照，2007）。

(4) 自尊的恐惧管理理论（焦虑缓冲理论）

Becker（1973）从社会学和进化论的角度提出了自尊的恐惧管理理论（Terror Management Theory，TMT）。该理论基于个体与生俱来的死亡（也指能力、价值等的丧失）恐惧，当个体面对自我价值感的威胁时，自尊作为恐惧管理的机制，会促使个体采取行动通过有效的自我调节以防御和避免恐惧感、焦虑感，体验能力感、价值感和意义感并形成有弹性的心理空间。Greenberg 和 Solomon（1986）认为自尊是个体通过社会化过程实现的，通过自我调节、自我心理表征、自我图式操作与自我效能感等机制来应对环境的挑战，任何对价值感和意义感的威胁都会引起焦虑，并影响自尊。

（5）自尊社会计量器理论

Leary（1995，1998，2004）从进化论的观点提出自尊的社会计量器理论，个体通过内在监控系统（自尊系统）建立良好人际关系，体验归属感、价值感。个体自尊的水平随着个体被他人喜爱或厌恶、接受或拒绝、积极评价或消极评价而上升或下降，低自尊引发情感的不适引起个体焦虑、沮丧和不适感等，自尊系统激发个体采取行为去获得、保持和恢复良好人际关系的感觉。

（6）同一性理论（自我验证理论）

Cast 和 Burke（2002）在整合了以往研究者对自尊的界定后，认为自尊既是结果又是动机还可以是缓冲器，并提出自尊的同一性理论（identity theory）。自我验证即个体对自我价值的匹配过程，具有对消极情绪的缓冲作用和推动人际关系的动机作用，匹配不一致时产生消极情绪如抑郁、焦虑、忌妒、气愤等，并激发个体采取行动作出改变达成一致。长时间的不一致个体会逃离情境或庇护同一性以便避免持续不一致产生的消极情绪。

（7）现象学理论

Mruk（1999）从现象学角度提出自尊是在应付生活挑战时的个人能力和个人价值之现存状态，具有缓冲器作用。能力和价值是决定自尊的两个主要维度，自尊是通过价值和能力的相互作用产生的，具有防御生活压力和紧张的保护功能，对个体心理健康和心理适应具有保护机制。

（二）自我妨碍

1. 自我妨碍的定义

美国心理学家 Jones 和 Berglas（1978）认为自我妨碍（self handicapping）是指个体在表现情境中，为了回避或降低因不佳表现所带来的负面影响而采取的任何能够增大将失败原因外化机会的行动和选择。Covington（1992）认为自我妨碍是给个人的表现制造一些障碍（想象的或真实的）从而为个人的潜在失败提供一个预先的借口。Rhodewalt（1984）认为，自我妨碍是个体在目标行为之前或进行过程中，有意无意地给自己的成就结果设置障碍。

由此可见，自我妨碍是指个体在具有威胁的能力评价情景中，事先设计或进行过程中设置障碍，以此给失败寻找借口，最终目的是保护自我价值。

2. 自我妨碍的分类

Lerry 和 Shepperd（1986）从个体能否对行为进行控制这个角度将自我妨碍分为行为式自我妨碍和声称式自我妨碍，国内学者黄希庭（2004）在此基础上又提出了第三种类型：抬举他人。

行为式自我妨碍：是指个体通过实际行动给自己的成功施加阻力，对行为结果具有实质性影响。如考试之前服用有害于成绩的药物、酗酒、选择不利于表现的环境、收听会降低行为表现的音乐、选择困难的目标任务、设立过高的成就目标、花费更多的时间在其他活动上，等等。

声称式自我妨碍：是指个体为了可能的失败寻找借口，但并不实际影响表现结果。例如，声称有各种生理或心理疾病、心情不佳、强调自己有考试焦虑、练习不足，声称作业太难、抱怨环境噪声或他人干扰等。

抬举他人：既可以是实际行为也可以是想象行为（想象竞争者很努力用功、有充裕的准备时间），指个体提供给竞争者或比较者额外的信息或帮助，使其有更好的表现，自己同样尽力以求最佳表现，通过这种非对等比较的机会干预对自我价值的评价，同时还可博取不自私、有爱心的美名，能有效地应对威胁性情境，消除焦虑，并且不降低在竞争中获胜的概率。

3. 自我妨碍的心理机制

关于自我妨碍的动机及其作用机制一直是研究者重点关注的内容。根据自我妨碍的动机、目的和价值干预对象的不同，学者们提出了三种自我妨碍的动机机制，即自我价值保护机制、印象管理机制和自我增强机制。

（1）自我价值保护机制

根据成就动机理论中的自我价值理论，自我妨碍是为了保护自我价值，转移对能力的注意。在成就情境中，高努力并成功是值得赞扬的，高努力却失败了则给人留下低能的印象，低能又可与低的自我价值等同起来。因此，个体会尽一切可能避免失败或者改变失败的意义，左右自己或他人对自己能力的诊断，为失败设置借口而不至于被感知无能。

（2）印象管理机制

Kolditz 和 Akin（1982）研究发现，个体自我妨碍的主要干预对象是外在他人对自我价值的评价，保护个体在他人心目中的印象，起保护和提高社会尊严的作用。认为个体对自己在公众面前形象的关心超过对自己实际能力的关心，关键点不是失败本身而是他人对失败的反应引发的个体羞耻感，以至于在失败后不会太丢脸，如果成功则会赋予成功更多的光彩，得到他人更多的敬重。袁东华和李晓东（2008）的研究证实：自我妨碍策略的确起到了影响他人归因的印象管理效果。

（3）自我增强机制

Shrauger（1975）提出了自我增强理论来解释自我妨碍，认为个体都有通过积极的信息反馈或评价来提高自我价值感的内在动机，个体在应对威胁时采取自我妨碍策略并不一定是出于自我价值保护更有可能是出于自我增强的动机。Tice（1991）一系列的研究表明，高自尊者在得到测验能区别出高能力个体时会进行自我妨碍，说明个体具有自我增强动机。Feikc 和 Rhodewatl（1997）的研究也发现，个体在自我妨碍后依然表现出对成功的渴望，说明个体有强烈的自我增强动机。

（三）自尊对自我妨碍的影响

根据上述理论，我们认为，自我妨碍的动机是为了保护自我价值，因此自我妨碍必然与自尊具有密切关系，但是关于自尊与自我妨碍的关系并没能达成一致，这可能与自尊的结构与测量的多样性有关。

Rhodewalt 认为自尊是失败感的晴雨表，当自尊受到威胁时，能够引发自我妨碍。以往的研究一致认为低自尊预示着高自我妨碍，Tice（1991）发现低自尊的大学生采用自我妨碍以保护自尊，高自尊的大学生在成功反馈后也会运用自我妨碍来强化自己的成功，以抬高自己在他人心目中的形象。研究认为自我妨碍倾向与自尊的高低没有关系，两者都可能采取自我妨碍，但是原因不同。这种差异可能与自尊测量的差异有关，上述研究测量的都是外显自尊，但个体的自我评价还包含区别于外显自尊的内隐无法意识成分。因此 Spalding 和 Hardin 发现外显自尊与内隐自尊对自陈式自我妨碍有独立影响，前者的影响比后者大。李晓东等人的研究也发现内隐自尊和外显自尊对自我妨碍有不同的影响。Andrew 等认为自尊既包括积极的自我评价又包括消极的自我评价，区分自尊的积极维度与消极维度对于预测自我妨碍很重要。

（四）问题提出

自尊作为自我意识系统的核心成分之一，对个体心理健康、社会适应、健全人格发展具有重要意义，受到国内外学者广泛关注。自我妨碍是自我不和谐的表现，个体自我体验中的自尊成分会影响个体的自我妨碍，当个体自尊水平较高，没有自我妨碍时，那么个体就处于自我和谐的状态，反之，个体就会产生自我的不和谐。

自我妨碍作为一种消极适应性行为策略，在一定程度上保护了青少年个体脆弱的自尊和自我价值感。然而，当今社会是一个以价值导向为评价体系的时代，应试教育体制下，家长、老师以及社会对青少年的评价更多的是从学业成绩的角度来衡量。青少年个体正处在激烈的外在学业竞争环境，内在自我意识高速发展时期，其面临的外在挑战和内在心理波动、价值感的波动，都会促使他们采用防御性的自我妨碍策略。如果任其发展，不加以控制，习惯性的自我妨碍行为将导致个体在认知上自信心下降，动机上进取心减退，情绪上愈发焦虑，最终引发更多的适应性不良，阻碍健全人格的形成与发展。

因此，探讨青少年时期个体内在人格特征、外在压力情景、情绪效价对自我妨碍的影响机制，以及如何有效进行自我调节和自我监控，积极主动地适应环境，度过个体发展的"暴风骤雨"期，具有重要的理论价值和实践应用。

二 研究方法

（一）被试

选取广州市两所中学（城市中学和农村中学各一所），共发放1123份问卷，排除无效问卷共80份，保留有效问卷1043份，问卷有效率达92.9%。样本的人口学变量结构如表8-15所示。

表8-15 被试的分布情况 单位：人

学校类型		年级			性别		是否独生		户口		总计
城市	乡镇	初一	初二	初三	男	女	是	否	城市	农村	
588	455	460	452	131	544	499	657	386	648	395	1043

（二）测量工具

1. 自尊

采用自尊量表（Self-Esteem Scale，SES）来测量青少年的自尊水平（田录梅，2006），该量表共由 10 个项目构成，其中项目 3、5、9、10 为反向计分题，采用 Likert 5 点计分（从"1=非常不符合"到"5=非常符合"），得分越高表明个体的自尊程度越高。本研究中，该量表的 Cronbach'α 系数为 0.72。

2. 自尊稳定性

在测量自尊水平一周后，采用经验取样法（Experience Sampling Method）测量自尊的稳定性。按照经验取样法的研究步骤，我们采用修改后的 Rosenberg 自尊量表，在日常情境中对被试进行重复测量（Repeated Measure）以获得被试的自尊稳定性。测量于每天早上 10 点和下午 4 点进行，连续测量 5 天。在测量指导语中，我们让被试记录自己当前时刻的自我感受，并在每一条目前加上"当前"。例如，将原量表中的"我对自己持肯定态度"改为"当前，我对自己持肯定态度"。经过连续 5 天的测量，每个被试得出 10 个自尊分数，把这 10 个分数的标准差作为自尊稳定性的指标，标准差越大表明被试的自尊越不稳定，反之则越稳定。为保证自尊稳定性的准确性，我们删除那些多于 4 次没有记录的被试。

3. 自我妨碍

采用修订的《青少年自我妨碍问卷》测查青少年的自我妨碍水平（涂巍，2012），该问卷共包括 20 个条目，其中 4、5、17 和 20 为反向计分题。采用 Likert 5 点计分（从"1=非常不符合"到"5=非常符合"），分数越高，表明被试的自我妨碍水平越高。修订后的问卷具有良好的信效度，符合心理测量学的标准。本研究中，该量表的 Cronbach'α 系数为 0.75。

（三）施测过程

问卷发放分为两个阶段，主试全部由经过训练的研究生担任。第一阶段，发放装订好的《自尊水平量表》（SES）和《青少年自我妨碍量表》（SHS），在心理老师的协助下，以班级为单位，使用统一的指导语进行集体施测，当场回收问卷。第二阶段，经过一个星期后，进行被试自尊稳定性指标的测定，同样在心理老师的协助下和各班班长的协调下，测量被试此时此刻的自我感受,连续测量5天,每天测量2次,每次测量间隔时间在6个小时以上,分别为早上10点和下午4点。

(四) 数据处理

本研究的所有数据均采用SPSS 17.0统计软件进行处理。

三 研究结果

(一) 自尊水平、自尊稳定性与自我妨碍的总体发展状况

描述性统计分析如表8-15所示,青少年在自尊水平上的得分普遍较高,平均得分为2.7分超过均分2.5分,进一步分析发现得分在2.5分以上的比率达到63.8%;青少年自尊稳定性的得分在2.42个标准差附近波动,进一步分析发现,波动在1个标准差以内的比率为17.4%,2个标准差以内的比率为30.2%,3个标准差以内的比率为24.6%,4个标准差以上的为27.8%,从比率上可以看出青少年在自尊稳定性上的波动差异较大;青少年自我妨碍的得分处于中等偏低水平,平均得分为2.73,低于3分的均值,进一步分析发现得分在3分以上的比率为25.5%,说明青少年的自我妨碍水平整体上较好。

(二) 相关分析

皮尔逊相关分析结果发现(如表8-16所示):自尊水平与自我妨碍存在显著的负相关($r=-0.18$, $p<0.01$),自尊稳定性与自我妨碍存在显著的正相关($r=0.12$, $p<0.01$),而自尊水平与自尊稳定性相关不显著,且相关系数较低。

表8-16 青少年自尊水平、自尊稳定性和自我妨碍的相关分析

	1	2	3
自尊水平			
自尊稳定性	-0.04		
自我妨碍	-0.18**	0.12**	
$M \pm SD$	2.70±0.38	2.42±1.61	2.73±0.46

注:*$p<0.05$,**$p<0.01$,***$p<0.001$

(三) 回归分析

为深入探究自尊水平与自尊稳定性对自我妨碍的影响机制,本研究以自尊水平和自尊稳定性为自变量,以自我妨碍为因变量进行分层回归分析,并将人口学变量(学校类型、性别、是否独生、户口所在地和年级)作为协变量加以控制。

第一步:将人口学变量中的学校类型、性别、是否独生、户口、年级作为控制变量放入第一层;第二步:将自尊水平、自尊稳定性作为预测变量同时放入回归方程的第二层。结果发现(如表8-17所示):学校类别、性别以及年级对青少年自我妨碍具有预测作用,这说明人口学变量对自我妨碍存在影响。此外,自尊水平与自尊稳定性对自我妨碍的影响十分显著。在控制了人口学变量后发现,自尊水平与自尊稳定性对自我妨碍的解释率达到了9%,说明青少年自尊水平与自尊稳定性对自我妨碍具有较好的预测作用。

表8-17 青少年自我妨碍对自尊水平、自尊稳定性的回归分析

	预测变量	B	SE	β^2	t	R^2	ΔR^2	F
第一层	学校类别	0.18	0.03	0.20	5.29**	0.06	0.06	13.51***
	性别	-0.07	0.03	-0.08	-2.74**			
	年级	0.10	0.02	0.13	4.31***			
第二层	自尊水平	-0.17	0.04	-0.14	-4.52***	0.09	0.08	13.68***
	自尊稳定性	0.02	0.01	0.08	2.55*			

注: $*p < 0.05$, $**p < 0.01$, $***p < 0.001$

(四) 自尊稳定性的调节效应分析

由上述自尊水平、自尊稳定性与自我妨碍的相关研究和回归分析发现,自尊水平、自尊稳定性对自我妨碍具有较好的预测作用,自尊水平与自尊稳定性相关不显著且相关系数较低。由温忠麟(2005)关于调节效应检验的条件,即调节变量与自变量和预测变量可以相关显著也可以相关不显著,最好是相关不显著,本研究满足调节效应检验条件。

按照Baron和Kenny(1986)、杨昭宁(2009)的调节效应检验程序,首先确定自尊水平为自变量,自我妨碍为因变量,自尊稳定性为调节变

量；然后将自尊水平、自尊稳定性和自我妨碍进行中心化处理，并将中心化后的自尊水平与自尊稳定性相乘，乘积项即为调节项；最后采用层次回归分析进行检验。结果发现（如表8-18所示）：自尊水平与自尊稳定性对自我妨碍均具有较好的预测作用，自尊水平与自尊稳定性的交互作用显著地预测自我妨碍，表明自尊稳定性在自尊水平与自我妨碍之间具有调节效应。

表8-18　　　　　　　　自尊稳定性的调节效应检验

变量	B	SE	β^2	t	R^2	ΔR^2	F
自尊水平	-0.38	0.07	-0.31	-5.40***	0.03	0.03	
自尊稳定性	0.03	0.01	0.11	3.57***	0.05	0.04	18.81***
自尊水平×自尊稳定性	0.06	0.02	0.15	2.69**	0.05	0.05	

注：$*p < 0.05$，$**p < 0.01$，$***p < 0.001$

四　讨论

（一）青少年自尊水平、自尊稳定性与自我妨碍的发展特点

青少年自尊水平在学校类别上差异显著，具体表现为城市学校的自尊水平高于乡镇学校的自尊水平。这可能由于城市学校无论是在硬件条件还是师资力量都比乡镇学校的要好，与此同时，随着素质教育的推进以及心理健康教育在城市的推广，使得学校更加注重学生的心理素质，无论是在人际关系还是班级文化氛围的建设上都较乡镇学生有较大的优势，使得城市学校学生的自尊水平整体上高于乡镇学校的学生。这一结论在青少年自尊稳定性的波动上也得到了体现。城市学校优异的教学条件，对学生的素质要求也更多，能力培养更全面、丰富。这就使得学生对自己的能力要求更高、更全面。这种多层面的能力要求，必然使学生对自己的能力表现出不自信，使自己的能力评价更频繁地受制于外在评价。因此也就导致了自尊的波动较大。这也使得青少年自尊稳定性的波动整体上较大，2个标准差以上的达到了80%以上。

相反，独生子女的自尊水平显著地低于非独生子女，这与库利的"镜中自我"以及米德（G. Mead）的"社会自我"具有一致性。良好的人际互动、人际支持能够维持和促进个体自尊水平，使个体保持积极的自我认知和获得正向的社会支持。这一点在自尊稳定性维度上也得到了进一步的验证,独生子女的价值感波动大于非独生子女。独生子女由于受到的关注度比非独生子女要多,这使得独生子女对自我价值感的评价来源繁杂而容易波动。

在性别上,自尊的稳定性以及自我妨碍都存在显著差异,男生的自尊波动性与自我妨碍都高于女生。这与社会对于男生的角色期待密切相关,男生更希望被人认为具有男子气。而处在青春期的个体无论是心理还是生理都处在快速成长期,社会角色的期待使得青春期的男生承受着来自各方的压力,也更容易受到自己或他人的质疑,这使得男生对自我价值的认知具有明显的不稳定性。而为了不使自己体验到无能感,为了维护自我价值感,男生将更多地使用自我防御策略进行自我保护,这个时候也就表现出了更多的自我妨碍倾向。这与 Thompson (2001) 的研究具有一致性。

(二) 自尊稳定性区别于自尊水平

通过研究可以发现,自尊稳定性与自尊水平相关不显著且相关系数较低 ($t = -0.04$)。从统计学上证明了自尊稳定性是相区别于自尊水平的人格变量。自尊水平与自尊稳定性两者都是基于对个体自我价值感评价的人格变量,只是定位的角度不一样,因此二者之间存在较低的相关。

大量研究表明,自尊作为个体自我意识系统的核心成分之一,不仅对个体的认知、动机、情感、品德和社会行为,而且对个体的心理健康、社会适应、健全人格的发展都具有重要的影响。一般研究结论都认为,高自尊个体有较高的生活满意感、较好的社会适应水平,将高自尊视为积极的心理品质的基础。而低自尊个体则往往与高攻击性、暴力行为、抑郁、焦虑等消极品质相关 (Brockner 和 Guare, 1983; Tennen 和 Herzberger, 1987)。但是随着研究的深入,高自尊者的积极意义受到重新审视。更多的研究发现,高自尊者个体也会产生社会适应不良,在压力情境下有更多的攻击性行为。之所以出现这种不良社会行为,可能是个体在追求高价值感的过程中,为了避免体验失败带来的羞耻感、低价值感,而表现出较强的防御心理,导致个体的自我调控能力的下降。

国外相关研究表明在自尊水平与抑郁之间可能有重叠的心理过程。Kernis 等 (1989) 发现,低自尊的个体,更倾向于笼统性地消极暗示他们在人格特质上的缺陷,像那些抑郁个体对于抑郁者自我评价内容则调节着他们自我评价结果的积极与消极（Tennen 和 Herzberger，1987）。这些研究都暗示自尊可能是具有多层次内涵的，单一地从外显自尊水平这一维度进行研究过于片面和简单化。正是由于研究结论的不一致，关于高自尊的异质性研究者在后续做了大量研究，并相继提出防御的高自尊与真诚的高自尊（Schneider 和 Turkat，1975）、相依的高自尊与真正的高自尊（Deci 和 Ryan，1995）、内隐自尊与外显自尊、脆弱的高自尊与安全的高自尊。上述研究更进一步证实了自尊结构与内涵的复杂性。

Kernis（1993）等正式提出了自尊稳定性的概念，并认为自尊稳定性并非一个绝对的类别概念，而是一个连续维度。它是个体自我评价的一种波动，随时间和情境波动。因此，自尊稳定性是一个相区别于自尊水平的变量。稳定的高自尊有积极的和架构良好的自我价值感，很少受到具体的评价性事件的影响，对威胁性信息较少防御性和极坏的反应。相反，不稳定的高自尊拥有有利的但却脆弱的和难以防守的自我价值感，易受具体的评价性事件影响。本研究结论证实了 Kernis 的观点：自尊稳定性是区别于自尊水平的人格变量。

（三）自尊水平、自尊稳定性与自我妨碍的关系

通过相关分析，可以发现自尊水平与自我妨碍相关显著，自尊稳定性与自我妨碍的相关也显著。而更进一步的回归分析发现，自尊水平以及自尊稳定性对自我妨碍都具有显著的预测作用。由于自尊稳定性与自尊水平都是测量个体对自我价值感的评价与感受，而自我妨碍是一种自我防御机制，个体为了保护自我价值不受伤害而采取的一种非适应性的行为策略，因此自尊水平与自尊稳定性对于自我妨碍都具有显著的预测作用。自我价值感感知较高的个体，他们对自我具有较积极的认知，一般情况下个体较少感知到价值感受到威胁，因此自尊水平对于自我妨碍具有负向预测作用。而自尊稳定性较低的个体，他们的价值感容易受到情境以及时间维度的波动，波动较大的个体对于负向信息、消极体验表现得更为敏感，回避性的倾向更为明显。因此，自尊稳定性对自我妨碍具有正向预测作用。这一结论得到了国内外研究者的支持，Kernis 和 Paradise（2002）研究认为，不稳定的自尊被认为是基于情境的瞬间自我价值的脆弱感，不稳定自尊的个体较频繁地体验到自我价值受到威胁，习惯性地采取预防和自我保护的策略来回避和阻止这种频繁变动的自我价值的厌恶感。相对而言，具有稳

定自尊的个体能维持自我价值的一致感，稳定的自尊并不与防御相连。

本研究还发现，自尊稳定性在自尊水平与自我妨碍之间具有调节效应。传统研究认为，高自尊水平与心理健康、积极的情感以及社会适应有正向相关，低自尊水平则与攻击性、不良社会适应等有关。但是，随着研究的深入开展，高自尊的异质性越来越受到研究者的重视。特别是自尊水平与攻击性的相关研究中，研究者发现了高自尊者也表现出更多的攻击性，而且在引入内隐自尊概念后，研究者也得出了不同的结论。这说明自尊水平在预测其他心理品质时受到其他变量的影响。自尊与自我妨碍的深层次机制都涉及个体的价值感、能力感，不仅低水平自尊个体具有自我妨碍倾向，高水平自尊者同样也表现出自我妨碍的倾向。因此，当个体拥有较高外显自尊水平，其自尊的波动性较大时，该个体并不是真正的高自尊。相反，当个体自尊水平较低时，其自尊的波动也较大时，该个体也具备体验高价值感的机会。因此，自尊稳定性在自尊水平与自我妨碍之间存在着某种调节机制。对于不稳定自尊的个体，自尊水平可能不是一个预测抑郁的稳定变量。不稳定自尊的个体会有更多的波动，有了这些波动，自我评价在不同的时间他们的自尊水平有不同，自我评价在同一天的不同时间段会有一定的波动。

五 教学建议

本研究证实，自尊水平负向预测青少年的自我妨碍，而自尊稳定性对自我妨碍具有正向预测作用。换言之，并非只有低水平自尊者会表现出较高的自我妨碍倾向，高水平自尊者也会有自我妨碍倾向，其中自尊稳定性在其中发挥着调节作用。自尊作为个体自我意识系统的核心成分之一，不仅对个体的认知、动机、情感、品德和社会行为，而且对个体的心理健康、社会适应、健全人格的发展都具有重要的影响。学校以及教育工作者应该对青少年学生多进行奖励和表扬，促进他们自尊水平的提高，同时也要注重对学生的自尊稳定的培养，从而使学生产生较少的自我妨碍，更好地达到自我和谐水平。

附　　录

附录一：《青少年自我意识量表》（第一版）

学校：_____ 年级：_____ 性别：____ 年龄：____

下面是一些关于个人对自己的陈述，请根据是否符合自己的真实情况，把选择的答案号填写在每题后面的括号内。答案包括："1"表示"完全不符合"；"2"表示"不符合"；"3"表示"说不清"；"4"表示"比较符合"；"5"表示"完全符合"。

1. 不管我怎么努力我也赶不上别人的成绩　　　　　　　（　）
2. 我可以控制好自己的情绪　　　　　　　　　　　　　（　）
3. 我认为报效国家和社会是个人的基本责任和义务　　　（　）
4. 我做事不够坚定常常犹豫不决　　　　　　　　　　　（　）
5. 有时候明知这样做不对，我还是忍不住这样做　　　　（　）

34. 我有一些好的品德　　　　　　　　　　　　　　　　（　）
35. 我对自己的长相比较满意　　　　　　　　　　　　　（　）
36. 试卷不管多难我也会从头到尾把我会做的做完　　　　（　）
37. 有时候不管我多生气，我都能不发脾气　　　　　　　（　）
38. 我是一个大人了　　　　　　　　　　　　　　　　　（　）

附录二：《青少年自我意识量表》（第二版）

1. 所在学校：_____
2. 年级：初（　　），高（　　）

3. 性别：男（　），女（　）
4. 是否独生子女：是（　），否（　）
5. 你是否有写日记的习惯：是（　），否（　）

下面是一些关于个人对自己的陈述，请根据是否符合自己的真实情况，在符合自己情况的数字上画圈或者打"√"，其中"1"表示"完全不符合"；"2"表示"不符合"；"3"表示"说不清"；"4"表示"比较符合"；"5"表示"完全符合"。

1. 和同学相比，我觉得自己很聪明　　1 —— 2 —— 3 —— 4 —— 5
2. 在学习中，我感到自己是一个有价值的人
　　　　　　　　　　　　　　　　　　1 —— 2 —— 3 —— 4 —— 5
3. 只要我努力，我的学习成绩就会有进步
　　　　　　　　　　　　　　　　　　1 —— 2 —— 3 —— 4 —— 5
4. 我有明确的学习目标　　　　　　　　1 —— 2 —— 3 —— 4 —— 5
5. 我善于抵制诱惑　　　　　　　　　　1 —— 2 —— 3 —— 4 —— 5

63. 做某件事情前，我经常思考它的动机
　　　　　　　　　　　　　　　　　　1 —— 2 —— 3 —— 4 —— 5
64. 我可以很轻松地做完学校作业　　　　1 —— 2 —— 3 —— 4 —— 5
65. 我能够胜任绝大多数科目的学习　　　1 —— 2 —— 3 —— 4 —— 5
66. 我认为报效国家和社会是个人的基本责任和义务
　　　　　　　　　　　　　　　　　　1 —— 2 —— 3 —— 4 —— 5
67. 我是一个值得朋友信赖的人　　　　　1 —— 2 —— 3 —— 4 —— 5

附录三：《青少年自我意识量表》（第三版）

1. 所在学校：_____
2. 年级：初（　），高（　）
3. 性别：男（　），女（　）
4. 是否独生子女：是（　），否（　）

下面是一些关于个人对自己的陈述，请根据是否符合自己的真实情况，在符合自己情况的数字上画圈或者打"√"，其中"1"表示"完全

不符合";"2"表示"不符合";"3"表示"说不清";"4"表示"比较符合";"5"表示"完全符合"。

1. 我有很多值得自豪的优点　　　1 —— 2 —— 3 —— 4 —— 5
2. 我是一个诚实的人　　　　　　1 —— 2 —— 3 —— 4 —— 5
3. 我会违反一些学生守则　　　　1 —— 2 —— 3 —— 4 —— 5
4. 我做事认真负责　　　　　　　1 —— 2 —— 3 —— 4 —— 5
5. 我有明确的学习目标　　　　　1 —— 2 —— 3 —— 4 —— 5

60. 兴趣爱好丰富了我的生活　　　1 —— 2 —— 3 —— 4 —— 5
61. 我能很快掌握新知识　　　　　1 —— 2 —— 3 —— 4 —— 5
62. 我对自己的长相很满意　　　　1 —— 2 —— 3 —— 4 —— 5
63. 我总是乐于帮助别人　　　　　1 —— 2 —— 3 —— 4 —— 5
64. 总的来说，我对自己很满意　　1 —— 2 —— 3 —— 4 —— 5

附录四:《青少年道德自我概念问卷》

各位同学，感谢你参与我们的研究。本研究是国家社会科学基金项目课题，对于研究青少年自我意识发展基本规律具有重要的意义，希望你能帮助我们完成这次调查。本数据资料仅供学术研究之用，不针对个人评价，不涉及任何其他用途，所有数据均被保密，请放心填写，不要漏题! 你的帮助是对我们莫大的支持。谢谢!

课题组

1. 所在学校: 学号:
2. 年级: 初一（　），初二（　），初三（　）高一（　），高二（　），高三（　）
3. 性别: 男（　），女（　）年龄:＿＿＿＿
4. 是否独生子女: 是（　），否（　）
5. 父亲文化程度: 初中或中专以下（　），高中（　），大专或本科（　），硕士以上（　）

母亲文化程度: 初中或中专以下（　），高中（　），大专或本科（　），硕士以上（　）

下面是一些关于个人对自己的陈述，请根据是否符合自己的真实情况，在符合自己情况的数字上打"√"，其中"1"表示"完全不符合"；"2"表示"不符合"；"3"表示"说不清"；"4"表示"比较符合"；"5"表示"完全符合"。

1. 为了得到一些利益，我认为欺骗是有必要的
　　　　　　　　　　　　　　　　　1 —— 2 —— 3 —— 4 —— 5
2. 我会尊敬长辈，爱护幼小　　　　 1 —— 2 —— 3 —— 4 —— 5
3. 我能自觉遵守校规校纪　　　　　 1 —— 2 —— 3 —— 4 —— 5
4. 我从不使用一次性餐具　　　　　 1 —— 2 —— 3 —— 4 —— 5
5. 对于想要的东西，我会想尽办法得到，即使违背道德原则
　　　　　　　　　　　　　　　　　1 —— 2 —— 3 —— 4 —— 5

22. 我有时会说别人闲话　　　　　　1 —— 2 —— 3 —— 4 —— 5
23. 如果能不花钱乘坐交通工具，且不被人发现，我会这么做
　　　　　　　　　　　　　　　　　1 —— 2 —— 3 —— 4 —— 5
24. 做了违背良心的事情，会使我感到羞愧
　　　　　　　　　　　　　　　　　1 —— 2 —— 3 —— 4 —— 5
25. 我会遵守公共秩序，自觉排队等候1 —— 2 —— 3 —— 4 —— 5
26. 我已认真回答以上所有问题　　　 1 —— 2 —— 3 —— 4 —— 5

附录五：《青少年自我差异问卷》

以下题目，是有关你现实自我的描述，请根据你的实际情况，为自己评分，记住是你的实际情况，而不是你希望的或应该的情况。问卷采用5级评分，1—5分。"1"表示"完全不符合"；"2"表示"有点不符合"；"3"表示"说不清"；"4"表示"比较符合"；"5"表示"完全符合"。在相应的程度方格内打"√"。

1. 在公交车上，我会给有需要的人让座
　　　　　　　　　　　　　　　　　1 —— 2 —— 3 —— 4 —— 5
2. 在新学校我能很快交到新朋友　　 1 —— 2 —— 3 —— 4 —— 5
3. 我长得很难看　　　　　　　　　 1 —— 2 —— 3 —— 4 —— 5
4. 和其他人相比，我是个自私的人　 1 —— 2 —— 3 —— 4 —— 5

5. 我时常怀疑自己的身体状况　　1 —— 2 —— 3 —— 4 —— 5

17. 我性格开朗，爱交朋友　　　　1 —— 2 —— 3 —— 4 —— 5
18. 我能够胜任绝大多数科目的学习　1 —— 2 —— 3 —— 4 —— 5
19. 我体质不好，常患各种流行病（如流行感冒）
　　　　　　　　　　　　　　　　1 —— 2 —— 3 —— 4 —— 5
20. 我与家人的关系特别融洽　　　　1 —— 2 —— 3 —— 4 —— 5
21. 我总是帮父母做一些力所能及的事情
　　　　　　　　　　　　　　　　1 —— 2 —— 3 —— 4 —— 5

　　以下题目，是有关你理想自我的描述，即所希望做到或拥有的描述。记住是你希望的情况，不是你的现实表现。问卷采用5级评分，1—5分。"1"表示"完全不符合"；"2"表示"有点不符合"；"3"表示"说不清"；"4"表示"比较符合"；"5"表示"完全符合"。在相应的程度方格内打"√"。

1. 我希望，自己可以帮助更多的人　1 —— 2 —— 3 —— 4 —— 5
2. 我希望，即使进入新的学校，我也能很快交到朋友
　　　　　　　　　　　　　　　　1 —— 2 —— 3 —— 4 —— 5
3. 我希望，自己长得比现在好　　　1 —— 2 —— 3 —— 4 —— 5
4. 我希望，自己不那么自私　　　　1 —— 2 —— 3 —— 4 —— 5
5. 我希望，不用为自己的身体状况而担心
　　　　　　　　　　　　　　　　1 —— 2 —— 3 —— 4 —— 5

17. 我希望，自己的性格不像现在这样内向
　　　　　　　　　　　　　　　　1 —— 2 —— 3 —— 4 —— 5
18. 我希望，自己学什么都快　　　　1 —— 2 —— 3 —— 4 —— 5
19. 我希望，自己不这么容易生病　　1 —— 2 —— 3 —— 4 —— 5
20. 我希望，我与家人的关系更和睦　1 —— 2 —— 3 —— 4 —— 5
21. 我希望，自己能够为父母分担一些力所能及的事
　　　　　　　　　　　　　　　　1 —— 2 —— 3 —— 4 —— 5

参考文献

阿德勒：《自卑与超越》，黄国光译，汕头大学出版社2009年版。

蔡瑶瑶：《高低自我差异个体在沉思和分心诱导下情绪信息加工的眼动与ERP特点》，硕士学位论文，广州大学，2013年。

窦凯、聂衍刚、王玉洁、黎建斌、沈汪兵：《自我损耗促进冲动决策：来自行为和ERPs的证据》，《心理学报》2014年第46卷第10期。

窦凯、聂衍刚、王玉洁、刘毅、黎建斌：《青少年情绪调节自我效能感与主观幸福感：情绪调节的方式》，《心理科学》2013年第36卷第1期。

黄希庭：《当代中国青年价值观研究》，人民教育出版社2005年版。

蒋洁：《青少年归因风格、学业自我与学习适应性的关系研究》，硕士学位论文，广州大学，2011年。

黎建斌：《自我控制资源损耗影响基于事件前瞻记忆》，硕士学位论文，广州大学，2012年。

李德显：《大学生自我概念的发展趋势与对策》，《丘海高教研究》1997年第7期。

李辉云：《农村中学生的自我概念与学业成绩、心理健康关系的研究》，硕士学位论文，广州大学，2012年。

刘肖岑、王立花、朱新筱：《自我提升的含义与研究》，《山东师范大学学报》（人文社会科学版）2006年第51卷第3期。

聂衍刚、曾敏霞、张萍萍、万华：《青少年人际压力、人际自我效能感与社交适应行为的关系》，《心理与行为研究》2013年第11卷第3期。

聂衍刚、黎建斌、林小彤、周虹：《中职学生自我意识与诚信态度的关系》，《教育研究与实验》2011年第1期。

聂衍刚、李婷、李祖娴：《青少年自我意识、生活事件与心理危机特质的关系》，《中国健康心理学杂志》2011年第19卷第4期。

彭以松、聂衍刚、蒋佩：《中学生自我意识发展特点及与心理健康关系的研究》，《内蒙古师范大学学报》（教育科学版）2007年第20卷第10期。

珀文：《人格科学》，周榕等译，华东师范大学出版社2001年版。

乔治·H.米德：《心灵、自我与社会》，赵月瑟译，上海译文出版社2005年版。

时蓉华：《社会心理学》，浙江教育出版社1998年版。

时蓉华：《社会心理学》，上海人民出版社1986年版。

王晓明、周爱保：《自我意识与健康人格》，《内蒙古师范大学学报》（教育科学版）2004年第17卷第4期。

戴风明、陈锦秀：《关于中学生自我意识培养的认识与实践》，《教育探索》2004年第11期。

陈国鹏、刘玲、王寰、李昕：《小学生自我概念量表的制定》，《中国临床心理学杂志》2005年第13卷第4期。

程乐华、曾细花：《青少年学生自我意识发展的研究》，《心理发展与教育》2000年第16卷第1期。

段慧兰、陈利华：《道德自我研究综述》，《当代教育论坛：综合研究》2010年第34期。

方晓义、董奇：《初一、二年级学生的亲子冲突》，《心理科学》1998年第21卷第2期。

公民道德修养手册编写组：《公民道德修养手册：学习〈公民道德建设实施纲要〉》，红旗出版社2002年版。

何进军：《初中生诚信道德自我研究》，《教育导刊》2008年第1期。

侯杰泰、温忠麟、成子娟：《结构方程模型及其应用》，教育科学出版社2004年版。

黄希庭、杨雄：《青年学生自我价值感量表的编制》，《心理科学》1998年第21卷第4期。

黄希庭：《青年学生自我价值感量表的编制》，《心理科学》1998年第21卷第4期。

贾晓波：《中学生自我意识量表的编制与应用》，《辽宁师范大学学报》

（社会科学版）2001年第24卷第4期。

林彬、岑国桢：《建构学生道德自我初探》，《心理科学》2000年第23卷第1期。

牡丹：《初中学生自我概念发展的调查比较研究》，《前沿》1997年第10期。

聂衍刚、丁莉：《青少年的自我意识及其与社会适应行为的关系》，《心理发展与教育》2009年第25卷第2期。

聂衍刚、张卫、彭以松、丁莉：《青少年自我意识的功能结构及测评的研究》，《心理科学》2007年第30卷第2期。

彭以松、聂衍刚、蒋佩：《中学生自我意识发展特点及与心理健康关系的研究》，《内蒙古师范大学学报》（教育科学版）2007年第20卷第10期。

史小力、杨鑫辉：《学业受挫大学生心理健康情况调查及大学生学业受挫成因与对策研究》，《心理科学》2004年第27卷第4期。

唐莉：《青少年道德自我的结构及发展特点研究》，硕士学位论文，西南师范大学，2005年。

田秀云：《社会道德与个体道德》，人民出版社2004年版。

万增奎：《道德同一性的心理学研究》，上海教育出版社2009年版。

汪向东、王希林、马弘：《心理卫生评定量表手册》（增订版），中国心理卫生杂志社1999年版。

王极盛、李焰、赫尔实：《中国中学生心理健康量表的编制及其标准化》，《社会心理科学》1997年第4期。

王垒：《人格结构的动态分析》，《心理学报》1998年第30卷第4期。

魏运华：《自尊的结构模型及儿童自尊量表的编制》，《心理发展与教育》1997年第13卷第3期。

谢千秋：《青少年道德评价能力的一些研究》，《心理学报》1964年第3期。

杨金鸢、詹之盛：《中外古今道德箴言》，中国工商出版社2006年版。

杨莉萍：《析心理学中"自我"概念的三个层面》，《心理科学》2005年第28卷第3期。

杨莉萍：《社会建构心理学》，上海教育出版社2006年版。

杨韶刚：《西方道德心理学的新发展》，上海教育出版社2007年版。

姚计海、屈智勇、井卫英：《中学生自我概念的特点及其与学业成绩的关系》，《心理发展与教育》2001年第17卷第4期。

郑涌、黄希庭：《自我概念的结构：Ⅱ.大学生自我概念维度的因素探析》，《西南师范大学学报》（哲学社会科学版）1998年第5期。

朱长征：《自我概念的特征分析，心理研究》2010年第3卷第1期。

朱智贤：《心理学大词典》，北京师范大学出版社1989年版。

陈红、黄希庭：《青少年身体自我的发展特点和性别差异研究》，《心理科学》2005年第28卷第2期。

陈红：《青少年身体自我：理论与实证》，新华出版社2006年版。

段慧兰、陈利华：《道德自我研究综述》，《当代教育论坛：综合研究》2010年第34期。

段艳平：《少年儿童身体自尊量表的编制与检验》，硕士学位论文，武汉体育学院，2000年。

高德凰：《父母教养方式对初中生学习自我监控的影响》，硕士学位论文，湖南师范大学，2012年。

高平：《对中学生自我意识发展水平的调查分析》，《天津师范大学学报》（基础教育版）2001年第2卷第3期。

郭成、何晓燕、张大均：《学业自我概念及其与学业成绩关系的研究述评》，《心理科学》2006年第29期。

韩雪、李建明：《高中生父母教养方式与自尊关系的研究》，《中国健康心理学杂志》2008年第16卷第1期。

何波、汤舒俊：《大学生内隐身体自尊与外显身体自尊关系的测量研究》，《体育科技文献通报》2009年第17卷第12期。

何玲：《青少年身体自尊与生活满意感的关系》，硕士学位论文，北京体育大学，2002年。

胡维芳：《一项关于大学生自我概念的研究》，《心理科学》2004年第27卷第5期。

赖建维、郑钢、刘锋：《中学生同伴关系对自尊影响的研究》，《中国临床心理学杂志》2008年第16卷第1期。

李辉云：《农村中学生的自我概念与学业成绩、心理健康关系的研究》，硕士学位论文，广州大学，2012年。

李培红：《初一学生自我控制及其干预研究》，硕士学位论文，苏州大学，2007年。

李晓苗、张芳芳、孙昕霙、高文斌：《我国青少年生活方式、自尊与生活满意度的关系研究》，《北京大学学报》（医学版）2010年第42卷第3期。

林崇德：《发展心理学》，人民教育出版社2009年版。

刘朝燕：《责任关系视角下的儿童责任行为发展研究》，硕士学位论文，上海师范大学，2010年。

刘朝燕：《责任关系视角下的儿童责任行为发展研究》，《应用心理学》2011年第17卷第2期。

刘苓、陈蕴：《独生与非独生子女初中生的心理特征及家庭精神环境比较》，《中国健康心理学杂志》2011年第11期。

刘小先：《父母教养观念、亲子关系与儿童青少年自我意识的相关研究》，硕士学位论文，华东师范大学，2009年。

牡丹：《初中学生自我概念发展的调查比较研究》，《前沿》1997年第10期。

聂衍刚、丁莉：《青少年的自我意识及其与社会适应行为的关系》，《心理发展与教育》2009年第25卷第2期。

聂衍刚、黎建斌、林小彤、周虹：《中职学生自我意识与诚信态度的关系》，《教育研究与实验》2011年第1期。

聂衍刚、刘莉、曾燕玲、宁志军：《道德自我对利己和利他行为倾向的注意偏向》，《心理与行为研究》2015年第13卷第5期。

聂衍刚、涂巍、李水霞、吴少波：《初中生自我意识与班级心理环境的关系研究》，《教育导刊》2012年第4期。

聂衍刚、张卫、彭以松、丁莉：《青少年自我意识的功能结构及测评的研究》，《心理科学》2007年第30卷第2期。

逄宇、佟月华、田录梅：《自尊和学习动机与学业成绩的关系》，《济南大学学报》（自然科学版）2011年第25卷第3期。

彭以松、聂衍刚、蒋佩：《中学生自我意识发展特点及与心理健康关系的研究》，《内蒙古师范大学学报》（教育科学版）2007年第20卷第

10 期。

曲夏夏：《高中学生独生子女与非独生子女心理状况比较》，《中国健康心理学杂志》2008 年第 16 卷第 7 期。

施加平：《初中学生自我意识的调查研究》，《宁波大学学报》（教育科学版）2007 年第 29 卷第 5 期。

谭小宏、黄希庭：《我国中学生责任心特点初步研究》，《西南大学学报》（社会科学版）2008 年第 34 卷第 5 期。

唐莉：《青少年道德自我的结构及发展特点研究》，硕士学位论文，西南师范大学，2005 年。

万增奎：《道德同一性的心理学研究》，上海教育出版社 2009 年版。

王红姣、卢家楣：《中学生自我控制能力问卷的编制及其调查》，《心理科学》2004 年第 27 卷第 6 期。

魏昌盛、薛莉：《中学生自我控制的发展特点》，《武夷学院学报》2009 年第 28 卷第 1 期。

肖晓玛：《初中生自我意识的发展及其与心理健康的关系》，硕士学位论文，广西师范大学，2002 年。

徐霞、姚家新：《大学生身体自尊量表的修订与检验》，《体育科学》2001 年第 21 卷第 2 期。

杨斌芳、侯彦斌：《子女性别与父母教养方式之间的关系研究》，《渭南师范学院学报》2014 年第 29 卷第 3 期。

杨善堂、程功、符丕盛：《初中学生自我意识发展特点的研究》，《心理发展与教育》1990 年第 1 期。

杨雄、黄希庭：《青少年学生自我价值感特点的初步研究》，《心理科学》1999 年第 22 卷第 6 期。

杨秀君、任国华：《近 20 年来中国的自我研究回顾》，《宁波大学学报》（教育科学版）2003 年第 25 卷第 1 期。

张文新、林崇德：《青少年的自尊与父母教育方式的关系——不同群体间的一致性与差异性》，《心理科学》1998 年第 21 卷第 6 期。

张文新：《初中学生自尊特点的初步研究》，《心理科学》1997 年第 20 卷第 6 期。

赵小云、郭成、谭顶良：《中学生的班级环境、学业自我与学业求助的关系》,《心理学探新》2010年第30卷第5期。

周虹:《压力情境下中学生身体自尊的特点及作用实证研究》,硕士学位论文,广州大学,2011年。

丁烜红:《上海市高中女生减肥群体的自我概念与心理健康关系》,硕士学位论文,华东师范大学,2005年。

窦凯、聂衍刚、王玉洁、黎建斌:《青少年情绪调节自我效能感与心理健康的关系》,《中国学校卫生》2012年第33卷第10期。

范蔚、陈红:《中学生自我价值感与心理健康的相关研究》,《心理科学》2002年第25卷第3期。

郭成、何晓燕、张大均:《学业自我概念及其与学业成绩关系的研究述评》,《心理科学》2006年第29卷第1期。

国晓波:《民办高职院校高职生自我概念、应对方式特点及心理健康相关研究》,硕士学位论文,内蒙古师范大学,2011年。

侯瑞鹤、俞国良:《情绪调节理论:心理健康角度的考察》,《心理科学进展》2006年第14卷第3期。

黄希庭、余华、郑涌、杨家忠、王卫红:《中学生应对方式的初步研究》,《心理科学》2000年第23卷第1期。

李辉云:《农村中学生的自我概念与学业成绩、心理健康关系的研究》,硕士学位论文,广州大学,2012年。

李娜:《Gross情绪调节模型及对心理健康的影响》,《社会心理科学》2010年第3期。

李琼:《情绪调节自我效能感问卷编制及其作用机制》,硕士学位论文,西南大学,2011年。

刘惠军、石俊杰:《抑郁情绪与中学生的自我概念初探》,《中国心理卫生杂志》2000年第14卷第3期。

刘惠军、石俊杰:《中学生自我概念与心理健康的关系研究》,《中国临床心理学杂志》2000年第8卷第1期。

刘霞、陶沙:《压力和应对策略在女性大学生负性情绪产生中的作用》,《心理学报》2005年第37卷第5期。

刘彦楼:《大学生自我概念、归因方式与心理健康的关系》,硕士学位论文,曲阜师范大学,2009年。

聂衍刚、丁莉：《青少年的自我意识及其与社会适应行为的关系》，《心理发展与教育》2009年第25卷第2期。

聂衍刚、李婷、李祖娴：《青少年自我意识、生活事件与心理危机特质的关系》，《中国健康心理学杂志》2011年第19卷第4期。

汤冬玲、董妍、俞国良、文书锋：《情绪调节自我效能感：一个新的研究主题》，《心理科学进展》2010年第18卷第4期。

陶琴梯、杨宏飞：《高中生的自我概念及其与心理健康状况的相关研究》，《教育科学》2002年第18卷第6期。

汪向东、王希林、马弘：《心理卫生评定量表手册》（增订版），中国心理卫生杂志社1999年版。

王冠军、郑占杰、刘振静、王芯蕊：《中学生自我意识与心理健康状况相关因素研究》，《精神医学杂志》2009年第22卷第2期。

王极盛、李焰、赫尔实：《中国中学生心理健康量表的编制及其标准化》，《社会心理科学》1997年第4期。

王平：《大学生自我概念与心理健康关系研究》，硕士学位论文，苏州大学，2001年。

王燕、张雷：《自我概念在父母情感关爱与儿童发展间的完全中介效应》，《心理发展与教育》2006年第22卷第3期。

王振宏：《初中生自我概念、应对方式及其关系的研究》，《心理发展与教育》2001年第17卷第3期。

文书锋、汤冬玲、俞国良：《情绪调节自我效能感的应用研究》，《心理科学》2009年第32卷第3期。

郗浩丽、王国芳：《青春期自我概念与心理健康关系的研究》，《教育理论与实践》2005年第25卷第10期。

谢虹、王艳、孙玲：《中学生自我意识与SCL-90结果的相关性》，《中国心理卫生杂志》2003年第17卷第7期。

徐海玲：《自我概念清晰性和个体心理调适的关系》，《心理科学》2007年第30卷第1期。

徐西森：《团体动力与团体辅导》，世界图书出版社2003年版。

尹霞云：《中学生自我概念、心理健康与网络成瘾的关系研究》，硕士学位论文，湖南师范大学，2008年。

张大均、冯正直、郭成、陈旭:《关于学生心理素质研究的几个问题》,《西南师范大学学报》(人文社会科学版)2000年第26卷第3期。

张海芹:《中小学骨干教师职业压力心理弹性对心理健康的影响》,《中国学校卫生》2010年第31卷第8期。

张绮琳:《青少年自我概念、应对方式与心理压弹力关系的研究》,硕士学位论文,广州大学,2011年。

赵晶、罗峥、王雪:《大学毕业生的心理弹性、积极情绪与心理健康的关系》,《中国健康心理学杂志》2010年第18卷第9期。

周凯、何敏媚:《青少年的自我意识与心理健康的现状及其相关研究》,《中国学校卫生》2003年第24卷第3期。

丁新华、王极盛:《青少年主观幸福感研究述评》,《心理科学进展》2004年第12卷第1期。

窦凯、聂衍刚、王玉洁、黎建斌:《青少年情绪调节自我效能感与心理健康的关系》,《中国学校卫生》2012年第33卷第10期。

窦凯、聂衍刚、王玉洁、刘毅、黎建斌:《青少年情绪调节自我效能感与主观幸福感:情绪调节方式的中介作用》,《心理科学》2013年第36卷第1期。

何瑛:《重庆大学生主观幸福感状况及其影响因素》,《重庆师专学报》2000年第19卷第2期。

侯瑞鹤、俞国良:《情绪调节理论:心理健康角度的考察》,《心理科学进展》2006年第14卷第3期。

黄敏儿、郭德俊:《情绪调节方式及其发展趋势》,《应用心理学》2001年第7卷第2期。

黄敏儿、郭德俊:《原因调节与反应调节的情绪变化过程》,《心理学报》2002年第3卷第4期。

黎建斌、聂衍刚:《核心自我评价研究的反思与展望》,《心理科学进展》2010年第18卷第12期。

黎艳:《青少年自我和谐与自我评价、主观幸福感的关系研究》,硕士学位论文,广州大学,2013年。

李中权、王力、张厚粲、柳恒超:《人格特质与主观幸福感:情绪调节的中介作用》,《心理科学》2010年第33卷第1期。

林崇德：《发展心理学》，人民教育出版社1995年版。

陆洛：《人我关系之界定："折衷自我"的现身》，见杨国枢、陆洛编《中国人的自我》，重庆大学出版社2009年版。

马颖、刘电芝：《中学生学习主观幸福感及其影响因素的初步研究》，《心理发展与教育》2005年第21卷第1期。

聂衍刚、张卫、彭以松、丁莉：《青少年自我意识的功能结构及测评的研究》，《心理科学》2007年第30卷第2期。

邱林：《人格特质影响情感幸福感的机制》，博士学位论文，华南师范大学，2006年。

谭贞晶、聂衍刚、罗朝霞：《中学生大五人格与主观幸福感关系》，《内蒙古师范大学学报》（教育科学版）2010年第23卷第12期。

田学英、卢家楣：《外倾个体何以有更多正性情绪体验：情绪调节自我效能感的中介作用》，《心理科学》2012年第35卷第3期。

王晖：《人格特征、价值观、生活事件对高中生主观幸福感的影响研究》，硕士学位论文，陕西师范大学，2005年。

王极盛、丁新华：《初中生主观幸福感与人格特征的关系研究》，《中国临床心理学杂志》2003年第11卷第2期。

王玲：《高中生自尊、应对方式对主观幸福感的影响》，硕士学位论文，山东师范大学，2006年。

王香美：《初中生生活事件、父母养育方式与主观幸福感关系的研究》，硕士学位论文，吉林大学。

温忠麟、侯杰泰、张雷：《调节效应与中介效应的比较和应用》，《心理学报》2005年第37卷第2期。

徐维东、吴明证、邱扶东：《自尊与主观幸福感关系研究》，《心理科学》2005年第28卷第3期。

严标宾、郑雪、邱林：《大学生主观幸福感的影响因素研究》，《华南师范大学学报》（自然科学版）2003年第2期。

杨芳：《大学生情绪调节方式与主观幸福感的关系》，硕士学位论文，华南师范大学，2007年。

杨海荣、石国兴、崔春华：《初中生应对方式与生活满意度心理健康的相关研究》，《中华行为医学与脑科学杂志》2005年第14卷第2期。

杨海荣、石国兴:《初中生主观幸福感和心理健康及其相关因素研究》,《中国健康心理学杂志》2004年第12卷第6期。

俞国良、赵军燕:《自我意识情绪:聚焦于自我的道德情绪研究》,《心理发展与教育》2009年第25卷第2期。

岳颂华、张卫、黄红清、李董平:《青少年主观幸福感、心理健康及其与应对方式的关系》,《心理发展与教育》2006年第22卷第3期。

张兴贵、何立国、郑雪:《青少年学生生活满意度的结构和量表编制》,《心理科学》2004年第27卷第5期。

张兴贵、郑雪:《青少年学生大五人格与主观幸福感的关系研究》,《心理发展与教育》2005年第21卷第2期。

张兴贵:《青少年学生人格与主观幸福感的关系》,博士学位论文,华南师范大学,2003年。

张兴贵:《青少年学生生活满意度的结构和量表编制》,《心理科学》2004年第27卷第5期。

张兴贵:《人格与主观幸福感关系的研究述评》,《西北师范大学学报》(社会科学版)2005年第42卷第3期。

张宜彬:《我国初中生自我认知、自我评价与社会适应的现状及关系研究》,硕士学位论文,清华大学,2008年。

赵海涛:《中学生情绪调节策略与负性情绪的相关研究》,硕士学位论文,山东师范大学,2008年。

曾琦、芦咏莉、邹泓、董奇、陈欣银:《父母教育方式与儿童的学校适应》,《心理发展与教育》1997年第2期。

曾燕玲、蒋洁、聂衍刚:《青少年归因风格与学习适应性的关系:学业自我的中介作用》,《教育导刊》2016年第4期。

陈会昌:《儿童社会性发展量表的编制与常模制订》,《心理发展与教育》1994年第4期。

陈建文、王滔:《大学生自尊、自我统合与心理健康关系的初步研究》,《中国临床心理学杂志》2004年第12卷第2期。

陈建文、王滔:《压力应对人格:一种有价值的人格结构》,《西南大学学报》(社会科学版)2008年第34卷第5期。

丁莉:《青少年自我意识与社会适应行为的关系》,硕士学位论文,广州大学，2008年。

冯廷勇、李红：《当代大学生学习适应的初步研究》，《心理学探新》2002年第22卷第1期。

高笑、王泉川、陈红、王宝英、赵光：《胖负面身体自我女性对身体信息注意偏向成分的时间进程：一项眼动追踪研究》，《心理学报》2012年第44卷第4期。

郭成：《青少年一般学业自我》，博士学位论文，西南师范大学，2006年。

郭晓薇：《大学生社交焦虑成因的研究》，《心理学探新》2000年第20卷第1期。

黄雨晴：《群际威胁背景中低社会经济地位群体的注意偏好研究》，硕士学位论文，西南大学，2012年。

蒋洁：《青少年归因风格、学业自我与学习适应性的关系研究》，硕士学位论文，广州大学，2011年。

雷雳：《青少年心理发展》，北京大学出版社2003年版。

李海江、杨娟、贾磊、张庆林：《不同自尊水平者的注意偏向》，《心理学报》2011年第43卷第8期。

林彬、岑国桢：《建构学生道德自我初探》，《心理科学》2000年第23卷第1期。

刘逊：《青少年人际交往自我效能感及其影响因素研究》，硕士学位论文，西南师范大学，2004年。

鲁可荣：《贫困大学生心理压力和人际交往障碍分析》，《中国学校卫生》2005年第26卷第6期。

毛晋平、张素娴：《大学生归因风格在希望与学习适应性间的调节作用》，《湖南师范大学教育科学学报》2009年第8卷第1期。

聂衍刚、蔡笑岳、张卫：《初一学生人格特征、学习适应性与学习成绩关系的研究》，《心理与行为研究》2005年第3卷第2期。

聂衍刚、曾敏霞、张萍萍、万华：《青少年人际压力、人际自我效能感与社交适应行为的关系》，《心理与行为研究》2013年第11卷第3期。

聂衍刚、丁莉：《青少年的自我意识及其与社会适应行为的关系》，《心理发展与教育》2009年第25卷第2期。

聂衍刚、林崇德、彭以松、丁莉、甘秀英：《青少年社会适应行为的发展特点》，《心理学报》2008年第40卷第9期。

聂衍刚、张卫、彭以松等：《青少年自我意识的功能结构及测评的研究》，《心理科学》2007年第30卷第2期。

聂衍刚：《青少年社会适应行为及影响因素的研究》，博士学位论文，华南师范大学，2005年。

乔纳森·布朗：《自我》，陈浩莺等译，人民邮电出版社2004年版。

沈德立、梁宝勇：《中国大学生心理健康教育创新体系的构建》，《心理科学》2006年第29卷第6期。

绳惠玲、韩玉稳、魏航英：《初中生同伴交往障碍特点研究》，《北京教育学院学报》（社会科学版）1999年第1期。

田澜、肖方明、陶文萍：《关于中小学生学习适应性的研究》，《宁波大学学报》（教育科学版）2002年第24卷第1期。

王淑敏、李雪：《青少年压力应对策略的研究概述》，《上海教育科研》2004年第3期。

温忠麟、张雷、侯杰泰：《有中介的调节变量和有调节的中介变量》，《心理学报》2006年第38卷第3期。

吴小琴：《不同神经质水平大学生对情绪图片刺激注意偏向的实验研究》，硕士学位论文，江西师范大学，2010年。

谢晶、张厚粲：《大学生人际交往效能感的理论构念与测量》，《中国临床心理学杂志》2009年第17卷第3期。

徐淑媛、周骏：《大学生自我监控能力的测定及其与个性特征的相关研究》，《国际中华应用心理学杂志》2004年第1卷第4期。

俞国良、王永丽：《学习不良儿童归因特点的研究》，《心理科学》2004年第27卷第4期。

张庆鹏、寇彧：《自我增强取向下的亲社会行为：基于能动性和社交性的行为路径》，《北京师范大学学报》（社会科学版）2012年第1期。

赵章留：《用归因理论分析学生学业成绩》，《衡水师专学报》1999年第3期。

郑全全、陈树林：《中学生应激源量表的初步编制》，《心理发展与教育》1999年第4期。

毕玉芳：《情绪对自我和他人风险决策影响的实验研究》，硕士学位论文，华东师范大学，2006 年。

陈思佚、周仁来：《前瞻记忆的年老化效应：前瞻成分和回溯成分的调节作用》，《心理学报》2010 年第 42 期。

陈幼贞、任国防、袁宏、黄希庭、陈有国、岳彩镇：《事件性前瞻记忆的加工机制：来自 ERP 的证据》，《心理学报》2007 年第 39 期。

冻素芳、黄希庭：《时间性前瞻记忆的影响因素及机制》，《心理科学进展》2010 年第 18 期。

窦凯、聂衍刚、王玉洁、黎建斌、沈汪兵：《自我损耗促进冲动决策：来自行为和 ERPs 的证据》，《心理学报》2014 年第 46 卷第 10 期。

何贵兵、陈海贤、林静：《跨期选择中的反常现象及其心理机制》，《应用心理学》2009 年第 15 卷第 4 期。

贺莉、杨治良、郭纬：《分散注意条件下间隔对小学生前瞻记忆影响的实验研究》，《心理科学》2005 年第 28 期。

黎建斌：《自我控制资源与认知资源相互影响的机制：整合模型》，《心理科学进展》2013 年第 21 卷第 2 期。

李连奇：《情绪启发式对风险决策行为影响的实证研究》，硕士学位论文，暨南大学，2011 年。

李娜：《习惯性情绪调节策略对风险决策的影响》，硕士学位论文，杭州师范大学，2012 年。

李寿欣、丁兆业、张利增：《认知方式与线索特征对前瞻记忆的影响》，《心理学报》2005 年第 37 期。

刘耀中、杨长华：《风险决策偏好的 ERPs 研究》，《西北大学学报》2012 年第 49 卷第 2 期。

卢家楣、孙俊才、刘伟：《诱发负性情绪时人际情绪调节与个体情绪调节对前瞻记忆的影响》，《心理学报》2008 年第 40 期。

马文娟、索涛、李亚丹、罗笠铢、冯廷勇、李红：《得失框架效应的分离——来自收益与损失型跨期选择的研究》，《心理学报》2012 年第 44 卷第 8 期。

饶丽琳、梁竹苑、李纾：《行为决策中的后悔》，《心理科学》2008 年第 31 卷第 5 期。

索涛：《个体人格特质对跨期决策的影响及其神经基础》，博士学位论文，西南大学，2012 年。

王丽娟：《前瞻记忆的加工机制及其影响因素：发展的视角》，博士学位论文，华东师范大学，2006 年。

王鹏、刘永芳：《情绪对跨时选择的影响》，《心理科学》2009 年第 32 卷第 6 期。

王益文、林崇德：《额叶参与执行控制的 ERP 负荷效应》，《心理学报》2005 年第 37 卷第 6 期。

王钰：《情绪影响决策过程与结果评价的认知神经机制》，博士学位论文，天津师范大学，2012 年。

吴燕、周晓林、罗跃嘉：《跨期选择和风险决策的认知神经机制》，《心理与行为研究》2010 年第 8 卷第 1 期。

徐丽娟、梁竹苑、王坤、李纾、蒋田仔：《跨期选择的神经机制：从折扣未来获益到折扣未来损失》，《中国基础科学》2009 年第 11 卷第 6 期。

严霞：《愤怒和恐惧情景对风险决策的影响研究》，硕士学位论文，西南大学，2008 年。

袁宏、黄希庭：《A/B 型人格对时间性前瞻记忆的影响》，《心理科学》2011 年第 34 期。

赵晋全：《前瞻记忆的特点、机制和应用研究》，博士学位论文，华东师范大学，2002 年。

赵仑主编：《ERPs 实验教程》（修订版），东南大学出版社 2010 年版。

赵璇：《损益值和损益概率对风险决策影响的 ERP 研究》，硕士学位论文，浙江师范大学，2012 年。

周琴：《情绪和框架对风险决策的影响》，硕士学位论文，苏州大学，2009 年。

高群：《高中生自我和谐状况及其与归因方式的关系研究》，《中国健康心理学杂志》2009 年第 17 卷第 4 期。

顾瑛琦：《武汉市高中生主观幸福感及其与自我和谐的相关研究》，硕士学位论文，武汉体育学院，2009 年。

荆其诚：《简明心理学百科全书》，湖南教育出版社 1991 年版。

黎琳、徐光兴、迟毓凯、王庭照：《社会比较对大学生社交焦虑影响的研究》，《心理科学》2007 年第 30 卷第 5 期。

李婷:《青少年自我和谐、解析风格与社会适应的关系研究》,硕士学位论文,广州大学,2012年。

林崇德:《发展心理学》,人民教育出版社1995年版。

林崇德:《发展心理学》,浙江教育出版社2002年版。

罗小兰:《大学生自我评价偏差与心理健康》,《教育与职业》2005年第28卷第6期。

孟繁兴:《两种自我意识个体的注意偏向》,硕士学位论文,上海师范大学,2009年。

纳撒尼尔·布兰登:《自尊的力量》,王静译,知识出版社2001年版。

任艳:《中学生自我评价与心理健康的相关研究》,硕士学位论文,郑州大学,2006年。

桑青松、葛明贵、姚琼:《大学生自我和谐与生活应激、生活满意度的相关》,《心理科学》2007年第30卷第3期。

田录梅:《Rosenberg(1965)自尊量表中文版的美中不足》,《心理学探新》2006年第26卷第2期。

田录梅:《自尊的认知加工偏好及其对情感反应的影响》,博士学位论文,东北师范大学,2007年。

涂巍:《青少年自尊对自我妨碍影响的实证研究》,硕士学位论文,广州大学,2012年。

王登峰、崔红:《人格维度与行为抑制的相关研究》,《心理科学》2006年第29卷第1期。

王登峰、黄希庭:《自我和谐与社会和谐——构建和谐社会的心理学解读》,《西南大学学报》(社会科学版)2007年第33卷第1期。

魏曙光、张月娟:《抑郁大学生在情绪Stroop任务中的认知加工偏向》,《中国学校卫生》2010年第31卷第8期。

魏运华:《少年儿童自尊发展结构模型及影响因素研究》,博士学位论文,北京师范大学,1997年。

袁冬华、李晓东:《从旁观者视角看自我妨碍策略的效用》,《心理科学》2008年第31卷第3期。

张丽华、张旭:《认知加工偏向视野下的自尊研究》,《心理学探新》2009年第29卷第5期。

张灵、郑雪、温娟娟：《自尊的心理结构与作用》，《华南师范大学学报》（社会科学版）2007年第1期。

朱桂萍、姚本先：《大学生乐观、自我和谐与心理控制源的相关研究》，《社会心理科学》2010年第25卷第9期。

朱智贤：《心理学大辞典》，北京师范大学出版社1989年版。

珀文、约翰：《人格手册：理论与研究》，黄希庭译，华东师范大学出版社2003年版。

Adler, P. A., & Adler, P. (1989). The gloried self: the aggrandizement and the constriction of self. *Social Psychology Quarterly*, 52 (4), pp. 299 – 310.

Bandura, A. (1995). *Self – Efficacy in Changing Societies*. Cambridge University press.

Byrne, B. M., & Shavelson, R. J. (1986). On the structure of adolescent self – concept. *Journal of Educational Psychology*, 78 (6), pp. 474 – 481.

Côté, J. E. (1996). Sociological perspectives on identity formation: the culture – identity link and identity capital. *Journal of Adolescence*, 19 (5), pp. 417 – 428.

Epstein, S. (1994). Integration of the cognitive and psychodynamic unconscious. *American Psychologist*, 49 (8), pp. 709 – 724.

Herbert W. Marsh, & Richard Shavelson. (1985). Self – concept: its multifaceted, hierarchical structure. *Educational Psychologist*, 20 (3), pp. 107 – 123.

Higgins, E. T., & Bargh, J. A. (1987). Social cognition and social perception. *Annual Review of Psychology*, 38 (1), pp. 369 – 425.

James W. (1890). *The principles of psychology*. New York: Dover Publications.

Jennings, M. K., & Markus, G. B. (1977). The effect of military service on political attitudes: a panel study. *American Political Science Association*, 71 (1), pp. 131 – 147.

Judge, T. A., Locke, E. A., Durham, C. C., Judge, T. A., & Durham,

C. C. (1997). The dispositional causes of job satisfaction: a core evaluation approach. *Research in Organizational Behavior*, 19 (1), pp. 151 – 188.

Markus, H. , & Nurius, P. (1986). Possible Selves. *American Psychologist*, 37, pp. 954 – 969.

Rosenberg, M. (1979). *Conceiving the self.* Basic Books.

Sedekides, C. , & Skowronski, J. J. (1997). The symbolic self in evolutionary context. *Personality & Social Psychology Review*, 1 (1), pp. 80 – 102.

Shavelson, R. J. , & Bolus, R. (1982). self – concept: the interplay of theory and methods. *Journal of Educational Psychology*, 74 (1), pp. 3 – 17.

Song, I. S. , & Hattie, J. (1984). Home environment, self – concept, and academic achievement: a causal modeling approach. *Journal of Educational Psychology*, 76 (6), pp. 1269 – 1281.

Swan, J. E. , & Adkins, R. T. (1981). The image of the salesperson: prestige and other dimensions. *Journal of Personal Selling & Sales Management*, 1 (1), pp. 48 – 56.

Swann, B. W. B. , Rentfrow, P. J. , & Guinn, J. (2010). *Self – verification: The search for coherence.* M Leary & J Tagney, Handbook of Self & Identity (Vol. 55, pp. 1071 – 1072).

Tracy, J. L. , Robins, R. W. , & Tangney, J. P. (2007). The self – conscious emotions. *Theory and Research.* pp. 1 – 512.

Wood, R. , & Bandura, A. (1989). Social cognitive theory of organizational management. *Academy of Management Review*, 14 (3), pp. 361 – 384.

Bagozzi, R. P. , & Yi, Y. (1988). On the evaluation of structural equation models. *Journal of the Academy of Marketing Science*, 16 (1), pp. 74 – 94.

Buss, A. H. (1980). *Self – Consciousness and Social Anxiety.* W. H. Freeman.

Fenigstein, A. , Scheier, M. F. , & Buss, A. H. (1975). Public and private self – consciousness: assessment and theory. *Journal of Consulting &*

Clinical Psychology, 43 (4), pp. 522 – 527.

Fitts W H. *Tennessee Self – concept Scale Manual.* Nashville. TN: Counselor Recordings and Tests, 1965.

Giesbrecht, N., & Walker, L. J. (1999). Ego development and the construction of a moral self. *Journal of College Student Development*, 41 (2), pp. 157 – 171.

Harter. S. (1985). *Competence as a dimension of self – evaluation: toward a comprehensive model of self – worth.* The development of the self. New York : Academic press.

Harter. S. (1986). *Mnaual: Self – perception profile for adolescents.* Denver, Co: University of Denver.

Higgins, E. T. (1987). Self – discrepancy: a theory relating self and affect. *Psychological Review*, 94 (3), pp. 319 – 340.

James W. (1890). *The principles of psychology.* New York: Dover Publications.

Jöreskog K G, Sörbom, D. (1996). *LISREL 8: User's reference guide.* Scientific Software International.

Kochanska, G., Murray, K., & Coy, K. C. (1997). Inhibitory control as a contributor to conscience in childhood: from toddler to early school age. *Child Development*, 68 (2), pp. 263 – 277.

Malär, L., Krohmer, H., Hoyer, W. D., & Nyffenegger, B. (2013). Emotional brand attachment and brand personality: the relative importance of the actual and the ideal self. *Journal of Marketing*, 75 (4), pp. 35 – 52.

Markus, H., & Ruvolo, A. (1989). *Possible selves: personalized representations of goals.* L. a. pervin Goal Concepts in Personality & Social Psychology.

Marsh, H. W. (1987). The hierarchical structure of self – concept and the application of hierarchical confirmatory factor analysis. *Journal of Educational Measurement*, 24 (1), pp. 17 – 39.

Marsh, H. W. (1989). *Self – Description Questionnaire (SDQ) Ⅲ: A theoretical and empirical basis for the measurement of multiple dimensions of late –*

adolescent self – concept: an interim test manual and a research monograph. Campbelltown: New south Wales: University of Western Sydney.

Marsh, H. W., Balla, J. R., & Mcdonald, R. P. (1988). Goodness – of – fit indexes in confirmatory factor analysis: the effect of sample size. *American Anthropologist*, 72 (4), pp. 948 – 949.

Panayiotou, G., & Kokkinos, C. M. (2006). Self – consciousness and psychological distress: a study using the greek scs. *Personality & Individual Differences*, 41 (1), pp. 83 – 93.

Piers E V, Harris D B. (1977). *Piers – Harris Children's Self – concept scale revised manual*. Los Angeles: Western Psychological Services.

Rosenthal, D. M. (2000). Consciousness and metacognition. *American Psychologist*, 51 (2), pp. 102 – 116.

Rotatori, A. F. (1993). Multidimensional self concept scale. *Measurement & Evaluation in Counseling & Development*, 26 (4), pp. 265 – 268.

Scheier, M. F., & Carver, C. S. (1985). The self – consciousness scale: a revised version for use with general populations 1. *Journal of Applied Social Psychology*, 15 (8), pp. 687 – 699.

Shavelson, R. J., & Stanton, G. C. (1976). Self – concept: validation of construct interpretations. *Review of Educational Research*, 46 (3), pp. 407 – 441.

Shotter, J. (1997). The social construction of our inner selves. Journal of Constructivist Psychology, 10 (1), pp. 7 – 24.

Vispoel, W. P. (1995). Self – concept in artistic domains: an extension of the shavelson, hubner, andstanton (1976) model. *Journal of Educational Psychology*, 87 (1), pp. 134 – 153.

Walker, L. J., & Pitts, R. C. (1998). Naturalistic conceptions of moral maturity. *Developmental Psychology*, 34 (3), pp. 403 – 419.

White, F. A. (1996). Sources of influence in moral thought: the new moral authority scale. *Journal of Moral Education*, 25 (4), pp. 421 – 439.

Woodbine, G. F. (2004). Moral choice and the declining influence of traditional value orientations within the financial sector of a rapidly developing region of the people's republic of china. *Journal of Business Ethics*, 55 (1), pp. 43 – 60.

Diener, E. (1984). Subjective well – being. *Psychological bulletin*, 95, pp. 542 – 551.

Fox, K. R. (1997). *The physical self:, From motivation to well – being*. U. S. A: Human Kinetics.

Fraine, B. D. , Damme, J. V. , & Onghena, P. (2007). A longitudinal analysis of gender differences in academic self – concept and language achievement: a multivariate multilevel latent growth approach. *Contemporary Educational Psychology*, 32 (1), pp. 132 – 150.

Fredricks, J. A. , & Eccles, J. S. (2002). Children's competence and value beliefs from childhood through adolescence: growth trajectories in two male – sex – typed domains. *Developmental Psychology*, 38 (4), pp. 519 – 533.

Labouvie – Vief, G. (2005). The self: definitional and methodological issues, self – perspectives across the life span. *Chemical Fibers International*, pp. 387 – 393.

Linville, P. W. (1987). Self – complexity as a cognitive buffer against stress – related illness and depression. *Journal of Personality & Social Psychology*, 52 (4), pp. 663 – 676.

Linville, P. W. (2011). Self – complexity and affective extremity: don't put all of your eggs in one cognitive basket. *Social Cognition*, 3 (1), pp. 94 – 120.

Marsh, H. W. (1994). The importance of being important: theoretical models of relations between specific and global components of physical self – concept. *Journal of Sport & Exercise Psychology*, 16 (3), pp. 306 – 325.

Marsh, H. W. , Hau, K. T. , & Kong, C. K. (2002). Multilevel causal ordering of academic self – concept and achievement: influence of language of instruction (English compared with Chinese) forHong Kong students. *American Educational Research Journal*, 39 (3), pp. 375 – 382.

Marsh, H. W. , Smith, I. D. , & Barnes, J. (2011). Multidimensional self –

concepts: relationships with inferred self – concepts and academic achievement. *Australian Journal of Psychology*, 36 (3), pp. 367 – 386.

Nie, Y. G., Li, J. B., Dou, K., & Situ, Q. M. (2014). The associations between self – consciousness and internalizing/externalizing problems among Chinese adolescents. *Journal of Adolescence*, 37 (5), pp. 505 – 514.

Shavelson, R. J., & Stanton, G. C. (1976). Self – concept: validation of construct interpretations. *Review of Educational Research*, 46 (3), pp. 407 – 441.

Shields, S. A. (1984). The body esteem scale: multidimensional structure and sex differences in a college population. *Journal of Personality Assessment*, 48 (2), pp. 173 – 178.

Song, I. S., & Hattie, J. (1984). Home environment, self – concept, and academic achievement: a causal modeling approach. *Journal of Educational Psychology*, 76 (6), pp. 1269 – 1281.

Watkins, D., & Dong, Q. (1994). Assessing the self - esteem of chinese school children. *Educational Psychology*, 14 (1), pp. 129 – 137.

Young, J. F., & Mroczek, D. K. (2003). Predicting intraindividual self – concept trajectories during adolescence. *Journal of Adolescence*, 26 (5), pp. 589 – 603.

Alawiye, O., Alawiye, C. Z., & Thomas, J. I. (1990). Comparative self – concept variances of school children in two english – speaking west african nations. *Journal of Psychology Interdisciplinary & Applied*, 124 (2), pp. 169 – 176.

Bandalos, D. L., Yates, K., & Thorndikechrist, T. (1995). Effects of math self – concept, perceived self – efficacy, and attributions for failure and success on test anxiety. *Journal of Educational Psychology*, 87 (4), pp. 611 – 623.

Bandura A. (1997). *Self – efficacy: The exercise of control.* New York: W. H. Freeman.

Bandura, A. (1982). Self – efficacy mechanism in human agency. *American Psychologist*, 37 (2), pp. 122 – 147.

Bandura, A., Caprara, G. V., Barbaranelli, C., Gerbino, M., & Pastorelli, C. (2003). Role of Affective Self-Regulatory Efficacy in Diverse Spheres of Psychosocial Functioning. *Child Development*, 74 (3), pp. 769-782.

Beck, A. T. (1968). Depression. clinical, experimental and theoretical aspects. *Journal of the Royal College of General Practitioners*, 18 (87), pp. 766-767.

Bolognini, M., Plancherel, B., Bettschart, W., & Halfon, O. (1996). Self-esteem and mental health in early adolescence: development and gender differences. *Journal of Adolescence*, 19 (3), pp. 233-245.

Broberg, A. G., Ekeroth, K., Gustafsson, P. A., Hansson, K., Hägglöf, B., & Ivarsson, T., et al. (2001). Self-reported competencies and problems among swedish adolescents: a normative study of the ysr. *European Child & Adolescent Psychiatry*, 10 (3), pp. 186-193.

Brunstein, J. C. (1996). Personal goals and social support in close relationships: effects on relationship mood and marital satisfaction. *Journal of Personality & Social Psychology*, 71 (5), pp. 1006-1019.

Caprara, G. V., Alessandri, G., & Barbaranelli, C. (2010). Optimal functioning: contribution of self-efficacy beliefs to positive orientation. *Psychotherapy & Psychosomatics*, 79 (5), pp. 328-330.

Caprara, G. V., Di, G. L., Eisenberg, N., Gerbino, M., Pastorelli, C., & Tramontano, C. (2008). Assessing regulatory emotional self-efficacy in three countries. *Psychological Assessment*, 20 (3), pp. 227-237.

Collins, A. L., Glei, D. A., & Goldman, N. (2009). The role of life satisfaction and depressive symptoms in all-cause mortality. *Psychology & Aging*, 24 (3), pp. 696-702.

Davis, C., Kstrman, M. (1997). Body esteam, weight satisfaction, depres-sion and females in Hong Kong. *Sex Roles*, 36, pp. 449-459.

Fredrickson, B. L., Cohn, M. A., Coffey, K. A., Pek, J., & Finkel, S. M. (2008). Open hearts build lives: positive emotions, induced through loving-kindness meditation, build consequential personal resources. *Journal of Personality & Social Psychology*, 95 (5), pp. 1045 – 1062.

Friborg, O., Hjemdal, O., Rosenvinge, J. H., Martinussen, M., Aslaksen, P. M., & Flaten, M. A. (2006). Resilience as a moderator of pain and stress. *Journal of Psychosomatic Research*, 61 (2), pp. 213 – 219.

Garnefski, N., Teerds, J., Kraaij, V., Legerstee, J., & Kommer, T. V. D. (2003). Cognitive emotion regulation strategies and depressive symptoms: differences between males and females. *Personality & Individual Differences*, 36 (2), pp. 267 – 276.

Lightsey, . O. R., Maxwell, D. A., Nash, T. M., Rarey, E. B., &Mckinney, V. A. (2011). Self – control and self – efficacy for affect regulation as moderators of the negative affect – life satisfaction relationship. *Journal of Cognitive Psychotherapy*, 25 (2), pp. 142 – 154.

Lightsey, O. R., Mcghee, R., Ervin, A., Gharghani, G. G., Rarey, E. B., & Daigle, R. P., et al. (2013). Self – efficacy for affect regulation as a predictor of future life satisfaction and moderator of the negative affect—life satisfaction relationship. *Journal of Happiness Studies*, 14 (14), pp. 1 – 18.

Marsh, H. W., & Shavelson, R. (1985). Self – concept: its multifaceted, hierarchical structure. *Educational Psychologist*, 20 (3), pp. 107 – 123.

Marsh, H. W., Parada, R. H., & Ayotte, V. (2004). A multidimensional perspective of relations between self – concept (self description questionnaire ii) and adolescent mental health (youth self – report). *Psychological Assessment*, 16 (1), pp. 27 – 41.

Räty, L. K. A., Larsson, G., Söderfeldt, B. A., & Larsson, B. M. W. (2005). Psychosocial aspects of health in adolescence: the influence of gender, and general self – concept. *Journal of Adolescent Health Official Publication of the Society for Adolescent Medicine*, 36 (6), p. 530.

Rotter, J. B. (1966). Generalized expectancies for internal verses external control of reinforcement. *Psychological Monographs*, 80 (1), pp. 1 – 28.

Stapley, J. C. , & Haviland, J. M. (1989). Beyond depression: gender differences in normal adolescents' emotional experiences. *Sex Roles*, 20 (5 – 6), pp. 295 – 308.

Werner, E. E. (1993). Risk, resilience, and recovery: perspectives from the kauai longitudinal study. *Development & Psychopathology*, 5 (4), pp. 503 – 515.

Winter DG, ed. (1996). *Personality: Analysis and Interpretation of Lives*. New York, NY: Mc Graw – Hill Companies, 1996.

Bandura A, Caprara GV, Barbaranelli C, Gerbino M, Pastorelli C. (2003). Role of affective self – regulatory efficacy on diverse spheres of psychosocial functioning. *Child Development.* 74 (3), pp. 769 – 782.

Bandura, A. , & Wood, R. E. (1989). Effect of perceived controllability and performance standards on self – regulation of complex decision – making. *Journal of Personality and Social Psychology*, 56 (5), pp. 805 – 814.

Bandura, A. (1997). *Self – efficacy: The exercise of control.* New York: Freeman.

Caprara G. V, Pastorelli. C, Regalia. C, Scabini. E, Bandura. A. (2005). Impact of adolescents' filial self – efficacy on quality of family functioning and satisfaction. *Journal of Research on Adolescence*, 15 (1), pp. 71 – 97.

Caprara G. V, Steca P, Zelli A, Capanna C. (2005). A new scale for measuring adult prosocialness. *European Journal of Psychological Assessment*, 21 (2), pp. 77 – 89.

Caprara, G. V. , Giunta, L. G, Eisenberg, N. , Gerbino, M. , Pastorelli, C. & Tramontano, C. (2008). Assessing Regulatory Emotional Self – Efficacy in Three Countries. *Psychological Assessment*, 20 (3), pp. 227 – 237.

Caprara, G. V. ; Gerbino, M. (2001). *Affective perceived self – efficacy: The capacity to regulate negative affect and to express positive affect.* In: G. V. Caprara. (Ed.). Self – efficacy assessment. Trento, Italy: Edizioni Erickson. , pp. 35 – 50.

Collins, A. , & Steptoe, A. (2008). The role of life satisfaction and depressive symptoms in all – cause mortality. *Psychology and Aging*, 24 (3), pp.

696 - 702.

Costa, J. P. , & Mccrae, R. R. (1980). Influence of extraversion and neuroticism on subjective well - being: happy and unhappy people. *Journal of Personality & Social Psychology*, 38 (4), pp. 668 - 678.

Deneve, K. M. , & Cooper, H. (1998). The happy personality: a meta - analysis of 137 personality traits and subjective well - being. *Psychological Bulletin*, 124 (2), pp. 197 - 229.

Diener E. (2000). Subjective well - being: The science of happiness, and a proposal for a national index. *American Psychologist*, 55 (1), pp. 34 - 43.

Diener, E. , Suh, E. M. , Lucas, R. E. , & Smith, H. L. (1999). Subjective well - being: three decades of progress. *Psychological Bulletin*, 125 (2), pp. 276 - 302.

Eisert, D. C. , & Kahle, L. R. (1982). Self - evaluation and social comparison of physical and role change during adolescence: a longitudinal analysis. *Child Development*, 53 (1), pp. 98 - 104.

Garnefski N, Teerds J, Kraaij V, Legerstee J, Van den Kommer T. (2004). Cognitive emotion regulation strategies and depressive symptoms: Differences between males and females. *Personality and Individual Differences.* 36 (2), pp. 267 - 276.

Gecas, V. (1971). Parental behavior and dimensions of adolescent self - evaluation. *Sociometry*, 34 (4), pp. 466 - 482.

Gilman, R. , Huebner, E. S. , & Laughlin, J. E. (2000). A first study of the multidimensional students' life satisfaction scale with adolescents. *Social Indicators Research*, 52 (2), pp. 135 - 160.

Harter, S. , Waters, P. , & Whitesell, N. R. (1998). Relational self - worth: differences in perceived worth as a person across interpersonal contexts among adolescents. *Child Development*, 69, pp. 756 - 766.

Huebner, E. S. , Drane, W. , & Valois, R. F. (2000). Levels and demographic correlates of adolescent life satisfaction reports. *School Psychology International*, 21 (3), pp. 281 - 292.

James, L. R, Brett, J. M. (1984). Mediators, moderators and tests for mediation. *Journal of Applied Psychology*, 69 (2), pp. 307 – 321.

Kammeyer – Mueller, J. D., Judge, T. A., & Scott, B. A. (2009). The role of core self – evaluations in the coping process. *Journal of Applied Psychology*, 94 (1), pp. 177 – 195.

Lightsey, O. R., Maxwell, D. A., Nash, T. M., Rarey, E. B., & McKinney, V. A. (2011). Self – control and self – efficacy for affect regulation as moderators of the negative affect – life satisfaction relationship. *Journal of Cognitive Psychotherapy: An International Quarterly*, 25 (2), pp. 142 – 154.

Lightsey, O. R., Mcghee, R., Ervin, A., Gharghani, G. G., Rarey, E. B., & Daigle, R. P., et al. (2013). Self – efficacy for affect regulation as a predictor of future life satisfaction and moderator of the negative affect—life satisfaction relationship. *Journal of Happiness Studies*, 14 (14), pp. 1 – 18.

McCrae, R. R., & Costa, J. P. (1991). Adding liege und albeit the full five – factor model and wellbeing. Personality and Social*Psychology Bulletin*, 17, pp. 227 – 232.

Pavot, W., & Diener, E. (2008). The Satisfaction with Life Scale and the emerging construct of life satisfaction. *The Journal of Positive Psychology*, 3 (2), pp. 137 – 152.

Waugh, C. E., Fredrickson, B. L., & Taylor, S. F. (2008). Adapting to life's slings and arrows: Individual differences in resilience when recovering from an anticipated threat. *Journal of Research in Personality*, 42 (4), pp. 1031 – 1046.

Andrew Mathews, & Colin MacLeod. (2002). Induced processing biases have causal effects on anxiety. *Cognition & Emotion*, 16 (3), pp. 331 – 354.

Aquino, K., & Ii, A. R. (2002). The self – importance of moral identity. *Journal of Personality & Social Psychology*, 83 (6), pp. 1423 – 40.

Arnett, J. J. (1999). Adolescent storm and stress, reconsidered. *American Psychologist*, 54 (5), pp. 317 – 326.

Brown, B. B., Clasen, D. R., & Eicher, S. A. (1986). Perceptions of peer pressure, peer conformity dispositions, and self - reported behavior among adolescents. *Developmental Psychology*, 22 (4), pp. 521 - 530.

Caldarella, P., & Merrell, K. W. (1997). Common dimensions of social skills of children and adolescents: a taxonomy of positive behaviors. *School Psychology Review*, 26 (2), pp. 264 - 278.

Cisler, J. M., & Koster, E. H. W. (2009). Mechanisms of attentional biases towards threat in anxiety disorders: an integrative review. *Clinical Psychology Review*, 30 (2), pp. 203 - 216.

Conway, P., & Peetz, J. (2012). When does feeling moral actually make you a better person? conceptual abstraction moderates whether past moral deeds motivate consistency or compensatory behavior. *Personality & Social Psychology Bulletin*, 38 (7), pp. 907 - 919.

Crain, R. M., & Bracken, B. A. (1994). Age, race, and gender differences in child and adolescent self - concept: evidence from a behavioral - acquisition, context - dependent model. *School Psychology Review*, 23 (3), pp. 496 - 511.

Crocker, J., & Wolfe, C. T. (2001). Contingencies of self - worth. *Psychological Review*, 108 (3), pp. 593 - 623.

Dandeneau, S. D., & Baldwin, M. W. (2009). The buffering effects of rejection - inhibiting attentional training on social and performance threat among adult students. *Contemporary Educational Psychology*, 34 (1), pp. 42 - 50.

Erkolahti, R., Ilonen, T., Saarijärvi, S., & Terho, P. (2009). Self - image and depressive symptoms among adolescents in a non - clinical sample. *Nordic Journal of Psychiatry*, 57 (6), pp. 447 - 451 (5).

Evans, & Jonathan, S. B. T. (1991). Adaptive cognition: the question is how. *Behavioral & Brain Sciences*, 14 (3), pp. 493 - 494.

Fraine, B. D., Damme, J. V., & Onghena, P. (2007). A longitudinal analysis of gender differences in academic self - concept and language achievement: a multivariate multilevel latent growth approach. *Contemporary Educational Psychology*, 32 (1), pp. 132 - 150.

Greenspan, S., & Granfield, J. M. (1992). Reconsidering the construct of mental retardation: implications of a model of social competence. *American Journal of Mental Retardation*, 96 (4), pp. 442 – 453.

Harter, S. (1983). Developmental perspectives on self – system. *Journal of Autism & Developmental Disorders*, 22 (1), pp. 135 – 136.

Higa, C. K., & Daleiden, E. L. (2008). Social anxiety and cognitive biases in non – referred children: the interaction of self – focused attention and threat interpretation biases. *Journal of Anxiety Disorders*, 22 (3), pp. 441 – 452.

Larson, R., Csikszentmihalyi, M., & Graef, R. (1980). Mood variability and the psychosocial adjustment of adolescents. *Journal of Youth & Adolescence*, 9 (6), pp. 469 – 490.

Li, J., Zhu, L., & Gummerum, M. (2014). The relationship between moral judgment and cooperation in children with high – functioning autism. *Scientific Reports*, 4 (6175), pp. 1154 – 1158.

Mahoney, J. L., & Bergman, L. R. (2002). Conceptual and methodological considerations in a developmental approach to the study of positive adaptation. *Journal of Applied Developmental Psychology*, 23 (2), pp. 195 – 217.

Marsh, H. W., Parada, R. H., & Ayotte, V. (2004). A multidimensional perspective of relations between self – concept (self description questionnaire ii) and adolescent mental health (youth self – report). *Psychological Assessment*, 16 (1), pp. 27 – 41.

Megan Johnston, & Tobias Krettenauer. (2010). Moral self and moral emotion expectancies as predictors of anti – and prosocial behaviour in adolescence: a case for mediation? . *European Journal of Developmental Psychology*, 8 (2), pp. 228 – 243.

Nowicki, S., & Strickland, B. R. (1973). A locus of control scale for children. *Journal of Consulting & Clinical Psychology*, 40 (1), pp. 148 – 154.

Sachdeva, S., Iliev, R., & Medin, D. L. (2009). Sinning saints and saintly sinners. *Psychological Science*, 20, pp. 523 – 528.

Schnall, S., Harber, K. D., Stefanucci, J. K., & Proffitt, D. R.

(2008). Social support and the perception of geographical slant. *Journal of Experimental Social Psychology*, 44 (5), pp. 1246 – 1255.

Sedekides, C., & Skowronski, J. J. (1997). The symbolic self in evolutionary context. *Personality & Social Psychology Review*, 1 (1), pp. 80 – 102.

Selye, H. (1979). Stress and the reduction of distress. *Journal of the South Carolina Medical Association*, 75 (11), pp. 562 – 566.

Steinhausen, H. C., & Metzke, C. W. (2001). Global measures of impairment in children and adolescents: results from a swiss community survey. *Australian & New Zealand Journal of Psychiatry*, 35 (3), pp. 282 – 286.

Steinhausen, H. C., & Metzke, C. W. (2001). Risk, compensatory, vulnerability, and protective factors influencing mental health in adolescence. *Journal of Youth & Adolescence*, 30 (3), pp. 259 – 280.

Stets, J. E., & Carter, M. J. (2011). The moral self applying identity theory. *Social Psychology Quarterly*, 74 (2), pp. 192 – 215.

Stets, J. E., & Carter, M. J. (2012). A theory of the self for the sociology of morality. *Pediatrics*, 98 (6 Pt 1), pp. 1044 – 1057.

Sullivan, H. S. (1953). *The interpersonal theory of psychiatry. The interpersonal theory of psychiatry*. W. W. Norton & Company.

Tsambiras, P. E., Patel, S., Greene, J. N., Sandin, R. L., & Vincent, A. L. (2001). Infectious complications of cutaneous t – cell lymphoma. *Cancer Control Journal of the Moffitt Cancer Center*, 8 (2), pp. 185 – 188.

Weierich, M. R., Treat, T. A., & Hollingworth, A. (2008). Theories and measurement of visual attentional processing in anxiety. *Cognition & Emotion*, 22 (6), pp. 985 – 1018.

Yasutake, D., & Others, A. (1996). The effects of combining peer tutoring and attribution training on students' perceived. *Remedial & Special Education*, 17 (2), pp. 83 – 91.

Ainslie, G. (1975). Specious reward: A behavioral theory of impulsiveness and impulse control. *Psychological Bulletin*, 82 (4), pp. 463 – 496.

Anokhin, A. P., Golosheykin, S., Grant, J. D., & Heath, A. C. (2011). Heritability of delay discounting in adolescence: a longitudinal twin study. Behav. *Genet*, 41 (2), pp. 175 – 183.

Arana, J. M., Meilan, J. J. G., & Perez, E. (2008). The effect of personality variables in the prediction of the execution of different prospective memory tasks in the laboratory. *Scandinavian Journal of Psychology*, 49, pp. 403 – 411.

Baumeister, B. F., Bratslavsky, E., Muraven, M., & Tice, D. M. (1998). Ego depletion: Is the active self a limited resource? *Journal of Personality and Social Psychology*, 74, pp. 1252 – 1265.

Baumeister, B. F., Vohs, K. D., & Tice, D. M. (2007). The strength model of self – control. *Current Directions in Psychological Science*, 16, pp. 351 – 356.

Baumeister, R. F., & Tierney, J. (2011). *Willpower: Rediscovering the greatest human strength*. New York: The Penguin Press.

Baumeister, R. F., Muraven, M., & Tice, D. M. (2000). Ego – depletion: A resource model of volition, self – regulation, and controlled processing. *Social Cognition*, 18, pp. 130 – 150.

Bechara A, Damasio H, Tranel D, et al. (1997). Deciding advantageously before knowing the advantageous strategy. *Science*, 275 (5304), pp. 1293 – 1295.

Bechara A, Tranel D, Damasio H. (2000). Characterization of the decision – making deficits, linked to a dysfunctional ventromedial prefrontal cortex lesion. *Brain*, 123 (11), pp. 2189 – 2202.

Bell, D. E, (1982). Regret in decision making under uncertainty. *Operations Research*, 30 (5), pp. 961 – 981.

Benoit, R, G., Gilbert, S. J., & Burgess, P. W. (2011). A neural mechanism mediating the impact of episodic prospection on farsighted decisions. *Journal of Neuroscience*, 31 (18), pp. 6771 – 6779.

Benzion, U., Rapoport, A., & Yagil, J. (1989). Discount rates inferred from decisions: an experimental study. *Manage Science*, 35 (3), pp. 270 – 284.

Boudreau, C., McCubbins, M. D., & Seana, C. (2009). Knowing when to trust others: An ERP study of decision making after receiving information from unknown people. *Social Cognitive and Affective Neuroscience*, 4 (1), pp. 23 – 34.

Burgess, P. W., Quayle, A., & Firth, C. D. (2001). Brain regions involved in prospective memory as determined by positron emission tomography. *Neuropsychologia*, 39, pp. 545 – 555.

Burkley, E. (2008). The role of self control in resistance to persuasion. *Personality and Social Psychology Bulletin*, 34 (3), pp. 419 – 431.

Casey, B. J., et al. (2011). Behavioral and neural correlates of delay of gratification 40 years later. *Proceedings of the National Academy of Sciences of the United States of America*, 108 (36), pp. 14998 – 15003.

Chen, H., et al. (2005). Cultural differences in consumer impatience. *Journal of marketing research*, 42 (3), pp. 291 – 301.

Cohen, A – L., Dixon, R. A., Lindsay, D. S., & Masson, M. E. J. (2003). The effect of perceptual distinctiveness on the prospective and retrospective components of prospective memory for young and older adults. *Canadian Journal of Experimental Psychology*, 57, pp. 274 – 289.

Cohen, A – L., West, R., & Craik, F. I. M. (2001). Modulation of the prospective and retrospective components of memory for intentions in younger and older adults. *Aging, Neuropsychology, and Cognition*, 8, pp. 1 – 13.

Crescioni, A. W., Ehrlinger, J., Alquist, J. L., Conlon, K. E., Baumeister, R. F., Schatschneider, C., & Dutton, G. R. (2011). High trait self – control predicts positive health behaviors and success in weight loss. *Journal of Health Psychology*, 16 (5), pp. 750 – 759.

Cuttler, C., & Graf, P. (2007). Personality predicts prospective memory task performance: An adult lifespan study. Scandinavian Journal of Psychology, 48, pp. 215 – 231.

D'Esposito, M., Detre, J. A., Alsop, D. C., Shin, R. K., Atlas, S., &

Grossman, M. (1995). The neural basis of the central executive system of working memory. *Nature*, 378 (6554), pp. 279 – 281.

De Langhe, B., Sweldens, S., van Osselaer, S. M. J., & Tuk, M. (2008). The emotional information processing system is risk averse: Ego – depletion and investment behavior. *ERIM Report Series*, 64, pp. 1 – 25.

de Wit, H., Flory, J. D., Acheson, A., McCloskey, M., & Manuck, S. B. (2007). IQ and nonplanning impulsivity are independently associated with delay discounting in middle – aged adults. *Personality and Individual Differences*, 42 (1), pp. 111 – 121.

Dobbs, A. R., & Rule, B. G. (1987). Prospective memory and self – reports of memory abilities in older adults. *Canadian Journal of Psychology*, 41, pp. 209 – 222.

Einstein, G. O., & McDaniel, M. A. (1990). Normal aging and prospective memory. *Journal of Experimental Psychology: Learning, Memory and Cognition*, 16, pp. 717 – 726.

Einstein, G. O., & McDaniel, M. A. (1995). Aging and prospective memory: Examining the influences of self – initiated retrieval processes. *Journal of Experimental Psychology: Learning, Memory, and Cognition*, 21, pp. 996 – 1007.

Einstein, G. O., & McDaniel, M. A. (1996). *Retrieval process in prospective memory: Theoretical approaches and some new empirical findings.* In: M. Brandimonte, G. O. Einstein, & M. A. McDaniel (Eds.), Prospective Memory: Theory and Applications. (pp. 115 – 142). Mahwah, NJ: Erlbaum.

Einstein, G. O., Holland, L. J., McDaniel, M. A., & Guynn, M. J. (1992). Age – related deficits in prospective memory: The influence of task complexity. Psychology and Aging, 7, pp. 471 – 478.

Fennis, B. M., & Janssen, L. (2010). Mindlessness revisited: Sequential request techniques foster compliance by draining self control resources. *Current Psychology*, 29 (3), pp. 1 – 12.

Figner, B., Knoch D., Johnson, E. J., Krosch, A. R., Lisanby, S. H.,

Fehr, E. , & Weber, E. U. (2010). Lateral prefrontal cortex and self-control in intertemporal choice. *Nature Neuroscience*, 13 (5), pp. 538 – 539.

Figner, B. , Knoch, D. , Johnson, E. J. , Krosch, A. R. , Lisanby, S. H. , Fehr, E. , & Weber, E. U. (2010). Lateral prefrontal cortex and self-control in intertemporal choice. *Nature Neuroscience*, 13 (5), pp. 538 – 539.

Frederick, S. (2005). Cognitive reflection and decision making. *Journal of Economic Perspectives*, 19 (4), pp. 25 – 42.

Frederick, S. , Loewenstein, G. F. , & O'Donoghue, T. , (2002). Time discounting and time preference: a critical review. *Journal of Economic Literature*, 40 (2), pp. 351 – 401.

Freeman, N. , & Muraven, M. (2010). Self-control depletion leads to increased risk taking. *Social Psychological Science*, 1 (2), pp. 175 – 181.

Friese, M. , & Hofmann, W. (2009). Control me or I will control you: Impulses, trait self-control, and the guidance of behavior. *Journal of Research in Personality*, 43 (5), pp. 795 – 805.

Gailliot, M. T. , Baumeister, R. F. , Schmeichel, B. J. , DeWall, C. N. , Maner, J. K. , Plant, E. A. , Tice, D. M. , & Brewer, L. E. (2007). Self-control relies on glucose as a limited energy source: Willpower is more than a metaphor. *Journal of Personality and Social Psychology*, 92, pp. 325 – 336.

Hare, T. A. . Camerer, C. F. . & RangeL A. (2009). Self-control in decision-making involves modulation of the vmPFC valuation system. *Science*. 324 (5927), pp. 646 – 648.

Heatherton, T. F. , & Wagner, D. D. (2011). Cognitive neuroscience of self-regulation failure. *Trends in Cognitive Sciences*, 15 (3), pp. 132 – 139.

Holt, D. D. , Green, L. , & Myerson, J. (2003). Is discounting impulsive? Evidence from temporal and probability discounting in gambling and non-gambling college students. *Behavioural Processes*, 64 (3), pp. 355 – 367.

Kahneman, D. & Tversky, A. (1979). Prospect Theory: An Analysis of Decision under Risk. *Econometrica*, 47 (2), pp. 263 – 291.

Kahneman, D. (2012). *Thinking, fast and slow*. Penguin Books.

Knoch, D., Gianotti, L. R. R., Pascual – Leone, A., Treyer, V., Regard, M., Hohmann, M., & Brugger, P. (2006). Disruption of right prefrontal cortex by low – frequency repetitive transcranial magnetic stimulation induces risk – taking behavior. *Journal of Neuroscience*, 26 (24), pp. 6469 – 6472.

Kvavilashvili, L., & Fisher, L. (2007). Is time – based prospective remembering mediated by self – initiated rehearsals? Role of incidental cues, ongoing activity, age, and motivation. *Journal of Experimental Psychology: General*, 136, pp. 112 – 132.

Lejuez, C. W., Simmons, B. L., Aklin, W. M., Daughters, S. B., & Dvir, S. (2004). Risk – taking propensity and risk sexual behavior of individuals in residential substance use treatment. *Addictive Behaviors*, 29 (8), pp. 1643 – 1647.

Leland, D. S., & Paulus, M. P. (2005). Increased risk – taking decision – making but not altered response to punishment in stimulant – using young adults. *Drug & Alcohol Dependence*, 78 (1), pp. 83 – 90.

Li, J. B., Nie, Y. G., Zeng, M. X., Huntoon, M., & Smith, J. L. (2013). Too exhausted to remember: Ego depletion undermines subsequent event – based prospective memory. *International Journal of Psychology*, 48, pp. 1303 – 1312.

Li, J. Z., Li, S.. & Liu. H. (2011). How has the Wenchuan Earthquake influenced people's intertemporal choices? *Journal of Applied Social Psychology*, 41 (11), pp. 2739 – 2752.

Loewenstein, G. F. (1988). Frames of mind in intertemporal choice. *Management Science*, 34 (2), pp. 200 – 214.

Logie, R. H., Maylor, E. A., Della Sala, S., & Smith, G. (2004). Working memory in event – and time – based prospective memory tasks: Effect of secondary demand and age. *European Journal of Cognitive Psychol-*

ogy, 16, pp. 441 – 456.

Martin, L. E., & Potts, G. F. (2009). Impulsivity in decision – making: An event – related potential investigation. *Personality and Individual Differences*, 46 (3), pp. 303 – 308.

Mazur, J. E. (1987). *An adjusting procedure for studying delayed reinforcement*. In M. L. Commons, J. E. Mazur, J. A. Nevin, & H. Rachlin (Eds.), Quantitative analyses of behavior: Vol. 5, The effect of delay and of intervening events on reinforcement value (pp. 55 – 73). Hillsdale, NJ: Erlbaum.

McDaniel, M. A., & Einstein, G. O. (1993). The importance of cue familiarity and cue distinctiveness in prospective memory. *Memory*, 1, pp. 23 – 41.

Meacham, J. A. (1982). A note on remembering on execute planned actions. *Journal of Applied Developmental Psychology*, 3, pp. 121 – 133.

Meacham, J. A., & Singer, J. (1977). Incentive effects in prospective remembering. *The Journal of Psychology*, 97, pp. 191 – 197.

Mead, N. L., Baumeister, R. F., Gino, F., Schweitzer, M. E., & Ariely, D. (2009). Too tired to tell the truth: Self – control resource depletion and dishonesty. *Journal of Experimental Social Psychology*, 45, pp. 594 – 597.

Mellers, B. A., Schwartz, A., & Ritov, I. (1999). Emotion – based choice. *Journal of Experimental Psychology: General*, 128 (3), pp. 332 – 345.

Moller, A. C., Deci, E. L., Ryan, R, M. (2006). Choice and Ego – Depletion: The Moderating Role of Autonomy. *Personality and Social Psychology Bulletin*, 32 (8), pp. 1024 – 1036.

Muraven, M., & Baumeister, R. F. (2000). Self – regulation and depletion of limited resources: Does self – control resemble a muscle? *Psychological Bulletin*, 126, pp. 247 – 259.

Muraven, M., & Slessareva, E. (2003). Mechanisms of self – control failure: Motivation and limited resources. *Personality and Social Psychology Bul-*

letin, 29, pp. 894 – 906.

Muraven, M., Tice, D. M., & Baumeister, R. F. (1998). Self – control as limited resource: Regulatory depletion patterns. *Journal of Personality and Social Psychology*, 74, pp. 774 – 789.

Myerson, J., Green, J., Hanson, J. S., Holt. D. D. & Estle, S. J. (2003). Discounting delayed and probabilistic rewards: Processes and traits. *Journal of Economic Psychology*, 24 (5), pp. 619 – 635.

Myrseth, K. O. R., & Fishbach, A. (2009). Self – control: A function of knowing when and how to exercise restraint. *Current Directions in Psychological Science*, 18 (4), pp. 247 – 252.

Nigro, G., Senese, V. P., Natullo, O., & Sergi, I. (2002). Preliminary remarks on type of task and delay in children's prospective memory. *Perceptual and Motor Skills*, 95, pp. 515 – 519.

Oaten, M., & Cheng, K. (2006b). Longitudinal gains in self – regulation from regular physical exercise. *British Journal of Health Psychology*, 11, pp. 717 – 733.

Park, D. C., Hertzog, C., Kidder, D, P., Morrell, R. W., & Mayhorn, C. B. (1997). Effect of age on event – based and time – based prospective memory. *Psychology and Aging*, 12, pp. 314 – 327.

Paulmann, S., & Kotz, S. A. (2008). Early emotional Prosody Perception based on different speaker voices. *Neuroreprot*, 19 (2), pp. 209 – 213.

Paynter, C. A., Reder, L. M., & Kieffaber, P. D. (2009). Knowing we know before we know: ERP correlates of initial feeling – of – knowing. *Neuropsychologia*, 47 (3), pp. 796 – 803.

Pocheptsova, A., Amir, O., Dhar, R., & Baumeister, R. F. (2009). Deciding without resources: Psychological depletion and choice in context. *Journal of Marketing Research*, 46 (3), pp. 344 – 355.

Ran R. Hassin., Kevin N. Ochsner., Yaacov Trope. (2010). *Self Control in Society, Mind, and Brain*. OXFORD UNIVERSITY PRESS, pp. 27 – 32.

Rugg, M. D., & Nagy, M. E. (1987). Lexical contribution to non – word repetition effects: Evidence from event – related potentials. *Memory & Cogni-*

tion, 15 (6), pp. 473 – 481.

Salthouse, T. A., Berish, D. E., & Siedlecki, K. L. (2004). Construct validity and age sensitivity of prospective memory. *Memory & Cognition*, 32, pp. 1133 – 1148.

Schmeichel, B. J. (2007). Attention control, memory updating, and emotion regulation temporarily reduce the capacity for executive control. *Journal of Experimental Psychology: General*, 136 (2), pp. 241 – 255.

Shamosh, N., & Gray, J. (2007). Delay discounting and intelligence: A meta – analysis. *Intelligence*, 36 (4), pp. 289 – 305.

Slovic, P., Finucane, M. L., Peters, E., & MacGregor, D. G. (2004). Risk as analysis and risk as feeling: Some thoughts about affect, reason, risk, and rationality. *Risk Analysis: An International Journal*, 24 (2), pp. 311 – 322.

Smith, R. E. (2003). The cost of remembering to remember in event – based prospective memory: Investigating the capacity demands of delayed intention performance. *Journal of Experimental Psychology: Learning, Memory, and Cognition*, 29, pp. 347 – 361.

Smith, R. E., & Bayen, U. J. (2004). A multinomial model of event – based prospective memory. *Journal of Experimental Psychology: Learning, Memory and Cognition*, 30, pp. 756 – 777.

Smith, R. E., & Bayen, U. J. (2006). The source of adult age differences in event – based prospective memory: A multinomial modeling approach. *Journal of Experimental Psychology: Learning, Memory, and Cognition*, 32, pp. 623 – 635.

Smith, R. E., Persyn, D., Butler, P. (2011). Prospective memory, personality, and working memory: A formal modeling approach. *Journal of Psychology*, 219, pp. 108 – 116.

Spreckelmeyer, K. N., Kutas, M., Urbach, T., Altenmüller, E., & Münte, T. F. (2009). Neural processing of vocal emotion and identity. *Brain and Cognition*, 69 (1), pp. 121 – 126.

Stuss, D. T., & Alexander, M. P. (2007). Is there a dysexecutive syndrome? . *Philosophical Transactions of the Royal Society B Biological Sciences*, 362 (1481), pp. 901 – 915.

Thaler, R. (1981). Some empirical evidence of dynamic inconsistency. *Economics Letters*, 8 (3), pp. 201 – 207.

Tsuchida, A., & Fellows, L. K. (2009). Lesion evidence that two distinct regions with prefrontal cortex are critical for n – back performance in humans. *Journal of Cognitive Neuroscience*, 21 (12), 2263 – 2275.

Unger, A., & Stahlberg, D. (2011). Ego depletion and risk behavior: Too exhausted to take a risk. *Social Psychology*, 42 (1), pp. 28 – 38.

Wilkins, A. J., & Baddeley, A. D. (1978). *Remembering to recall in everyday life: An approach to absentmindness.* In M. M. Gruneberg, P. E. Morris, & R. N. Sykes (Eds.), Practical aspects of memory (pp. 27 – 34). London: Academic Press.

Wittmann, M., & Paulus, M. P. (2008). Decision making, impulsivity and time perception. *Trends in Cognitive Sciences*, 12 (1), pp. 7 – 12.

Yates, J. F, & Stone, E. R. (1992). *Risk – taking behavior.* Oxford, England: John Wiley & Sons, xxii, p. 345.

Covington, M. V. (1992). *Making the grade: a self – worth perspective on motivation and school reform.* New York: Cambridge University Press.

Frederick R., Andrew T. Saltzman, & Jerry Wittmer. (1984). Self – handicapping among competitive athletes: the role of practice in self – esteem protection. *Basic & Applied Social Psychology*, 5 (3), pp. 197 – 209.

James, W. (1890). *The principles of psychology.* Cambridge, MA: Harvard University Press.

Jones, E. E., & Berglas, S. C. (1978). Control of attributions about the self through self – handicapping strategies: the appeal of alcohol and the role of underachievement. *Personality & Social Psychology Bulletin*, 4 (2), pp. 200 – 206.

Kolditz, T. A., & Arkin, R. M. (1982). An impression management interpretation of the self – handicapping strategy. *Journal of Personality & Social Psychology*, 43 (3), pp. 492 – 502.

Lazarus, R. S., & Folkman, S. (1984). *Stress, appraisal, and coping.* NewYork: Springer Publishing Company.

Leary, M. R. (1995). *Introduction to behavioral research methods.* Introduction to Behavioral Research Methods.

Maryanne Martin, Pauline Horder, & Gregory V. Jones. (1992). Integral bias in naming of phobia – related words. *Cognition & Emotion*, 6 (6), pp. 479 – 486.

Shrauger, J. S. (1975). Responses to evaluation as a function of initial self – perceptions. *Psychological Bulletin*, 82 (4), pp. 581 – 96.

Shrauger, J. S., M. B. P. (1974). Self – evaluation and the selection of dimensions for evaluating others. *Journal of Personality*, 42 (4), pp. 569 – 85.

Tice, D. M. (1991). Esteem protection or enhancement? self – handicapping motives differ by trait self – esteem. *Journal of Personality & Social Psychology*, 60 (5), pp. 711 – 725.

后　记

　　历经4年多的时间，终于完成了《青少年自我意识探析》这本专著的撰写工作，心里的石头落地了，感到十分轻松和开心！这本专著的完成是对我的课题组在前一阶段关于青少年自我意识问题研究的总结，同时也为我们继续开展青少年相关问题的研究奠定了基础。对青少年自我意识问题的关注起源于我的博士论文《青少年社会适应行为及影响因素的研究》（2005年），在揭示和寻找改善青少年社会适应行为的影响因素过程中，我们初步发现自我意识发挥着重要作用，良好的自我意识是青少年社会适应行为的一个保护因素，当时我编制了第一版"青少年自我意识量表"，并提出了自我意识的"三维度九因子"结构模型（2007，心理科学）。在华南师范大学师从郑雪教授完成了博士论文之后，我又有幸师从著名心理学家北京师范大学发展心理研究所林崇德先生，进入博士后流动站学习和研究，进一步编制了第二版"青少年自我意识量表"，并在研究中再一次发现自我意识是影响社会适应行为的重要因素，而且其中自我控制对良好社会适应行为和不良社会适应行为都具有良好的预测作用（2009，心理发展与教育）。于是我们申请获得了国家社科基金"十一五"规划项目教育学类国家一般课题"青少年自我意识的结构、发展特点及功能的研究"（BBA090067），开始系统地探讨青少年自我意识的特点及功能问题，并提出了青少年自我意识的"三维度多因子、四功能"的理论观点，并在后续的实证研究中得到了验证。

　　后来，我们相继获得广州市属高校科研项目"羊城学者"项目"青少年心理和谐的结构、特点与功能的实证研究研究"（23A010S）以及广州市教育科学"十二五"规划重大课题"青少年问题行为与自我控制的关系及干预策略研究"（12A001），其核心内容都围绕自我意识的功能来开展，不过这几个项目研究的侧重点不同而已，因为青少年心理和谐的核心是自我和谐，而自我控制是自我意识的重要结构单元。值得一提的是，我们编制的第二版《青少年自我意识问卷》被意大利帕多瓦大学著名心理学家 Adriana Lis 教授翻译成意大利文和英文等版本，其相关成果发表在《European Journal of Developmental Psychology》（2014.1）。而我们关于"中国青少年自我意识与内外化问题行为关系的研究"论文发表在《Journal of Adolescence》（2014.5），该论文同时也获得了第五届全国教育科学研究"优秀成果"二等奖。我们在后续的研究中还再次修订出了第三版的"青少年自我意识量表"，进一步完善了青少年自我意识的"三大结构11个因素"的结构模型。对青少年自我意识测评工具和功能特点的系统研究，为后续深入开展青少年自我意识与心理健康、认知加工、心理和谐等相关研究奠定了扎实的基础。本书所涉及的研究之所以能够顺利开展和完成，离不开国家社科基金规划项目和后续这些项目经费的支持，我在这里代表课题组一并表示感谢！

同时，还要感谢我的研究团队尤其是我的研究生在收集文献资料、整理研究数据、完成子项目研究等方面所做出的贡献。如丁莉、黎建斌、曾敏霞、吴少波、李婷、蒋洁、窦凯、刘莉、李辉云、王敏、黎艳、宁志军、毛兰平、王燕菲等同学积极参与了前期的课题研究，刘婉瑶、曾燕玲、王淑珍、马祎晨、谢嘉妍等同学参与了后期课题研究以及部分章节的资料整理和文字校对方面的工作，尤其是窦凯博士，对全书进行了细致的数据核实和文字校对。可以说，这本专著是我和我的研究生共同的研究成果，是我们近十年有关青少年自我意识问题研究的集体总结。我要谢谢这些可爱的、充满朝气的学生，他们是我们课题组的生力军！

在专著撰写和修改过程中，也得到了导师林崇德教授的关心和指导，并为本书做序，在此表示由衷的感谢！

此外，本专著的出版也得到了中国社会科学出版社及责任编辑喻苗博士的大力支持，在此表示感谢。

总而言之，本专著是我们课题组对前一阶段研究的基本总结，研究中存在诸多不足和缺陷，请读者以及专家们批评指正。在未来的研究道路上，我们将继续围绕青少年自我意识这一领域的相关问题开展创造性研究，旨在为青少年心理健康教育和健全人格培养工作略尽微薄之力。

聂衍刚

2016年11月 于广州大学